天然气工程技术培训丛书

油气水分析化验及环境节能监测

《油气水分析化验及环境节能监测》编写组 编

石油工业出版社

内 容 提 要

本书以天然气开发过程中的气质分析、气田水分析、环境监测和节能监测为对象，涵盖了油气田企业环境节能监测的主要工作内容，重点介绍各类测试方法及操作步骤。

本书可作为环境监测操作员工的培训用书和操作指南。

图书在版编目（CIP）数据

油气水分析化验及环境节能监测/《油气水分析化验及环境节能监测》编写组编. —北京：石油工业出版社，2017.12

（天然气工程技术培训丛书）

ISBN 978-7-5183-2319-7

Ⅰ. ①油… Ⅱ. ①油… Ⅲ. ①油田水-化学分析②油气田节能-监测 Ⅳ. ①TE311②TE43

中国版本图书馆 CIP 数据核字（2017）第 305259 号

出版发行：石油工业出版社
（北京安定门外安华里2区1号 100011）
网 址：www.petropub.com
编辑部：（010）64251613
图书营销中心：（010）64523633
经 销：全国新华书店
印 刷：北京中石油彩色印刷有限责任公司

2017年12月第1版 2017年12月第1次印刷
787×1092毫米 开本：1/16 印张：22.5
字数：570千字

定价：79.00元
（如出现印装质量问题，我社图书营销中心负责调换）

《天然气工程技术培训丛书》

编 委 会

《油气水分析化验及环境节能监测》编写组

主　编：李珍义

副主编：屈鹏程

成　员：赵　宏　庞　飙　刘　建　陈　燕

熊方利　吴建祥　谭　红　余致理

序

川渝地区是世界上最早开发利用天然气的地区。作为我国天然气工业基地，西南油气田经过近 60 年的勘探开发实践，在率先建成以天然气为主的千万吨级大气田的基础上，正向着建设 $300\times10^8m^3$ 战略大气区快速迈进。在生产快速发展的同时，油气田也积累了丰富的勘探开发经验，形成了一整套完整的气田开发理论、技术和方法。

随着四川盆地天然气勘探开发的不断深入，低品质、复杂性气藏越来越多，开发技术要求随之越来越高。为了适应新形势、新任务、新要求，油气田针对以往天然气工程技术培训教材零散、不够系统、内容不丰富等问题，在 2013 年全面启动了《天然气工程技术培训丛书》的编纂工作，旨在以书载道、书以育人，着力提升员工队伍素质，大力推进人才强企战略。

历时三年有余，丛书即将付梓。本套教材具有以下三个特点：

一是系统性。围绕天然气开发全过程，丛书共分 9 册，其中专业技术类 3 册，涵盖了气藏、采气、地面“三大工程”；操作技能类 6 册，包括了天然气增压、脱水、采气仪表、油气水分析化验、油气井测试、管道保护，编纂思路清晰、内容全面系统。

二是专业性。丛书既系统集成了在生产实践中形成的特色技术、典型经验，还择要收录了当今前沿理论、领先标准和最新成果。其中，操作技能类各分册在业内系首次编撰。

三是实用性。按照“由专家制定大纲、按大纲选编丛书、用丛书指导培训”的思路，分专业分岗位组织编纂，侧重于天然气生产现场应用，既有较强的专业理论作指导，又有大量的操作规程、实用案例作支撑，便于员工在学习中理论与实践有机结合、融会贯通。

本套丛书是西南油气田在长期现场生产实践中的技术总结和经验积累，既可作为技术人员、操作员工自学、培训的教科书，也可作为指导一线生产工作的工具书。希望这套丛书可以为技术人员、一线员工提升技术素质和综合技术能力、应对生产现场技术需求提供好的思路和方法。

谨向参与丛书编著与出版的各位专家、技术人员、工作人员致以衷心的感谢！

胡文瑞

2017年2月·成都

前　言

石油和天然气作为当今世界主要的能源和重要的化工原料，是由各种碳氢化合物组成的混合物，其产品广泛应用于人类社会活动的各个领域。在其勘探、开发、集输和净化过程中，硫化氢、气田水等有毒有害物质可能对作业人员和环境产生不同程度的威胁和危害。随着2015年1月1日修订版《中华人民共和国环境保护法》正式施行，将改变以往开发设备陈旧以及工艺落后造成能源利用率过低的现状，加强油气田生产各个环节的油气水分析化验及环境节能监测，对保障企业安全生产与提高经济效益具有重要作用。为了适应天然气工业迅速发展以及提高天然气开发技术技能队伍整体素质的需要，按照建成中国天然气工业基地要求，丛书编委会及编写组共同编著了《天然气工程技术培训丛书》，其中操作类包括《天然气增压》《天然气脱水》《油气井测试》《管道保护》《采气仪表》《油气水分析化验及环境节能监测》分册。

《油气水分析化验及环境节能监测》以天然气开发过程中的气质分析、气田水分析、环境监测和节能监测为对象，涵盖了油气田企业环境节能监测的主要工作内容，重点介绍各类测试方法及操作步骤，可以作为环境监测操作员工的培训用书和操作指南。

本书由李珍义任主编，由屈鹏程任副主编。前言由吴建祥、李珍义编写，第一章、第四章由庞飙、谭红编写，第二章由刘建、谭红编写，第三章、第七章由屈鹏程、余致理编写，第五章由陈燕、赵宏编写，第六章由熊方利、吴建祥编写。

本书由钟国春任主审，参与审查的人员有刘炼、宋伟、洪志琼、张小川、雷彬、罗杨等。

在本书的编写过程中得到了许多专家的指导、支持和帮助，在此，谨向所有提供指导、支持与帮助的有关同志表示诚挚的谢意！

由于编者水平有限且时间仓促，书中难免存在一些不完善之处，诚望广大读者批评指正。

《油气水分析化验及环境节能监测》编写组

2016年12月

目　录

第一章 化学分析一般知识

第一节　常用基础设备

一、电子天平

电子天平是用于称量物体质量的设备。

（一）电子天平的工作原理

当秤盘上加上载荷时，使秤盘的位置发生了相应的变化，这时位置检测器将此变化量通过PID（比例积分微分）调节器和放大器转换成线圈中的电流信号，并在此采样电阻上转换成与载荷相对应的电压信号，再经过低通滤波器和模数（A/D）转换器，变换成数字信号给计算机进行数据处理，并将此数值显示在显示屏上。

（二）电子天平的使用

1．使用方法

（1）工作环境。电子天平为高精度测量仪器，故仪器安装位置应注意：

① 安装平台稳定、平坦，避免震动。

② 避免阳光直射和受热，避免在湿度大的环境工作。

③ 避免在空气直接流通的通道上使用。

（2）天平安装：严格按照仪器说明书操作。

（3）天平使用。

① 调水平：天平开机前，应观察天平后部水平仪内的水泡是否位于圆环的中央，通过天平的地脚螺栓调节，左旋升高，右旋下降。

② 预热：天平在初次接通电源或长时间断电后开机时，至少需要30min的预热时间。因此，通常情况下实验室电子天平不要经常切断电源。

③ 称量：按下ON/OFF键，接通显示器，等待仪器自检；当显示器显示零时，自检过程结束，天平可进行称量；放置称量纸，按显示屏两侧的Tare键去皮，待显示器显示零时，在称量纸加所要称量的试剂称量；称量完毕，按ON/OFF键，关断显示器。

2．注意事项

（1）为正确使用天平，要熟悉天平的几种状态：

显示器右上角显示 0：表示显示器处于关断状态。

显示器左下角显示 0：表示仪器处于待机状态，可进行称量。

显示器左上角出现菱形标志：表示仪器的微处理器正在执行某个功能，此时不接受其他任务。

（2）天平在安装时已经过严格校准，故不可轻易移动天平，否则校准工作需重新进行。

（3）严禁不使用称量纸直接称量。每次称量后，清洁天平，避免对天平造成污染而影响称量精度，以及影响他人的工作。

二、pH 计

pH 计是一种常用的仪器设备，主要用来精密测量液体介质的酸碱度值。

（一）pH 计的工作原理

pH 是拉丁文“pondus hydrogenii”的缩写，表示水中氢离子活度的负对数值，表示为：

$$pH=-\lg[H^+]$$

pH 是用来量度物质中氢离子的活性，其直接关系到水溶液的酸性、中性和碱性。

测量 pH 值的方法很多，主要有化学分析法、试纸法、电位法。pH 计是应用电位法测得 pH 值的设备。

（二）pH 计分类

按测量精度可分 0.2 级、0.1 级、0.01 级或更高精度。

按仪器体积分有笔式（迷你型）酸度计、便携式酸度计、台式酸度计以及在线连续监控测量的在线式酸度计。笔式（迷你型）酸度计与便携式酸度计一般由检测人员带到现场检测使用。

（三）pH 计使用

1．仪器的使用方法

（1）配制 3mol/L KCl 溶液。在电极初次使用或保存较长时间后重新使用前，重新更换电极填充液，并将电极浸泡于 3mol/L KCl 溶液中 2h 以上，以活化电极。电极头应浸泡于 3mol/L KCl 溶液中 2cm，如浸泡的尖端过短，可能不能活化电极。

（2）更换电极填充液。每 1～2 月更换 1 次，先用注射器将填充液吸出，再注入少许新鲜填充液润洗电极腔，再吸出，然后注入新鲜填充液至距填充孔 1.5cm 处。在测量强酸性、强碱性、含有有机溶剂或污染严重的样品时，电极填充液至少应 2 周更换 1 次。在更换新鲜电极填充液后，将电极浸泡于 3mol/L KCl 溶液中 2h 以上后再使用。

（3）校正电极 pH。在正常情况下，每天使用前校正电极 1 次。在电极的使用频率高时，可对电极进行 pH 校正 2～3 次。校正所用的 pH 缓冲液必须新鲜配制，并且应避免校正时的污染，重复应用的次数不应超过 5 次。样品和 pH 校正缓冲液的温差不应大于 5℃，建议样品和 pH 校正缓冲液置于同一室温下。电极 pH 校正采用二点自动校正。

（4）样品的测量。先将活化的电极用蒸馏水冲洗，然后用纸巾吸附电极头的水滴，但不应用纸巾擦拭电极头，以防止产生静电造成不稳定和误差。

2．注意事项

（1）在定标和测量时，应采用磁力搅拌器，特别是对于悬浮液体。为防止搅拌器将热量传递给样品溶液，在样品烧杯和搅拌器之间应置一隔热纸板。在电极的使用过程中，电极的填充孔必须打开。

（2）电极在每次使用后，均应用 ddH_2O（双蒸水）彻底冲洗干净。如果每天均使用，可将电极浸泡于 3mol/L KCl 溶液中。如果长期不用，应将电极填充孔封闭，并在电极保护套中填塞一小块浸润过 3mol/L KCl 溶液的海绵，然后将电极轻轻装入电极套中，以防止电极头干燥。

三、电导仪

电导仪是测量物质导电能力的仪器。水中含盐量越大，水的导电性能越强。故根据电导的大小，可以推算水中矿化度的大小。

（一）电导仪的工作原理

由欧姆定律可得：

$$E_m = \frac{R_m}{R_m + R_x}E = \frac{R_m E}{R_m + \frac{1}{G}} \tag{1-1}$$

式中 E——振荡器产生的标准电压，V；

R_x——电导池的等效电阻，Ω；

R_m——标准电阻器电阻，Ω；

E_m——R_m上的交流分压，V；

G——电导池的电导，S。

由此可见，当 R_m、E 为常数，溶液的电导有所改变时（即电阻值 R_x 发生变化时），必将引起 E_m 的相应变化，因此，E_m 的值就反映了电导 G 的高低。E_m 信号经放大检波后，由 0～1mA 电表改制成的电导度表头直接指示出来。

（二）电导仪的使用

1．使用方法

（1）检查指针是否指零，如果不指零，调节电导仪上的调零旋钮。

（2）将电导仪调节到校正挡，指针指向最大刻度。

（3）按照电极常数调节旋钮，测量时调节到测量挡。

2．注意事项

（1）电极的引线不能潮湿，否则将测不准。

（2）高纯水被盛入容器后应迅速测量，否则电导升高很快，因为空气中的 CO_2 溶入水里变成碳酸根离子。

（3）盛被测溶液的容器必须清洁，无离子污染。

四、分光光度计

分光光度计又称光谱仪，是将成分复杂的光分解为光谱线的仪器。测量范围一般包括波长范围为400～760nm的可见光区和波长范围为200～400nm的紫外光区。不同的光源都有其特有的发射光谱，因此可采用不同的发光体作为仪器的光源。

（一）分光光度计的工作原理

分光光度计采用一个可以产生多个波长的光源，通过系列分光装置，从而产生特定波长的光源。光线透过测试的样品后，部分光线被吸收，计算样品的吸光值，从而转化成样品的浓度。样品的吸光值与样品的浓度成正比，用数学表达式表示为：

$$A=KLC \tag{1-2}$$

式中 C——该物质的浓度，mol/L。

L——光程，cm；

K——摩尔消光系数，即当溶液浓度为1mol/L，光程为1cm时所测得的一定波长下的吸光度。

分光光度计主要结构功能块介绍如下：

（1）PLC：自动检测仪器的核心组成部分，通过运行检测程序和链接显示器以及其他外部设备，实现在线自动检测、数据储存与采集、远程控制等。

（2）进样、计量装置：九通阀——实现多个反应试剂及样品的进液；计量装置——控制反应试剂及样品进样量。

（3）光源：发出所需波长范围内的连续光谱，有足够的光强度，稳定。

（4）反应池（吸收池）：检测时的化学反应均在反应池内进行，反应结束后被测试液将由检测系统将信号传输并分析。因此，反应池有两个作用：一是作为分光光度检测的化学反应装置；二是作为分光光度检测的比色皿。

（5）检测系统：将通过被测试液吸收后的光信号（强度）放大，并通过显示器以数值形式显示出来。

（二）分光光度计的使用

1. 操作方法

（1）接通电源，打开仪器开关，掀开样品室暗箱盖，预热10min。

（2）将灵敏度开关调至“1”挡（若零点调节器调不到“0”时，需选用较高挡。）

（3）根据所需波长转动波长选择钮。

（4）将空白液及测定液分别倒入比色杯3/4处，用擦镜纸擦清外壁，放入样品室内，使空白管对准光路。

（5）在暗箱盖开启状态下调节零点调节器，使读数盘指针指向 t=0 处。

（6）盖上暗箱盖，调节“100”调节器，使空白管的 t=100，指针稳定后逐步拉出样品滑杆，分别读出测定管的光密度值并记录。

（7）比色完毕，关上电源，取出比色皿洗净，样品室用软布或软纸擦净。

2．注意事项

（1）该仪器应放在干燥的房间内，使用时放置在坚固平稳的工作台上，室内照明不宜太强。热天时不能用电扇直接向仪器吹风，防止灯泡灯丝发亮不稳定。

（2）使用本仪器前，使用者应该首先了解本仪器的结构和工作原理，以及各个操纵旋钮的功能。在未接通电源之前，应该对仪器的安全性能进行检查，电源接线应牢固，通电良好，各个调节旋钮的起始位置应正确，然后再接通电源开关。

（3）在仪器尚未接通电源时，电表指针必须于“0”刻线上，若不是，则可以用电表上的校正螺钉进行调节。

（4）若大幅度改变测试波长，需稍等片刻，等热平衡后，重新校正“0”和“100%”点，然后再测量。

（5）指针式仪器在未接通电源时，电表的指针必须位于零刻度上。若不是这种情况，需进行机械调零。

（6）比色皿使用完毕后，应立即用蒸馏水冲洗干净，并用干净柔软的纱布将水迹擦去，以防止表面光洁度被破坏，影响比色皿的透光率。

（7）操作人员不应轻易动灯泡及反光镜灯，以免影响光效率。

（8）在预热时，应打开比色皿盖或使用挡光杆，避免长时间照射使其性能漂移而导致工作不稳。

（9）放大器灵敏度换挡后，必须重新调零。

（10）比色杯必须配套使用，否则将使测试结果失去意义。在进行每次测试前均应进行比较，透射比之差在±0.5%的范围内则可以配套使用。

五、烘箱

烘箱又名电热鼓风干燥箱，采用电加热的方式进行鼓风循环干燥试验，分为鼓风干燥和真空干燥两种。鼓风干燥是通过循环风机吹出热风，保证箱内温度平衡；真空干燥是采用真空泵将箱内的空气抽出，让箱内大气压低于常压，使产品在一个很干净的状态下做试验。烘箱是一种常用的仪器设备，主要用来干燥样品，也可以提供实验所需的温度环境。

（一）烘箱的工作原理

烘箱是用数显仪表与温度传感器的连接来控制工作室的温度，采用热风循环送风来干燥物料。热风循环系统分为水平送风和垂直送风，均经过专业设计，风源是由电动机运转带动送风风轮，使吹出的风吹在电热管上形成热风，将热风由风道送入烘箱的工作室，且将使用后的热风再次吸入风道成为风源再度循环加热，大大提高了烘箱温度均匀性。如烘箱箱门使用中被开关，可借此送风循环系统迅速恢复操作状态温度值。

（二）烘箱的使用

1．使用方法

（1）把需干燥处理的物品放入烘箱内，关好箱门。

（2）把电源开关拨至“1”处，此时电源开关亮，显示屏有数字显示。

（3）按温度控制器操作说明，设置需要的工作温度和工作时间（工作时间可以不设置）。

（4）设备会自动运行需要的工作条件，使用结束后关闭电源开关，取出物品。

（5）如果运行温度过高（一般高于 70℃），务必等到设备冷却以后再取出物品。

2．注意事项

（1）烘箱恒温干燥时，恒温室下方的散热板上不能放置物品，以免烤坏物品或引起燃烧。

（2）烘箱消耗的电流比较大。因此，它所用的电源线、闸刀开关、熔断丝、插头、插座等都必须有足够的容量。为了安全，箱壳应接好地线。

（3）放入烘箱内的物品不应过多、过挤。

（4）严禁把易燃、易爆、易挥发的物品放入烘箱内，以免发生事故。

（5）对玻璃器皿进行高温干热灭菌时，须等烘箱内温度降低之后，才能开门取出，以免玻璃骤然遇冷而炸裂。

（6）放置试品时切勿过密与超载，以免影响热空气对流。

（7）切勿把本机箱体放在含酸、含碱的腐蚀环境中，以免破坏电子部件。

六、马弗炉

马弗炉应用于定量分析灼烧沉淀、测定灰分和熔融试样等。

（一）马弗炉的工作原理

马弗炉是英文 muffle furnace 翻译过来的。muffle 是包裹的意思，furnace 是炉子、熔炉的意思。马弗炉在中国的通用叫法有以下几种：电炉、电阻炉、茂福炉、马福炉。马弗炉是一种通用的加热设备，常用温度为 600～950℃，最高使用温度为 1000℃。但使用时间不能太长，高温电炉加热室用耐火材料及二氧化硅、氧化镁、氧化铝等制成，电热丝为镍铬合金丝，高温电炉外部由铁板制成，涂以皱纹漆。

（二）马弗炉的使用

（1）当马弗炉第一次使用或长期停用后再次使用时，必须进行烘炉干燥：在 20～200℃时打开炉门烘 2～3h，在 200～600℃时关门烘 2～3h。

（2）实验前，温控器应避免震动，放置位置与电炉不宜太近，防止过热使电子元件不能正常工作。扳动温控器时应将电源开关置“关”。

（3）使用前，将温控器调至所需工作温度，打开启动编码使马弗炉通电，此时电流表有读数产生，温控表实测温度值逐渐上升，表示马弗炉、温控器均在正常工作。

（4）工作环境要求无易燃易爆物品和腐蚀性气体，禁止向炉膛内直接灌注各种液体及熔解金属，经常保持炉膛内的清洁。

（5）使用时炉膛温度不能超过最高炉温，不能在额定温度下长时间工作。实验过程中，使用人员不能离开，应随时注意温度的变化，如发现异常情况应立即断电，并由专业维修人员检修。

（6）使用时炉门要轻关轻开，以防损坏机件。坩埚钳放取样品时要轻拿轻放，以保证安全和避免损坏炉膛。

（7）温度超过 600℃后不要打开炉门，等炉膛内温度自然冷却后再打开。

（8）实验完毕后，样品退出加热并关掉电源，在炉膛内放取样品时，应先微开炉门，待样品稍冷却后再小心夹取样品，防止烫伤。

（9）加热后的坩埚宜转移到干燥器中冷却，放置在缓冲耐火材料上，防止吸潮炸裂。冷却后称量。

（10）搬运马弗炉时，注意避免剧烈震动，严禁抬炉门，避免炉门损坏。放置处应远离易燃易爆物、水等。

七、微波消解器

微波消解器应用于消解、萃取、蛋白质水解等多种分析化学的样品前处理工作。

（一）微波消解器的工作原理

微波消解通常是指利用微波加热封闭容器中的消解液（各种酸、部分碱液以及盐类）和试样，从而在高温增压条件下使各种样品快速溶解的湿法消化（也有敞开容器微波消解的，不予讨论）。密闭容器反应和微波加热这两个特点，决定了微波消解器具有完全、快速、低空白的优点，但不可避免地带来了高压（可能过压的隐患）、消化样品量小的不足。高压（最高可达 10～15MPa）、高温（通常为 180～240℃）、强酸蒸气给实验者带来了安全方面的心理压力。现在的商品微波消解系统，一般都有测温/测压甚至控温/控压技术，因此在安全性上已经有了较大保证。

（二）CEM 微波消解器的使用

1．仪器操作

（1）微波启动后 15s 内不能关掉，微波停止后 5min 内不得关机。

（2）必须保持微波腔体、转盘、腔体保护板干燥清洁。

（3）开关机间隔应大于 0.5min。

（4）不要空载运行仪器。

2．传感器

传感器为红外温度传感器，必须保持窗口的干燥清洁。必要时用镜头纸清洁。

3．消解样品准备

（1）表 1-1 中样品不适合在微波消解容器中使用。

表 1-1　禁止在微波系统中随意操作的物质

炸药（TNT、硝化纤维等）	高氯酸盐
推进剂（肼、高氯酸胺等）	引火化学品
二元醇（乙二醇、丙二醇等）	乙炔化合物
航空燃料（JP-1 等）	乙醇
醚（熔纤剂-乙二醇苯基醚等）	丙烯醛
酮（丙酮、甲基乙基酮等）	甘油
烷烃（丁烷、己烷等）	漆
双组分混合物（硝酸和苯酚、硝酸和三乙胺、硝酸和丙酮等）	硝酸甘油酯，硝化甘油或其他有机硝化物

（2）严禁使用高氯酸；使用硫酸、磷酸时应有严格的温控措施。

（3）不得在反应罐内使用碱类、盐类消解样品。

（4）样品未知时或为有机物样品，干样品量不得大于 0.5g，无机物应小于 1g。

（5）对于未知样品，应在开口反应罐内预消解 15min。

（6）加样时不要使样品沾在容器壁上。如沾附，在加入溶剂时冲洗到溶液内。

（7）对于加入酸后即有反应或有起泡现象，要预消解（不盖盖子，放置 15min）。

（8）溶液量不小于 8mL，不大于 30mL。

（9）同一批消解必须保证每个反应罐内试剂一致、样品一致，空白与样品不要一起消解。

4．萃取样品准备

（1）不得在微波仪器内萃取带有金属颗粒的样品。

（2）萃取试剂应对微波有较强的吸收，否则应改变试剂体系或使用加热子。

（3）萃取的样品量不大于 5g。

（4）加样时不要使样品沾在容器壁上。如沾附，在加入溶剂时冲洗到溶液内。

（5）溶液量不小于 10mL，不大于 30mL。

（6）同一批萃取必须保证每个反应罐内试剂一致、样品一致。

5．反应罐

（1）使用的反应罐必须与选择方法设定的反应罐相同，否则可能引起传感器或反应罐损坏；在同一批反应中，不可混用不同型号的反应罐。

（2）必须保证反应罐支架、外套、弹片的干燥清洁；外套不得浸泡清洗。

（3）反应罐放置必须确保完全插入外套中。

（4）注意反应罐使用的温度限制。

（5）转盘上摆放反应罐时，应尽量均匀对称。使用 Xpress 反应罐时，一批反应至少要六个反应罐。

（6）反应完成后，仪器自动风冷反应罐。应在温度低于 80℃并低于溶液沸点时，在通风柜内通过排气螺帽释放压力后，才打开反应罐。对于 Xpress 反应罐，只需自动风冷 15min，即可从仪器内取出转盘和反应罐，在通风柜内打开反应罐。

（7）清洗内衬罐不得使用硬质物（如硬质毛刷、去污粉等），以免损伤内衬表面。

（8）PFA 材质的内衬，在烘箱内加温干燥应不高于 60℃；不得直接放到电热板或电炉上赶酸。

第二节　化学玻璃器皿

一、化学玻璃器皿的定义

化学玻璃器皿多用钠钙硅酸盐玻璃做成，为无色透明的器皿，玻璃中的含铁量一般低于 0.02%。在玻璃原料中加入着色剂，可制得有色玻璃；加入乳浊剂，可制得乳浊玻璃。化学玻璃器皿多用于加热化学物质、容量度量和盛放化学物质等方面。

二、化学玻璃器皿的分类

玻璃器皿大致分为烧器、量器、容器三类。

烧器一般指烧杯、锥形（三角）烧瓶、三口（单口、二口、四口）圆底烧瓶、平底烧瓶、试管、冷凝器（球形、蛇形、直形、空气等）、蒸馏头、分馏头、分馏柱、精馏柱。

量器是刻有较精密刻度，一般指量桶、量杯、滴定管（酸、碱）、移液管（或刻度吸管）、容量瓶、温度计、密度计、糖量计、湿度计等。

容器一般指各种细口瓶、广口瓶、下口瓶、滴瓶以及各种玻璃槽。

另外，尚有各种漏斗（球形、梨形、滴液、三角等）、培养皿、干燥器、干燥塔、干燥管、洗气瓶、称量瓶（盒）、研钵、玻璃管、砂芯滤器等。还有少量诸如比色器、比色管、放大镜头、显微镜头等光学玻璃和石英玻璃仪器。

三、化学玻璃仪器的洗涤

在分析工作中，洗涤化学玻璃仪器不仅是一个实验前的准备工作，也是一个技术性的工作。仪器洗涤是否符合要求，对分析结果的准确度和精确度均有影响。不同分析工作（如工业分析、一般化学分析和微量分析等）有不同的仪器洗涤要求，我们以一般定量化学分析为基础介绍化学玻璃仪器的洗涤方法。

（一）洗涤仪器的一般步骤

（1）水刷洗：使用适用于各种形状仪器的毛刷，如试管刷、瓶刷、滴定管刷等。首先用毛刷蘸水刷洗仪器，用水冲去可溶性物质及刷去表面黏附灰尘。

（2）用合成洗涤水刷洗：市售的餐具洗涤灵是以非离子表面活性剂为主要成分的中性洗液，可配制成 1%～2%的水溶液，也可用 5%的洗衣粉水溶液刷洗仪器，它们都有较强的去污能力，必要时可温热或短时间浸泡。

（3）洗涤的仪器倒置时，水流出后，器壁应不挂小水珠。至此再用少许纯水冲洗仪器三次，洗去自来水带来的杂质后即可使用。

（二）洗涤液的使用

针对仪器沾污物的性质，采用不同洗涤液能有效地洗净仪器。各种洗涤液见表1-2。要注意在使用各种性质不同的洗液时，一定要把上一种洗涤液除去后再用另一种，以免相互作用生成的产物更难洗净。铬酸洗液因毒性较大尽可能不用，近年来多以合成洗涤剂和有机溶剂来除去油污，但有时仍要用到铬酸洗液，故也列入表内。

表1-2 常用的洗涤液

洗涤液及其配方	使用方法
铬酸洗液：研细的重铬酸钾20g溶于40mL水中，慢慢加入360mL浓硫酸	用于去除器壁残留油污。用少量洗液刷洗或浸泡一夜，洗液可重复使用。洗涤废液经处理解毒方可排放
工业盐酸（浓盐酸或1∶1盐酸）	用于洗去碱性物质及大多数无机物残渣
碱性洗液：氢氧化钠10%水溶液或乙醇溶液	水溶液加热（可煮沸）使用，其去油效果较好；注意，煮的时间太长会腐蚀玻璃，碱—乙醇洗液不要加热
碱性高锰酸钾溶液：4g高锰酸钾溶于水中，加入10g氢氧化钠，用水稀释至100mL	清洗油污或其他有机物质，洗后容器沾污处有褐色二氧化锰析出，再用浓盐酸或草酸洗液、硫酸亚铁、亚硫酸钠等还原剂去除
草酸洗液：5～10g草酸溶于100mL水中，加入少量浓盐酸	洗涤高锰酸钾洗液后产生的二氧化锰，必要时加热使用

（三）砂芯玻璃滤器的洗涤

（1）新的滤器使用前应用热的盐酸或铬酸洗液边抽滤边清洗，再用蒸馏水洗净。

（2）针对不同的沉淀物采用适当的洗涤剂先溶解沉淀，或反复用水抽洗沉淀物，再用蒸馏水冲洗干净，在110℃烘箱中烘干，然后保存在无尘的柜内或有盖的容器内。否则，积存的灰尘和沉淀堵塞滤孔很难洗净。

（四）特殊要求的洗涤方法

在用一般方法洗涤后用蒸汽洗涤是很有效的。有的实验要求用蒸汽洗涤，方法是在烧瓶上安装一个蒸汽导管，将要洗的容器倒置在上面用水蒸气吹洗。

某些测量痕量金属的分析对仪器要求很高，要求洗去微克级的杂质离子，洗净的仪器还要浸泡至1∶1盐酸或1∶1硝酸中数小时至24h，以免吸附无机离子，然后用纯水冲洗干净。有的仪器需要在几百摄氏度温度下烧净，以达到痕量分析的要求。

四、玻璃仪器的干燥和保管

（一）玻璃仪器的干燥

实验经常要用到的仪器应在每次实验完毕之后洗净干燥备用。用于不同实验的仪器对干燥有不同的要求，一般定量分析中的烧杯、锥形瓶等仪器洗净即可使用，而用于有机化学实验或有机分析的仪器很多是要求干燥的，应根据不同要求干燥仪器。

（二）玻璃仪器的保管

在储藏室内，玻璃仪器要分类存放，以便取用。经常使用的玻璃仪器放在实验柜内，要放置稳妥，高的、大的放在里面，以下提出一些仪器的保管办法：

（1）移液管：洗净后置于防尘的盒中。

（2）滴定管：用后，洗去内装的溶液，洗净后装满纯水，上盖玻璃短试管或塑料套管，也可倒置夹于滴定管架上。

（3）比色皿：用毕洗净后，在瓷盘或塑料盘中下垫滤纸，倒置晾干后装入比色皿盒或清洁的器皿中。

（4）带磨口塞的仪器：容量瓶或比色管最好在洗净前用橡皮筋或小线绳把塞和管口拴好，以免打破塞子或互相弄混。需长期保存的磨口仪器要在塞间垫一张纸片，以免日久粘住。长期不用的滴定管要除掉凡士林后垫纸，用皮筋拴好活塞保存。

（5）成套仪器：如索氏萃取器、气体分析器等用完要立即洗净，放在专门的纸盒里保存。

总之，要本着对工作负责的精神，对所用的一切玻璃仪器用完后要清洗干净，按要求保管，要养成良好的工作习惯，不要在仪器里遗留油脂、酸液、腐蚀性物质（包括浓碱液）或有毒药品，以免造成后患。

第三节　实验室用水

一、用水要求

纯水是实验室最常用的纯净溶剂和洗涤剂。根据监测的任务和要求不同，对水的纯度要求也有所不同。一般的监测工作，采用蒸馏水或去离子水即可；超纯物质的分析，则需纯度较高的超纯水。

（一）外观与等级

实验室纯水应为无色透明的液体，其中不得有肉眼可辨的颜色及纤絮杂质。

实验室纯水分三个等级，应在独立的制水间制备。

（1）一级水：不含有溶解杂质或胶态质有机物。它可用二级水经进一步处理制得。例如，可将二级水经过再蒸馏、离子交换混合床、0.2μm 滤膜过滤等方法处理，或用石英蒸馏装置做进一步蒸馏制得。一级水用于制备标准水样或超痕量物质的分析。

（2）二级水：常含有微量的无机、有机或胶态杂质。可用蒸馏、电渗析或离子交换法制得的水进行再蒸馏的方法制备。二级水用于精确分析和研究工作。

（3）三级水：适用于一般实验室工作。可用蒸馏、电渗析或离子交换等方法制备。

（二）质量指标

纯水的纯度指标中主要控制无机离子、还原性物质、尘埃粒子的含量，便可满足水质分析的要求。实验室纯水应符合表 1-3 的规定。

表 1-3　实验室纯水的质量指标

指标名称	一级水	二级水	三级水
pH 值范围（25℃）	—	—	5.0～7.5
电导率（25℃），μs/cm	≤0.1	≤1.0	≤5.0
可氧化物的限度试验	—	符合	符合
吸光度（254nm，1cm 光程）	≤0.001	≤0.01	—
二氧化硅，mg/L	≤0.02	≤0.05	—

二、纯水的制备

纯水是实验室分析工作必不可少的条件之一。因此，在开展分析之前，首先要制备出合乎分析要求的纯水。纯水的制备是将原水中可溶性和非可溶性杂质全部除去的水处理方法。

制备纯水的方法很多，通常用蒸馏法、离子交换法、亚沸蒸馏法和电渗析法。

（一）制备纯水方法

1．蒸馏法

用蒸馏法制备纯化水的机理是利用杂质与水的沸点不同，不能与水蒸气一同蒸发而达到水与杂质分离的目的。

2．离子交换法

用离子交换树脂处理原水，所获得的水称为去离子水。离子交换处理能除去原水中绝大部分盐类、碱和游离酸，但不能完全除去有机物和非电解质。因此，要获得既无电解质又无微生物等杂质的纯水，就需要将离子交换水再进行一次蒸馏。

3．亚沸蒸馏法

亚沸蒸馏法是用光作能源，照射液体表面，使液体从液面汽化蒸发。亚沸蒸馏装置由透明石英制成，最简单的亚沸蒸馏装置是双瓶连通的亚沸蒸馏器。

4．电渗析法

电渗析法与离子交换法相比具有设备和操作管理简单，不需用酸、碱再生的优点，有较大实用价值。一般包括预过滤（深层过滤及膜过滤）和反渗透，而反渗透因其污染物去除率达到 90%～95%以上，回收率达 20%～40%，效益比传统纯蒸馏法更理想。

（二）特殊要求试验用水的制备

对有特殊要求的试验用水，常需要使用相应的技术条件处理和检验。

1．不含氯的水

加入亚硫酸钠等还原剂将自来水中的余氯还原为Cl^-，用附有缓冲球的全玻璃蒸馏器（以下各项中的蒸馏均同此）进行蒸馏制取。

取试验用水 10mL 于试管中，加入 2～3 滴 1∶1 硝酸、2～3 滴 0.1mol/L 硝酸银溶液，混匀，不得有白色浑浊出现。

2．不含氨的水

（1）向水中加入硫酸至 pH＜2，使水中各种形态的氨或胺最终都转变成不挥发的盐类，收集馏出液即可得到（注意：避免实验室内空气中含有氨而重新污染，应在无氨气的实验室进行蒸馏）。

（2）向蒸馏制得的纯水中加入数毫升再生好的阳离子交换树脂振摇数分钟，即可除氨，或者通过交换树脂柱也能除氨。

3．不含二氧化碳的水

（1）煮沸法。将蒸馏水或去离子水煮沸至少 10min（水多时），或使水量蒸发 10%以上（水少时），加盖放冷即可。

（2）曝气法。将惰性气体（如高纯氮）通入蒸馏水或去离子水至饱和即可。

制得的无二氧化碳水应储存在一个附有碱石灰管的橡皮塞盖严的瓶中。

4．不含酚的水

（1）加碱蒸馏法。加入氢氧化钠至 pH＞11（可同时加入少量高锰酸钾溶液使水呈紫红色），使水中酚生成不挥发的酚钠后进行蒸馏制得。

（2）活性炭吸附法。将粒状活性炭加热至 150～170℃烘烤 2h 以上进行活化，放入干燥器内冷却至室温后，装入预先盛有少量水（避免炭粒间存留气泡）的层析柱中，使蒸馏水或去离子水缓慢通过柱床，按柱容量大小调节其流速，一般以每分钟不超过 100mL 为宜。开始流出的水（略多于装柱时预先加入的水量）需再次返回柱中，然后正式收集。此柱所能净化的水量，一般约为所用炭粒表观容积的 1000 倍。

5．不含砷的水

通常使用的普通蒸馏水或去离子水基本不含砷，对所用蒸馏器、树脂管和储水容器要求不得使用软质玻璃（钠钙玻璃）制品。进行痕量砷测定时，则应使用石英蒸馏器或聚乙烯树脂管及储水容器来制备和盛储不含砷的蒸馏水。

6．不含铅（重金属）的水

用氢型强酸性阳离子交换树脂制备不含铅（重金属）的水，储水容器应进行无铅预处理方可使用（将储水容器用 6mol/L 硝酸浸洗后用无铅水充分洗净）。

7．不含有机物的水

将碱性高锰酸钾溶液加入水中再蒸馏，在再蒸馏的过程中应始终保持水中高锰酸钾的紫红色不消褪，否则应及时补加高锰酸钾。

第四节　化学试剂

目前，我国的试剂类规格基本上按纯度（杂质含量的多少）划分，共有高纯、光谱纯、基准、分光纯、优级纯、分析纯和化学纯等7种。国家和主管部门颁布质量指标的主要是优级纯、分级纯和化学纯3种。

一、优级纯（GR）

优级纯又称一级品或保证试剂，这种试剂纯度最高，为99.8%，杂质含量最低，适合于重要精密的分析工作和科学研究工作，使用绿色瓶签。

二、分析纯（AR）

分析纯又称二级试剂，纯度很高，为99.7%，略次于优级纯，适合于重要分析及一般研究工作，使用红色瓶签。

三、化学纯（CP）

化学纯又称三级试剂，纯度与分析纯相差较大，为99.5%，适用于工矿、学校一般分析工作，使用蓝色（深蓝色）标签。

四、实验试剂（LR）

实验试剂又称四级试剂。

纯度远高于优级纯的试剂叫作高纯试剂（≥99.99%）。高纯试剂是在通用试剂基础上发展起来的，它是为了专门的使用目的而用特殊方法生产的纯度最高的试剂。它的杂质含量要比优级试剂低2个、3个、4个或更多个数量级。因此，高纯试剂特别适用于一些痕量分析，而通常的优级纯试剂达不到这种精密分析的要求。

第五节　常用分析方法

常用分析方法有化学分析法、电化学分析法和光化学分析法。

一、化学分析法

化学分析方法是以特定的化学反应为基础的分析方法，分重量分析法和容量分析法两类。

（一）重量分析法

重量分析法操作麻烦，对于污染物浓度低的，会产生较大误差，它主要用于大气中总悬浮颗粒、降尘量、烟尘、生产性粉尘及废水中悬浮固体、残渣、油类、硫酸盐、二氧化硅等的测定。

1．定义

根据生成物的重量来确定被测物质组分含量的方法叫作重量分析法。即先使被测组分从试样中分离出来，转化为一定的称量形式，然后，用称量的方法测定该成分的含量。重量分析的基本操作包括：样品溶解、沉淀、过滤、洗涤、烘干和灼烧等步骤。

根据使被测成分与试样中其他成分分离的不同途径，通常应用的重量分析有沉淀法和气化法。

沉淀法：利用沉淀反应，使被测成分生成溶解度很小的沉淀，过滤洗涤后，烘干或灼烧成为组成一定的物质，然后称其重量，计算被测组分的含量。

气化法：用加热或其他方法使试样中被测成分气化逸出，然后根据气体逸出前后试样重量之差来计算被测成分的含量。有时，也可以在该组分逸出后，用某种吸收剂来吸收它，这时可以根据吸收重量的增加来计算被测物的含量。

2．样品的溶解

根据被测试样的性质，选用不同的溶（熔）解试剂，以确保待测组分全部溶解，且不使待测组分发生氧化还原反应造成损失，加入的试剂应不影响测定。溶解试样操作如下：

（1）试样溶解时不产生气体的溶解方法：称取样品放入烧杯中，盖上表面皿，溶解时，取下表面皿，凸面向上放置，试剂沿下端紧靠着杯内壁的玻璃棒慢慢加入，加完后将表面皿盖在烧杯上。

（2）试样溶解时产生气体的溶解方法：称取样品放入烧杯中，先用少量水将样品润湿，表面皿凹面向上盖在烧杯上，用滴管滴加，或沿玻璃棒将试剂自烧杯嘴与表面皿之间的孔隙缓慢加入，以防猛烈产生气体，加完试剂后，用水吹洗表面皿的凸面，流下来的水应沿烧杯内壁流入烧杯中，用洗瓶吹洗烧杯内壁。

试样溶解需加热或蒸发时，应在水浴锅内进行，烧杯上必须盖上表面皿，以防溶液剧烈爆沸或崩溅，加热、蒸发停止时，用洗瓶洗表面皿或烧杯内壁。

溶解时需用玻璃棒搅拌的，此玻璃棒不能再作为它用。

3．试样的沉淀

重量分析时对被测组分的洗涤应是完全和纯净的。要达到此目的，对晶形沉淀的沉淀条件应做到“五字”原则，即稀、热、慢、搅、陈。

稀：沉淀的溶液配制要适当稀。

热：沉淀时应将溶液加热。

慢：沉淀剂的加入速度要缓慢。

搅：沉淀时要用玻璃棒不断搅拌。

陈：沉淀完全后，要静止一段时间陈化。

沉淀完后，应检查沉淀是否完全，方法是将沉淀溶液静止一段时间，让沉淀下沉，上层溶液澄清后，滴加一滴沉淀剂，观察交界面是否混浊，如混浊，表明沉淀未完全，还需加入沉淀剂；反之，如清亮则沉淀完全。

沉淀完全后，盖上表面皿，放置一段时间或在水浴上保温静置1h左右，让沉淀的小晶体生成大晶体，不完整的晶体转为完整的晶体。

4．沉淀的过滤和洗涤

过滤和洗涤的目的在于将沉淀从母液中分离出来，使其与过量的沉淀剂及其他杂质组分分开，并通过洗涤将沉淀转化成纯净的单组分。

对于需要灼烧的沉淀物，常在玻璃漏斗中用滤纸进行过滤和洗涤，对只需烘干即可称重的沉淀，则在古氏坩埚中进行过滤、洗涤。

过滤和洗涤必须一次完成，不能间断。在操作过程中，不得造成沉淀的损失。

1）滤纸

滤纸分为定性滤纸和定量滤纸两大类，重量分析中使用的是定量滤纸。定量滤纸的选择应根据沉淀物的性质来定，滤纸大小的选择应注意沉淀物完全转入滤纸中后，沉淀物的高度一般不超过滤纸圆锥高度的1/3。

2）过滤

过滤分三步进行：第一步采用倾泻法，尽可能过滤上层清液；第二步转移沉淀到漏斗上；第三步清洗烧杯和漏斗上的沉淀。此三步操作一定要一次完成，不能间断，尤其是过滤胶状沉淀时更应如此。

3）洗涤

用倾泻法将清液完全过滤后，应对沉淀做初步洗涤。沉淀全部转移至滤纸上后，接着要进行洗涤，目的是除去吸附在沉淀表面的杂质及残留液。过滤和洗涤沉淀的操作，必须不间断地一次完成。若时间间隔过久，沉淀会干涸，黏成一团，就几乎无法洗涤干净了。无论是盛着沉淀还是盛着滤液的烧杯，都应该经常用表面皿盖好。每次过滤完液体后，即应将漏斗盖好，以防落入尘埃。

4）用微孔玻璃漏斗或玻璃坩埚过滤

不需称量的沉淀或烘干后即可称量或热稳定性差的沉淀，均应在微孔玻璃漏斗（坩埚）内进行过滤，这种滤器的滤板是用玻璃粉末在高温下熔结而成的，因此又常称为玻璃钢砂芯漏斗（坩埚）。此类滤器均不能过滤强碱性溶液，以免强碱腐蚀玻璃微孔。按微孔的孔径大小由大到小可分为六级，即G1～G6（或称1号～6号）。

5．沉淀的烘干和灼烧

过滤所得沉淀经加热处理，即获得组成恒定的与化学式表示组成完全一致的沉淀。

1）沉淀的烘干

烘干一般是在250℃以下进行。凡是用微孔玻璃滤器过滤的沉淀，可用烘干方法处理。

2）沉淀的包裹、干燥、炭化与灼烧

灼烧是指高于250℃以上温度进行的处理。它适用于用滤纸过滤的沉淀，灼烧是在预先已烧至恒重的瓷坩埚中进行的。

3）沉淀的包裹

对于胶状沉淀，因体积大，可用扁头玻璃棒将滤纸的三层部分挑起，向中间折叠，将沉淀全部盖住，再用玻璃棒轻轻转动滤纸包，以便擦净漏斗内壁可能黏有的沉淀。

然后将滤纸包转移至已恒重的坩埚中。用滤纸原来不接触沉淀的那部分，将漏斗内壁轻轻擦一下，擦下可能黏在漏斗上部的沉淀微粒。把滤纸包的三层部分向上放入已恒重的坩埚中，这样可使滤纸较易灰化。

4）沉淀的干燥和灼烧

将放有沉淀包的坩埚倾斜置于泥三角上，使多层滤纸部分朝上，以利烘烤，滤纸全部炭化后，把煤气灯置于坩埚底部，逐渐加大火焰，并使氧化焰完全包住坩埚，烧至红热，把炭完全烧成灰，这种将炭燃烧成二氧化碳除去的过程叫灰化。

沉淀和滤纸灰化后，将坩埚移入高温炉中（根据沉淀性质调节适当温度），盖上坩埚盖，但留有空隙。在与灼热空坩埚相同的温度下，灼烧40～45min，与空坩埚灼烧操作相同，取出，冷至室温，称重。然后进行第二次、第三次灼烧，直至坩埚和沉淀恒重为止。一般第二次以后只需灼烧20min即可。恒重是指相邻两次灼烧后的称量差值不大于0.4mg。要注意每次灼烧、称重和放置的时间都要保持一致。

（二）容量分析法

容量分析法具有操作方便、快速、准确度高、应用范围广、费用低的特点，在监测中得到较多应用，但灵敏度不够高，对于测定浓度太低的污染物，也不能得到满意的结果。它主要用于水中的酸碱度、NH_3-N、COD、BOD、DO（溶解氧）、6价Cr离子、硫离子、氰化物、氯化物、硬度、酚等的测定。

1．定义

容量分析法又称滴定分析，是一种重要的定量分析方法，此法将一种已知浓度的试剂溶液滴加到被测物质的试液中，根据完成化学反应所消耗的试剂量来确定被测物质的量。容量分析法所用的仪器简单，还具有方便、迅速、准确（可准确至0.1%）的优点，特别适用于常量组分测定和大批样品的例行分析。

2．基本原理

容量分析法是将一种已知准确浓度的试剂溶液，滴加到被测物质的溶液中，直到所加的试剂与被测物质按化学计量定量反应为止，根据试剂溶液的浓度和消耗的体积，计算被测物质的含量。这种已知准确浓度的试剂溶液称为滴定液。将滴定液从滴定管中加到被测物质溶液中的过程称为滴定。当加入滴定液中物质的量与被测物质的量按化学计量定量反应完成时，反应达到了计量点。在滴定过程中，指示剂发生颜色变化的转变点称为滴定终点。滴定终点与计量点不一定符合，由此所造成分析的误差称为滴定误差。

适合滴定分析的化学反应应该具备以下几个条件：

（1）反应必须按方程式定量地完成，通常要求在99.9%以上，这是定量计算的基础。

（2）反应能够迅速地完成（有时可加热或用催化剂加速反应）。

（3）共存物质不干扰主要反应，或用适当的方法消除其干扰。

（4）有比较简便的方法确定计量点（指示滴定终点）。

3．分类

（1）直接滴定法：用滴定液直接滴定待测物质，以达终点。

（2）间接滴定法：直接滴定有困难时，常采用以下两种间接滴定法来测定。

置换法：利用适当的试剂与被测物反应产生被测物的置换物，然后用滴定液滴定置换物。

铜盐测定：$Cu^{2+}+2KI \longrightarrow Cu+2K^{+}+I_2$。

用 $Na_2S_2O_3$ 滴定液滴定，以淀粉指示液指示终点。

回滴定法（剩余滴定法）：用定量过量的滴定液和被测物反应完全后，再用另一种滴定液来滴定剩余的前一种滴定液。

4. 滴定液

滴定液是指已知准确浓度的溶液，它是用来滴定被测物质的。滴定液的浓度用“×××滴定液（YYY mol/L）”表示。

1）配制

（1）直接法。根据所需滴定液的浓度，计算出基准物质的重量。准确称取并溶解后，置于量瓶中稀释至一定的体积。

（2）间接法。根据所需滴定液的浓度，计算并称取一定重量试剂，溶解或稀释成一定体积并进行标定，计算滴定液的浓度。

2）标定

标定是指用间接法配制好的滴定液，必须由配制人进行滴定度测定。

3）标定份数

标定份数是指同一操作者，在同一实验室，用同一测定方法对同一滴定液，在正常和正确的分析操作下进行测定的份数，不得少于 3 份。

4）复标

复标是指滴定液经第一人标定后，必须由第二人进行再标定。其标定份数也不得少于 3 份。

5. 误差限度

（1）标定和复标。标定和复标的相对偏差均不得超过 0.1%。

（2）结果。以标定计算所得平均值和复标计算所得平均值为各自测得值，计算二者的相对偏差，不得超过 0.15%，否则应重新标定。

（3）结果计算。如果标定与复标结果满足误差限度的要求，则将二者的算术平均值作为结果。

（4）使用期限。滴定液必须规定使用期。除特殊情况另有规定外，一般规定为 1～3 个月，过期必须复标。出现异常情况必须重新标定。

（5）范围。滴定液浓度的标定值应与名义值一致，若不一致时，其最大与最小标定值应在名义值的±5%之间。

6. 滴定度 *T*

1）含义

每 1mL 滴定液所相当被测物质的质量，常以 $T_{A/B}$ 表示，A 为滴定液，B 为被测物质的化学式，单位为 g/mL。

2）计算公式

由 $m_B=C_AV_AM_B$，因为 $V_A=1$，所以 $m_B=C_AM_B$，由此得：

$$T_{A/B}=C_AM_B \tag{1-3}$$

式中 m_B——被测物质的质量，g；

V_A——滴定液的体积，mL；

C_A——滴定液的浓度，mol/mL；

M_B——被测物质特定基本单元的摩尔质量，g/mol。

二、电化学分析法

（一）定义

电化学分析法是应用电化学原理和技术，利用化学电池内被分析溶液的组成及含量与其电化学性质的关系而建立起来的一类分析方法。

（二）基本原理

电化学分析法的基础是在电化学池中所发生的电化学反应。电化学池由电解质溶液和浸入其中的两个电极组成，两电极用外电路接通。在两个电极上发生氧化还原反应，电子通过连接两电极的外电路从一个电极流到另一个电极。根据溶液的电化学性质（如电极电位、电流、电导、电量等）与被测物质的化学或物理性质（如电解质溶液的化学组成、浓度、氧化态与还原态的比率等）之间的关系，将被测定物质的浓度转化为一种电学参量加以测量。

（三）特点

电化学分析法具有灵敏度高、准确度高、快速、应用范围广等特点，可以对大多数金属元素和可氧化还原的有机物进行分析。

（四）分类

根据测量的电信号不同，电化学分析法可分为电位法、电解法、电导法和伏安法。

（1）电位法：通过测量电极电动势以求得待测物质含量的分析方法。若根据电极电位测量值，直接求算待测物的含量，称为直接电位法；若根据滴定过程中电极电位的变化以确定滴定的终点，称为电位滴定法。该法最初用于测定 pH 值，近 10 年来，由于离子选择电极的迅速发展，电位分析法已广泛应用于水质中 F^-、CN^-、NH_3-N、DO 等的监测。

（2）电解法：根据通电时，待测物在电极上发生定量沉积的性质以确定待测物含量的分析方法。

（3）电导法：根据测量分析溶液的电导以确定待测物含量的分析方法，用于测定水的电导率、DO 含量及 SO_2 含量。

（4）伏安法：将一微电极插入待测溶液中，利用电解时得到的电流—电压曲线为基础而演变出来的各种分析方法的总称。

三、光化学分析法

光化学分析法是以光的吸收、辐射、散射等性质为基础的分析方法。这里主要介绍具有代表性的分光光度法。

（一）定义

分光光度法是通过测定被测物质在特定波长处或一定波长范围内光的吸收度，对该物质进行定性和定量分析的方法。分光光度法是一种具有仪器简单、容易操作、灵敏度较高、测定成分广等特点的常用分析法，可用于测定金属、非金属、无机化合物和有机化合物等，在国内外的监测分析法中占有很大的比重。

在分光光度计中，将不同波长的光连续地照射到一定浓度的样品溶液时，便可得到与不同波长相对应的吸收强度。如以波长 λ 为横坐标，吸收强度 A 为纵坐标，可绘出该物质的吸收光谱曲线。利用该曲线进行物质定性、定量的分析方法，称为分光光度法，也称为吸收光谱法。用紫外光源测定无色物质的方法，称为紫外分光光度法；用可见光光源测定有色物质的方法，称为可见光光度法。它们与比色法一样，都以朗伯—比尔定律为基础。上述的紫外光区与可见光区是常用的。但分光光度法的应用光区包括紫外光区、可见光区、红外光区。

（二）基本原理

当一束强度为 I_0 的单色光垂直照射某物质的溶液后，由于一部分光被体系吸收，因此透射光的强度降至 I，则溶液的透光率 T 为 I/I_0。根据朗伯—比尔定律：

$$A=abc \tag{1-4}$$

式中 A——吸光度；

a——吸光系数，L/(g・cm)；

b——溶液层厚度，cm；

c——溶液的浓度，g/L。

其中吸光系数与溶液的本性、温度以及波长等因素有关。溶液中其他组分（如溶剂等）对光的吸收可用空白液扣除。

由式（1-4）可知，当固定溶液层厚度 L 和吸光系数时，吸光度 A 与溶液的浓度呈线性关系。在定量分析时，首先需要测定溶液对不同波长光的吸收情况（吸收光谱），从中确定最大吸收波长，然后以此波长的光为光源，测定一系列已知浓度 c 溶液的吸光度 A，做出 A—c 工作曲线。在分析未知溶液时，根据测量的吸光度 A，查工作曲线即可确定出相应的浓度。这便是分光光度法测量浓度的基本原理。

上述方法是依据标准曲线法来求出未知浓度值，在满足要求（准确度和精密度）的条件下，可以应用比较法求出未知浓度值。

习　　题

一、填空题

1. 50mL、25mL、10mL 滴定管的最小分刻度分别是____mL、____mL、____mL。
2. 任何玻璃量器均不得用____干燥；见光易分解的溶液要装于____中。

二、单选题

1. ____用于存放液体试剂。

A. 广口瓶　　B. 量瓶
C. 细口瓶　　D. 烧杯

2. 用基准试剂标定标准溶液时，使用 25mL 的滴定管以消耗滴定液____为宜。

A. 15mL　　B. 20mL
C. 25mL　　D. 10mL

3. 洗涤玻璃仪器上的灰尘用____。

A. 铬酸洗液　　B. 有机溶剂
C. 合成洗涤剂　　D. 碱性乙醇洗液

4. 天平室的基本要求是______。

A. 防震、防尘
B. 阳光直接照射、光线明亮
C. 空气流通
D. 阴冷、干燥

三、多选题

1. 检查玻璃仪器洗净的方法是________。

A. 玻璃仪器不挂水珠
B. 干燥后没有片渍
C. 空白实验检查合格
D. 透亮、无缺陷

2. 滴定管、移液管每次都应从最上面刻度为起点使用，原因是________。

A. 与检定方法相同　　B. 减少平行误差
C. 使用方便　　D. 养成的习惯

四、简答题

1. 看图分析，下图所示过滤操作有无错误？如有，将错误的地方做出标记，并做简要文字说明。

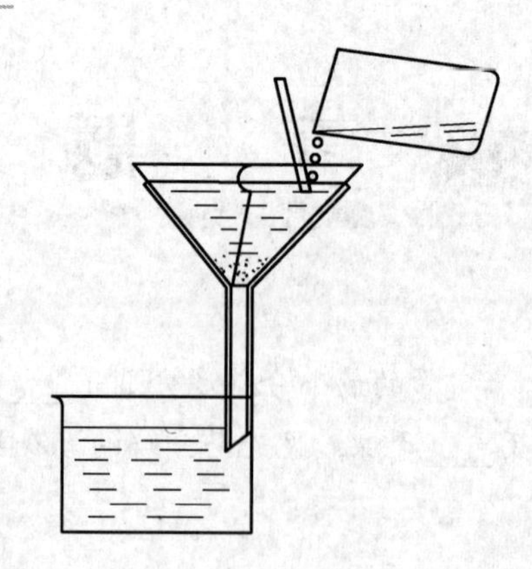

2. 在滴定分析中，滴定管、移液管为什么要用操作溶液润洗几次，滴定中使用的锥形瓶或烧杯是否也要用被测样品润洗，为什么？

3. 如何配制含 Cl^- 为 0.1000mg/mL 的标准溶液？

第二章 天然气分析

样品的采集对于样品的分析至关重要，本章首先对天然气取样方法、技术要求、材料与设备及取样安全进行了介绍；然后考虑天然气常规组成分析对于对外贸易（流量计量及热值计量）、天然气生产动态分析的重要性，在此简单介绍了色谱理论与气相色谱仪，对气相色谱法测定天然气组分做了详细介绍；如果天然气中含有硫化氢、二氧化碳等酸性气体，那么水的存在会对管道产生腐蚀和堵塞，而水露点是水含量的一个表征值，在天然气水露点测定中，重点以冷镜法为例介绍了天然气水露点的测定，同时对在线水露点分析方法也做了简单介绍；天然气中几乎都含有硫化氢，它的存在会腐蚀管道、催化剂甚至危及人的生命，在天然气硫化氢测定中，着重介绍了分析方法、材料及试剂和仪器，同时对在线硫化氢分析方法做了简单介绍；在天然气总硫分析中，对微库仑法进行了简单介绍，重点对紫外荧光法的原理、试剂、仪器设备、试验方法、步骤、计算等方面进行了详细介绍。

第一节　样品采集

天然气取样适用于经过处理的天然气气源中有代表性样品的采集和处理，取样应考虑取样原则、探头的位置以及取样设备处理和设计等内容，涉及点取样、组合取样（累积取样）和连续取样系统，可用于交接计量系统和输配计量系统。

一、基本概念

（1）直接取样与间接取样。直接取样是指在取样介质与分析单元直接相连的情况下的取样；间接取样是指在取样介质与分析单元没有直接相连的情况下进行的取样。

（2）移动活塞气瓶。移动活塞气瓶是一种内部装有一个可移动活塞的容器，活塞用来隔离样品与缓冲气体，活塞两边的压力保持平衡。

（3）流量比累积取样器。流量比累积取样器是在一定的时间间隔内，以与气源管道气流成正比例的速率采集样品的取样器。

（4）高压天然气与低压天然气。高压天然气是指气体压力在 0.2MPa 以上的天然气；低压天然气是指气体压力在 0～0.2MPa 之间的天然气。

（5）烃露点与水露点。烃露点是指在给定压力下烃类蒸气开始凝析时的温度；水露点是指在给定压力下水蒸气开始发生凝析时的温度。

（6）液体分离器。液体分离器是指样品管道内用来收集析出液体的一种装置。

（7）吹扫时间。吹扫时间是指用样品气吹扫装置所用的时间。

（8）代表性样品。将被取的天然气视为一个均匀的整体时，与其具有相同组成的样品就是代表性样品。

（9）停留时间。停留时间是指样品通过装置所用的时间。

（10）样品容器。样品容器是指当需要间接取样时，用来收集气体样品的容器。

（11）取样导管。取样导管是指用来将气样传输到取样点的导管。可能还包括为运输及分析样品做准备而需要的装置。

（12）取样探头。取样探头是指插入气体管道，另一端与取样导管相连接的装置。

（13）取样点。取样点是指能够从其中采集到有代表性样品的气流内的一个部位。

（14）点样。点样是指在规定时间、规定地点从气流中采集的具有规定体积的样品。

（15）传输导管。传输导管是指用来将待分析的样品从取样点引导到分析单元的管道。

二、取样方法分类

取样的主要作用是获得足够量的有代表性的气体样品。取样方法主要分为直接取样和间接取样，取样分类如图 2-1 所示。直接取样方法中，样品直接从气源输送到分析单元（如在线分析的取样）；间接取样方法中，样品在转移到分析单元之前被储存在容器内（如实验室分析的取样）。间接取样方法的主要类型有取点样和取累积样。

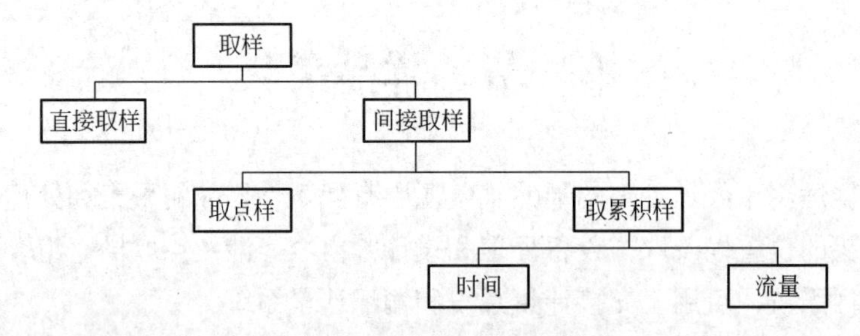

图 2-1　取样方法分类示意图

由天然气分析获得的所需数据分为两种基本类型：平均值和限定值。

平均值：以发热量为例，气体交接过程中要求给出时间或流量的平均发热量。一般由商业协议确定求平均值的时间周期和方法。

限定值：大多数的天然气交接合同中包括关于气体组成和气体性质技术指标的限定值。可以采用直接取样，经常也需要采用间接取样。

三、取样频率

取样频率基本上是一个经验性的问题，气流过去的物性情况和预期（系统性）的变化决定取样频率。

一般来说，管输天然气的组成在每日、每周、每月、每个季节或每半年会发生变化。组成也会因气体处理装置和气藏的变化而发生变化。在选择取样间隔时应考虑与环境和操作方面相关的所有因素。

四、取样的技术因素

（一）流动特性

管道内的流动可能是层流，也可能是紊流，在取样系统中应避免层流出现。如组成不是完全均匀，用静态混合气提高其均质性。

（二）凝析与再气化

（1）取样探头处的滴落。取样导管内的液态烃或凝析物滴回到主气流后，会降低测得的气体发热量。这种现象可由记录图上的日夜正弦波效应得到证实。由于白天较热，记录的发热量较高，而夜间温度较低，记录的发热量也较低。

（2）加热、保温及保压。为了避免出现凝析，取样系统和样品处理装置的温度在任何压力下都应高于气体的露点，而且还应对取样系统进行预热。同时，对易凝析样气，间接取样时取样系统和样品处理装置的压力应尽量与气体输送管线的压力一致。

（三）吸附和解吸

某些气体组分被吸附到固体表面或从固体表面解吸的过程称为吸附效应。有些气体组分和固体之间的吸引力是纯物理性的，它取决于参与此过程的各种材料的性质。天然气中可能含有几种强吸附效应的组分。在测定痕量重烃或杂质时应特别注意这点。

（四）泄漏和扩散

应对管道和设备进行定期泄漏检查。微漏可影响痕量组分的测定分析（即使在高压下，水或大气中的氧也可能扩散到管子或容器中），在氢气存在时应特别注意。

试漏可采用洗涤剂的溶液，或将管道充压，或用其他更复杂的方法进行，如使用便携式泄漏检测仪（如质谱计）。

（五）反应和化学吸附

活性组分能与取样设备化学结合（例如通过氧化），或者表现为化学吸附。取样设备中使用的材料也可能催化样品（例如在含有痕量硫化氢、水及羰基含硫化合物的混合物中）的反应。

五、取样材料及取样设备

（一）取样材料

1. 一般要求

取样系统中使用什么材料合适，取决于待取气样的性质。一般情况下，气体接触到的所有表面均推荐使用不锈钢材料。阀座和活塞密封圈应使用柔韧性材料，以适应其特殊用途。湿气、高温气体或者含有硫化氢或二氧化碳的气体，可能要求使用特殊材料或对取样系统内部涂层。建议对用于酸性气体取样的气瓶进行聚四氟乙烯或环氧树脂涂层。活泼组分如硫化氢应用直接取样的方法在现场分析，因为即使有涂层的容器也不能消除对这些组分的吸附。

应避免使用黄铜、紫铜和铝等软金属，因为它们很容易产生腐蚀、金属疲劳等问题。但在某些对样品容器的反应性要求高的场合，允许采用铝制的样品容器。一般来说，与样品或标准气接触的材料应具有以下特性：对所有气体无渗透性；具有最小的吸附和对被传输的组分具有化学惰性。由于天然气中可能存在少量的含硫化合物、汞、二氧化碳等，所有的装置和接头都应使用不锈钢，或者在低压下使用玻璃等。表 2-1 列出了可能适合的取样材料。

表 2-1　取样系统材料与气体组分的相容性

材　料	与气体组分的相容性[①]							
	C_nH_m	COS CO_2	CH_3OH O_2	H_2S RSH THT	H_2O	He	Hg	H_2 CO
不锈钢	a	a	a	b	b	a	b	a
玻璃[②]	a	a	a	a	a	a	a	a
聚四氟乙烯[③]	b	b	b	a	c	c	c	b
聚酰胺	a	a	b	a	c	a	c	a
铝	a	a	a	b	b	a	c	a
钛	a	a	a	a	a	a	a	a

① a=适用；b=有条件使用；c=不推荐使用。

② 玻璃是高惰性材料，但易碎裂，在高于大气压下取样不安全。

③ 聚四氟乙烯（PTFE）是惰性的但可能有吸附，它对水、氦和氢有渗透性，聚四氟乙烯涂层可能不完整，因此有些内表面可能未被保护。

1）碳钢

碳钢及其他类似多孔性材料能留住天然气流中的重组分和如二氧化碳和硫化氢之类的杂质，不宜用于取样系统。尽管不锈钢用于取样设备总体上是一种很好的材料，但建议用户在使用前应咨询腐蚀专家。当气流中含有水分时不宜使用不锈钢，但已证实某些不锈钢材料，如 4CrNi1810 和 4CrMo17122 等耐酸不锈钢的性能是令人满意的。

2）环氧树脂涂层

环氧树脂（或酚醛树脂）涂层能够减少或消除对含硫化合物或其他微量组分的吸附。但是对小的接头、阀和其他表面积小的部件进行涂层是不现实的。

3）其他聚合物

聚合物的使用应限制在管道或设备接头的连接件，这些地方很少或不直接与样品接触，尤其是在分析水或含硫化合物时应特别小心，不过，使用由聚酰胺材料做成的短管仍可获得较好的结果。在某些情况下，可在低压下使用软的 PVC 材料。在取样系统中使用任何新的聚合物材料之前，应用适当浓度的标准气进行检验，以证明该聚合物材料不会引起样品组成的改变。

4）橡胶

即使在低压下，也不推荐使用橡胶管或橡胶连接物，因为它们具有较高的反应活性和渗透性。例如硅橡胶对许多组分都具有很高的吸附性和渗透性。

2．双金属腐蚀

在取样系统中使用互相接触的不同金属，可能加快腐蚀，并导致取样误差或安全问题。

（二）取样设备

1．取样与传输导管

一般来说，为减小停留时间，取样导管应尽可能短，管直径应尽可能小，但不小于 3mm。取样导管的放空应减至最小程度。此外，高压降可能导致冷却和凝析，这会影响样品的代表性。取点样时吹扫时间至少应为停留时间的 10 倍。取样点和样品容器之间的所有连接处都不应发生样品污染。在必须和允许用螺纹连接处，应使用聚四氟乙烯带，而不应使用螺纹密封剂，这种产品可能污染样品或吸附样品中的某些组分，从而导致错误的分析结果。

2．分离器

取样系统一般不推荐使用分离器（图 2-2）或滴瓶（图 2-3），但分离器的使用能保证可能被取样探头采集到的任何游离液体不进入分析单元或样品容器。在使用这种装置时如果不注意，没有确保在管道温度下取样，则会产生严重的误差。在单相管道内，理论上不需要使用分离器。在分离器（或滴瓶）外面的管道上进行加热或保温来消除冷凝是很有用的。如果环境温度低于气源温度，而气源温度又接近露点，则需要对整个取样系统绝热，以保证取到有代表性的样品。应尽可能不使用那些可促进凝析或吸附的机械装置、过滤装置或吸附性材料。

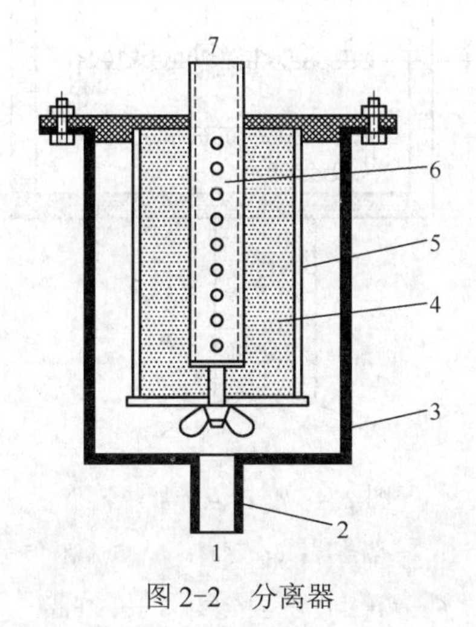

图 2-2　分离器

1—气体进口；2—直径 25mm 管；3—直径 125mm 管；4—紧密装填的玻璃棉；5—带孔的圆筒；6—钻有 4 列圆孔；7—气体出口

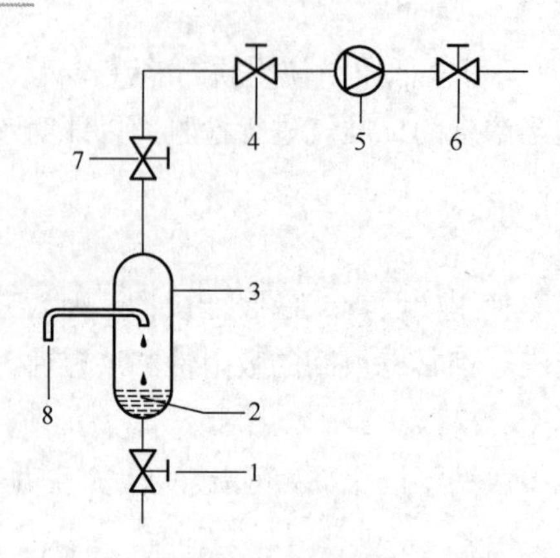

图 2-3　滴瓶

1—气体进口；2—直径 25mm 管；3—直径 125mm 管；4—紧密装填的玻璃棉；

5—带孔的圆筒；6—钻有 4 列圆孔；7—气体出口；8—气体进口

3．减压装置

为了向分析单元输送合适压力的样品气，常需要一个减压装置。根据管道内的压力以及传输导管的压力降，可以在管道的起始端或终端减压，或者根本不减压。减压装置材料最好用不锈钢和聚四氟乙烯。减压阀的最大额定压力应大于预期的气体取样系统管道的最大压力。由于焦耳—汤普森效应，当压力降低时，温度约以 0.5℃/0.1MPa 的比例降低，因此存在重尾馏分凝析的可能。若发生凝析，样品便不再具有代表性，所以应预防凝析的发生。通常的预防方法是加热，以补偿温度的降低。加热应在减压装置的上游进行。整个系统的设计应使任何一点都不会发生凝析（图 2-4）。需要的热量取决于气体的组成、压力降、压力、温度和流量等。

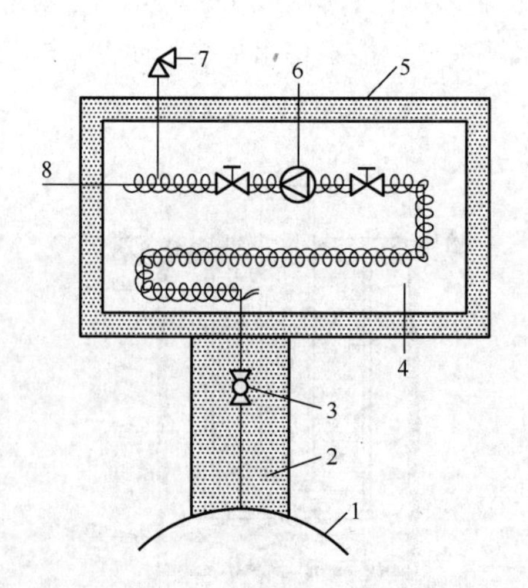

图 2-4　减压取样加热箱

1—输气管道；2—隔热层；3—球阀；4—电热器；5—隔热箱；

6—减压器；7—安全阀；8—去实验室

4．加热元件

加热元件可以安装在取样探头和取样导管上。在某些情况下，还要求对样品容器加热。电加热元件应是自限型的。它们也应满足其使用地区的电气要求。还要求保证当某些元件发生故障时，加热元件不产生过热。

（三）取样设备的预处理

1．表面处理

某些材料表现出来的吸附效应可以用表面处理技术加以改进。洁净、无油脂的表面吸附性较小，粗糙的表面则为气体提供了吸附和聚集的晶核。现在可用抛光技术使吸附效应降低到最小程度，而且还能减少使取样装置达到平衡所需要的时间。还可以用其他工艺来减小吸附效应，有些材料可电镀某种惰性材料（如镍）来减少吸附效应。另外，利用专利技术对铝进行钝化处理，也能够减少吸附。

2．取样系统的清洁

取样和传输导管中与气体接触的所有部分均应无脂、无油、无霉或其他任何污染性物质。除非这些样品容器是特别钝化的气瓶，样品容器在每次采集样品前都应清洗和吹扫。用来采集含很活泼组分的样品，应采用合适的挥发性溶剂清洗，然后干燥，以避免吸附现象特别是由含硫化合物和重烃引起的吸附现象的发生。像丙酮这类干燥后没有残留的溶剂，尽管在有些情况下存在易燃或有毒性，但一般还是可以用来清除最后残存的重尾污染物。只有在蒸汽本身洁净，不含缓蚀剂、锅炉水处理剂或其他可能污染样品容器的物质时，才使用蒸汽除污。有沉积物的气瓶，清洗时应特别注意。如果需要分析含硫组分，则不能用蒸汽来清洁不锈钢瓶，因为此时含硫物质易被气瓶吸附，分析出来的结果会显著低于预期的硫含量水平。为此，对需要分析硫含量的样品，要求采集到有特殊衬里的气瓶或钝化的气瓶内。很重要的一点是要注意应对样品容器及其附属配件的全部润湿表面进行涂层。如果只对容器本身，而不对阀、接头、泄压装置等进行涂层，则不能获得满意的保护效果。在某些情况下（如含有硫化氢的气体）建议用聚四氟乙烯涂层。

3．取样设备的稳定处理

先用样品气吹扫，直至顺序采得气样的分析浓度趋于一致。在用样品气吹扫之前，先将取样设备抽空能够缩短稳定时间。多次抽空和吹扫有利于缩短稳定时间和达到平衡。最后可通过分析已知标准气来确定是否达到平衡和取样设备是否稳定。

4．预充气

可用气体来干燥或吹扫已除尽沉积物和重污染物的气瓶，这些气体有氮气、氦气、氩气和仪器用干空气。为了避免干扰，干燥气或吹扫气应不含待测组分。许多实验室在样品容器中都充有空白气，如氮气、氦气、氩气或其他气体以防止被空气污染。应谨慎地选择用于预充或回压的空白气，以避免在样品容器发生泄漏或样品被污染时，分析系统将这些气体作为被测样品的一部分。例如，用氦气作载气的色谱仪不会检测到单腔气瓶内残留的预充氦气，也不会检测到从移动活塞气瓶活塞中泄漏的氦气。

（四）样品容器

样品容器不应改变气体组成或影响气体样品的正确采集。各种材质、阀门、密封圈以及样品容器的其他部件都应符合这个主要要求。

用于取样的容器通常由玻璃、高分子材料（用于低压，总压小于 0.2MPa）、不锈钢、钛合金或铝合金制成。金属容器的特殊内涂层应保证与含硫化合物的反应性最小。除非容器已被抽真空且密封好，否则它们至少应配备两个阀，以便可用样品气吹扫。容器与气体接触的表面应无脂、无油或其他任何污染物。应非常小心地将它们清除干净，以避免吸附现象。推荐采用软座阀，因为它优于金属座阀。

1．移动活塞气瓶

本方法要求的容器由金属管构成，内表面被磨光并抛光。气瓶最好用可拆卸的管端盖帽密封，以便活塞的移动和维护。在盖帽上钻孔并攻出螺纹，以安装压力表及泄压阀等。图 2-5 给出了一个移动活塞气瓶的示例。

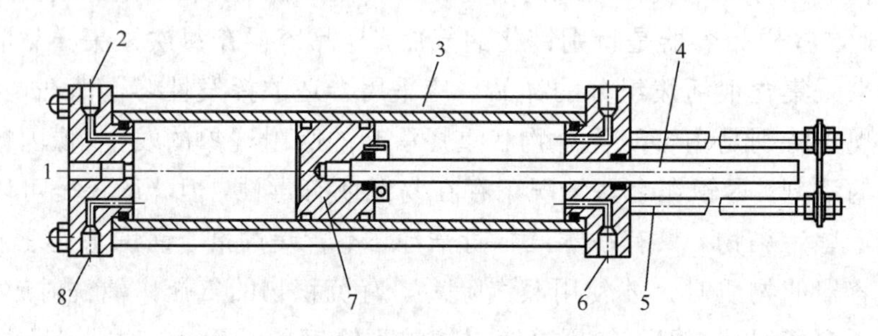

图 2-5　移动活塞气瓶结构示意图

1—样品；2—放空口；3—紧固螺栓；4—标志杆；5—刻度的 80%处；
6—预充气口；7—活塞；8—压力表和阀接口

2．双阀气体取样瓶

双阀气体取样瓶如图 2-6 所示。

图 2-6　双阀气体取样瓶

3．气体取样袋

气体取样袋如图 2-7 所示。使用前将气体排净，用样品气体进行置换，置换完再将取样袋口密封。

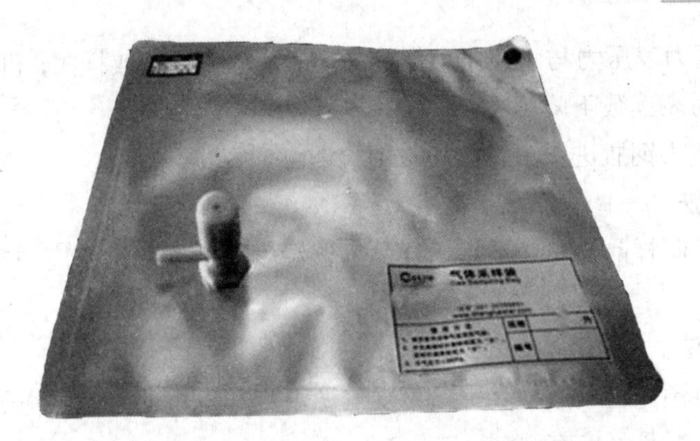

图 2-7　气体取样袋

4．玻璃取样容器

玻璃取样容器如图 2-8 所示。在管线压力过高（超过 15MPa）或者压力过低（低于 1 个大气压）时，可以采用玻璃瓶向下排水法进行取样。

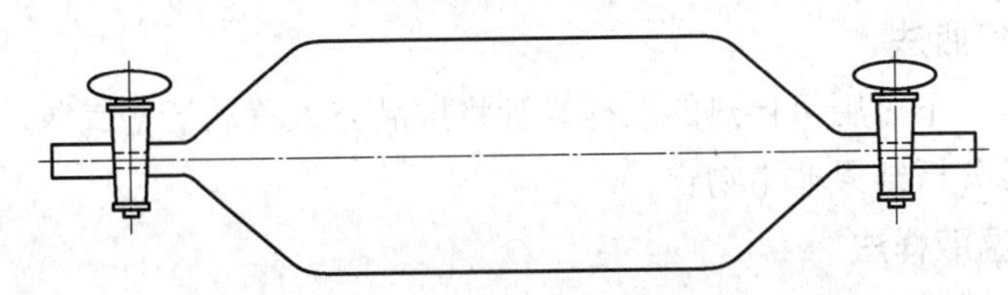

图 2-8　玻璃取样容器结构示意图

六、取样方法

（一）取点样

取点样是将样品充入合适的气瓶中，然后将装有样品的气瓶运送到分析地的间接取样方法。适合在高压和低压下取点样的方法有充气排空法、控制流量法、抽空容器法、预充氦气法、移动活塞气瓶法和保压、保温取样法。

1．充气排空法

充分排空法适用于样品容器温度不低于气源温度的情况，气源压力应大于大气压。目前常采用此方法进行天然气取样。取样的具体步骤是：

（1）关闭取样阀，然后再拆卸压力表，压力表的指针显示压力必须下降为零，才能继续拆卸。当表压高于 10MPa 时，应先打开放空阀泄压。

（2）安装取样接头，打开取样阀充分吹扫取样口，排除死气及污物后关闭取样阀。

（3）连接好采样钢瓶，打开取样钢瓶进、出口阀门，缓慢开取样阀吹扫钢瓶并关闭钢瓶出口阀，待压力表使钢瓶内压升高到所需的吹扫压力，迅速关闭取样阀，再由钢瓶出口阀缓慢将钢瓶放空至常压，重复此项操作 3 次以上。

（4）缓慢打开取样阀，关闭钢瓶出口阀，观察压力表读数，但钢瓶的采样压力不能超过工作压力，当压力表压力与管线压力保持平衡时，迅速关闭取样阀，再关闭钢瓶进口阀，打开放空阀使压力表读数下降为零。

（5）取下钢瓶将钢瓶进、出口阀浸水中检漏。

2．控制流量法

用针形阀来控制样品流量，适用于样品容器温度不低于气源温度的情况，气源压力应大于大气压。

3．抽空容器法

在样品采集前预先将气瓶抽真空，不受气源温度和压力的限制。样品容器上的阀门和附件应处于良好状况且不应有泄漏。

4．预充氦气法

除了在取样前用氦气预充以保持样品容器内无空气之外，其他要求与抽空容器法相似，适用于那些不测定氦气和最好忽略氦气的场合，例如，对以氦气作载气的气相色谱进行分析时。

5．移动活塞气瓶法

一般在管道压力下可用可伴热的取样导管将样品充入移动活塞气瓶，由此获得的分析结果与正确的在线分析结果非常吻合。

6．保压、保温取样法

保压、保温取样流程分别如图 2-9、图 2-10 所示。延伸管长度为 0.6～1.2m。包括取样导管在内的所有材料均为不锈钢。可将延伸管卷绕起来，使取样设备更加紧凑。延伸管的作用是用来防止在样品容器出口阀发生重烃凝析。

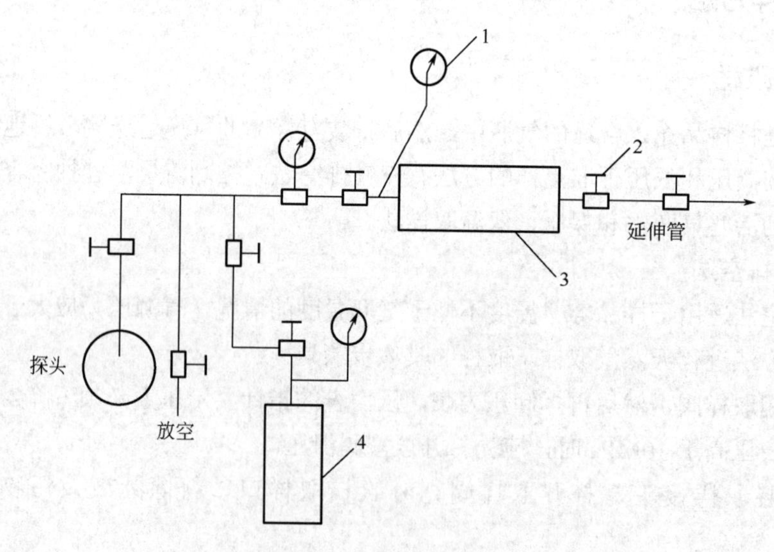

图 2-9　保压取样法示意图

1—压力表；2—阀门；3—取样瓶；4—辅助气瓶

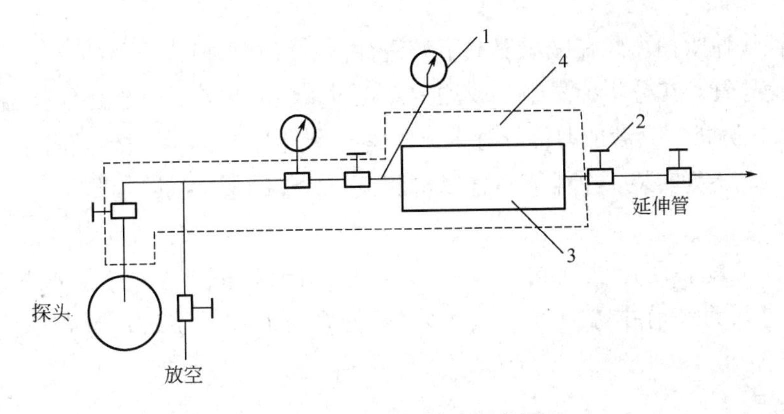

图 2-10 保温取样法示意图

1—压力表；2—阀门；3—取样瓶；4—保温夹套

（二）直接取样

1. 取样流程

使用减压器的连续取样流程如图 2-11 所示。

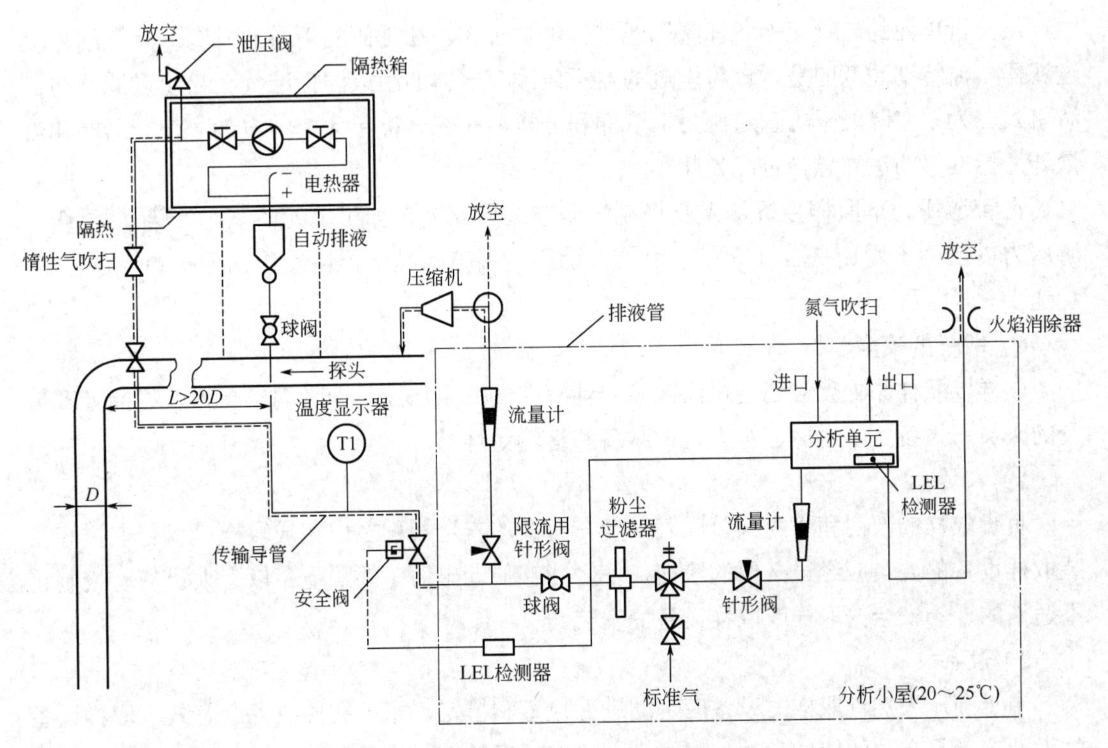

图 2-11 使用减压器的连续取样流程示意图

（1）自动排液。自动排液一般不采用，因为它容易使样品产生偏差。

（2）减压。在气体分析中有些测量在管道压力下进行（例如潜在的凝析物或露点的测定），而有些测量则在减压下进行。如果需要进行减压，则要安装减压器。减压器有时需要两个阀，两侧各一个。

（3）惰性气体吹扫。应在减压器的下游进行惰性气体吹扫。

（4）传输导管。在分析痕量组分或测定露点时，应将传输导管加热使其温度不低于气体管道温度。在分析室上游的取样导管上应配备一个温度显示器，以便随时了解温度情况。在寒冷环境中，还可安装一个排液装置以检测任何可能的凝析物。

2. 吹扫

取样系统应配备用惰性气吹扫的设施。如果由于某种原因发生了凝析现象，或为了在过程气进入系统前排除空气（氧气），就需要对取样系统进行吹扫以避免有危害的情况。

3. 安全阀

应在减压器下游安装泄压阀，以保护分析装置在减压器发生故障时不至于因压力失控而损坏。

4. 传输导管的加热

如果有液体形成或发生化合物吸附，应对传输导管进行加热，传输导管的加热温度应至少高出凝析温度10℃。

5. 传输进样导管

供分析单元的导管应配备球阀以便进行维护工作。在球阀的下游通常有一个微细粉尘过滤器。需特别注意的是，该粉尘过滤器不应改变气体的组成。标准气在粉尘过滤器的上游引入。为了在降低了的管道压力下取样和分析，应在分析单元上游安装一个针形阀和流量计。标准气的进样导管也应如此。

在管道压力下取样分析，需要将流量调节装置安装在分析单元的下游。为了控制上游压力以及为了避免高压气放空，用于上游压力调节的减压器应安装在分析单元的出口管道上。

6. 取样的安全

取样以及样品处理应当遵循国家和企业有关的安全法规，应考虑取样以及样品处理涉及的人员、设备、易燃性、个人防护装备和运输等环节。

1）人员

负责取样的部门和班组人员应确知能在有关的安全规程之内完成取样。执行取样和安装取样设备的人员应经过必要的培训，使之能够估计出潜在的危险。以上人员应有权制止不适当的、不安全的取样或取样设备的安装。

2）设备

用于高压天然气取样的设备应定期进行检查和检定，相关文件应齐全有效。取样设备的设计应满足有关的取样条件，如压力、温度、腐蚀性、流量、化学相容性、振动、热膨胀与收缩等。玻璃容器和气袋不能在压力下使用。在运输和存放过程中，气瓶上应装有盖帽。气瓶应永久性地标明其容积、工作压力和试验压力。气瓶的试验压力应至少是工作压力的1.5倍。在运输与存放过程中要保护气瓶不被损坏。应为各种型号的气瓶设计运输箱。气瓶上还应配有提供相关信息的标签，并防止标签磨损脱落。气瓶及其附件应定期进行检查并试漏。固定的传输导管和取样导管应正确保管。有可能破裂的连接处应便于试漏。气体出口应安装双重的截止阀和泄压阀。当气瓶不用时，应装好盖帽。

应限制高压软管的使用，严格按照产品说明进行安全操作。传输导管能被固体或液体污染物堵塞，所以在“再打开”这些管道时应采取特别保护措施。这种操作只能由具有取样资格的合格人员来进行。传输导管的切断阀应尽可能靠近气源安装。取样探头应配备一个切断阀。

取样使用的相关电气设备应获得电气制造许可，应避免使用可能产生静电的设备。同时避免使用可能产生火花的设备或工具。

3）易燃性

为了防止火灾或爆炸，在气体处于可燃气体爆炸极限的区域内，应遵循下列限制：禁用明火；禁止吸烟；禁止使用可能产生火花的设备与工具；禁止使用操作温度高于气体混合物自燃点的设备（天然气自燃点一般高于400℃）；禁止使用能与气体剧烈反应的化学试剂；禁止发动火花点火式发动机；应充分通风，以防止可燃性气体大量聚积；传输导管的吹扫应直接引向“安全区”（如开阔地带），人工取（点）样时，在取样地点释放的气体应限制到最小量；与取样点相关的要害地点应使用气体检测器；应备有便于得到的手动或自动灭火设备；取样人员应经过发生火灾时能做出正确反应的培训。

4）个人防护装备

应配备必需的个人防护装备。不同地方对防护装备的需求不尽相同，但应考虑以下因素：气体中含有毒或刺激性组分（如硫化氢、汞、芳香烃等）时，要求使用防毒面罩，供应新鲜空气，配备防护手套及有害组分监测器；对于高压气取样，可能需要使用护目镜和面罩，还应使用压力表来显示系统压力，使用泄漏检测器来检查系统是否泄漏；为了防火，操作人员应穿戴防火服（围裙、连衣裤、实验服），还应配备烟雾防护面罩。

5）运输

含有带压气样的取样瓶运输时应遵循有关法规：气瓶应装在运输箱内保护起来，否则可能损坏气瓶本身及阀门、压力表等；运输过程中还应防止气瓶的温度剧烈变化，避免造成超压或样品凝析；装运箱还应按规定配有合适的标记。

第二节 常规组成分析

天然气中主要包括甲烷、乙烷、丙烷、丁烷、戊烷、己烷及更重烷烃组分、二氧化碳、硫化氢、氮气、氦气、氢气等成分，分析这些成分的含量，对于对外贸易（计量及热值计算）、地质动态分析有着非常重要的意义。天然气组成通常采用气相色谱法进行分析。

一、色谱基础知识

（一）色谱法的原理

当流动相中携带的混合物流经固定相时，与固定相发生作用。由于混合物中各组分在性质和结构上的差异，与固定相之间产生的作用力的大小、强弱不同。随着流动相的移动，混合物在两相间经过反复多次的分配平衡，使得各组分被固定相保留的时间不同，从而按一定顺序由固定相中流出。

色谱法与适当的柱后检测方法结合，实现混合物中各组分的分离与检测。两相及两相的相对运动构成了色谱法的基础。

（二）色谱法的分类

（1）气相色谱：流动相为气体（称为载气）。

气相色谱按分离柱不同可分为填充柱色谱和毛细管柱色谱；按固定相的不同又分为气固色谱和气液色谱。

（2）液相色谱：流动相为液体（也称为淋洗液）。

液相色谱按固定相的不同分为液固色谱和液液色谱。

离子色谱是液相色谱的一种，以特制的离子交换树脂为固定相，不同pH值的水溶液为流动相。

（3）其他色谱方法。

① 薄层色谱和纸色谱：比较简单的色谱方法。

② 凝胶色谱法：测聚合物相对分子质量分布。

③ 超临界色谱：CO_2流动相。

④ 高效毛细管电泳：特别适合生物试样分析分离的高效分析仪器。

（三）色谱法的特点

（1）分离效率高：可用于高效分离复杂混合物、有机同系物、异构体、手性异构体等。

（2）灵敏度高：可以检测出$\mu g \cdot g^{-1}$（10^{-6}）级甚至$ng \cdot g^{-1}$（10^{-9}）级的物质量。

（3）分析速度快：一般在几分钟或几十分钟内可以完成一个试样的分析。

（4）应用范围广：气相色谱用于沸点低于400℃的各种有机或无机试样的分析；液相色谱用于高沸点、热不稳定、生物试样的分离分析。

色谱法的不足之处是被分离组分的定性较为困难。

（四）基本术语

1．基线

无试样通过检测器时，检测到的信号即为基线。

2．保留值

（1）用时间表示的保留值。

保留时间：组分从进样到柱后出现浓度极大值时所需的时间。

死时间：不与固定相作用的气体（如空气）的保留时间。

调整保留时间：保留时间与死时间之差。

（2）用体积表示的保留值。

保留体积：柱出口处的载气流量。

死体积：不被保留的组分通过色谱柱所消耗的流动相的体积。

调整保留体积：保留体积与死体积之差。

3．相对保留值

相对保留值为两组分调整保留值之比。相对保留值只与柱温和固定相性质有关，与其他色谱操作条件无关，它表示了固定相对这两种组分的选择性。

4．区域宽度

区域宽度是用来衡量色谱峰宽度的参数，有三种表示方法：

（1）标准偏差：0.607 倍峰高处色谱峰宽度的一半。

（2）半峰宽：色谱峰高一半处的宽度。

（3）峰底宽：色谱峰两侧拐点上的切线在基线上截距间的距离。

（五）分离度

1．分离度的表达式

分离度的表达式如下：

$$R=\frac{2(t_2-t_1)}{W_2+W_1} \tag{2-1}$$

式中　t_1——在相邻的两个峰中，第 1 个色谱峰的绝对保留时间，s；

t_2——第 2 个色谱峰的绝对保留时间，s；

W_1——第 1 个色谱峰的峰宽，s；

W_2——相邻的第 2 个色谱峰的峰宽，s。

当 R=0.8 时，两峰的分离程度可达 89%；

当 R=1 时，两峰分离程度达 98%；

当 R=1.5 时，两峰分离程度达 99.7%（相邻两峰完全分离的标准）。

2．分离度与柱效

分离度与柱效的平方根成正比，当相对保留值 r_{21} 一定时，增加柱效，可提高分离度，但此时组分保留时间增加且峰扩展，分析时间长。

3．分离度与相对保留值 r_{21}

增大相对保留值 r_{21} 是提高分离度的最有效方法。增大 r_{21} 的最有效方法是选择合适的固定液。

二、色谱的定性、定量分析方法

（一）定性分析方法

1．利用纯物质定性的方法

（1）利用保留值定性：通过对比试样中具有与纯物质相同保留值的色谱峰，来确定试样中是否含有该物质及在色谱图中的位置。不适用于不同仪器上获得的数据之间的对比。

（2）利用加入法定性：将纯物质加入试样中，观察各组分色谱峰的相对变化。

2．利用相对保留值 r_{21} 定性

相对保留值 r_{21} 仅与柱温和固定液性质有关。在色谱手册中列有各种物质在不同固定液上的保留数据，可以用来进行定性鉴定。

（二）定量分析方法

1．峰面积的测量

（1）峰高乘以半峰宽法：近似将色谱峰当作等腰三角形。此法算出的面积是实际峰面积的 0.94 倍，见式（2-2）：

$$A = 1.064h \cdot y_{1/2} \tag{2-2}$$

式中　h —— 峰高，mV；

$y_{1/2}$ —— 半峰宽，s。

（2）峰高乘以平均峰宽法：当峰形不对称时，可在峰高 0.15 和 0.85 处分别测定峰宽，由下式计算峰面积：

$$A = h(y_{0.15} + y_{0.85}) / 2 \tag{2-3}$$

式中　h —— 峰高，mV；

$y_{0.15}$ —— 0.15 倍半峰宽；

$y_{0.85}$ —— 0.85 倍峰宽，mV。

（3）峰高乘以保留时间法：在一定操作条件下，同系物的半峰宽与保留时间成正比，对于难以测量半峰宽的窄峰、重叠峰（未完全重叠），可用此法测定峰面积，见式（2-4）：

$$A = hbt_{\mathrm{R}} \tag{2-4}$$

式中　h —— 峰高，mV；

b —— 峰宽，s；

t_{R} —— 保留时间，s。

2．校正因子

试样中各组分质量与其色谱峰面积成正比，见式（2-5）：

$$m_i = f_i \cdot A_i \tag{2-5}$$

式中　m_i——i 组分质量，g 或 mol；

f_i——绝对校正因子；

A_i——i 组分所对应的峰面积，mV · s。

绝对校正因子 f_i 为单位面积对应的物质量：

$$f_i = m_i / A_i \tag{2-6}$$

绝对校正因子与检测器响应值 S_i 成倒数关系：

$$f_i = 1 / S_i \tag{2-7}$$

相对校正因子 f_i' 为组分的绝对校正因子与标准物质的绝对校正因子之比，即：

$$f_i' = \frac{f_i}{f_s} = \frac{m_i / A_i}{m_s / A_s} = \frac{m_i}{m_s} \cdot \frac{A_s}{A_i} \tag{2-8}$$

当 m_i、m_s 以摩尔为单位时，所得相对校正因子称为相对摩尔校正因子 f_m' 表示；当 m_i、m_s 用质量单位时，以 f_w' 表示。

3．常用的几种定量方法

（1）归一化法，计算公式如下：

$$c_i = \frac{m_i}{m_1 + m_2 + \cdots + m_n} \times 100\% = \frac{f_i' \cdot A_i}{\sum_{i=1}^{n}(f_i' \cdot A_i)} \times 100\% \tag{2-9}$$

归一化法简便、准确；进样量的准确性和操作条件的变动对测定结果影响不大；仅适用于试样中所有组分全出峰的情况。

（2）外标法。也称为标准曲线法，其特点及要求如下：

① 外标法不使用校正因子，准确性较高。

② 操作条件变化对结果准确性影响较大。

③ 对进样量的准确性控制要求较高，适用于大批量试样的快速分析。

（3）内标法。内标物要满足以下要求：

① 试样中不含有该物质。

② 与被测组分性质比较接近。

③ 不与试样发生化学反应。

④ 出峰位置应位于被测组分附近，且无组分峰影响。

内标法计算公式如下：

$$c_i = \frac{m_i}{W} \times 100\% = \frac{m_i \dfrac{f_i' A_i}{f_s' A_s}}{W} \times 100\% = \frac{m_i}{W} \cdot \frac{f_i' A_i}{f_s' A_s} \times 100\% \tag{2-10}$$

内标法特点如下：

① 内标法的准确性较高，操作条件和进样量的稍许变动对定量结果的影响不大。

② 每个试样的分析都要进行两次称量，不适合大批量试样的快速分析。

三、气相色谱仪

（一）气相色谱仪的主要部件

1．载气系统

载气系统包括气源、净化干燥管和载气流速控制。

常用的载气有氢气、氮气、氦气。

净化干燥管：去除载气中的水、有机物等杂质（依次通过分子筛、活性炭等）。

载气流速控制：用压力表、流量计、针形稳压阀控制载气流速恒定。

2．进样装置

气体进样器（六通阀）：有推拉式和旋转式两种。试样首先充满定量管，切入后，载气携带定量管中的试样气体进入分离柱。

液体进样器：不同规格的专用注射器，填充柱色谱常用 10μL，毛细管色谱常用 1μL；新型仪器带有全自动液体进样器，清洗、润冲、取样、进样、换样等过程自动完成，一次可放置数十个试样。

气化室：将液体试样瞬间气化的装置，无催化作用。

3．色谱柱（分离柱）

色谱柱是色谱仪的核心部件。

柱材质：不锈钢管或玻璃管，内径 3～6mm，长度可根据需要确定。

柱填料：粒度为 60～80 目或 80～100 目的色谱固定相。

液固色谱：固体吸附剂。

液液色谱：担体+固定液。

柱制备对柱效有较大影响，填料装填太紧，柱前压力大，流速慢或将柱堵死；反之，空隙体积大，柱效低。

4．检测系统

检测系统是色谱仪的眼睛，通常由检测器、放大器、显示记录三部分组成。被色谱柱分离后的组分依次进入检测器，按其浓度或质量随时间的变化转化成相应电信号，经放大后记录和显示，给出色谱图。检测器可分为：广普型——对所有物质均有响应；专属型——对特定物质有高灵敏响应。常用的检测器有热导检测器、氢火焰离子化检测器。

5．温度控制系统

温度是色谱分离条件的重要选择参数，气化室、检测器、分离室三部分在色谱仪操作时均需控制温度。

气化室：保证液体试样瞬间气化。

检测器：保证被分离后的组分通过时不在此冷凝。

分离室：准确控制分离需要的温度。当试样复杂时，分离室温度需要按一定程序控制温度变化，各组分在最佳温度下分离。

（二）气相色谱检测器

1．检测器特性

1）检测器类型

浓度型检测器：测量的是载气中通过检测器组分浓度瞬间的变化，检测信号值与组分的浓度成正比（热导检测器）。

质量型检测器：测量的是载气中某组分进入检测器的速度变化，检测信号值与单位时间内进入检测器组分的质量成正比（氢火焰离子化检测器）。

2）检测器性能评价指标

响应值（或灵敏度）S（表示单位质量的物质通过检测器时产生的响应信号的大小）在一定范围内，信号 E 与进入检测器的物质质量 m 呈线性关系，单位是 mV/(mg/cm^3)（浓度型检测器）；mV/(mg/s)（质量型检测器）。S 值越大，检测器（即色谱仪）的灵敏度也就越高。检测信号通常显示为色谱峰，则响应值也可以由色谱峰面积 A 除以试样质量求得。

3）最低检测限（最小检测量）

噪声水平决定着能被检测到的浓度（或质量）。检测器响应值为 2 倍噪声水平时的试样浓度（或质量）定义为最低检测限（或该物质的最小检测量）。

4）线性度与线性范围

检测器的线性度定义：检测器响应值的对数值与试样量对数值之间呈比例的状况。

检测器的线性范围定义：检测器在线性工作时，被测物质的最大浓度（或质量）与最低浓度（或质量）之比。

2. 热导检测器

1）热导检测器的结构

池体：一般用不锈钢制成。

热敏元件：电阻率高、电阻温度系数大且由价廉易加工的钨丝制成。

参考臂：仅允许纯载气通过，通常连接在进样装置之前。

测量臂：需要携带被分离组分的载气流过，连接在紧靠近分离柱出口处。

2）检测原理

当载气以一定流速通过稳定状态的热导池时，热敏元件消耗电能产生的热与各因素所散失的热达到热动平衡。当载气携带组分进入热导池时，池内气体组成发生变化，其热导率也相应改变，于是热动平衡被破坏，引起热敏元件温度发生变化，电阻值也相应改变，惠斯通电桥输出没有损耗的电压信号，通过记录器得到组分的色谱峰。

3）影响热导检测器灵敏度的因素

（1）桥路电流 I：I 增大，钨丝的温度升高，钨丝与池体之间的温差增大，有利于热传导，检测器灵敏度提高。检测器的响应值 S 正比于 I^3，但稳定性下降，基线不稳。桥路电流太高时，还可能造成钨丝烧坏。

（2）池体温度：池体温度与钨丝温度相差越大，越有利于热传导，检测器的灵敏度也就越高，但池体温度不能低于分离柱温度，以防止试样组分在检测器中冷凝。

（3）载气种类：载气与试样的热导系数相差越大，在检测器两臂中产生的温差和电阻差也就越大，检测灵敏度越高。载气的热导系数大，传热好，通过的桥路电流也可适当加大，则检测灵敏度进一步提高。氦气也具有较大的热导系数，但价格较高。

常见气体热导系数见表 2-2。

表 2-2 常见气体的热导系数

气体	热导系数 10^5 J/(cm·℃·s)（100℃）	气体	热导系数 10^5 J/(cm·℃·s)（100℃）
氢	224.3	甲烷	45.8
氦	175.6	乙烷	30.7
氧	31.9	丙烷	26.4
空气	31.5	甲醇	23.1
氮	31.5	乙醇	22.3
氩	21.8	丙酮	17.6

3．氢火焰离子化检测器（氢焰检测器，FID）

1）特点

（1）典型的质量型检测器。

（2）对有机化合物具有很高的灵敏度。

（3）对无机气体、水、四氯化碳等含氢少或不含氢的物质灵敏度低或不响应。

（4）结构简单，稳定性好，灵敏度高，响应迅速。

（5）比热导检测器的灵敏度高出近 3 个数量级，检测下限可达 $10^{-12}g \cdot g^{-1}$。

2）结构

（1）在发射极和收集极之间加有一定的直流电压（100～300V）构成一个外加电场。

（2）氢焰检测器需要用到 3 种气体：N_2 为载气携带试样组分；H_2 为燃气；空气为助燃气。使用时需要调整三者的比例关系，使检测器灵敏度达到最佳。

3）影响因素

（1）各种气体流速和配比的选择。N_2 流速的选择主要考虑分离效能。其配比如下：

N_2：H_2=1：1～1：1.5；H_2：空气=1：10。

（2）极化电压。正常极化电压选择在 100～300V 范围内。

四、天然气组分分析操作

（一）测量范围

用气相色谱法测定天然气及类似气体混合物的化学组成的分析方法，适用于表 2-3 所示天然气组分范围的分析，也适用于一个或几个组分的测定。天然气的组分及浓度范围见表 2-3。

表 2-3 天然气组分及浓度范围

组 分	浓度范围（物质的量分数），%	组 分	浓度范围（物质的量分数），%
氦	0.01～10	异丁烷	0.01～10
氢	0.01～10	正丁烷	0.01～10
氧	0.01～20	新戊烷	0.01～2
氮	0.01～100	异戊烷	0.01～2
二氧化碳	0.01～100	正戊烷	0.01～2
甲烷	0.01～100	己烷	0.01～2
乙烷	0.01～100	庚烷和更重组分	0.01～1
丙烷	0.01～100	硫化氢	0.3～30

（二）方法提要

将具有代表性的气样和已知组成的标准混合气（以下简称标准气），在同样的操作条件下用气相色谱法进行分离。样品中许多重尾组分可以在某个时间通过，改变流过柱子载气的方向，获得一组不规则的峰，这组重尾组分可以是 C_5 和更重组分、C_6 和更重组分、C_7 和更重组分。由标准气的组成值，通过对比峰高、峰面积或者两者均对比，计算获得样品的相应组成。

（三）试剂与材料

1．载气

（1）氦气或氢气，纯度不低于 99.99%。

（2）氮气或氩气，纯度不低于 99.99%。

2．标准气

分析需要的标准气可采用国家二级标准物质，或按 GB/T 5274—2008《气体分析 校准用混合气体的制备 称量法》制备。在氧和氮组分分析中，稀释的干空气是一种适用的标准物。

标准气的所有组分必须处于均匀的气态。对于样品中的被测组分，标准气中相应组分的浓度应不低于样品中组分浓度的一半，也不大于该组分浓度的 2 倍。标准气中组分的最低浓度应大于 0.05%。

（四）操作步骤

1．仪器的准备

按照分析要求，安装好色谱柱。调整操作条件，并使仪器稳定。

2．线性检查

1）概述

对于物质的量分数大于 5%的任何组分，应获得其线性数据。在宽浓度范围内，色谱检测器并非真正的线性，应在与被测样品浓度接近的范围内建立其线性。对于物质的量分数不大于 5%的组分，可用 2～3 个标准气在大气压下，用进样阀进样，获得组分浓度与响应的数据。对于物质的量分数大于5%的组分，可用纯组分或一定浓度的混合气，在一系列不同的真空压力下，用进样阀进样，获得组分浓度与响应的数据。将线性检查获得的数据制作成表格，并以此来评价检测器的线性。表2-4和表2-5分别是甲烷和氮气线性评价表。

表2-4 甲烷的线性评价

峰面积 A	物质的量分数 y，%	y/A	y/A 之间的偏差，%
223119392	51	2.2858×10^{-7}	—
242610272	56	2.3082×10^{-7}	−0.98
261785320	61	2.3302×10^{-7}	−0.95
280494912	66	2.3530×10^{-7}	−0.98
299145504	71	2.3734×10^{-7}	−0.87
317987328	76	2.3900×10^{-7}	−0.70
336489056	81	2.4072×10^{-7}	−0.72
351120721	85	2.4208×10^{-7}	−0.57

注：y/A 之间的偏差是指相邻的两个浓度点之间的偏差，以%表示，按下面公式计算：

$$y/A\text{的偏差}=[(y/A)_1-(y/A)_2]/(y/A)_1\times100\%$$

表2-5 氮气的线性评价

峰面积，A	物质的量分数 y，%	y/A	y/A 之间的偏差，%
5879836	1	1.7007×10^{-7}	
29137066	5	1.7160×10^{-7}	−0.89
57452364	10	1.7046×10^{-7}	−1.43
84953192	15	1.7657×10^{-7}	−1.44
111491232	20	1.7939×10^{-7}	−1.60
137268784	25	1.8212×10^{-7}	−1.53
162852288	30	1.8422×10^{-7}	−1.15
187232496	35	1.8693×10^{-7}	−1.48

2）步骤

（1）将纯组分气源和样品进样系统连接。抽空样品进样系统，观察U形压力计是否泄漏。样品进样系统必须处于真空状态并且密封。

（2）小心打开针形阀，使纯组分气体进入该系统并且使绝对压力达到13kPa。

（3）准确记录分压，打开样品阀，将样品注入色谱柱，记录纯组分的峰面积。

（4）重复步骤（2）、（3），使压力计读数分别为26kPa、39kPa、52kPa、65kPa、78kPa和91kPa，记录相应压力下每一次样品分析获得的色谱峰的面积。

3）注意事项

在大气压下，氮气、甲烷和乙烷的可压缩性小于1%。天然气中的其他组分，在低于大气压下仍具有明显的可压缩性。对于蒸气压小于100kPa的组分，由于没有足够的蒸气压，不应使用纯气体来检测其线性。对于这类组分，可用氮气或甲烷与之混合，由此获得其分压，并使总压达到100kPa。天然气中常见组分在38℃下的饱和蒸气压见表2-6。可采用一个含有各种待测组分的标准气，通过在不同的压力下分别进样的方法来进行线性检查。

表2-6 天然气中各组分在38℃时的蒸气压

组分	绝对压力，kPa	组分	绝对压力，kPa
N_2	>34500	iC_4H_{10}	501
CH_4	>34500	nC_4H_{10}	356
CO_2	>5520	iC_5H_{12}	141
C_2H_6	>5520	nC_5H_{12}	108
H_2S	2720	nC_6H_{14}	34.2
C_3H_8	1300	nC_7H_{16}	11.2

3．仪器重复性检查

当仪器稳定后，两次或两次以上连续进标准气检查，每个组分响应值相差必须在1%以内。在操作条件不变的前提下，无论是连续两次进样，还是最后一次与以前某一次进样，只要它们每个组分相差在1%以内，都可作为随后气样分析的标准，推荐每天进行校正操作。

4．气样的准备

在实验室，样品必须在比取样时气源温度高10～25℃的温度下达到平衡。温度越高，平衡所需时间就越短（300mL或更小的样品容器，约需2h）。在现场取样时已经脱除了夹带在气体中的液体。

如果气源温度高于实验室温度，那么气样在进入色谱仪之前需预先加热。如果已知气样的烃露点低于环境最低温度，则不需加热。

5．进样方法

1）一般要求

为了获得检测器对各组分，尤其是对甲烷的线性响应，进样量不应超过0.5mL。除了微量组分，使用这样的进样量都能获得足够的精密度。测定物质的量分数不高于5%的组分时，进样量允许增加到5mL。

样品瓶到仪器进样口之间的连接管线应选用不锈钢或聚四氟乙烯管，不得使用铜、聚乙烯、聚氯乙烯或橡胶管。

2）吹扫法

打开样品瓶的出口阀，用气样吹扫包括定量管在内的进样系统。对于每台仪器必须确定和验证所需的吹扫量。定量管进样压力应接近大气压，关闭样品瓶阀，使定量管中的气样压力稳定。然后立即将定量管中气样导入色谱柱中，以避免渗入污染物。

3）封液置换法

如果气样是用封液置换法获得，那么可用封液置换瓶中气样吹扫包括定量管在内的进样系统。某些组分，如二氧化碳、硫化氢、已烷和更重组分可能被水或其他封液部分或全部脱除，当精密测定时，不得采用封液置换法。

4）真空法

将进样系统抽空，使绝对压力低于100Pa，将与真空系统相连的阀关闭。然后仔细地将气样从样品瓶充入定量管至所要求的压力，随后将气样导入色谱柱。

5）分离乙烷和更重组分、二氧化碳的分配柱操作

使用氦气或氢气作载气，选择合适的进样量进样，并在适当时候反吹重组分。按同样方法获得标准气相应的响应。如果此色谱柱能将甲烷与氮气和氧气分离，那么也可用此柱来测定甲烷，但进样量不得超过0.5mL。

6）分离氧气、氮气和甲烷的吸附柱操作

使用氦气或氢气作载气，对于甲烷的测定，进样量不得超过0.5mL，进样获得气样中氧气、氮气和甲烷的响应。按同样方法获得氮和甲烷标准气的响应。如有必要，导入在一定真空压力下并且压力被精确测量的干空气或经氦气稀释的干空气，获得氧气和氮气的响应。

氧含量约为1%的混合物可按以下方法制备：将一个常压干空气气瓶用氦气充压到2MPa，此压力不需精确测量。因为此混合物中的氮气必须通过和标准气中的氮气比较来确定。此混合物氮气的物质的量分数乘以0.268，就是氧气的物质的量分数，或者乘以0.280就是氧气加氩的物质的量分数。由于氧气的响应因子相对稳定，对于氧气允许使用响应因子。

7）分离氦气和氢气的吸附柱操作

使用氮气或氩气作载气，进样1～5mL，记录氦气和氢气的响应，按同样方法获得合适浓度氦和氢标准气相应的响应。

（五）计算

1. 数据取舍

每个组分浓度的有效数字应按量器的精密度和标准气的有效数字取舍。气样中任何组分浓度的有效数字位数，不应多于标准气中相应组分浓度的有效数字位数。

2. 外标法

1）戊烷和更轻组分

测量每个组分的峰高或峰面积，将气样和标准气中相应组分的响应换算到同一衰减，气样中 i 组分的浓度 y_i 按下式计算：

$$y_i = y_{si}(H_i / H_{si}) \tag{2-11}$$

式中 y_{si}——标准气中 i 组分的物质的量分数；

H_i——气样中 i 组分的峰高或峰面积，mV 或 mV·s；

H_{si}——标准气中 i 组分的峰高或峰面积，H_i 和 H_{si} 用相同的单位表示，mV 或 mV·s。

如果是在一定真空压力下导入空气作氧或氮的标准气，按下式进行压力修正：

$$y_i = y_{si}(H_i / H_{si})(p_a / p_b) \tag{2-12}$$

式中　p_a——空气进样时的绝对压力，kPa；

p_b——空气进样时实际的大气压力，kPa。

2）己烷和更重组分

测量反吹的己烷、庚烷及更重组分的峰面积，并在同一色谱图上测量正戊烷、异戊烷的峰面积，将所有的测量峰面积换算到同一衰减。气样中己烷（C_6）和庚烷加（C_{7+}）的浓度按下式计算：

$$y(C_n) = \frac{y(C_5)A(C_n)M(C_5)}{A(C_5)M(C_n)} \tag{2-13}$$

式中　$y(C_n)$——气样中碳数为 n 的组分的摩尔分数；

$y(C_5)$——气样中异戊烷与正戊烷摩尔分数之和；

$A(C_n)$——气样中碳数为 n 的组分的峰面积，mV·s；

$A(C_5)$——气样中异戊烷和正戊烷的峰面积之和，mV 或 mV·s；

$M(C_5)$——戊烷的相对分子质量，取值为 72；

$M(C_n)$——碳数为 n 的组分的相对分子质量，对于 C_6，取值为 86，对于 C_{7+}，为平均相对分子质量。

如果异戊烷和正戊烷的浓度已通过较小的进样量单独进行了测定，那么就不需重新测定。

3．归一化

将每个组分的原始含量值乘以 100，再除以所有组分原始含量值的总和，即为每个组分归一的物质的量分数。所有组分原始含量值的总和与 100.0%的差值不应超过 1.0%。

（六）精密度

1．重复性

由同一操作人员使用同一仪器，对同一气样重复分析获得的结果，如果连续两个测定结果的差值超过了表 2-7 规定的数值，应视为可疑。

表 2-7　精密度

组分浓度范围，%	重复性	再现性
0～0.09	0.01	0.02
0.1～0.9	0.04	0.07
1.0～4.9	0.07	0.10
5.0～10	0.08	0.12
＞10	0.20	0.30

2．再现性

对同一气样由两个实验室提供的分析结果，如果差值超过了表 2-7 规定的数值，每个实验室的结果都应视为可疑。

五、Agilent7890A 型气相色谱仪

（一）基本结构

目前天然气组成分析多采用 Agilent7890A 型气相色谱仪进行分析，其主要配置包括四阀五柱、双热导检测器、带进样 EPC 和检测器 EPC 流量控制系统。五根柱子包括：1 根 2ft UCW982 柱，分析 C_{6+}；1 根 15ft DC200，分析 CO_2、C_2、C_3、H_2S；1 根 10ft Hayesep Q 柱，分析 iC_4、nC_4、iC_5、nC_5；2 根 13X 分子筛，分别分析 O_2、N_2、CH_4 和 He、H_2。

（二）流程图

Agilent 7890A 型气相色谱仪流程如图 2-12 所示。

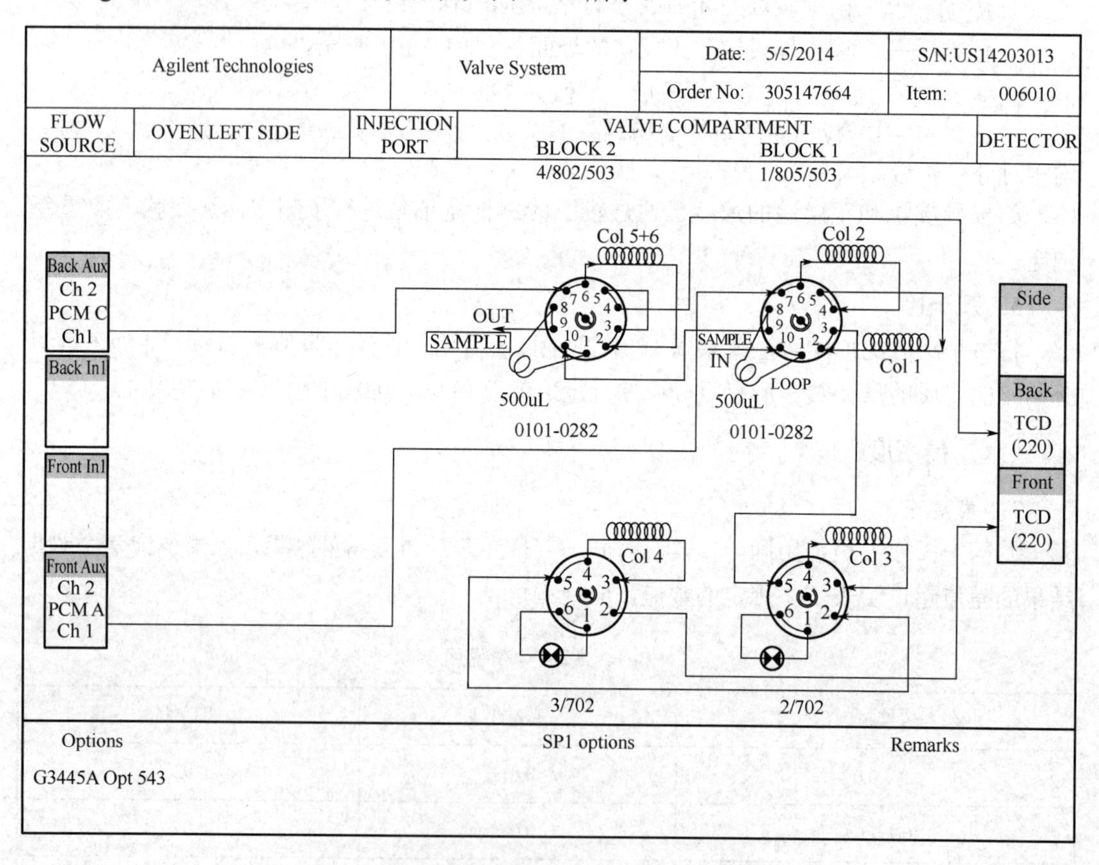

图 2-12　Agilent7890A 型气相色谱仪流程图

（三）操作步骤

（1）调节减压阀压力至适当位置（He：8bar；Ar：5bar；Air：5bar）。

（2）接通仪器电源，分别开启仪器和计算机电源，在 WindowsXP 界面下点击仪器 1

联机，进入色谱工作站。

（3）从“方法”中的“方法通道”中调入分析方法，选择“视图”的方法和运行控制。

（4）参数设置：点击“柱温箱参数”，将数值设为90℃；点击“检测器参数”，点击“TCD-前”，将“加热器”设为200℃，“参比流量”设为45.00mL/min，将“加热器”“参比流量”“热丝”前面的“□”内打“√”；同样，点击“TCD-后”，将“加热器”设为200℃，“参比流量”设为30.00mL/min，将“加热器”“参比流量”“负极性”“热丝”前面的“□”内打“√”。

（5）待基线稳定后就可以进标样。

（6）点击“视图”，选择“方法和运行控制”，点击“运行控制”，选择“样品信息”，输入操作者姓名，在“信号1（文件名）”输入标准气文件名，在“样品名称”输入标准气文件名，两者必须一致。

（7）连接好标准气瓶和仪器连接管线，开启标准气阀门，调节针形阀，用标准气吹扫定量管不低于半分钟，之后关闭吹扫速度至观察不到出口气泡，按下仪器START（开始）键。

（8）待标准气分析结束后，点击“视图”，选择“数据分析”，点击“信号”，选择标准气文件名，出现标准气谱图，点击“校正”，选择“新建校正表”，选择“自动设定”，点击“确定”，在校正表中按照积分结果输入标准气的组分和浓度值，点击“OK”，新校准表就建立好了。

（9）样品分析与标准气分析相同。

（10）关机及安全注意事项：实验结束后将“柱温箱参数”设为40℃，关闭“检测器”中的加热器、参比流量、副极性、热丝，待柱温达到设定温度后，关闭计算机、色谱仪电源，最后关闭载气截止阀；防止阀门、接头及管线漏气，防止爆炸。

（四）仪器维护保养

1. 周保

（1）检查压力表是否正常。

（2）检查排风系统是否工作。

（3）保持仪器本身的干净。

（4）打扫实验室，保持实验室清洁。

（5）检查气体钢瓶压力，保证使用有足够的载气流量。

（6）检查仪器的信号传输系统是否正常工作。

（7）做好仪器保养记录。

（8）仪器一周之内未开展分析工作，必须开启仪器通气、通电2h以上。

2. 月保

（1）检查载气钢瓶、阀门、接头等处是否漏气，压力表是否工作正常。

（2）检查进、出气管是否有阻塞。

（3）检查排风系统是否工作。

（4）通气、通电。

（5）清洗擦拭仪器外表，保持仪器清洁。

（6）仪器一个月之内未开展分析工作，必须开启仪器，并进标准气进行分析，检查仪器是否正常。

第三节　水露点测定

在天然气管道输送中，水含量的高低直接反映出水分在管道中的凝析条件，如果天然气中含有硫化氢、二氧化碳等酸性气体，其水含量的高低将直接影响输气管道的腐蚀程度，并且还会造成液态水在管道中集聚，降低管输效率，严重时会生成水化物而引起管道堵塞。

一、水露点

（一）定义

在恒定的压力下，天然气中的水蒸气达到饱和时的温度称为水露点。通过降低天然气的温度，使其中气态水的温度降到刚好没有液态水，同时使水的相对湿度趋于100%。如果天然气温度继续降低会凝结成液态水，当最早观察到冷凝现象时的温度即是该天然气的水露点。

（二）测量方法

天然气中水含量分析方法很多（表2-8），归纳起来有冷却镜面凝析温度计法（冷镜法）、称量法、电解法、检测管法等。

表2-8　天然气中水分测定方法概况

序号	方　法	标准号、标准名称	说　　明
1	冷却镜面凝析温度计法（冷镜法）	GB/T 17283—2014《天然气水露点的测定　冷却镜面凝析湿度计法》	等效采用ISO 6327， 样品气流经一金属镜面（镜面温度可以人为降低并能准确测量），当镜面温度降低至有凝析物产生时，此时温度为该压力下的气体水露点
2	称量法	高压下天然气中水含量的测定	非等效采用ISO 11541，验证研究已完成，标准正在起草之中 根据通气前后称量吸附剂P_2O_5质量的增加确定水含量
3	电解法	SY/T 7507—2016《天然气中水含量的测定　电解法》	参照采用，P_2O_5膜层吸收水，被电解成H_2和O_2，电解电流的大小与水含量成正比
4	检测管法	ASTM D4888—1988标准方法	气体中的水分与化学剂反应

二、冷却镜面凝析湿度计法

（一）测量原理

用于水露点测定的湿度计通常带有一个镜面（一般为金属镜面），当样品气流经该镜面时，其温度可以人为降低并且可准确测量。镜面温度被冷却至有凝析物产生时，可观察到镜面上开始结露。当低于此温度时，凝析物会随时间延长逐渐增加；高于此温度时，凝析物则减少直至消失，此时的镜面温度即为通过仪器的被测气体的露点。

1．水蒸气压的测定

在样品气取样压力与通过湿度计的气体压力一致的情况下，测得的露点所对应的饱和水蒸气压值，即为样品气的水蒸气分压。

查阅有关手册，可得到饱和水蒸气压与温度之间的关系。必须注意：如果被测样品气中含有甲醇，则用此方法测定的是甲醇和水的混合物的露点。当然，如果已知甲醇含量。

2．注意事项

在水露点测定时的一个基本点就是取样管线应尽可能短，其尺寸在测定过程中产生的压降可忽略；除镜面外，仪器其余部分和取样管线的温度必须高于水露点。

（二）适用范围

该方法适用于天然气及类似气体的水露点测定。经处理的管输天然气的水露点范围一般为-25～5℃，在相应的气体压力下，水含量范围（体积分数）为50×10^{-6}～200×10^{-6}。在特殊环境下，水露点范围也可能更宽。

在系统操作中，如果样品测试总压不低于大气压，湿度计不需校正也可用于测定水的蒸气压。水蒸气分压与所测露点之间的关系取决于所用方法和测量的水平。如果测试环境中含有气体的凝析温度在水露点附近区域或高于水露点，则很难测出水蒸气的凝析。

（三）仪器性能

仪器可以按不同的方式设计，主要的区别在于凝析镜面的特性、冷却镜面和控制镜面温度的方法、测定镜面温度和检测凝析物的方法。镜子及相应部件通常在一个样品气通过的小测定室内，在高压下，此测定室必须具有相应的机械强度和密封性。

推荐使用容易拆下的镜子，便于清洗。如测定过程中有烃露出现，则应引起足够的注意并采取相应的措施。测定过程可以人工或自动进行。

1．自动和手动露点仪

露点测定仪要设计为既可在不同的时间分别对样品进行测定，也可进行连续测定。对于分别测定时，要求所选择的冷却镜面的方法能使操作人员对用肉眼观察到凝聚相的生成变化情况能够进行连续的观察。如果样品气中水含量很少即露点很低，单位时间内流经仪器的水蒸气则很少，以至于露的形成很慢，很难辨别其是增加还是消失。若使用一个光电管或其他任何对光敏感的部件，则很容易对露的凝聚进行观察。当保持对致冷部件的人工控制时，还需要一个简单的显示器。

在有烃类凝析存在的情况下，使用手动操作的露点仪将很难观测到水露的形成。在此情况下，可用液烃起泡器来辅助观测，然而重要的是必须了解所使用起泡器的原理及使用局限性。在一定的温度和压力下，通过起泡器的样品气与盛装在起泡器里的液态烃之间将建立平衡，其中包括如下反应：

（1）开始通过新鲜液烃起泡器的样品气流出时会失去部分水分，直到平衡建立后，出口处样品气中的水含量才和入口处样品气中的水含量相等。因此，起泡器的温度必须高于所测定样品气的水露点温度，且必须通入足够的样品气以便在测定进行之前，使样品气和起泡器间达到平衡。

（2）样品气的重烃组分由气相进入液态烃中直到建立平衡，正是这种交换减少了在气体中潜在的凝析烃的量，从而减少了凝析烃液的掩蔽效应。随着组分的连续交换，液态烃被样品气中可凝析烃所饱和，则样品气中可凝析烃的含量也相应增大。在进一步测定以前，液态烃必须更换，并且使起泡器达到所要求的状态。通过使用光电管的输出信号，可在所要求的凝析温度下稳定观测镜面上的凝析物，从而使整个装置完全自动化。为了连续读数或记录，自动操作必不可少。

2．镜面照射

手动装置适用于肉眼观察凝析物的生成，如果使用一个光电管，镜面将会被安装在测定室里的一个光源所照射。灯和光电管可用多种方式安置，镜面在光源的方向上所产生的散射可以通过抛光镜面而减少。任何情况下，镜面使用之前必须是清洁的。

没有任何凝析物时，落在光电管上的散射光线必然减少。若将测定池内表面涂黑，则可降低测定室内表面光线的散射效应，也可通过安装一个光学系统作为对上述措施的进一步补充，从而使只有镜面被照射，这样光电管观察到的只是镜面的情况。

3．镜面制冷及温度控制方法

用下列方法来降低和调节镜面温度。但是无论采用哪种方法，镜面的降温速度不能超过 1℃/min。

1）绝热膨胀法制冷

使一种气体通过喷嘴后流过镜子背面，由于气体膨胀而使镜面冷却，这种气体通常使用小钢瓶装的压缩二氧化碳，也可使用其他气体，如压缩空气、压缩氮气、丙烷或卤化烃等。本法至少可使镜面温度相对于所使用气体温度下降 40℃。

2）制冷剂间接制冷法

通常将一插入制冷器中的铜棒和一小片绝热材料所构成的热电阻与镜子相连，镜子通过电子元件而被加热，其电流强度应可以控制以便使镜面温度可以容易且准确地调节。如用液氮作制冷剂，可使镜面温度下降至-80～-70℃；用干冰和丙酮的混合液作为制冷剂，可使镜面温度下降至-50℃（取决于仪器的设计）；用液化丙烷，可使镜面温度下降至－30℃左右。

3）热电（珀尔帖）效应制冷

单级珀尔帖效应元件通常所能达到的最大制冷温降为 50℃左右。用两级时，可获得 70℃左右的制冷温降。通过改变拍尔帖效应元件中的电流，可以调节镜面温度，但此法热惯性较大；通过保持一个恒定的制冷电流，同时将镜面与一个热电阻连接，用一个可调节的电热装置来加热镜面，则可快速调节镜面温度。

三种镜面制冷方法的比较，见表2-9。

表2-9　三种镜面制冷方法的比较

序号	名称	原理	降温值	露点仪类型
1	绝热膨胀法制冷	气体膨胀而使镜面冷却	40℃左右（压缩 CO_2 等）	手动
2	致冷剂间接制冷法	通过热电阻将镜子与制冷器相连，通入制冷剂使镜面温度随热电阻温度降低而下降	降到-80～-100℃（液氮）	手动，自动
3	热电效应制冷	改变热电效应元件中的电流，来调节镜面温度	50℃左右（单级） 70℃左右（两级）	手动，自动

（四）烃凝析物的消除

1．一般要求

如果烃的露点低于水蒸气的露点，则不会有特别的问题。反之，在测量进行之前，应尽可能捕集并除去烃凝析物，然后假定所有的烃类已凝析并从镜面和测定室中除去。

2．在镜面之上的凝析

通过在镜面之上设置一个由制造商所指定的具有合适形状的装置（或盖子），从而引导气体在镜面之上通过一个有小孔的管子进入测定室，从而达到在镜面之上使烃类凝析的目的。

由于直接和镜面相连，盖子上的温度和镜面温度相接近，但经进入测定室的测试气体加热后，其温度略高于镜面温度。

3．从镜面上除去凝析物

从镜面上除去烃类凝析物是非常重要的。若镜面之上安装了盖子后，烃类凝析物的清除则变得更加重要。

通过垂直放置镜面，或至少给它一个明显的倾斜，以及在镜面的较低点设计安装一个部件等都可达到除去镜面上凝析物的目的。这个设计的部件也可以就是盖子本身。

烃类凝析物持续地流过镜面，并在所设计的部件上形成液滴，从而有助于液滴的清除。这些液滴随着时间不断地落下并流入测定室的底部。在某种情况下，例如在校正时，如果有必要，它也可被重新气化。

4．从测定室中除去凝析物

从镜面上流入测定室中的凝析物应当被除去。这可通过将测定室的出口设置在它的最低点来实现，然后将凝析物蒸发到排出管线。

（五）准确度

在-25～5℃的测量范围，当使用自动测定仪时，水露点测量的准确度一般为±1℃。使用手动装置时，测量的准确度则取决于烃的含量，在多数情况下，可以获得±2℃的准确度。

三、露点仪操作

（一）基本结构

以美国千德乐石油仪器公司生产的13-1200型露点仪为例，其基本结构如图2-13所示。

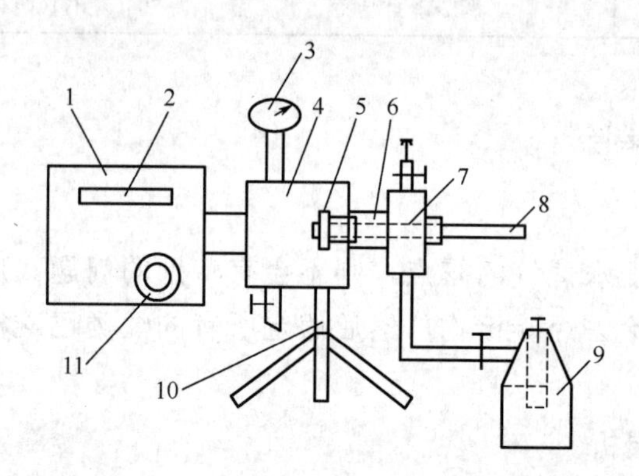

图2-13 Chandle13—1200型露点仪的基本结构

1—数字显示器；2—温度显示屏；3—压力表；4—样品池；5—镜面；6—导冷杆；7—制冷室；8—温度计探头；9—液氮瓶；10—三脚支架；11—观察孔

（二）测定步骤及注意事项

1．操作步骤

（1）连接：用管线将气源和仪器连接，取样管线尽可能短（产生的压降可忽略）。除镜面外，仪器的其余部分和管线的温度应高于气体水露点；否则水蒸气将在最冷点凝析，会改变气体中水分的含量（冷壁效应）。

（2）试漏：检查系统，保证不漏气。

（3）吹扫：用样品气吹扫测定室，直到排尽其中空气（20min）。

（4）调节：完全打开仪器入口阀，用出口阀调节样品气的压力和流量，保持相对稳定。出口流量过大，水分不易凝集，测得水露点偏低；流量过小，样品没有代表性，一般流量调到1～2L/min较合适。

（5）降温：间断地打开制冷阀（一次几秒），保证镜面降温速度不超过1℃/min。如果水含量很低，最好不超过5℃/min，接近露点时的降温速度应尽量慢。降温太快，会出现过冷现象，导致在还没观察到初露点，水蒸气已在镜面上结冰，此时就已超过了实际凝析温度，从而产生误差（可事先进行一次快速测定）。

（6）观察、记录：同时观察镜面和温度指示，当不锈钢镜面中央出现第一滴露时，记下结露温度。

（7）升温：让镜面升温，记下消露温度。

（8）重复测定：重复步骤（6）、（7），直到连续两次所测结露和消露温度差值在2℃以内。

（9）计算：结露和消露温度的平均值即为所测天然气在该压力下的水露点。

2．注意事项

（1）试漏：整个测试系统应无泄漏，否则会由于渗入空气中的水分而使测量结果偏高。

（2）取样管线应尽可能短，其尺寸在测定过程中产生的压降可忽略；除镜面外，仪器其余部分和取样管线的温度必须高于水露点，否则水蒸气将会在最冷点发生凝析。

（3）如果气体样品中水分含量较低，在其凝析温度范围内，镜面冷却速度应尽可能慢。

（4）流量的控制：出口流量调得过大时，则气体在容器中停留时间短，水分随气流带走，不易集聚，此时，测出的水露点偏低；如果流量过小，测定室吹扫不完全，使所测气体没有代表性。一般将样品气流量调到1～5L/min。

（5）尽管冷镜露点仪使用的是基准测量方法，但其需要人员的耐心和技巧以及经验才能得到准确的测量结果。

（6）露点的外观、形状和在镜面的位置会因样品气的温度、压力及其中含有其他杂质（如气体甲醇、乙二醇和其他异物）的不同而发生变化。

（7）以结露和消露的平均值作为测量结果，数字修约以奇进偶不进的原则保留到小数点后一位。

（8）干扰物质。除气体或水蒸气外，一些其他物质，如固体颗粒、灰尘等也可进入仪器，并能在镜面上沉积，影响仪器的操作性能。除水蒸气外的其他蒸气也可能在镜表面上冷凝。在测定露点时，自然或偶然带进样品测定室的可溶于水的气体，都会使所观察到的露点与实际水蒸气含量相对应的露点有所差异。

① 固体杂质。

如果固体杂质绝对不溶于水，它们将不影响所观察到的露点温度，但会妨碍结露的观察。在自动装置中，对固体杂质如果没有采用补偿装置，而且出露量较低时，这些杂质将会妨碍仪器操作。若镜面上固体杂质过多，一般将导致镜面温度会在几分钟内出人意料地突然增加，这时就要求拆卸装置，并清洗镜面。拆卸清洗装置时，由于测定室具有吸湿性，拆装应快速进行，为了避免这个困难，最好使用一个不吸湿的过滤器（注）以除去固体杂质。

如果使用了过滤器，即便是不吸湿过滤器，它也应与被测气中的水蒸气建立平衡。可通过在测定前让待测气流以比测定时大一些的流速通过过滤器，并流过一段时间的方式来达到这种平衡。

为了防止灰尘颗粒的影响，在一些自动装置上安装了校正程序。校正程序由一个可选择的镜面过热器组成，以便除去镜面上所有的凝析物、水和烃类物质，然后使测量桥重新达到平衡。

② 蒸汽状态的杂质。

烃类能够在镜面上产生凝析。从原理上讲，由于烃的表面张力与水的表面张力不同，因此，其不会干扰正常测量。烃可在镜面上扩展，并形成一个不散射光线的连续层。然而，手动检测结露也是相当不容易的，因为尽管水露点比烃类的凝析温度低得多，但在大量的烃液滴中仅有极少数的水滴能被检测到。

由于水和烃的凝析物是不混溶的，所以烃凝析物的存在不会改变水露点。

如果气体中含有甲醇，它将与水一起凝析，这样得到的将是水和甲醇的混合物的露点。如果气体中同时含有甲醇和烃，将形成水状和油状两种凝析物，在这种情况下，水状凝析物的凝析温度将不完全取决于水含量。

（9）冷壁误差。除镜面外，管道和装置的其他部分的温度必须高于凝析温度，否则水蒸气将会在最冷点发生凝析，从而使样品气中水分的含量发生改变。

（10）平衡温度的控制。如果单位时间内镜面上凝析的水量很小，那么镜面应尽可能缓慢地冷却，因为，如果冷却过快，会导致在还没有观察到初露时，就已超过了实际的凝析温度，从而产生误差。能用肉眼正常观察到的结露的水量大约为$10^{-5}/cm^2$。如果自动装置灵敏度高的话，则能够检测到更低的结露量。如果有必要使用手动装置，特别是所测露点相对较低时，应采取下列措施：

① 在凝析温度范围内，镜面的冷却速度应尽可能小（在进行准确测量以前，可先进行一次快速测定以便测得大致的凝析温度，这是一种很好的实用技巧）。

② 在镜面温度缓慢降低的过程中，记录最初结露的温度；在镜面温度缓慢升高的过程中，记录露滴完全消失的温度。结露温度和消露温度的平均值便认为是被测气体的露点。

在用自动仪器进行测量时，初露和消露两者之间温差不应大于2℃；而在手动装置情况下，两者之间的温差则不应大于4℃。

3. 冷却镜面露点仪维护保养

1）周保

（1）清洁仪器卫生，保持内部干净，仪器及连接管线存放于干燥器内。

（2）检查不锈钢管、三脚架是否完好。

（3）检查接头螺纹有无损伤。

（4）检查温度传感器线路是否畅通。

（5）做好仪器使用记录。

2）月保

（1）检查仪器压力表是否工作正常。

（2）检查进气管是否有阻塞，注意疏通时只能用软细金属丝。

（3）检查过滤芯是否被污染，被污染的过滤芯应换掉。

（4）检查制冷剂罐内的制冷剂是否充足。

（5）检查温度传感器线路是否接触良好。

（6）通电、清洁电器系统。

（7）清洗擦拭仪器外表，保持仪器清洁。

四、在线水露点测量的方法

（一）电容法

采用氧化铝（Al_2O_3）涂层作为电容的一部分。在水蒸气存在的情况下，电介质 Al_2O_3 膜会使电容器的电容发生变化，输出值可以和测量压力条件下的水露点值建立直接的对应关系。

使用中应注意的问题包括以下几项：

（1）定期更换过滤器。

（2）定期校准。

（3）如发现仪器测量故障应校准或更换探头。

（二）电解法

电解池由两只镀有五氧化二磷（P_2O_5）涂层的金属电极组成。加在电极间的电压使五氧化二磷涂层吸收的水发生电解反应，从而在电极间产生电流，产生的电流与水蒸气的浓度成正比。

使用中应注意的问题包括以下几项：

（1）应把测量流量控制在 100mL/min（20℃，101.323kPa），并把旁通流量调节到 1L/min 左右。

（2）为避免气体中的杂质损坏电解池，应在样品气通过电解池之前安装过滤器。

（3）由于气体中的醇类也要发生电解反应，本方法不适合测量含醇天然气。

（4）测量结果与测量流量成正比，如果天然气的水含量太高可以降低测量流量，然后根据正比关系计算出水含量。

（三）压电法

压电式传感器由一对压电材料为石英晶体（QCM）的电极构成。当传感器加有电压时，会产生一个非常稳定的振动。传感器的表面镀有吸湿性聚合物涂层。振动频率随聚合物吸收水含量的变化而成比例改变。

（四）激光法

激光法装置由一样品室构成，样品室的一端安装光学头，另一端安装一镜面。光学头包含近红外（NIR）激光器，其发射能够被水分子吸收的一定波长的光。激光器旁边安装一对 NIR 波长的光敏感的检测器。激光器发射的光经过样品室，到达尽头后返回光学头的检测器。发射光通过样品室和返回检测器时，部分发射光被水分子吸收，吸收的光强度与水含量成正比。

（五）光纤法

光纤法是将多层结构的传感器安装在样品气的管线里，与样品气接触。在主机和传感器之间用光纤连接，在传感器上吸附的水会改变传感器对光的折射率。光折射率的改变与水蒸气压相对应。应避免连接主机和传感器之间的光纤弯曲。

几种在线水露点分析方法及优缺点的比较见表2-10和表2-11。

表2-10　在线水露点检测方法比较

序号	检测方法	测试压力	取样系统	水露点	适用范围
1	电容法	0～30MPa	不需要	水含量换算，也可直接测定水露点	水露点：-100～20℃
2	电解法	常压	需要	水含量换算	水含量（体积分数）小于 4000×10^{-6}
3	压电式	常压	需要	水含量换算	水含量（体积分数）0.1×10^{-6}～2500×10^{-6}
4	激光法	常压	需要	水含量换算	—
5	光纤法	最大25MPa	不需要	直接测定	水含量（体积分数）0～2000×10^{-6}

表2-11　不同水分测试方法优缺点比较表

方法	优点	缺点
电容法	经济	漂移；容易被污染；对流速很敏感；反应速度慢；维护较为烦琐；醇类物质将会影响测量
电解法	测量范围广；经济；可带压直接测量水露点，维护简单；维护费用少	高漂移率；容易被污染；需要完备的过滤装置
电压式	敏感、稳定，反应速度快	容易被污染；依靠干燥/渗透管做自校；维护较为烦琐
激光法	反应速度快，维护简单	背景气变化可能影响仪器测量的准确性
光纤法	探头温度稳定、不腐蚀、不老化；低维护；操作简单	初期投入大

第四节　硫化氢测定

天然气中几乎都含有硫化氢，它是一种无色有刺激性气味的气体，是一种强烈的神经毒物，燃烧后的产物二氧化硫毒性更大。对于硫化氢的测定，无论是作为燃料、化工医药行业原料，还是在天然气开发中，都有着极其重要的意义。

一、测定方法原理及适用范围

（一）碘量法

1．原理

用过量的乙酸锌溶液吸收气样中的硫化氢，生成硫化锌沉淀。加入过量的碘溶液以氧化生成硫化锌，剩余的碘用硫代硫酸钠标准溶液滴定。

2．适用范围

适用于天然气中硫化氢含量的测定，测定范围为0～100%。

（二）亚甲蓝法

1．原理

用乙酸锌溶液吸收气样中的硫化氢，生成硫化锌。在酸性介质中和三价铁离子存在下，硫化锌同N，N－二甲基对苯二胺反应，生成亚甲蓝。通过用分光光度计测量溶液吸光度的方法测定生成的亚甲蓝。

2．适用范围

适用于天然气中硫化氢含量的测定，测定范围为0～23mg/m^3。

（三）醋酸铅反应速率法

1．原理

使用比色分析法将未知样品与已知标准样品在分析仪器上的读数相比较来测定硫化氢。纯硫化氢作为基本标准物质，与无硫底气（该底气与要分析的气体类型相同）按一定体积比例混合，分析混合气体，从而得到一个已知的参比标准。当恒定流量的气体样品经润湿后从浸有乙酸铅的纸带上面流过时，硫化氢与乙酸铅反应生成硫化铅，纸带上出现棕黑色色斑。反应速率及产生的颜色变化速率与样品中硫化氢浓度成正比。由光学系统、光电检测器、对光电检测器信号进行一阶导数处理的装置以及一套收集一阶导数处理装置输出信号的系统组成分析仪。纸带颜色没有变化时，光电检测器输出电压E无变化，则一阶导数dE/dt为零。当样品中无硫化氢时，仪器读数自动归零。

2．适用范围

适用于测定范围为0.1～22mg/m^3，并且可通过手动或自动的体积稀释将测定范围扩展到较高浓度。也适用于液化石油气（LPG）、天然气代用品和燃料气混合物中硫化氢含量的测定。

二、碘量法准备条件

（一）试剂及材料

蒸馏水、重铬酸钾、硫代硫酸钠、碘、碘化钾、可溶性淀粉、无水碳酸钠、乙酸锌

$[Zn(CH_3COO)_2 \cdot 2H_2O]$、无水乙醇、盐酸、硫酸、冰乙酸、氢氧化钾、氮气、氢氧化钾、乙酸锌、针形阀、螺旋夹、吸收器架（图2-14）。

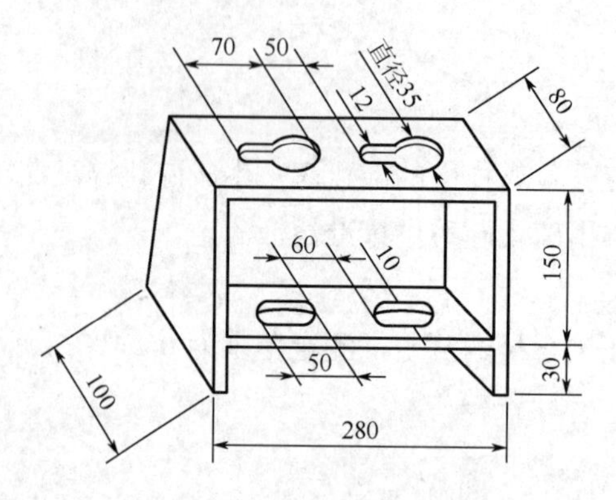

图2-14　吸收器架（单位为mm）

（二）溶液配制及标定

（1）乙酸锌溶液（5g/L）：称取6g乙酸锌，溶于500mL水中。滴加1～2滴冰乙酸并搅动至溶液变清亮，加入30mL乙醇，稀释至1L。

（2）储备溶液（50g/L）：称取50g碘和150g碘化钾，溶于200mL水中，加入1mL盐酸，加水稀释至1L，储存于棕色试剂瓶中。

（3）硫代硫酸钠标准溶液。

① 配制。

称取26g硫代硫酸钠和1g无水碳酸钠，溶于1L水中。缓缓煮沸10min，冷却，储存于棕色试剂瓶中，放置14d，倾取清液标定后使用。

② 标定。

称取在120℃烘至恒重的重铬酸钾0.15g，称准至0.0002g，置于500mL碘量瓶中，加入25mL水和2g碘化钾，摇动，使固体溶解后，加入20mL盐酸溶液或硫酸溶液。立即盖上瓶塞，轻轻摇动后，置于暗处10min。加入150mL水，用硫代硫酸钠溶液滴定。近终点时，加入2～3mL淀粉指示液，继续滴定至溶液由蓝色变为亮绿色。同时做空白试验。硫代硫酸钠标准储备溶液的浓度c按下式计算：

$$c = \frac{m}{49.03(V_1 - V_2)} \times 10^3 \tag{2-14}$$

式中　c——硫代硫酸钠标准储备溶液的浓度，mol/L；

m——重铬酸钾的质量，g；

V_1——试液滴定时硫代硫酸钠溶液的消耗量，mL；

V_2——空白滴定时硫代硫酸钠溶液的消耗量，mL；

49.03——$M(1/6K_2Cr_2O_7)$，g/mol。

两次标定硫代硫酸钠溶液的浓度相差不应超过0.0002mol/L。

（4）淀粉指示液（5g/L）：称取1g可溶性淀粉，加入10mL水，搅拌下注入

200mL 沸水中，再微沸 2min，冷却后，将清液倾入试剂瓶中备用。该溶液于使用前制备。

（三）仪器

（1）定量管如图 2-15 所示，容积及相应的尺寸见表 2-12，量管容积需预先测定。

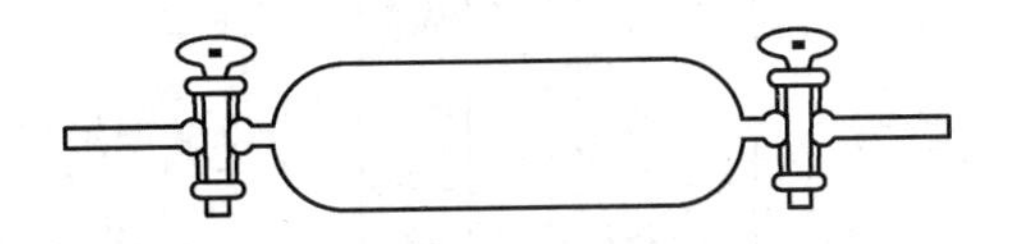

图 2-15　定量管

表 2-12　定量管的容积及相应尺寸

容积，mL	长度，mm	内径，mm
5	44	12
10	65	14
25	100	18
50	100	25
100	160	30
250	200	40
500	250	50

（2）稀释器如图 2-16 所示。

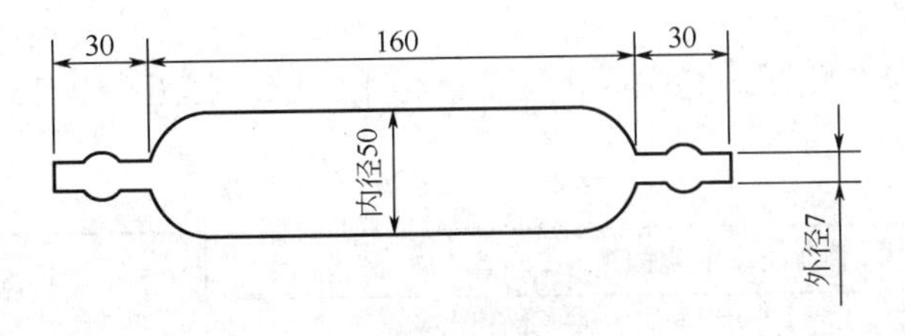

图 2-16　稀释器（单位为 mm）

（3）吸收器如图 2-17 所示，内附玻璃孔板，板上均匀分布有 20 个直径 0.5～1mm 的小孔。

（4）湿式气体流量计：分度值为 0.01L，示值误差为±1%。

（5）自动滴定仪或棕色酸式滴定管：量管容量为 25mL。

（6）温度计：测量范围为 0～50℃，分度值为 0.5℃。

（7）大气压力计：测量范围为 80～106kPa，分度值为 0.01kPa。

（8）医用注射器：规格为 5mL、10mL、30mL、50mL 和 100mL，应有良好的密封性，使用前应采用称量纯水的方法对注射器的容积进行校核。

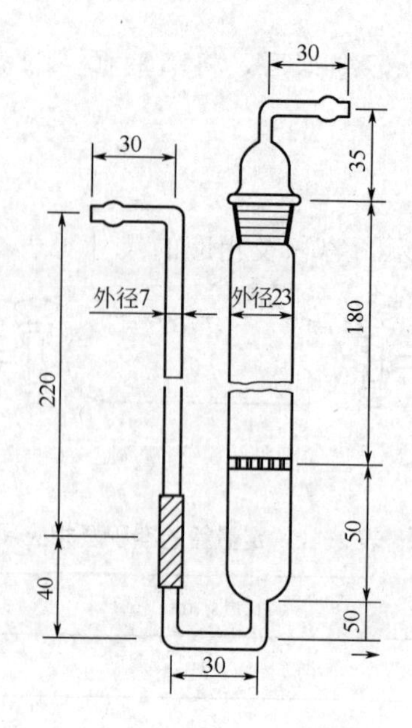

图 2-17　吸收器（单位为 mm）

三、取样

（一）一般规定

取样按 GB/T 13609—2012《天然气取样导则》执行。

硫化氢剧毒，取样时的安全注意事项按 SY/T 6277—2017《硫化氢环境人身防护规范》执行。

（二）试样用量

硫化氢的吸收应在取样现场完成，每次试样用量的选择见表 2-13。

表 2-13　试样参考用量表

预计的硫化氢浓度		试样参考用量，mL
体积分数，%	质量浓度，mg/m^3	
＜0.0005	＜7.2	150000
0.0005～0.001	7.2～14.3	100000
0.001～0.002	14.3～28.7	50000
0.002～0.005	28.7～71.7	30000
0.005～0.01	71.7～143	15000
0.01～0.02	143～287	8000
0.02～0.1	287～1430	5000
0.1～0.2		2500
0.2～0.5		1000
0.5～1		500

续表

预计的硫化氢浓度		试样参考用量，mL
体积分数，%	质量浓度，mg/m^3	
1～2		250
2～5		100
5～10		50
10～20		25
20～50		10
50～100		5

（三）取样步骤

（1）硫化氢含量高于0.5%的气体。用短节胶管依次将取样阀、定量管、转子流量计和碱洗瓶连接，打开定量管活塞，缓缓打开取样阀，使气体以1～2L/min的流量通过定量管。待通气的气量达到15～20倍定量容积后，依次关闭取样阀和定量管活塞。记录取样点的环境温度和大气压力。

（2）硫化氢含量低于0.5%的气体。取样和吸收同时进行。

四、分析

（一）吸收

（1）硫化氢含量高于0.5%的气体吸收装置如图2-18所示。于吸收器中加入50mL乙酸锌溶液，用洗耳球在吸收器入口轻轻地鼓动使一部分溶液进入玻璃孔板下部的空间。用洗耳球吹出定量管两端玻璃管中可能存在的硫化氢。用短节胶管将图中各部分紧密对接。打开定量管活塞，缓缓打开针形阀，以300～500mL/min的流量通氮气20min，停止通气。

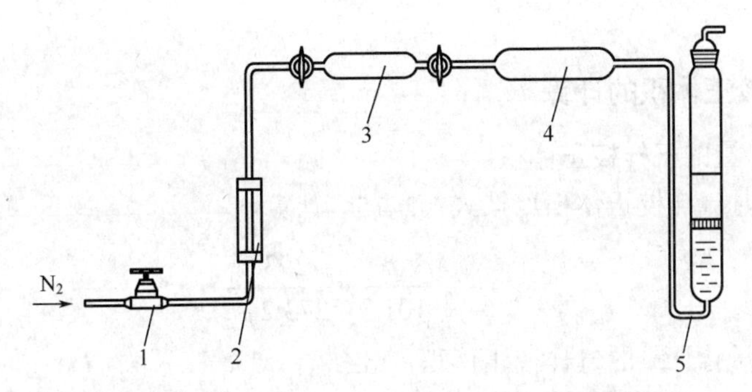

图2-18　硫化氢含量高于0.5%的吸收装置示意图

1—针形阀；2—流量计；3—定量管；4—稀释器；5—吸收器

（2）硫化氢含量低于0.5%的气体吸收装置如图2-19所示。于吸收器中加入50mL乙酸锌溶液，用洗耳球在吸收器入口轻轻地鼓动使一部分溶液进入玻璃孔板下部的空间。用短节胶管将各部分紧密对接。全开螺旋夹，缓缓打开取样阀，用待分析气经排空管充分置换取样导管内的气体。记录流量计读数，作为取样的初始读数。调节螺旋夹使气体以300～500mL/min的流量通过吸收器。吸收过程中分几次记录气体的温度。待通过表2-13中规定量的气样后，关闭取样阀。记录取样体积、气体平均温度和大气压力。在吸收过程中应避免日光直射。

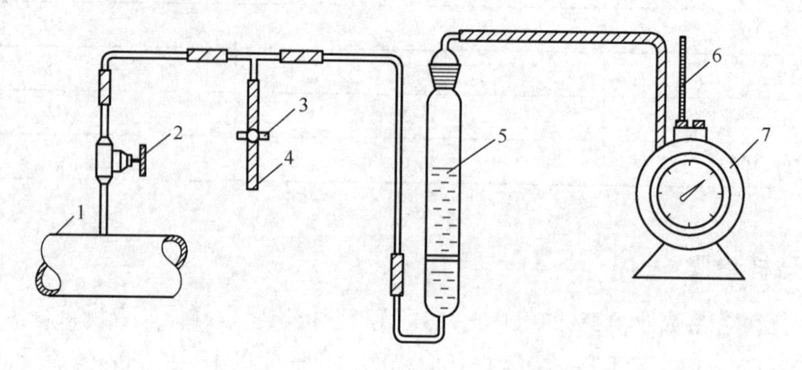

图2-19　硫化氢含量低于0.5%的吸收装置示意图

1—气体管道；2—取样阀；3—螺旋夹；4—排空管；5—吸收器；6—温度计；7—流量计

（二）滴定

取下吸收器，用吸量管加入10mL（或20mL）碘溶液。硫化氢含量低于0.5%时应使用较低浓度的碘溶液。再加入10mL盐酸溶液，装上吸收器头，用洗耳球在吸收器入口轻轻地鼓动溶液，使之混合均匀。为防止碘液挥发，不应吹空气鼓泡搅拌。待反应2～3min后，将溶液转移进250mL碘量瓶中，用硫代硫酸钠标准溶液滴定，近终点时，加入1～2mL淀粉指示液，继续滴定至溶液蓝色消失。按同样的步骤做空白试验。滴定应在无日光直射的环境中进行。

五、计算

（一）气样校正体积的计算

1．定量管计量的气样校正体积

定量管计量时气样校正体积V_n按式（2-15）计算：

$$V_n = V \cdot \frac{p}{101.3} \times \frac{293.2}{273.2+t} \tag{2-15}$$

式中　V_n——定量管计量的气样校正体积，mL；

V——定量管容积，mL；

p——取样点的大气压力，kPa；

t——取样点的环境温度，℃。

2．流量计计量的气样校正体积

流量计计量时气样校正体积V_n按式（2-16）计算：

$$V_n = V \cdot \frac{p - p_v}{101.3} \times \frac{293.2}{273.2 + t} \quad (2-16)$$

式中 V_n——定量管计量的气样校正体积，mL；

V——取样体积，mL；

p——取样时的大气压力，kPa；

p_v——温度 t 时水的饱和蒸气压，kPa；

t——气样平均温度，°C。

（二）硫化氢含量的计算

质量浓度 ρ（g/m^3）按式（2-17）计算：

$$\rho = \frac{17.04c(V_1 - V_2)}{V_n} \times 10^3 \quad (2-17)$$

体积分数 φ（%）按式（2-18）计算：

$$\varphi = \frac{11.88c(V_1 - V_2)}{V_n} \times 100\% \quad (2-18)$$

式中 ρ——硫化氢质量浓度，g/m^3；

c——硫代硫酸钠标准溶液的浓度，mol/L；

V_1——空白滴定时硫代硫酸钠标准溶液消耗量，mL；

V_2——样品滴定时硫代硫酸钠标准溶液消耗量，mL；

V_n——气样校正体积，mL；

17.04——M（$1/2H_2S$），g/mol；

φ——硫化氢体积分数，%；

11.88——在 20℃和 101.3kPa 下的 V_m（$1/2H_2S$），L/mol。

取两个平行测定结果的算术平均值作为分析结果，所得结果不小于 1%时保留三位有效数字，小于 1%时保留两位有效数字。

六、精密度

（一）重复性

在重复性条件下获得的两次独立测试结果的差值不超过表 2-14 给出的重复性限，超过重复性限的情况不超过 5%。

表 2-14 重复性

硫化氢浓度		重复性限（较小测得值），%
体积分数，%	质量浓度，mg/m^3	
≤0.0005	≤7.2	20
0.0005～0.005	7.2～72	10
0.005～0.01	72～143	8

续表

硫化氢浓度		重复性限（较小测得值），%
体积分数，%	质量浓度，mg/m^3	
0.01～0.1	143～1434	6
0.1～0.5		4
0.5～50		3
≥50		2

（二）再现性

在再现性条件下获得的两次独立测试结果的差值不超过表 2-15 给出的再现性限，超过再现性限的情况不超过 5%。

表 2-15　再现性

硫化氢质量浓度，mg/m^3	再现性限（较小测得值），%
≤7.2	30
7.2～72	15
72～720	10

七、天然气中硫化氢含量的快速测定方法

（一）适用范围

本方法适用于天然气中硫化氢含量的测定，测定范围为 0.5%～100%。

（二）方法提要

用过量的乙酸锌溶液吸收气样中的硫化氢，生成硫化锌沉淀。加入过量的碘溶液以氧化生成的硫化锌，剩余的碘用硫代硫酸钠标准溶液滴定。

（三）取样

1. 试样用量

硫化氢的吸收应在取样现场完成。每次试样用量的选择见表 2-16。

表 2-16　试样用量选择表

预计硫化氢浓度，%	试样用量，mL
0.5～5	≥100
5～10	50
10～20	25
20～50	10
50～100	5

2．样品吸收瓶的准备

吸收装置如图 2-20 所示。用一个 250mL 锥形瓶作吸收瓶，向其中加入 50mL 乙酸锌吸收液，用 50mL 或 100mL 注射器经紧靠弹簧夹 1 的胶管刺入，多次抽出吸收瓶中的空气。每次抽出 30～50mL 空气，待抽出气体总量达到 150mL 后，停止抽气。

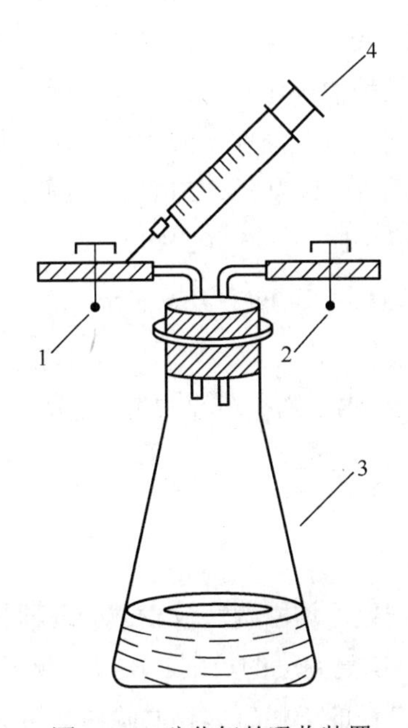

图 2-20　硫化氢的吸收装置

1,2—弹簧夹；3—吸收瓶；4—注射器

3．取样步骤

用短节胶管依次将取样阀、干燥管和碱洗瓶连接，打开弹簧夹，缓缓打开取样阀，让其排放样品气，同时用洁净干燥的注射器取样。用气体样品冲洗注射器 4～5 次后正式取样。取样时应使瓶内的气体压力将注射器芯子推到所需刻度，取好后立即注入（吸入）已抽真空的锥形瓶中。记录取样点的环境温度和大气压力。

（四）分析步骤

1．吸收

强烈摇动吸收瓶 2～3min，然后打开弹簧夹，吸入少量的空气，再强烈摇动吸收瓶 1min，取下胶塞进行滴定。

2．滴定

用吸量管向吸收瓶中加入 10mL（或 20mL）碘溶液，再加入 10mL 盐酸溶液摇匀。待反应 2～3min 后，用硫代硫酸钠标准溶液滴定，近终点时，加入 1～2mL 淀粉指示液，继续滴定至溶液蓝色消失。按同样的步骤做空白试验。滴定应在无日光直射的环境中进行。

八、在线硫化氢分析方法

（一）紫外吸收光度法

1．工作原理

通过测量硫化氢对波长 214nm 的紫外光的吸光率，来测量天然气中硫化氢的浓度。

紫外吸收光度法定量基础是朗伯—比尔定律，是光吸收的基本定律，适用于所有的电磁辐射和所有的吸光物质，包括气体、固体、液体、分子、原子和离子。朗伯—比尔定律物理意义：当一束平行单色光垂直通过某一均匀非散射的吸光物质时，其吸光度 A 与吸光物质的浓度 c 和吸收层厚度 b 成正比，见式（2-19）：

$$A = \lg(1/T) = Kbc \tag{2-19}$$

式中 A——为吸光度；

T——为透射比，即透射光强度与入射光强度之比；

K——摩尔吸光系数；

c——为吸光物质的浓度；

b——为吸收层厚度。

分析仪的操作、计算、数据处理均由两块板载微处理器控制，用于数据转换、数据处理、光学架温度、输入 / 输出、镜筒温度的控制。在进行测量时，样品气流通过调节系统，在该系统中使用气相色谱法将潜在的干扰气体物质除去，然后在测量池中对气体进行分析。分光器将一半的光引导到参考光电探测器上，另一半引导到测量光电探测器上。当样品气中存在硫化氢时，测量光电探测器接收的光量减少，减少的多少取决于硫化氢的浓度。通过两个光电探测器吸收光量的差值，确定样品气对 214nm 紫外光的吸收率，从而得到硫化氢浓度值。不需要标定气，只需自动清零即可。

2．仪器结构

硫化氢在线仪结构如图 2-21 所示。

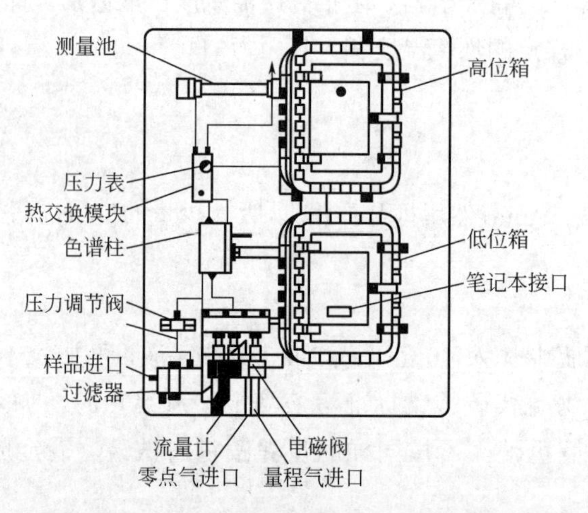

图 2-21　硫化氢在线仪结构示意图

硫化氢在线分析仪主要构成：压力调节阀、样气过滤器、流量计、电磁阀、色谱柱、热交换模块、测量池、高位箱、低位箱等。采样系统安装在仪器的背部面板上，保持恒定的压力和温度。分析仪有 8 个独立的输出信道用于模拟量输出，一个 RS485 串行接口用于与用户的数据通信，另一个通信信道用于与装有 System200 设置软件的计算机通信。

3．要求和测量流程

（1）测量样品气的含量要求：乙烷和甲烷之和>85%；丙烷<3%；丁烷总和<1.25%；C_5^+<0.5%。

（2）采样系统将外输气从管线上引出后，接入在线仪气体预处理系统，经过过滤后，利用入口压力调节器调节样气压力至工作压力 80psi。

（3）气体通过色谱柱后，硫化氢组分首先分离出来，在进入热交换器模块降温后，进入测量池在 214nm 波长的照射下，进行硫化氢含量的测定。

（4）通过 4～20mA 的电信号传输至中控室。

（5）为了保证硫化氢组分能够完全从样品气中分离，采用两个单独的色谱柱进行分离。当一个色谱柱正在分离硫化氢的时候，另一个色谱柱以较低压力进行吹扫，除去残余干扰成分。

（6）由电磁阀模块在两个色谱柱之间进行来回切换，从而实现样气的连续测量。

（7）同时接入零点气（推荐高纯氮气），作为仪器零点的标定气，每隔 24h 由电磁阀切换，自动进行零点标定一次，确保样气硫化氢含量的准确。

4．使用和维护

（1）定期检查高纯氮气瓶压力是否在正常范围，钢瓶压力不得低于 1MPa。通常在管路连接无漏气情况下，满瓶气（压力 13～15MPa）可连续使用 6 个月左右。

（2）每 6 个月或至少一年内，更换各环节过滤芯、O 形环、限流器，如果气源脏需更换多次。特别是天然气中存在杂质时，安装在第一级过滤器的限流器需要经常更换。

（3）光源灯镉灯与铜灯的使用寿命一般在 9 个月左右，如果出现“Warning ALC”“PMT 信号警告 Warning PMT Signal”，或者“零漂移警告（Warning Zero Drift）”的错误信息时，应及时更换光源。否则测量误差大，数据不稳定或出现错误的分析数据。

（4）对进气压力进行定期查看，若发现偏高或偏低，应及时进行调节。无法调节时，应考虑调节阀或过滤器是否堵塞失灵。

（5）定期查看零点气标定结果，若仪器正常，零点漂移较大时，应考虑钢瓶氮气是否较脏，更换新的钢瓶气进行零点标定。

（6）听电磁阀是否有正常的切换声音，若无声音应手动进行切换，查看电磁阀是否正常工作，是否能够进行气体之间的切换。

（7）在线仪分析的样气必须是干燥干净气体，所以在装置开车过程中，应注意气样中的含水量，若含水太高，不能投运在线仪。

（二）醋酸铅纸带法

1．工作原理

当恒定流量的气体样品从浸有醋酸铅的纸带上流过时，样气中的硫化氢与醋酸铅发生化学反应生成硫化铅褐色斑点，反应式：$H_2S+PbAC_2 \longrightarrow PbS\downarrow+2HAC$。反应速率即纸带颜色变暗的速率与样气中硫化氢浓度成正比，利用光点检测系统测得纸带变暗的平均速率，即可得知硫化氢的含量。硫化氢分析仪每隔一段时间移动纸带，以便进行连续测量，新鲜纸带暴露在样气中的这段时间称为测量分析周期时间（一般为 3min 左右）。

2．仪器结构

醋酸铅纸带法测量硫化氢分析仪由四部分组成：样气处理系统、走纸系统、光电检测系统、数据处理系统。

（1）样品处理系统：通常由过滤器、减压阀、流量计、增湿器组成。

① 过滤器采用旁路过滤器，其作用是除尘并加快样气流动速度以减小分析滞后时间。

② 减压阀出口压力一般设定在 15psi。

③ 样气流量通过带针阀的转子流量计来控制，也可通过临界孔板来控制，样气流量通常为 100mL / min。

④ 增湿器的作用是使样气通过 5%醋酸溶液加湿，以便与醋酸铅纸带反应。增湿器的结构一般是一个鼓泡器，将样气通入醋酸溶液中鼓泡而出，也有采用渗透管结构的，醋酸溶液渗透入管内对样气加湿。

（2）走纸系统：由纸带密封盒、醋酸铅纸带、导纸轮、卷纸马达和压纸器组成。纸带先用 5%醋酸铅溶液浸泡，并在无硫化氢条件下干燥。

（3）光电检测系统：由样气室和光电检测器组成。样气经过孔隙板上的孔隙与纸带接触。光电检测器采用一个红色发光二极管作为光源来照射纸带，光探头是一个硅光敏二极管，可将纸带的明暗程度转化成电信号，此电信号经过传感器放大电路放大成 0～25mV 信号。

（4）数据处理系统：由微处理、数字显示器、打印机等组成。

3．日常使用和维护

（1）检查样气压力和流量是否在设定值。

（2）检查过滤器滤芯，如果有必要，清洗或更换滤芯。

（3）检查纸带是否快用完，如果有必要，更换纸带。纸带大约每月更换一次，这与硫化氢浓度和需要响应时间有关。

（4）检查纸带传送机构是否工作正常。

（5）检查增湿器里醋酸溶液的液位，液位应该位于或接近红线位置。必要时加入浓度为 5%的醋酸溶液。

（6）检查样气室是否有脏物覆盖和液体。如果必要，清洁样气室。

（7）检查纸带上的斑块。确保斑块位于纸带中央，而且边缘清晰。如果边缘斑块模糊，需要调整压紧块、纸带和样气室之间的密封良好，这样才会使斑块边缘轮廓清晰。

（三）半导体激光吸收光谱法

1．工作原理

利用激光能量被气体分子“选频”吸收形成吸收光谱的原理来测量气体浓度。由半导体激光器发射出特定波长的激光束（仅能被被测气体吸收），穿过被测气体时，激光强度的衰减与被测气体的浓度成一定的函数关系。通过测量激光强度衰减信息，就可以分析获得被测气体的浓度。

2．仪器组成

半导体激光吸收光谱法装置由激光发射、光电传感和分析控制模块等构成。由激光发射模块发出的激光束穿过通有被测样气的气体室，被安装在直径相对方向上的光电传感模块中的探测器接收，分析控制模块对获得的测量信号进行数据采集和分析，得到被测气体浓度。在扫描激光波长时，由光电传感模块探测到的激光透过率将发生变化，且此变化仅仅是来自于激光器与光电传感模块之间光通道内被测气体分子对激光强度的衰减。光强度的衰减与探测光程之间的被测气体含量成正比。因此，通过测量激光强度可以分析获得被测气体浓度。

3．日常使用和维护

（1）由于没有使用易磨损的运动部件和其他需要经常更换的部件，分析仪操作和维护的工作量小，主要局限于检查和调整正压气体的流量。

（2）分析仪采用正压防爆方式，保持一定流量的正压气体流量是保证正压防爆的关键。需要定期观察系统中的正压模块的压力指示条，将正压气体的压力调节到正常的范围。

（3）检查分析仪探头的泄漏、腐蚀和各种连接是否松动等。

（4）清洁光学视窗：建议 2～3 个月清洗一次，以保证仪器的长时间连续、正确工作，减少计划外维护工作。如果吹扫装置出现故障，也要检查光学视窗的污染情况。

（5）透过率低于 10%，进行清洁光学视窗的维护工作。

（6）检查并清洗光学视窗前需要从仪器法兰上拆下接收单元和发射单元。

（7）如光学视窗被污染，应使用擦镜纸或擦镜布小心擦拭。

（8）如发现光学视窗有破裂或其他损坏，应立即更换光学视窗。

第五节　总硫分析

天然气总硫包含无机硫（如硫化氢）和有机硫（包含硫醇、硫醚、羰基硫等），管输和压缩商品天然气中总硫含量的测定尤为重要。

一、方法介绍

（一）氧化微库仑法

1．测定范围

氧化微库仑法适用于天然气中总硫的测定，总硫含量范围在 1～1000mg/m^3，并且可通过稀释将测定范围扩展到较高浓度。

2．测定原理

含硫天然气在石英管中与氧气混合燃烧，硫转化成二氧化硫，随氮气进入滴定池与碘发生反应，消耗的碘由电解碘化钾得到补充。根据法拉第电解定律，由电解所消耗的电量计算出样品中硫的含量，并用标准样进行校准。

（二）紫外荧光法

1．测定范围

紫外荧光法适用于天然气中总硫的测定，总硫含量范围在 1～100mg/kg 或 1～150mg/m^3。

2．测定原理

具有代表性的气样通过进样系统进入一个高温燃烧管中，在富氧的条件下，样品中的硫被氧化成二氧化硫。将样品燃烧过程中产生的水除去，然后将样品燃烧产生的气体暴露于紫外线中，其中的 SO_2 吸收紫外线中的能量后被转化为激发态的二氧化硫。当 SO_2 分子从激发态回到基态时释放出荧光，所释放的荧光被光电倍增管所检测，根据获得的信号可检测出样品中的硫含量。过量地暴露于紫外线照射下对健康不利。操作者应避免将其身体特别是眼睛暴露于直射或者散射的紫外线辐射中。

二、氮硫分析仪介绍

（一）仪器

（1）燃烧炉：温度可保持在 1075℃±25℃的电炉，足以将所有的样品热解并将硫氧化成 SO_2。

（2）燃烧管：石英燃烧管的构造应保证将样品直接注入燃烧炉内的高温氧化区内。燃烧管应具有侧管，以便注入氧气和载气。氧化区应足够大，以确保样品的完全燃烧。图 2-22 所示为一个典型的燃烧管。只要不影响精密度，也可以使用其他形状的燃烧管。

（3）流量控制：装置中应安装流量控制装置，以便在特定流量下保持氧气和载气持续恒定地供应。

（4）干燥管：该装置中应安装有可除去样品燃烧过程中形成的水分的设备。该设备可以利用膜干燥管，或利用通过选择性渗透作用除去水分的渗透干燥装置。

（5）外荧光检测器：一种定量检测器，可测量在紫外光作用下 SO_2 所释放的荧光。

（6）进样系统：该系统提供一个气体取样阀与氧化区的入口相连，见图 2-23。此进样系统采用一种惰性的载气进行清洗，并且该系统应能以可控制、可重复的载气流量，约 30mL/min 的流量给燃烧炉的氧化区持续地供应被分析的样品材料。图 2-24 提供了一个示例。进样系统也可采用微量进样器直接进样。

（7）记录仪，或与之相当的电子数据记录装置、积分仪。

（8）100uL 微量进样器。

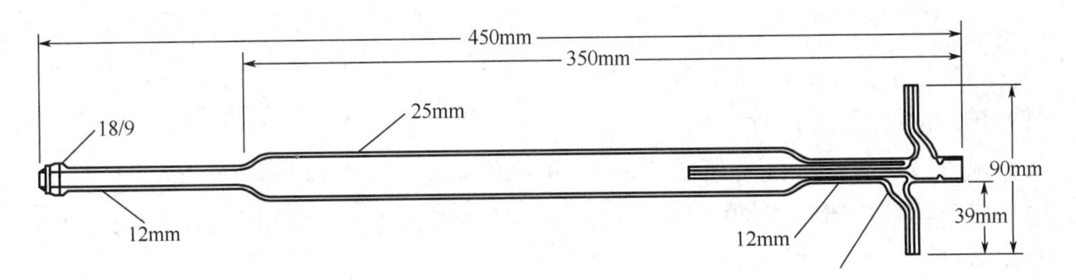

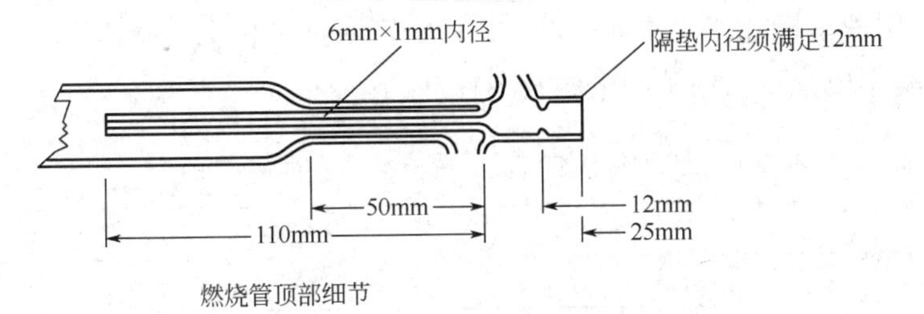

燃烧管顶部细节

图 2-22 典型的石英燃烧管

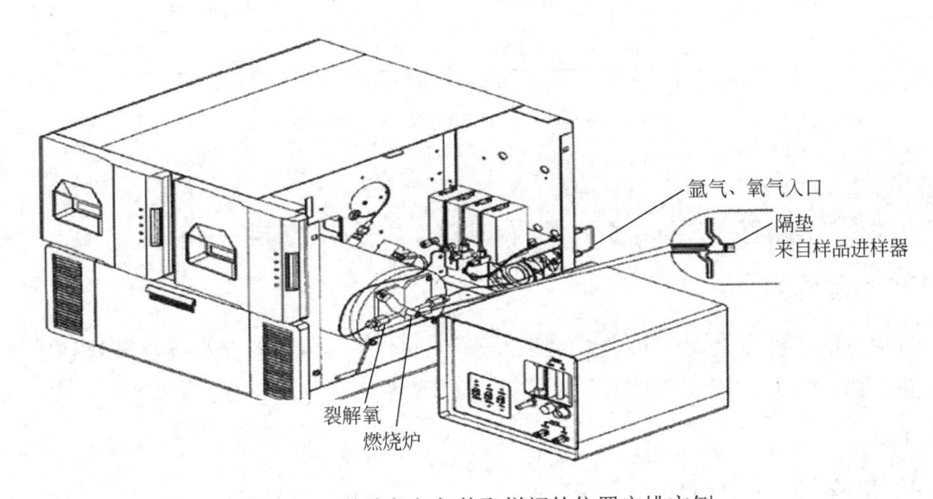

图 2-23 总硫仪与气体取样阀的位置安排实例

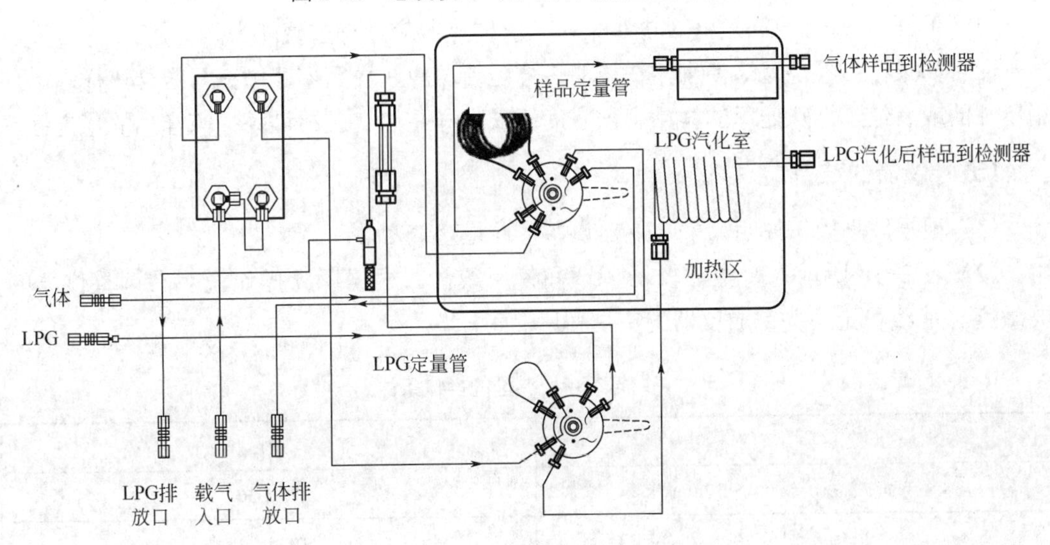

图 2-24 进样系统中的流动通道

（二）试剂

（1）试剂的纯度：分析纯。

（2）氩气或者氦气：纯度最低不小于99.998%，含水量不大于5mg/kg。

（3）氧气：纯度不小于99.75%，含水量不大于5mg/kg。氧气可以强烈促进燃烧，并且在高压条件下可能为压缩气体。

（4）标准物质：可使用液体标样或气体标样，应采用国家认证的标准物质。

表2-17中列举了实验室研究中所用硫的来源及稀释剂。

表2-17 典型的标准样品所用材料

所用硫的来源	稀释剂
二甲基硫醚	正丁烷
	异丁烷
	丙烯
	丙烷

注：（1）如果不会降低精密度和准确度，也可以使用其他来源的硫材料和稀释材料。
（2）根据使用的频率和寿命不同，标准物质一般需要定期重新混合和重新认证，这些标准物质的使用寿命一般为6～12个月。

（5）质量控制样品：选择稳定的并具有代表性的一种或多种气体样品。

（三）危险性

本试验方法中涉及高温、可燃烃类以及高压气体等。样品容器和样品输送装置中应采用适当的材料，以便保证安全盛装这些带压天然气样品。在氧化燃烧炉附近使用可燃物时应特别注意。

（四）采样

（1）根据GB/T 13609—2012进行采样。取样容器应具有抗硫能力。

（2）如果样品不是立即使用，在样品进样之前，应在样品容器中充分混合该样品。使用单独的或者经过特殊处理的样品容器有助于减少样品的交叉污染并提高样品的稳定性。

（五）仪器的准备

（1）根据厂家操作说明书安装仪器设备，并检查气密性。

（2）表2-18所示为典型的仪器调试和使用条件。根据厂家操作说明书调整仪器的灵敏度、基线稳定性并完成仪器的空白程序。

表2-18 典型的操作条件

项目	指标
样品注入系统载气，mL/min	25～30
燃烧炉温度，℃	1075±25

续表

项目	指标
炉内氧气流量设定，mL/min	375～450
氧气入口流量计设定，mL/min	10～30
载气入口流量计设定，mL/min	136～160
气样进样量，mL	10～20
液体进样量，μL	15

（六）校准步骤

（1）根据预期的被分析样品中的硫浓度，从表 2-19 中选择一个校准范围，最好使用能代表被分析样品的含硫化合物和稀释类型。表 2-19 是典型范围的代表，但如果需要，仍可使用比标明范围更小的范围。然而，使用比标明范围更小范围的方法精密度还未被确定。应确保用于校准的标准物质浓度包括了被分析样品的浓度。

表 2-19 典型的硫校准范围和标准浓度

曲线Ⅰ，硫 mg/kg	曲线Ⅱ，硫 mg/kg
空白	空白
5.00	10.00
10.00	50.00
	100.00

注：每个曲线使用的标准样品数量可能不尽相同。

（2）采用气体标准样品时，应充分吹扫进样环路，确保样品具有代表性。

① 启动分析仪，按仪器制造商的操作指南对所有参数进行检查。

② 将取样阀处于取样位置，将带压的样品容器连接到进样系统中的取样阀上。

③ 通过充填取样阀中的进样环管获取被分析注入材料的定量注入体积（表 2-18）。在选定的操作范围内，所有被分析的材料均注入恒定的或相似样品量，有助于维持稳定的燃烧状态并且可以简化结果的计算。可使用自动样品输送和进样装置。

④ 根据仪器制造商的操作指南注入标准物质。

（3）采用液体标准物质时，应用标准物质充分冲洗微量进样器。

① 启动分析仪，按仪器制造商的操作指南对所有参数进行检查。

② 根据表 2-19 选定的校准范围确定标准溶液进样量。抽取的标准物质液柱中不能存在气泡。

③ 根据厂家操作说明书注入标准物质。

（4）利用下列技术的一种进行仪器的校准：

① 多点校准。

a. 如果仪器具有内部自我校准功能，则需要分析校准标样，并按照（2）或（3）中介绍的步骤进行三次清洗。

b. 根据厂家操作说明书校准分析仪，以便生成硫浓度曲线。该曲线一般为线性，且系统的性能在使用的过程中应每天至少检查一次。如果不会降低精度和准确度，也可以使用其他校准曲线技术。校准的频率可通过使用质量控制图或其他质量保证/质量控制技术进行确定。

② 单点校准。

a. 采用标准物质，其总硫含量接近于待测样品的总硫含量（最大偏差为±25%）。

b. 按照仪器制造商的操作指南，通过不注入标准物质的操作，建立仪器的零点（仪器的空白）。

（5）按（2）或（3）的步骤之一对被测样品进行测量。

（6）检查燃烧管和其他流动通道的元件，以确认试验样品被完全氧化。

（7）清洗和重新校准：根据厂家操作说明书清洗出现焦油或者烟灰的部件。完成清洁或者调整后，需要重新安装并检查仪器的泄漏情况。对被测样品进行重新分析之前要需重复进行仪器的校准步骤。

（8）为了获得一个结果，每个试验样品要测试三次，并计算出检测器的平均响应值。

（9）在样品测试的温度条件下，将进样体积换算到标准参比条件下，采用 GB/T 11062—2014 计算标准参比条件下的样品的密度。如果不影响精度和准确度，只要样品基质组分已知，则可以使用其他技术获得样品的密度。

（七）操作步骤

（1）通常测试样品中的硫浓度比校准过程中使用的最高标准样品浓度要低，比最低标准样品的浓度要高。

（2）按（六）校准步骤（2）描述的步骤之一对被测样品进行测量。

（3）检查燃烧管和其他流动通道的元件，以确认试验样品被完全氧化。一旦观察到焦油或者烟灰，则应降低注入样品到燃烧炉的流量或减小样品进样量，或同时采用这两种手段。

（4）清洗和重新校准：根据厂家说明书清洗出现焦油或者烟灰的部件。完成清洁或者调整后，需要重新安装并检查仪器的泄漏情况。对被测样品进行重新分析之前要需重复进行仪器的校准步骤。

（5）为了获得一个结果，每个试验样品要测试三次，符合分析重复性规定，并计算出检测器的平均响应值。

（八）计算

（1）对于具有内部自校准的分析仪，可以按式（2-20）计算试验样品中的总硫含量 S_m（以 mg/kg 计）：

$$S_m = \frac{Gd_0}{d_1} \tag{2-20}$$

式中 G——被测样品中检测出的硫，mg/kg。

d_0——标准混合物的密度，g/mL；

d_1——样品的密度，g/mL。

（2）对于采用单点法校准的分析仪，按以下步骤计算：

① 校准系数按式（2-21）和式（2-22）计算：

$$K_m = \frac{A_{0,m}}{M_0 \times S_{0,m}} \tag{2-21}$$

或

$$K_V = \frac{A_{0,V}}{V_0 \times S_{0,V}} \tag{2-22}$$

式中 K_m——质量校准系数；

$A_{0,m}$——按质量注入标准物质的响应值，以响应值读数为单位；

m_0——注入的标准物质的质量，mg；

$S_{0,m}$——注入的标准物质的总硫含量，mg/kg；

K_V——体积校准系数；

$A_{0,V}$——按体积注入标准物质的响应值，以响应值读数为单位；

V_0——注入的标准物质的体积，mL 或μL（液体）；

$S_{0,V}$——注入的标准物质的总硫含量，mg/m^3 或 ng/uL（液体）。

校准系数应是按每日的校准来确定的。计算校准系数的平均值，并检查标准物质的偏差是否在允许的范围内。

② 进样体积的换算。样品在 101.325kPa，20℃下的体积 V_n 用式（2-23）计算：

$$V_n = \frac{293.15 \times V \times p}{101.325 \times T} \tag{2-23}$$

式中 V——注入样品的体积，mL；

p——注入样品的压力，kPa；

T——注入样品的温度，K。

③ 样品中的总硫浓度的计算。用式（2-24）和式（2-25）计算样品中的总硫浓度：

$$S_m = \frac{A_m}{m \times K_m} \tag{2-24}$$

或

$$S_V = \frac{A_V}{V_n \times K_V} \tag{2-25}$$

式中 S_m——样品中以质量分数表示的总硫含量，mg/kg；

A_m——按质量注入样品时，样品的响应，以响应值读数为单位；

m——注入样品的质量，mg；

S_V——样品中以体积分数表示的总硫含量，mg/m^3；

A_V——按体积注入样品时，样品的响应，以响应值读数为单位。

（九）质量控制

（1）在每次校准后，以及此后每日使用中，至少每日应分析一个质量控制样品，以确认仪器或测试过程的性能。

（2）如果测试设备已经明确了质量控制/质量保证的条款，则在确认测试结果的可靠性时使用这些标准。

（十）精密度

（1）下列的精密度与偏差数据是通过一个实验室室间试验研究获得的，其中包括在正丁烷、异丁烷和丙烷/丙烯混合物中的多个样品。

（2）重复性：同一操作者使用同一仪器在恒定的操作条件下，对相同的样品进行测试，在95%的置信水平下，两个试验结果之间的差异不应超过式（2-26）的计算结果：

$$r = 0.1152X \tag{2-26}$$

式中 r——重复性；

X——为两次测定结果的平均值。

（3）再现性：由不同操作者在不同实验室中对相同的样品进行测试，在95%的置信水平下，两个单个和独立的结果之间的差异不应超过式（2-27）的计算结果：

$$R = 0.3130X \tag{2-27}$$

式中 R——再现性；

X——为两次测定结果的平均值。

（4）对于实验结果X，以绝对值表示，其估算的精密度示例见表2-20。

表2-20　重复性r和再现性R

总硫浓度，mg/m^3	重复性r，mg/m^3	再现性R，mg/m^3
5	0.6	1.6
10	1.2	3.1
25	2.9	7.8
50	5.8	15.7
100	11.5	31.3
150	17.3	47.0

注：天然气在101.325kPa，20℃标准参比条件下的密度按$0.69kg/m^3$进行估算。

（十一）氮硫分析仪维护保养

1. 周保

（1）检查压力表是否正常。

（2）检查排风系统是否工作。

（3）保持仪器本身的干净。

（4）打扫实验室，保持实验室清洁。

（5）检查气体钢瓶压力，保证使用有足够的载气流量。

（6）检查仪器的信号传输系统是否正常工作。

（7）做好仪器保养记录。

（8）仪器一周之内未开展分析工作，必须开启仪器通气、通电 2h 以上。

2．月保

（1）检查载气钢瓶、阀门、接头等处是否漏气，压力表是否工作正常。

（2）检查进、出气管是否有阻塞。

（3）检查排风系统是否工作。

（4）通气、通电。

（5）清洗擦拭仪器外表，保持仪器清洁。

（6）仪器一个月之内未开展分析工作，必须开启仪器，并进标准气进行分析，检查仪器是否正常。

习 题

一、填空题

1．镜面制冷的方法一般有绝热膨胀法制冷、_______和_______。

2．对于摩尔分数不大于 5%的组分，与样品相比，标准气中相应组分的摩尔分数应不大于______，也不低于样品中相应组分浓度的______。

3．色谱分析从进样开始至每个组分流出曲线达最大值时所需时间称为_______，其可以作为气相色谱______分析的依据。

4．取样设备包括取样接头、取样套管和取样容器，选用器材应满足______、______、及______的要求。

二、简答及计算题

1．简述碘量法测定天然气中硫化氢含量的原理。

2．什么叫色谱外标法？气体标准状态、天然气的标准状态分别是多少？

3．简述紫外荧光光度法测定天然气总硫含量的原理。

4．某分析人员测定天然气中的硫化氢时，大气温度为 25℃，大气压力为 99.50kPa，取样体积为 500mL，硫代硫酸钠标准溶液的浓度为 0.0320mol/L，滴定空白为 18.00mL，滴定样品为 14.50mL，求该天然气中硫化氢的质量分数和体积分数。

第三章 气田水分析

气井在生产过程中是否产生了地层水，这是气田开发工作者最为关注的敏感问题。因为气井一旦产出地层水，不但影响气产量，还给后期的开采工艺及废水处理带来一系列的难题，从而影响气田开发效益。通过加强对气井产出水的动态监测，捕捉出水征兆，正确判断是否产出地层水，以便及时采取控水措施，防止气井过早被水淹，为气藏科学开采提供依据。

气田水的无机组分与一般天然水体大体相似，最常见的有二十余种，其中以 Cl^-、SO_4^{2-}、HCO_3^-、Na^+、K^+、Ca^{2+}、Mg^{2+}、Sr^{2+}等无机离子为主要成分，除此之外，还有 I^-、Br^-、Li^+、B 等微量元素。这些分析数据在确定油气田水性质、油气生源、油气保存条件、油气成熟度、烃源对比、化学勘探找油气、水岩相互作用、成岩作用序列、储层保护、注入水水质评定、油气产层判识、共伴生矿调查及环境保护等方面都有重要作用。过去常用化学法测定气田水中的阴阳离子，不仅耗时费工，而且分析精度低。随着现代分析仪器的发展，气田水中常见的阴阳离子分析由仪器分析替代了化学分析，如离子色谱仪用于阴离子的分析，原子吸收光谱仪用于阳离子的分析，自动电位滴定仪用于碱度及硫化物的分析，密度仪替代了密度计等。油气田水中组分和分析方法见表 3-1。

表 3-1　油气田水中组分和分析方法一览表

组分	分析方法	参照方法	检测限	主要干扰	现场
碱度	电位法 指示剂法	SY/T 5523—2016 《水和废水监测分析方法》6.2.1 《水和废水监测分析方法》6.2.2	— —	硼酸盐、硅酸盐、硫化物、磷酸盐和其他碱性物质，分析前溶解气逸出，皂、油、固体可能覆盖电极； 分析前溶解气逸出，颜色和样品浑浊会干扰	— Y Y，Kit
钡	发射光谱法 原子吸收法	SY/T 6404—1999 HJ 603—2011 SY/T 5982—1994	— 1.7mg/L 6mg/L	无明显干扰； 电离干扰可加入 1%CsCl 或 KCl 溶液除去	— —
重碳酸盐	参照碱度				
硼	分光光度法 滴定法	HJ/T 49—1999 SY/T 5523—2016	0.02mg/L —	— —	— —
溴化物	离子色谱法 碘量法	SY/T 5523—2016 SY/T 5523—2016	0.1mg/L —	任何和溴具有相似的保留时间的物质 —	— —

续表

组分	分析方法	参照方法	检测限	主要干扰	现场
钙	发射光谱法 原子吸收法 EDTA 滴定法	SY/T 6404—1999 GB 11905—1989 SY/T 5982—1994 GB/T 7476—1987	— 0.02mg/L 0.05mg/L 2mg/L	无明显干扰； 磷酸盐和铝干扰加锶盐或镧盐可以消除 —	— — Kit
碳酸盐	参照碱度				
二氧化碳	滴定法	《水和废水监测分析方法》6.3	—	NH_3、胺、硼酸盐、亚硝酸盐、磷酸盐、硅酸盐和 S^{2-}	Y，Kit
氯化物	摩尔法 离子色谱法	GB 11896—1989 SY/T 5523—2016 HJ/T 84—2016	0.5mg/L 0.1mg/L 0.02mg/L	溴化物、碘化物、氰化物、S^{2-}、SCN、SO_3^{2-} 任何和氯具有相似保留时间的物质	Kit —
氟化物	离子色谱法 离子选择电极法	SY/T 5523—2016 HJ/T 84—2016 GB/T 7484—1987	0.1mg/L 0.02mg/L 0.05mg/L	任何和氟化物具有相似保留时间的物质； OH^-和高价阳离子	— —
氢氧根	参照碱度				
碘化物	滴定法 离子色谱法	ASTM D 3869 SY/T 5523—2016	0.2mg/L 0.1mg/L	铁、锰和有机物质； 任何和碘具有相似保留时间的物质（样品需要稀释）	— —
锂	原子吸收法 发射光谱法	SY/T 5982—1994 SY/T 6404—1999	0.02mg/L —	电离干扰可加入 1%CsCl 或 KCl 溶液除去； 无明显干扰	— —
镁	原子吸收法 发射光谱法 EDTA 滴定法	GB/T 11905—1989 SY/T 5982—1994 SY/T 6404—1999 GB/T 7477—1987	0.02mg/L 0.03mg/L — 0.05mmol/L	磷酸盐和铝干扰加锶盐或镧盐可以消除； 无明显干扰	— — Kit
硝酸盐	离子色谱法	HJ/T 84—2016	0.08mg/L	任何和硝酸盐具有相似保留时间的物质	—
pH 值	pH 计	GB/T 6920—1986	—	温度（见方法）	Y，Kit
钾	原子吸收 发射光谱法	GB/T 11904—1989 SY/T 5982—1994 SY/T 6404—1999	0.05mg/L 0.01mg/L —	电离干扰可加入 1%CsCl 或 KCl 溶液除去； 无明显干扰	— —
钠	原子吸收法 发射光谱法	GB/T 11904—1989 SY/T 5982—1994 SY/T 6404—1999	0.01mg/L 0.11mg/L —	电离干扰可加入 1%CsCl 或 KCl 溶液除去； 无明显干扰	— —
液体密度	U 形振动管法	SH/T 0604—2000	0.0001g/cm^3		—
锶	原子吸收法 发射光谱法	SY/T 5982—1994 SY/T 6404—1999	0.1mg/L —	电离干扰可加入 1%CsCl 或 KCl 溶液除去； 无明显干扰	— —

续表

组分	分析方法	参照方法	检测限	主要干扰	现场
硫酸盐	离子色谱法 重量法	HJ/T 84—2016 《水和废水监测分析方法》6.15.1	0.09mg/L 10mg/L	任何和硫酸盐具有相似保留时间的物质悬浮物质，硅；NO_3^-，SO_3^{2-}	— —
硫化物	碘量法 亚甲基蓝法	HJ/T 60—2000 GB/T 16489—1996	0.4mg/L 0.02mg/L	硫代硫酸盐、亚硫酸盐、某些有机化合物可被清除（见方法）	Y Y

注：（1）表中列出方法的检测限仅是为了比较的目的。对实际油田卤水实验室分析的检测限可能由于干扰的影响而有很大不同。

（2）现场中Y表示该组分应在现场分析或尽快分析；Kit表示可由商业上获得测试工具箱（如Hach工具箱）。API对此类测试工具箱的品质和精密度不加任何评论。测试工具箱的准确度和精密度应由使用者自己确定。

第一节 样品采集、保存及标记

现场采集样品时希望所采集到的一小部分样品尽可能代表整体样品的性质。采集的样品应妥善处理，确保在进行分析前样品不发生明显的成分变化。这就要求在样品采集前仔细挑选采样点，采样过程中严格按照标准所规定的采样方法进行采样（包括选择盛样器），样品采集后对样品进行适当处理（添加保存剂等）。

一、样品采集

（一）样品类型

有些样品源的代表性样品只能通过混合多个小样品的方式得到。对于另一些样品源，分析大量的单个样品比混合样品能得到更多的信息。对管理机构规定的测试项目，有些分析程序常指定采集样品的类型。由于情况因地而异，没有哪种建议方案是可以普遍适用的。

1．随机样品

一个样品只能代表样品源在某个特定时间和地点的成分。如果已知样品源的成分相当恒定，则单个随机采集的样品即可有很好的代表性。但若已知样品源随时间变化而变化时，采集于不同时段且单独分析的样品就会记录变化的范围、频率和持续时间。在这种情况下，必须选择采样时段以便捕捉预期成分变化的范围。若样品源的成分随空间变化（如随采样地点的不同而不同），则应在各合适的地点采样并进行单独分析。

2．混合样品

混合样品是不同时间在一个采样点采集的随机样品的混合物。混合样品对于观测分析对象在采样点的平均浓度是有用的。若适合于用户的分析需要，混合样品就意味着大大节省人力和财力。对储存过程中易于发生明显的和不可避免变化的分析对象而言，混合样品是不适宜的。

（二）盛样容器

选用新的或清洗干净的盛样容器是正确样品采集的一个重要步骤。依据对样品所定的分析项目不同，所需要的盛样容器类型不同。各种分析对盛样容器的特定要求见表 3–2。对表 3–2 中未列出使用玻璃或塑料盛样器的分析，样品最好冷藏保存，并尽快分析。

表 3–2　特殊样品采集及存放要求一览表

分析	容器	最小样品量，mL	存放要求	最长存放时间（推荐）
碱度	P，G	200	冷藏	24h
氨	P，G	200	冷藏，加 HCl 调至 pH<2	7d
重碳酸盐	同碱度			
生化耗氧量（BOD）	P，G	1000	冷藏	6h
硼	P	100	无要求	28d
溴化物	P，G	200	无要求	28d
氯化物	P，G	500	无要求	28d
氟化物	P	300	无要求	28d
碘化物	P，G	500	无要求	28d
溶解金属	P（A），G（A）	500	立即过滤，加硝酸调至 pH<2	6 个月
硝酸盐	P，G	100	尽快分析或冷藏	48h
pH 值	P，G	—	立即分析	2h
相对密度（SG）	P	500	冷藏	28d
硫酸盐	P，G	200	冷藏	28d
硫化物	P，G	100	冷藏；每 100mL 加入四滴 2mol/L 醋酸锌	28d

注：（1）冷藏表示在 4℃左右保存，背光。

（2）P 表示塑料（聚乙烯或类似材料），G 表示玻璃，P（A）、G（A）均表示用 1mol/L 的硝酸溶液清洗。

（3）溶解金属包括铝、钡、钙、铁、锂、镁、钾、钠、锶。

（三）样品采集量

一般来说，500～1000mL 的样品就能满足大多数物理和化学分析的需要。有时候需要更大量的样品或多个样品，表 3–2 列出了每次分析所需的样品量。

（四）注意事项

（1）被测样品采集的系统应当处于正常的流速、温度、压力等条件下，除非样品采集目的是为了非正常条件下的分析。任何偏离正常条件的情况都应当在样品登记表上注明。

（2）对于配送系统，要冲洗管线以确保样品具有代表性。对于油气井，应在井泵抽了足够长时间后再进行样品采集，以确保取到的是地层流体而不是井筒中的“停滞”

流体。

（3）用来测定可溶组分的样品应即刻在现场进行过滤。对用于现场分析的样品也是如此。过滤过程最好使用一个能直接接入系统流动管线的过滤器夹持器（并使用系统压力）。如果不能使用在线的系统压力，就应采集大量的样品并用其他方法加压过滤（均在样品采集位置进行）。将采样瓶充满并对其灌洗几次即能获得滤液样品。但当盛样器已含有防腐剂或样品是用于油和脂分析时，不能采用上述操作。在样品将用于诸如微生物分析、浊度分析、油分分析这类主要与悬浮物质有关的分析时，不对样品进行过滤。

二、样品保存

最理想的情况是对样品即时进行分析，其次为将样品在低温（4℃）条件下保存不超过24h，但这并非总是可能的。因此，在样品要送到较远的地方进行分析时，常需对样品进行保存。

完整保存一个样品是不可能的。保存技术最多只能延缓样品采集后样品中的化学和生物变化。而且几乎所有的保存剂对一些分析都存在干扰，因此一个样品一般不能适用于所有的分析项目。

油田水的某些性质和成分不好保存或不易保存。例如，温度、pH 值和溶解气都会很快改变，必须在现场进行测定。这些性质的变化也会影响到钙离子、总硬度、碱度的分析结果。因此，这些分析也最好在现场进行。同样，如果要确定铁离子或锰离子的价位，有关的分析可能最宜于在现场进行。

如果用单独样品采集进行水中的有机组分分析，那么在样品采集前不能用产出液冲洗或灌洗样品采集瓶，如果这样做，会使油在瓶壁上沉积，导致人为造成有机组分分析值偏高。

如前所述，分析得越快，结果越好。但是一些样品又必须保存并送到远处的实验室进行分析。所有的样品，包括保存的样品，都有一个保存时限，必须在这个保存时限内完成分析，否则分析的结果就可能变得不可靠。

要确切说出从样品采集到进行分析之间的容许保存时间究竟有多长是不可能的。样品的容许保存时间与样品的组成、需要进行的分析、样品存放和运输条件有关。

三、样品标记

在样品采集前，应在盛样器上贴好用防水墨水书写的标签。样品标签上至少应该包括以下信息：

（1）样品信息（公司、油田、井号、油套压、产量等）。

（2）样品采集人。

（3）样品采集日期和样品采集时间。

（4）样品采集点。

（5）分析要求。

四、现场分析项目

系统的某些组分和性质会随时间很快发生改变，无法充分保存或稳定下来以供后期进行实验室测定。这些组分必须及时在现场进行分析测定。因此，一项完整的分析工作包括对一些组分的现场分析和对其余组分的实验室分析。以下组分或性质应在样品采集和过滤后立即进行现场分析测量：pH 值、温度、浊度（未过滤的样品）、碱度、溶解氧、二氧化碳、硫化氢（也可用碱性锌离子溶液来稳定样品以便进行实验室分析）、总铁和可溶铁、悬浮总固体（在现场进行先期过滤和用蒸馏水清洗，然后在实验室清洗和称量）等。

第二节 电位分析法

电位分析法是基于测量浸入被测液中两电极间的电动势或电动势变化来进行定量分析的一种电化学分析方法。根据测量方式可分为直接电位法和电位滴定法。

一、电极的分类

（一）指示电极

指示电极是指在电化学电池中借以反映待测离子活度、发生所需电化学反应或响应激发信号的电极，如 pH 玻璃电极、氟离子选择性电极等。

pH 玻璃电极的结构如图 3-1 所示，它的主要部分是一玻璃泡，泡的下半部是由特殊成分的玻璃制成的薄膜(在 SiO_2 基质中加入 Na_2O 和少量 CaO 烧制而成的)，膜的厚度 50μm。在玻璃泡内装有 pH 值一定的缓冲溶液(通常为 0.10mol/L 的盐酸)，其中插入一支 AgCl-Ag 电极作为内参比电极。

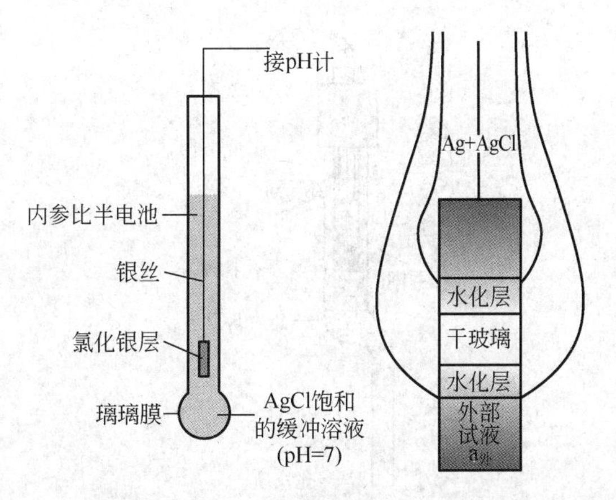

图 3-1 pH 玻璃电极

pH 玻璃电极中的内参比电极的电位是恒定的，与被测溶液的 pH 值无关。玻璃电极用于测量溶液的 pH 值是基于产生于玻璃膜两边的电位差 $\Delta\varphi_M$ 。由于内部缓冲液的 H^+活度是一定的，所以$\alpha_{H^+试}$为一常数，则：

$$\Delta\varphi_M = K + 0.059\lg\alpha_{H^+试} = K - 0.059pH_{试} \tag{3-1}$$

玻璃电极的特性：钠玻璃制成的 pH 玻璃电极在 pH=1～9 范围内，电极响应正常，pH<1 的溶液中，pH 值读数偏高，但不严重，常在 0.1pH 单位以内，由此引入的误差称为"酸差"。在 pH 值超过 10 或 Na^+浓度高的溶液中，pH 值读数偏低，由此引入的误差称为"碱差"或"钠差"。造成"酸差"的原因尚不十分清楚，造成"碱差"的原因，是由于水溶液中的 H^+浓度较小，在电极与溶液界面间进行离子交换的不但有 H^+还有 Na^+，不管是 H^+还是 Na^+，交换产生的电位全部反映在电极电位上，所以从电极电位反映出的 H^+活度增加了，因而 pH 值比应有的值降低了。

锂玻璃制成的 pH 玻璃电极使用范围为 pH=1～13，"钠差"大大降低，这种电极称为锂玻璃电极或高 pH 电极。

pH 玻璃电极的优点：测定结果准确，在 pH=1～9 范围内使用玻璃电极的效果最好；一般配合精密酸度计测定误差为±0.01pH 单位；测定 pH 值时不受溶液中氧化剂或还原剂存在的影响；可用于有色的、浑浊的或胶状溶液的 pH 值测定。

pH 玻璃电极的缺点：容易破碎；玻璃性质会起变化，需定期用已知 pH 值的缓冲溶液进行校正；玻璃电极在长期使用或存储中会老化，老化的电极就不能再使用；一般使用期为 1 年。

（二）参比电极

参比电极是在恒温恒压条件下，电极电位不随溶液中被测离子活度的变化而变化，具有基本恒定的数值的电极。常用的参比电极有甘汞电极和银—氯化银电极。

甘汞电极是由金属汞和 Hg_2Cl_2 及 KCl 溶液组成的电极，其构造如图 3-2 所示。

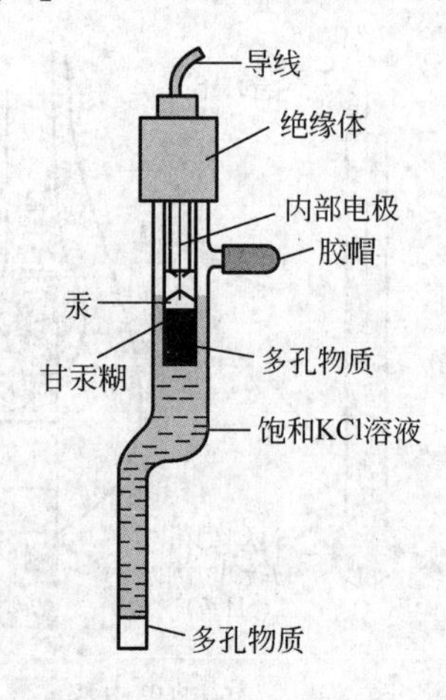

图 3-2　甘汞电极构造图

（三）工作电极

凡因电解池中有电流通过，使本体溶液成分发生显著变化的体系，相应的电极称为工作电极。

二、pH缓冲溶液

pH标准缓冲溶液是pH值测定的基准，按GB/T 27S01—2011《pH值测定用缓冲溶液制备方法》制备出系列的标准缓冲溶液。一般实验室常用的标准缓冲物质有四草酸氢钾、酒石酸氢钾、邻苯二甲酸氢钾、混合磷酸盐（KH_2PO_3—Na_2HPO_4）、四硼酸钠、氢氧化钙。制备的pH标准缓冲溶液可保存2～3个月，pH标准缓冲溶液的使用范围为0～95℃，见表3-3。

表3-3　标准缓冲溶液的pH值

溶液 / pH值 / 温度，℃	0.05mol/L 四草酸钾	饱和酒石酸氢钾（25℃）	0.05mol/L 邻苯二甲酸氢钾	0.025mol/L 磷酸二氢钾 0.025mol/L 磷酸氢二钠	0.025mol/L 硼砂	饱和氢氧化钙（25℃）
0	1.67	—	4.0	6.98	9.46	13.42
5	1.67	—	4.0	6.95	9.39	13.21
10	1.67	—	4.0	6.92	9.33	13.01
15	1.67	—	4.0	6.90	9.28	12.82
20	1.68	—	4.0	6.88	9.23	12.64
25	1.68	3.56	4.0	6.86	9.18	12.46
30	1.68	3.55	4.01	6.85	9.14	12.29
35	1.69	3.55	4.02	6.84	9.11	12.13
40	1.69	3.55	4.03	6.84	9.07	11.98
45	1.70	3.55	4.04	6.84	9.04	11.83
50	1.71	3.56	4.06	6.83	9.03	11.70
55	1.71	3.56	4.07	6.84	8.99	11.55
60	1.72	3.57	4.09	6.84	8.97	11.46

三、直接电位法

（一）基本原理

直接电位法是将参比电极与指示电极插入被测液中构成原电池，根据原电池的电动势与被测离子活度间的函数关系直接测定离子活度的方法。

直接电位法的特点：（1）选择性好；（2）分析速度快，操作简便；（3）灵敏度高，测量范围宽；（4）易实现连续分析和自动分析。

电位法测定溶液的pH值，是以玻璃电极作指示电极，饱和甘汞电极作参比电极，浸入试液中组成原电池。电极电动势E的表达式如下：

$$E=\varphi_{甘}-\varphi_{玻} \quad (3\text{-}2)$$

$$E=\varphi_{甘}-K_{玻}+\frac{2.303RT}{F}\mathrm{pH}_{试}=K'+\frac{2.303RT}{F}\mathrm{pH}_{试} \quad (3\text{-}3)$$

pH值由测量原电池的电动势求得，其准确程度由测量原电池的电动势决定，电动势与标准缓冲液pH值和温度有关。

（二）pH值测定

气田水的pH值通常受CO_2-CO_3^{2-}系统控制。气田水的pH值不是用于鉴定水或有关系统的目的，但它将表明某些水的可能形成标志或腐蚀趋势，也能表明钻井液滤液或气井处理化学品的存在。由于采集后的样品pH值受溶解二氧化碳的影响会发生变化，因此，pH值应在样品采集后立即进行测定。

1．测定步骤

（1）电极的选择。为了获得最满意的pH值测定结果，在选择电极时需要考虑被测样品的化学成分、温度、pH范围、容器的大小、长和宽的限制等因素。

（2）使用前检查电极性能。

（3）用pH值缓冲液对电极进行校正。

（4）清洗并擦干电极（注意不要用力擦拭敏感膜），将电极放入待测样品中，开始pH值测定。

（5）在确定所测样品中含有硫化物时，在废液杯中倒入一定浓度的乙酸锌溶液用于吸收样品中的硫化物。

（6）分析结束后清洗并擦干电极，将电极存放在电解液中。

2．影响pH值测定的因素

（1）电极膜失水受污或破损。干涸的玻璃膜可以通过将其浸泡于盐酸（0.1mol/L）中数小时使之重新恢复功能。

（2）电解液受污或流失。对于可灌充电极参比电解液应频繁更换（如每两周），这是由于电解液外流和受污所致。电极中电解液高度应高于样品溶液高度，通常灌注的电解液高度低出填液孔1cm。如果电解液不流动，将电极浸泡在热电解液中几分钟即可。

（3）电解液中有气泡。当玻璃膜和连接部（电导线）出现气泡时会导致电极出错，可通过甩动电极（如甩动体温计般）除去气泡。

（4）液虑部受污染。

① 反应：电解液和样品间不能有化学反应产生，否则液虑部会阻塞使电极不能继续工作。

② 清洁液虑部：化学反应会导致液虑部阻塞，因其反应不同而采用不同的清洁剂，如

蛋白质采用胃蛋白酶溶液清洗，硫化物采用硫代尿素清洗。清洁时勿用餐巾纸用力摩擦玻璃膜，只需轻轻擦拭即可。也可以用蘸有丙酮（注意危险品）或肥皂水的脱脂棉去除玻璃膜表面污垢。

③ 盐类沉积物：用蒸馏水清除任何附着于表面的盐类沉积物。

3．操作注意事项

（1）玻璃电极壁薄易碎，操作应仔细，避免碰伤电极敏感膜。

（2）玻璃电极一般不能在低于5℃或高于60℃的温度下使用。

（3）玻璃电极初次使用时，一定要先在蒸馏水或0.1mol/L HCl溶液中浸泡24h以上，每次用毕应浸泡在蒸馏水中。

（4）玻璃电极不能在含氟较高的溶液中使用。

（5）玻璃电极固定在电极夹上时，球泡应略高于饱和甘汞电极下端，插入深度以玻璃电极球泡浸没溶液为限。

（6）甘汞电极在使用时要注意电极内是否充满KCl溶液，里面应无气泡，防止断路。必须保证甘汞电极下端毛细管畅通。在使用时应将电极下端的橡皮帽取下，并拔去电极上部的小橡皮塞，让极少量的KCl溶液从毛细管中渗出，使测定结果更可靠。

（7）pH玻璃电极的清洗方法。

① 电极上若有油污：可用5%～10%的氨水或丙酮清洗。

② 电极上沾有无机盐类：可用0.1mol/L HCl溶液清洗。

③ Ca、Mg等积垢：可用EDTA溶液溶解。

④ 清洗电极不可用脱水性溶剂（如铬酸洗液、无水乙醇或浓硫酸等），以防破坏电极功能。

（8）由于缓冲溶液内细菌滋生会使其失效，因此缓冲液的保质期是有一定时限的，缓冲液一旦开封使用则其必须在两星期内用完。

四、电位滴定法

电位滴定法是将点位测定与滴定分析互相结合起来的一种测试方法，它是以等当点到达时电位的突跃来确定终点滴定。与化学法相比，电位滴定法的优点在于不受样品颜色、浊度等因素的干扰，避免了因样品在颜色深、浊度大和背景复杂的情况下，不能辨识滴定终点的问题，提高了分析的准确度。电位滴定法的特点：

（1）准确度较电位法高，与普通容量分析一样，测定的相对误差可低至0.2%。

（2）能用于难以用指示剂判断终点的浑浊或有色溶液的滴定。

（3）能用于连续滴定和自动液定，并适用于微量分析。

（4）准确度较直接电位法高。

（一）基本原理

电位滴定法是在滴定过程中通过测量电位变化以确定滴定终点的方法，和直接电位法相比，电位滴定法不需要准确的测量电极电位值，因此，温度、液体接界电位的影响并不重要，其准确度优于直接电位法。普通滴定法是依靠指示剂颜色变化来指示滴定终点，如果待测溶液有颜色或浑浊时，终点的指示就比较困难，或者根本找不到合适的指示剂。电位滴定法是靠电极电位的突跃来指示滴定终点。在滴定到达终点前后，滴液中的待测离子浓度往往连续变化 n 个数量级，引起电位的突跃，被测成分的含量仍然通过消耗滴定剂的量来计算。

使用不同的指示电极，电位滴定法可以进行酸碱滴定、氧化还原滴定、配合滴定和沉淀滴定。酸碱滴定时使用 pH 玻璃电极为指示电极；在氧化还原滴定中，可以用铂电极作指示电极；在配合滴定中，若用 EDTA 作滴定剂，可以用汞电极作指示电极；在沉淀滴定中，若用硝酸银滴定卤素离子，可以用银电极作指示电极。在滴定过程中，随着滴定剂的不断加入，电极电位 E 不断发生变化，电极电位发生突跃时，说明滴定到达终点。用微分曲线比普通滴定曲线更容易确定滴定终点。

（二）滴定终点的确定

进行电位滴定时，选用适当的指示电极和参比电极与被测溶液组成一个工作电池，随着滴定剂的加入，由于发生化学反应，被测离子的浓度不断发生变化，因而指示电极的电位随之变化。在化学计量点附近离子浓度发生突跃，引起指示电极电位发生突跃。因此测量工作电池电动势的变化，就可确定滴定终点。

具体做法是将滴定过程中测得的电位值对消耗的滴定剂体积作图，绘制成滴定曲线，由曲线上的电位突跃部分来确定滴定的终点。突跃不明显时可作一阶、二阶微商滴定曲线。

终点滴定（EP）是指实验之前已知终点的滴定，如气田水碱度测定分别达到 pH 值 8.1 和 4.5 时所需要消耗酸的量，这两个 pH 值大致对应着氢氧根离子和碳酸氢盐被中和的点。

等当点滴定（EQP）是指被分析物和试剂的物质的量正好相同的点。多数情况下，该点完全等同于滴定曲线的回归点。全自动电位滴定仪根据滴定曲线应用专用数学评估步骤评估测量点，然后再依据这条评估后的滴定曲线计算出等当点（图 3-3）。

（1）E—V 曲线法。如图 3-3（a）所示，用加入滴定剂的体积 V 作横坐标，电动势读数 E 作纵坐标，绘制 E—V 曲线，曲线上的转折点即为化学剂量点。该方法简单，但准确性稍差。

（2）$\mathrm{d}E/\mathrm{d}V$—V 曲线法。如图 3-3（b）所示，$\mathrm{d}E/\mathrm{d}V$ 为 E 的变化值与相对应的加入滴定剂的体积的增量的比。曲线上存在极值点，该点对应 E—V 曲线中的拐点。

（3）$\alpha^2E/\alpha V^2$—V 曲线法。如图 3-3（c）所示，此法的依据是一级微商曲线的极大点是终点，即：$\dfrac{\alpha^2 E}{\alpha V^2}=0$ 时，就是终点。

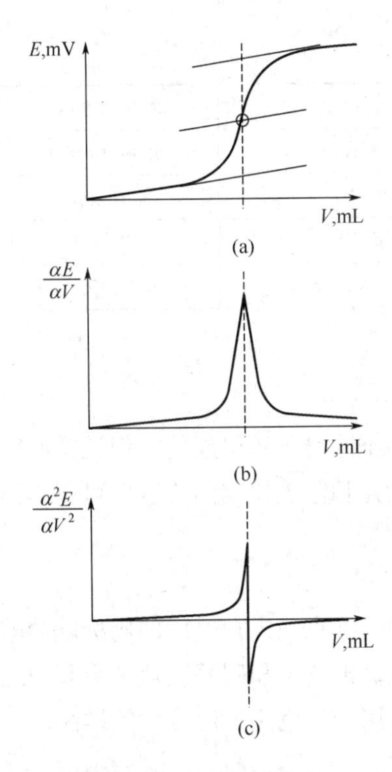

图 3-3　滴定终点确定

（三）电位滴定的类型及终点指示电极的选择

（1）酸碱滴定。可以进行某些极弱酸（碱）的滴定。通常采用 pH 玻璃电极为指示电极、饱和甘汞电极为参比电极。

（2）氧化还原滴定。指示剂法准确滴定的要求是滴定反应中，氧化剂和还原剂的标准电位之差必须$\Delta E_0 \geqslant 0.36V$（$n=1$），而电位法只需≥0.2V，应用范围广；电位法采用的指示电极一般采用零类电极（常用 Pt 电极）。铂电极作指示电极，饱和甘汞电极作参比电极。

（3）沉淀滴定。电位法应用比指示剂法广泛，尤其是某些在指示剂滴定法中难找到指示剂或难以选择滴定的体系，电位法往往可以进行；电位法所用的指示电极主要是离子选择电极，也可用银电极或汞电极。根据不同的沉淀反应，选用不同的指示电极。

（4）分析项目及常用电极。以梅特勒—托利多公司生产的自动电位滴定仪为例，列举测定不同项目所选择的电极类型，见表 3-4。

表 3-4　分析项目选择电极表

分析方法	酸碱滴定	氧化还原滴定	沉淀滴定（$AgNO_3$ 作滴定剂）
分析项目	碱度	硫化物	氯化物
电极名称	DG111、DG114、DG115	DM140、DM144	DM141-SC

续表

分析方法	酸碱滴定	氧化还原滴定	沉淀滴定（$AgNO_3$作滴定剂）
电极类型	玻璃复合电极	铂环复合电极	镀银环复合电极
温度范围，℃	0～70	0～70	0～70
液络部类型	陶瓷芯	陶瓷芯	陶瓷芯
电解液	3mol/L KCl 溶液	3mol/L KCl 溶液	2mol/L KNO_3 溶液

（四）碱度测定

气田水的碱度是由若干种不同离子所引起的，但通常归因于碳酸氢盐、碳酸盐和氢氧化物的存在。碳酸氢盐、碳酸盐和氢氧化物的浓度值可用于结垢趋势模型中，预测地层结垢的可能性。

1．基本原理

气田水的碱度测定采用的是终点滴定（EP），即用标准盐酸溶液滴定至 pH 值 8.1 和 4.5 时所需要消耗酸的量对应的氢氧根离子和碳酸氢盐被中和的点。电位滴定法的终点判断比任何其他方法更准确，特别适用于颜色深、浊度大的样品。

2．测定步骤

1）电极的选择

（1）常规及标准测定强酸强碱选用 DG111 或 DG115。

（2）低噪声信号测定弱酸弱碱选用 DG115。

（3）低离子浓度低酸或碱含量选用 DG115 或 DG114。

（4）含不溶性物质（如灰尘）或含易阻塞液络部的硫化物选用 DG114。

2）使用前的准备工作

（1）内部缓冲液必须覆盖整个玻璃膜内壁，可以通过轻轻地沿垂直方向摇动的方法消除内部的气泡。

（2）打开橡胶帽或在乳胶帽上打孔以平衡压力。

（3）补充电解液至孔下 1cm 左右。

（4）活化玻璃敏感膜：将电极的玻璃膜部位浸入稀释十倍的电解液中。若无此电解液也可用 0.5mol/L 的 KCl 溶液代替。

3）电极的调整与校准

电极参数——零点值和斜率值通过标准缓冲液校正测得。一支新电极的参数值须符合以下规定：

（1）电极的零点值约为 pH＝7（当电位 E=0mV 时的 pH 值）。电极在 Ph＝7 中的缓冲溶液测得的电位应该在-30～30mV 之间。

（2）在 pH＝3～9 范围内，温度为 25℃时的条件下，电极的斜率必须在-55mV/pH 和理论值-59.2mV/pH 之间。

（3）应测试电极的响应时间，将电极浸入另一 pH 值的缓冲溶液中 30s 后，接下来的

30s 内电极的测量值变化量不应超出 2mV。

（4）若校准一支用过的电极，其零点须在 pH＝6～8 之间，斜率不低于-52mV/pH，且电极浸入溶液中 60s 后的电位变化不超过 3mV/30s。

4）用 pH 值缓冲液对电极进行校正

将电极依次放入邻苯二甲酸氢钾、混合磷酸盐和硼砂等三种标准缓冲液中进行校正，校正结束后储存校正结果并返回测定模式。

5）样品的测定

（1）清洗并擦干电极（注意不要用力擦拭敏感膜），将电极放入待测样品中。

（2）设定 pH 值为 8.1 和 4.5 的两个滴定终点后，开始测定。

6）硫化物的吸收

在确定所测样品中含有硫化物时，在废液杯中倒入一定浓度的乙酸锌溶液用于吸收样品中的硫化物。

7）电极的清洗

分析结束后，清洗并擦干电极，将电极存放在电解液中。

3．碱度的三种主要形式及化学计量分类

通过测定得到的结果提供了对碱度的三种主要形式进行化学计量分类的数据。每种离子的含量可以通过表 3-5 中的关系计算出来。

表 3-5 碱度计算的体积关系

盐酸耗量	相应的标准酸的体积		
	碳酸氢盐（HCO_3^-）	碳酸盐（CO_3^{2-}）	氢氧化物（OH^-）
P=0	T	0	0
P<1/2T	T-2P	2P	0
P=1/2T	0	2P	0
P>1/2T	0	2（T-P）	2P-T
P=T	0	0	T

注：P 表示滴定至 pH＝8.1 时消耗酸的量，单位为 mL；T 表示滴定至 pH＝4.5 时消耗酸的总量，单位为 mL。

4．计算

由表 3-5 中的关系式，离子含量计算见式（3-4）、式（3-5）、式（3-6）：

（1）碳酸氢盐：

$$\rho_{HCO_3^-}=\frac{cV_{酸}\times 61.02}{V_{样品}}\times 10^3 \tag{3-4}$$

（2）碳酸盐：

$$\rho_{CO_3^{2-}}=\frac{cV_{酸}\times 60.01}{V_{样品}}\times 10^3 \tag{3-5}$$

（3）氢氧化物：

$$\rho_{OH^-} = \frac{cV_{酸} \times 17.01}{V_{样品}} \times 10^3 \tag{3-6}$$

式中　ρ——离子的质量浓度，mg/L；

c——盐酸标准溶液的浓度，mol/L；

$V_{酸}$——盐酸标准溶液的消耗量，mL；

$V_{样品}$——试料的体积（原水水样），mL；

61.02，60.01，17.01——与 1.00mL 盐酸标准溶液（c_{HCl}=1.0000mol/L）完全反应所需要的碳酸氢根、碳酸根和氢氧根离子的质量，mg。

5．干扰

碱度通常用碳酸氢盐、碳酸盐或氢氧化物来表示。但由水中的硼酸盐、硅酸盐、硫化物、磷酸盐和其他碱性物质引起的碱度也被包括到用碳酸氢盐和碳酸盐表示的碱度值中。因未对相应的干扰物质进行测量，故不对其产生的贡献值予以考虑。

6．pH 玻璃复合电极保存及维护保养

1）存放及电极寿命

（1）将电极存放在电解液中，电极的液络部必须浸没在液面以下并且将电极的胶帽盖上。

（2）千万不要让电极干放（导致玻璃膜干涸），否则电极必须重新活化，且液络部内外的 KCl 结晶必须使之溶解。

（3）一支电极的使用寿命为 6 个月到 3 年左右，取决于具体的使用情况。

2）保养说明

（1）电极的测量范围为 pH=0～14；使用的温度范围为 0～70℃。

（2）千万不要让样品溶液通过陶瓷液络部进入参比电极内，所以参比电解液的液位总要比样品溶液的液位高。

（3）样品与参比电解液之间不能发生化学反应：硫化物、溴化物、碘化物、氰化物与 Ag+反应；一些阳离子（如 Ag^+，Hg^{2+}，Au^{3+}，Pb^{2+}）会与参比电解液的 Cl^-反应从而造成液络部堵塞。

（4）由于含蛋白质沉淀，含有蛋白质的溶液会很快堵塞电极液络部。

（5）只可冲洗电极玻璃膜上的污物，勿用纸用力擦玻璃膜，用滤纸轻轻吸干即可。

（6）不要让电极连接电缆的插头受到腐蚀。

（7）已发生干枯现象的电极玻璃膜可以通过将其浸泡于 0.1mol/L HCl 中数小时使之功能恢复。

3）清洗步骤

（1）参比电解液受污：将电极的参比电解质由孔处排掉，然后补充电解液至孔下 1cm 左右。

（2）液络部被 AgCl 堵塞：将其放入浓氨水中过夜，清洗，并用 pH＝4 的电解液调节 1h。

（3）液络部被硫化物沉淀堵塞：用硫脲清洗直至黑色洗掉。

（4）液络部被蛋白质堵塞：用胃蛋白酶溶液浸泡清洗至少 1h。

（5）其他受污情况：将其放置于纯水、乙醇或混合酸中在超声浴中去污。

4）再生

电极不能继续使用，可以将电极膜浸入稀释的 HF 溶液或 NH_4HF_2 溶液（2%HF/5%HCl）使之再生，然后用纯水仔细清洗。

（五）硫化物测定

一些油田水含有硫化氢和其他硫化物，它们因厌氧条件下含硫化合物分解而形成。硫化氢一般可由它特有的臭鸡蛋味识别出来。要准确测定少量的硫化物是困难的，完全能适用于所有类型水样的测定方法还没有发现。有空气（或氧气）存在时硫化物会氧化成硫，这使得测定变得复杂。

硫化物的测定有碘量法、离子电极法、亚甲基蓝法等三种常用的方法，气田水中硫化物多以 H_2S+HS^- 或 HS^-+S^{2-} 形式存在，因此，三种方法测定的结果是硫化物总量。

由于水中硫化物不稳定，易被氧化，而硫化氢又易于扩散。因此，在水样采集时，应防止曝气，采集后，应及时加入乙酸锌溶液，使其成为硫化锌混悬液。当水样为酸性时，则应补加碱性溶液，以防释放出硫化氢。水样宜定容采样（以 200mL 为佳），水样充满采样瓶后，密塞保存，尽快送实验室进行分析。

1．基本原理

用碘将硫化物定量氧化成元素硫，过量的碘用标准硫代硫酸盐溶液滴定，等当点到达时电位的突跃来确定终点。

碘量法误差来源：一是碘具有挥发性易损失，二是 I^- 在酸性溶液中易被来源于空气中的氧氧化析出 I_2。

2．测定步骤

（1）电极的选择：DM140 铂环复合电极。

（2）使用前的准备工作：

① 打开橡胶帽以平衡压力或在乳胶帽上打孔。

② 补充电解液（即 3mol/L KCl 溶液至开孔下 1cm 左右。

③ 将电极浸入纯水中 15min 以溶解液络部内外的 KCl 结晶。

（3）电极性能测试。一支新电极的性能（即其电位和响应时间）可通过氧化还原电解液测得：

① 电极的电位值应和缓冲溶液给出的值相符。

② 测试电极的响应时间，将电极浸入缓冲溶液中 30s 后，在接下来的 30s 内电极的测量值变化量不应超出 2mV。

③ 若检验一支用过的电极，可采用滴定曲线对比法：用一支新电极进行滴定 1mol/L $Na_2S_2O_3$ 与 0.1mol/L I_2 的反应，反应进行快速且在等当点有很陡峭的电位突跃，采用旧电

极进行同样的滴定，应反映出同样的状态。

（4）样品的测定：清洗并擦干电极，将电极放入待测样品中。

（5）分析结束后清洗并擦干电极，将电极存放在电解液中。

3．操作注意事项

（1）碘易被日光照射分解，应避免光照。

（2）碘易挥发，吸收液中的碱被中和时可产生热量，应做有效的冷却。

（3）碘离子在酸性介质中易被空气中氧气，滴定时不应过度摇动。

（4）加入碘液后，在反应中生成的元素硫可包裹一些碘。

（5）将预处理后的试样加入碘溶液和酸溶液，密塞混匀，暗处放置5min后，用硫代硫酸钠标准溶液滴定。

4．干扰

能够被碘氧化的任何其他物质的存在，都会使硫化物含量的测值偏高。在硫化物含量低于20mg/L的水中，这些物质会相当多，从而使硫化物的测值出现严重误差。

5．DM140/143-SC铂环复合电极保存及维护保养

1）存放及电极寿命

（1）将电极存放在参比电解液中，电极的液络部必须浸没在液面以下并且将电极的胶帽盖上。

（2）千万不要让电极干放（导致玻璃膜干涸），否则液络部内外的KCl结晶，必须使之溶解。

（3）一支电极的使用寿命取决于具体的使用与实验情况。

2）保养说明

（1）电极的使用温度范围为0～70℃。

（2）在强氧化性的溶液中，电极的铂表面会发生氧吸附，在强还原性的溶液中会产生氢吸附，这可能导致电极的电位变化及响应时间变长。

（3）不要让样品溶液通过陶瓷液络部进入参比电极内，参比电解液的液位总要比样品溶液的液位高。

（4）样品与参比电解液之间不能发生化学反应：硫化物、溴化物、碘化物、氰化物会与Ag^+反应生成沉淀；一些阳离子（如Ag^+、Hg^{2+}、Au^{3+}、Pb^{2+}）会与参比电解液的Cl^-反应从而造成液络部堵塞。

（5）由于蛋白质沉淀，含有蛋白质的溶液会很快堵塞电极液络部。

（6）不要让电极连接电缆的插头受到腐蚀。

3）清洗步骤

（1）参比电解液受污：将电极的参比电解质由孔处排掉，然后补充电解液（即3mol/L KCl溶液（AgCl饱和）至开孔下1cm左右，再将电极浸入稀释纯水中15min以溶解液络部内外的KCl结晶。

（2）液络部被AgCl堵塞：将其放入浓氨水中过夜，清洗，并用pH＝4的电解液调节1h。

（3）液络部被硫化物沉淀堵塞：用硫脲清洗直至黑色洗掉。

（4）液络部被蛋白质堵塞：用胃蛋白酶溶液浸泡清洗至少 1h。

（5）铂环表面的污染根据其受污情况可采用以下几种方法处理：

① 将电极放置于纯水或乙醇超声浴中几分钟清洗去污。

② 将电极放置于铬酸洗液或王水中 1min，然后用纯水彻底清洗去污。

③ 将电极放置于用氢醌饱和过的 pH=4（邻苯二甲酸氢钾）的缓冲溶液中半小时，以清除电极铂环表面上吸附的氢或氧。

④ 用 Al_2O_3 粉擦亮铂环表面。

4）再生

如果电极不能继续使用，可以将电极膜浸入稀释的 HF 溶液或 NH_4HF_2 溶液（2%HF/ 5% HCl）使之再生，然后用纯水仔细清洗。

（六）氯化物测定

气田水中氯化物的测定，过去一直沿用化学滴定法分析，其滴定终点是以指示剂颜色的突变来确定的。对于颜色深、浊度大和背景复杂的样品，化学滴定终点的确定显得极其困难，甚至无法确定。电位滴定法是以等当点到达时电位的突跃来确定终点滴定，它不受样品颜色、浊度的干扰，因此能够获得准确的分析结果。

1．基本原理

在样品溶液中插入待测离子的电极，组成工作电池，在用 $AgNO_3$ 标准溶液滴定氯离子的过程中，电极的电位不断发生变化，当到达等当点附近时，电极的电位发生突跃，从而指示滴定终点的到达。

2．测定步骤

（1）电极的选择：DM141 镀银环复合电极。

（2）使用前的准备工作：

① 打开橡胶帽以平衡压力或在乳胶帽上打孔。

② 补充电解液（1mol/L KNO_3）至开孔下 1cm 左右。

③ 将电极浸入纯水中 15min 以溶解液络部内外的 KNO_3 结晶。

（3）电极性能测试。一支新电极的性能可通过测量其在 0.1mol/L $AgNO_3$ 溶液中测得的电位和响应时间来衡量或滴定实验来获得。

① 电极在 0.1mol/L $AgNO_3$ 溶液中测得的电位值应在 250～350mV。

② 测试电极的响应时间，将电极浸入在 0.1mol/L $AgNO_3$ 溶液中 30s 后，在接下来的 30s 内变化量不应超出 2mV。

③ Mettler-Toledo 方法中 M006 或 M525 非常适合用来进行检验性质的滴定实验。滴定应呈现出至少 130mV 的陡峭电位突跃，且等当点在 100～200mV 之间。

④ 若检验一支用过的电极，采用③同样的滴定，应反映出同样的状态。

（4）样品的预处理：取一定体积的气田水样于烧杯中，加入一定量的纯水，加热煮沸后加 2～3 滴 H_2O_2（若气田水样品硫化物含量较高时可多加数滴），再煮沸 3～5min，冷却后定容。

（5）样品的测定：清洗并擦干电极，将电极放入待测样品中。

（6）分析结束后，清洗并擦干电极，将电极存放在电解液中。

3．干扰

（1）溴化物、碘化物、硫氰酸盐、磷酸盐、碳酸盐和硫酸盐等能使银离子沉淀的化合物会干扰氯化物的测定。在这些化合物中，溴化物、碘化物、硫酸盐在油田水中很普遍。一般不考虑除去溴化物与碘化物，因为它们的量很少，对氯化物的测定结果影响不大。

（2）硫化物与银离子生成硫化银沉淀干扰氯化物的测定，可以通过加硝酸酸化或加入过氧化氢并煮沸的方法去除。

4．DM141-SC 镀银环复合电极保存及维护保养

1）存放及电极寿命

（1）将电极存放在参比电解液中，电极的液络部必须浸没在液面以下并且将电极的胶帽盖上。

（2）不要让电极干涸，否则液络部内外的 KNO_3 结晶，必须设法使之溶解。

（3）一支电极的使用寿命取决于电极表面所镀的银层随时间全部或部分消耗情况。如果在 0.1mol/L $AgNO_3$ 中的电位高达 400mV 或滴定呈现突跃，则该电极不再适合使用。

2）保养说明

（1）电极的使用温度范围为 0～70℃。

（2）不要让样品溶液通过陶瓷液络部进入参比电极内，所以参比电解液的液位总要比样品溶液的液位高。

（3）由于蛋白质沉淀，含有蛋白质的溶液会很快堵塞电极液络部。

（4）不要让电极连接电缆的插头受到腐蚀。

3）清洗步骤

（1）参比电解液污染：将电极的参比电解质由孔处排掉，然后补充新的电解液，并将电极置于纯水中浸泡数小时。

（2）液络部被蛋白质堵塞：用胃蛋白酶溶液浸泡清洗至少 1h。

（3）银环表面的污染根据其受污情况可采用以下几种方法处理：

① 将电极放置于纯水或乙醇超声浴中几分钟清洗去污。

② 将电极放置于铬酸洗液或 HNO_3 中 60min，然后用纯水彻底清洗去污。

③ 用 Al_2O_3 粉擦亮银环表面。

第三节　离子色谱法

对于气田水阴阳离子的分析，人们常用质量法、容量法、光度法测定气田水的离子浓度，但这些方法烦琐费时，对不同的离子需要采用不同的测定方法。离子色谱发展初期主要用于阴离子的分析，而今，离子色谱已在非常广的范围得到应用，已经成为在无机阴阳离子、有机阴离子分析中起重要作用的分析技术。它具有简单、快速、一次进样同时完成多个离子测定等优点。

离子色谱根据不同的分离机理可分为高效离子交换色谱（HPIC）、离子排斥色谱（HPIEC）和离子对色谱（MPIC）。

高效离子交换色谱（HPIC）：分离是基于发生在流动相和键合在基质上的离子交换基团之间的离子交换过程，也包括部分非离子的相互作用。这种分离方式可用于有机和无机阴离子和阳离子的分离。

高效离子排斥色谱（HPICE）：分离是基于固定相和被分析物之间的三种不同作用——Donnan 排斥、空间排斥和吸附作用。这种分离方式主要用于弱的有机和无机酸的分离。

离子色谱法的优点可以概括为以下几点：

（1）分析速度快。一般 10min 即可分别完成常见的 7 种阴离子和 6 种阳离子的分析。

（2）灵敏度高。离子色谱分析的浓度范围为μg/L～mg/L。直接进样 50μL，对常见的阴离子的检出限小于 10μg/L，用浓缩柱可达 10^{-12}g/L。

（3）选择性好。离子色谱法分析无机和有机阴阳离子的选择性主要由选择适当的分离和检测系统来达到。目前市场上已有数十种不同选择性的高效分离柱、多种成熟的固定相，以及选择性的检测器供选用。

（4）可同时分析多种离子化合物。与光度法、原子吸收法相比，离子色谱法的主要优点是同时检测样品中的多种组分，但对样品组分之间的浓度相差太大的样品有一定的限制。

（5）分离柱的稳定性好、容量高。苯乙烯/二乙烯基苯聚合物柱填料的高 pH 稳定性允许用强酸或强碱作淋洗液，有利于扩大应用范围。新型的高交联度树脂在有机溶剂中稳定，可用有机溶剂清洗柱子以除去有机污染物。高的 pH 稳定性和有机溶剂可匹配性以及高的柱容量，简化了样品前处理手续。

一、基础理论

（一）色谱柱理论

色谱法是一种物理化学分析方法，它利用混合物中组分在两相间分配系数的差别，当溶质在两相间作相对移动时，各组分在两相间进行多次分配，从而使各组分得到分离。

1．分离度

任何分离的目标都是使两个相邻的峰完全分开。如图 3-4 所示，分离度 R 定义为两个相邻色谱峰的峰中心之间的距离与两峰的平均峰宽的比值，即：

$$R=\frac{T_2-T_1}{(W_2+W_1)/2} \tag{3-7}$$

式中　T_2——色谱峰 2 中心与进样起始点间的距离；

T_1——色谱峰 1 中心与进样起始点间的距离；

W_2——色谱峰 2 的峰宽；

W_1——色谱峰 1 的峰宽。

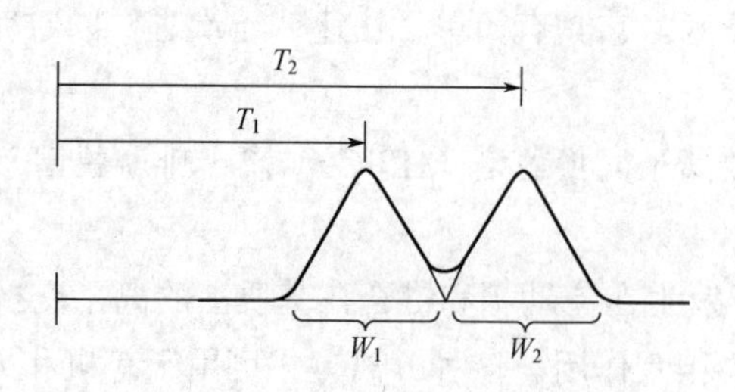

图 3-4　相邻色谱峰的分离图

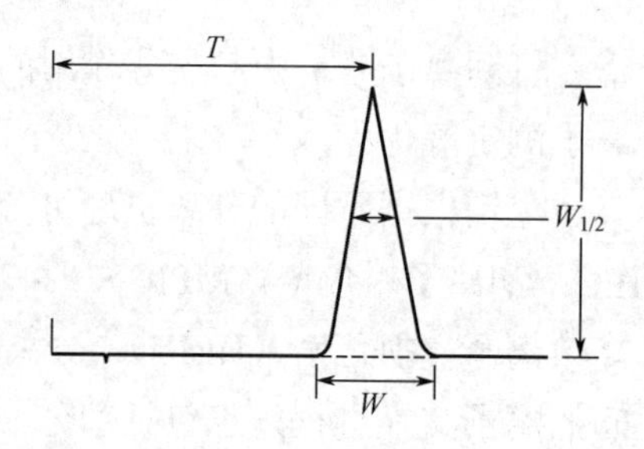

图 3-5　柱效

2．柱效

柱效是指色谱柱保留某一化合物而不使其扩散的能力（图 3-5）。柱效能是一支色谱柱得到窄谱带和改善分离的相对能力。可以通过一根柱子的理论塔板数来衡量色谱柱的柱效，在色谱柱中，理论塔板数 N 定义为：

理论塔板是指固定相和流动相之间平衡的理论状态。在一个塔板的平衡完成之后，分析物进入下一个平衡塔板，这种传送过程重复不断，直到分离完全。分子根据自身的性质（分子大小和电荷）进行转移或迁移，基于它们对固定相和流动相的亲和力的不同进行分离。分子移动并形成一条带状，以正态分布（高斯）的色谱峰流出。

理论塔板数可以用于衡量整个色谱系统谱带的扩散程度，谱带扩散程度越小（即色谱峰越窄），理论塔板数 N 越大。

理论塔板数 N 与色谱柱长度 L 成比例，也就是说，色谱柱越长，理论塔板数 N 越大。

$$HETP = \frac{L}{N} \tag{3-8}$$

理论塔板高度 $HETP$ 一词是单位长度色谱柱效能的量度，可以用于比较不同长度的色谱柱的理论塔板数 N。这个方程表明高效率的色谱柱具有较大的理论塔板数。也就是说，具有较小的理论塔板高度。

影响理论塔板高度的因素有：多流路、纵向扩散、传质影响。

3．选择性

选择性是交换过程的一个热力学函数（图 3-6）。如图 3-6 所示，色谱柱的选择性是两个化合物的调整保留时间的比值，也等于两个化合物在固定相和流动相之间平衡常数的比值：

$$\alpha = \frac{T_2 - T_1}{T_1 - T_0} \tag{3-9}$$

式中　T_2，T_1——两峰峰中心与进样点的时间差值；

T_0——死体积保留时间。

当选择性等于 1 时，没有任何分离度或称共洗脱。选择性越好，比值越大，对于两个化合物的分离越容易。公式中相对较小的改变，就会使分离度发生较大的改变。较高选择性可以在柱效相对较低的柱子上得到较好的分离。一般来说，流速和柱压的改变，对选择性没有影响。

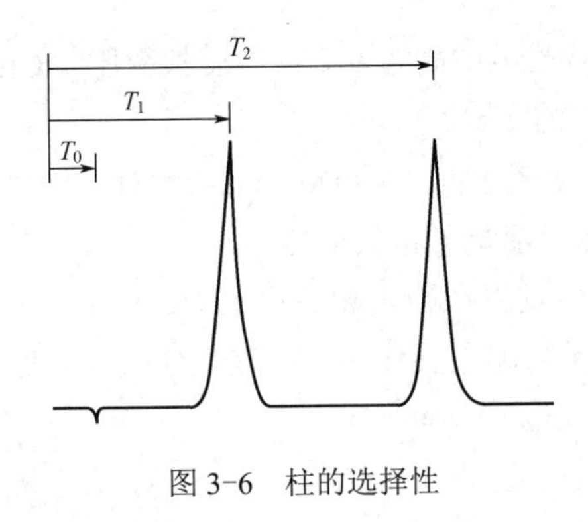

图 3-6　柱的选择性

4．保留特性

用容量因子 K 描述化合物保留性质，其定义如下：

$$K=\frac{T-T_0}{T_0} \tag{3-10}$$

式中　T——色谱峰中央到进样起始时间点的差值；

T_0——死体积时间。

本质上，容量因子给出了分析物在固定相的时间超过在流动相中时间的数量。K 值小说明化合物被柱子保留弱，化合物洗脱体积与死体积相近。K 值大，说明被分析物与固定相作用较强而具有好的分离，但是较大的 K 值导致较长的分析时间和色谱峰的展宽。一般来说，K 的最佳范围在 2～10 之间，可以通过改变流动相来获得最佳的 K 值。

分离度表示为一个与柱效、选择性、保留特性有关的函数。利用这些参数可以获得一个较好的分离度。其中每一项都可以用于改善分离效果。

（1）当建立一个方法时，柱子的选择性是十分重要的，因为它对分离的影响是最大的。

（2）柱效与流速有关，流速越慢，柱效越高。这是由于流动相中的被分析物可以有更多的时间与固定相作用，但这样会导致峰形的扩散。

（3）作为容量因子的一个函数，保留特性是确定柱子状态最有用的参数，因此需要适当清洗和恢复柱子。

（二）分离机理

1．离子交换

离子交换是用于分离阴离子和阳离子常见的典型分离方式。在色谱分离过程，样品中的离子与流动相中对应离子进行交换，在一个短的时间，样品离子会附着在固定相中的固定电荷上。由于样品离子对固定相亲和力的不同，使得样品中多种组分的分离成为可能。

Cl^- 和 SO_4^{2-} 对固定相具有不同的亲和力。SO_4^{2-} 被较强地保留并且在 Cl^- 之后洗脱。与前述相似，由于 Na^+ 和 Ca^{2+} 对固定相具有不同的亲和力。Ca^{2+} 比 Na^+ 较强地被保留，在较长时间时被洗脱，易于与 Na^+ 分离。

2．离子排斥色谱法（ICE）

离子排斥色谱法包括 Donnan 排斥、空间排斥和吸附过程。固定相通常是由总体磺化的聚乙烯/二乙烯基苯共聚物形成的高容量阳离子交换树脂。ICE 可以用于从完全离解的强酸中分离有机弱酸和硼酸盐的测定。

在上面的保留模式中，带有负电荷的 Donnan 膜允许未解离的化合物通过而不允许完全解离的酸如盐酸通过，因为氯离子带负电荷。

一元羧酸的分离主要由发生在固定相表面的 Donnan 排斥和吸附决定。而对于二元、三元羧酸的分离，空间排斥则起主要作用。在这种情况下，保留主要取决于样品分子的大小。

（三）检测方法

离子色谱常用的检测方法有电化学检测（电导检测和安培检测）和光度法（吸收光度法和发射光度法），下面重点介绍常用的电导检测法。

当电解质（酸、碱或盐）溶于水，就会离解为带电荷的离子。如果是弱电解质（弱酸或弱碱），则只能部分离解。溶液中离子浓度既取决于电解质的初始浓度及其离解常数的大小，也取决于溶液的 pH 值、溶剂的介电常数等。如果在溶液中放上两根电极并施以电压，溶液中将会有电流形成，这是因为溶液也具有电导。在离子色谱中，正是利用这一原理来检测溶液中的离子性物质。

电解质溶液的电导也遵循欧姆定律，即电阻等于电压与电流的比值。电导用西门子（S）作单位表示，定义为电阻的倒数，直接与溶液的浓度和电导池的常数有关。这个常数与电极之间的距离和池子的体积有关。如果电导池中电极之间的距离越近，离子流遇到的电阻越小，检测器的灵敏度也就越高。

经过对电导池校正之后（1mmol/L KCl 显示电导为 147mS），测定不同浓度的标准溶液，得到浓度和响应值的线性关系。在浓度非常低或高时，线性关系存在一定的偏差。甚至在理论上，由于溶液中离子的性质也会产生非线性关系。

温度是严重影响电导的因素。一般来说，温度和电导率在一定范围内存在线性关系。因此，必须消除和减弱温度对电导测定的影响。这些可以通过保持电导池温度的恒定或通过电导率乘以一个与温度有关的校正因子，将测定值修正到温度为 25℃时的电导率。

电导检测法一般可分为非抑制型电导检测法和抑制型电导检测法。

非抑制型电导检测法直接测定柱流出物的电导。因此，检测器的信号不仅决定于溶质离子的浓度，也决定于淋洗液离子的摩尔电导率，还受淋洗液和溶质离解度的影响。淋洗液的离解度对检测信号影响很大，淋洗液的离解度降低会使检测灵敏度增加。这就是在非抑制型电导检测法中通常选择弱电解质作淋洗液的原因。

抑制型电导检测法在分离柱后加上抑制器来降低淋洗液的背景电导。抑制器有柱抑制器、中空纤维抑制器、微膜抑制器和自动再生点解抑制器等。

（四） 分离方式和检测方式的选择

分析前应了解待测化合物的分子结构和性质以及样品的基体情况，如无机还是有机离子，离子的电荷数，是酸还是碱，亲水还是疏水，是否为表面活性化合物等。待测离子的疏水性和水合能是决定选用何种分离方式的主要因素。水合能高和疏水性弱的离子，如 Cl^-

或 K^+，最好用 HPIC 分离。水合能低和疏水性强的离子，如高氯酸（ClO_3^-）或四丁基铵，最好用亲水性强的离子交换分离柱或 MPIC 分离。有一定疏水性也有明显水合能的 pKa 值在 1 与 7 之间的离子，如乙酸盐或丙酸盐，最好用 HPICE 分离。

很多离子可用多种检测方式。一般的规律是：对无紫外或可见吸收以及强离解的酸和碱，最好用电导检测器；具有电化学活性和弱离解的离子，最好用安培检测器。表 3-6 列出了常见阴离子的分离方式及检测器的选择。

表 3-6　常见阴离子分离方式和检测器的选择

分析离子				分离（机理）方式	检测器
无机阴离子	亲水性	强酸	F^-、Cl^-、NO_2^-、Br^-、SO_3^{2-}、NO_3^-、PO_4^{3-}、SO_4^{2-}、PO_2^-、PO_3^-、ClO^-、ClO_2^-、ClO_3^-、BrO_3^-、低相对分子质量有机酸	阴离子交换	电导、UV
			砷酸盐、硒酸盐、亚硒酸盐	阴离子交换	电导
		弱酸	BO_3^-、CO_3^{2-}	离子排斥	电导
	疏水性		CN^-、HS^-（高离子强度基体） BF_3^-、$S_2O_3^{2-}$、SCN^-、ClO_3^-、I^-	离子排斥 阴离子交换、离子对	安培 安培/电导
无机阳离子			Li^+、Na^+、K^+、Rb^+、Cs^+、Mg^{2+}、Ca^{2+}、Sr^{2+}、Ba^{2+}、NH_4^+	阳离子交换	电导

二、离子色谱仪基本流程

离子色谱仪基本流程如图 3-7 所示。

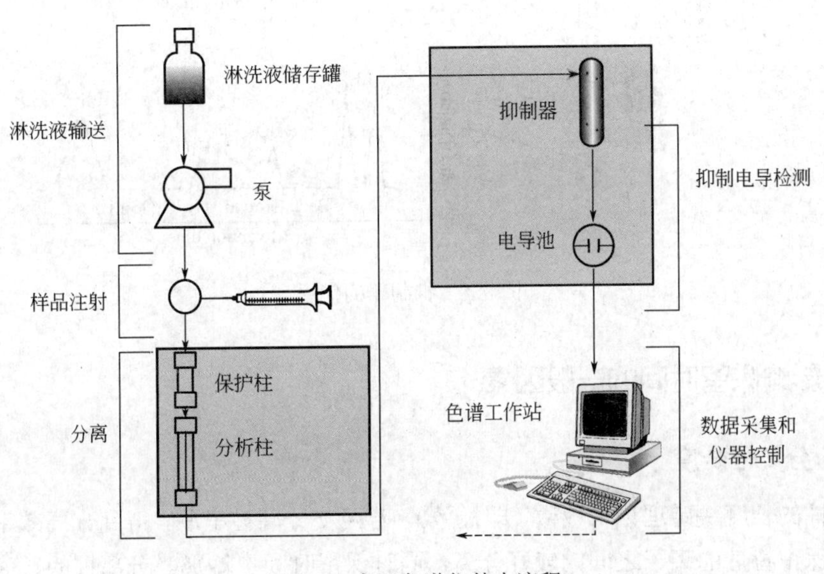

图 3-7　离子色谱仪基本流程

三、抑制器的工作原理

离子色谱中抑制器主要有三个功能：一是降低流动相的背景电导；二是增加待测离子的电导响应值；三是使样品中的反离子（测定阳离子时样品中的阴离子，测定阴离子时样品中的阳离子）进入废液。

在进行离子色谱分析时，经过色谱柱的流动相中含有淋洗液中的离子以及待测样品中的离子，用电导检测器直接检测时，检测的是各种盐类的电导，待测的样品离子以盐的形式被检测，信号非常微弱，经常被淹没在很高的背景电导中。为消除高背景的影响、提高待测离子的电导响应，通过抑制作用降低背景电导，提高信噪比。以阴离子抑制器为例，在阴离子分析中，以 NaOH 为淋洗液，待测的 Cl^-与 Na^+结合以盐的形式存在。NaCl 的总的电导是 126μS（50μS/cm Na^++76μS/cm Cl^-）。在抑制器中，盐经过离子交换后，待测离子 Cl^-与 H^+结合变为 HCl 强酸进入电导检测器，被测电导值为 426μS（350μS/cm H^++76μS/cm Cl^-），Na^+则进入废液，很明显，样品的信号提高了 3.4 倍，由于抑制的产物是水，水的背景电导最低，所以背景电导的干扰降到最低的水平（图 3-8）。

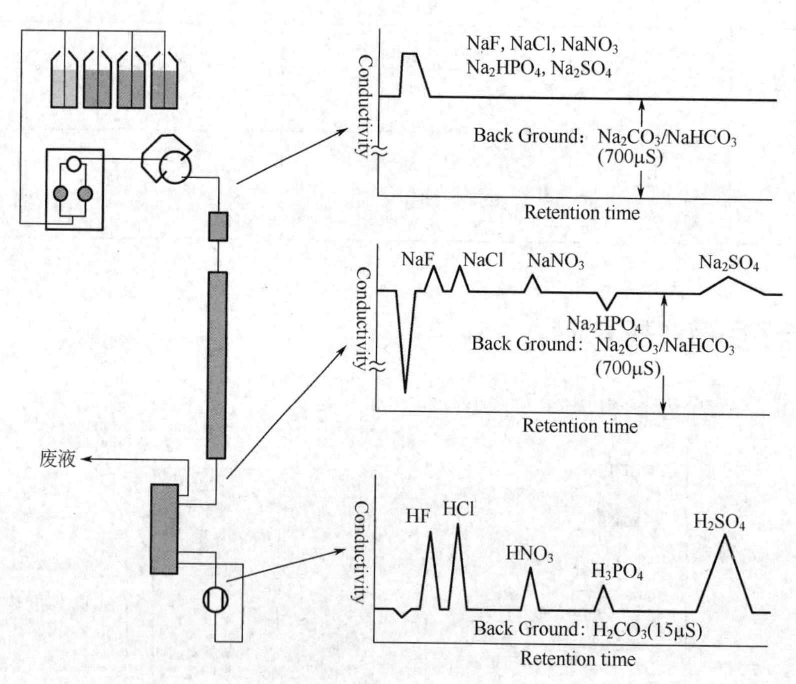

图 3-8　抑制器的作用

四、影响保留时间的一般因素

（一）分离柱长度

分离柱的长度决定理论塔板数（即柱效）。若两支分离柱串联，得到分离效率的增加将导致相似保留特性的离子之间的较好分离，同时保留时间也增加。分离柱的长度也决定柱子的交换容量。当样品中被测离子的浓度远小于其他离子的浓度时，推荐用长分离柱以增加柱容量。

（二）淋洗液流速

与 RPLC 相似，Van Deemter 曲线表明，理论塔板高仅在非常低的流速才改变，此后达平衡状态。因此，可由增加流速来改变保留时间而并不明显地降低分离效率。流速和保留时间之间存在一种反比的关系。但是流速的增加受分离柱最大操作压力的限制。另一方面，降低流速以改善分离仅在有限范围是可能的。因淋洗液的 pH、离子强度不受流速改变的影响，待测离子的洗脱顺序也不受流速的影响。

（三）淋洗方式

1．等浓度洗脱

油气田水中常见的阴离子组分采用 KOH 等浓度洗脱方式进行分离分析，当采用较高浓度的淋洗液洗脱时，由于 Br^-、NO_3^- 具有相同的电荷和相近的离子半径，在此条件下 Br^-、NO_3^- 重叠为一个峰，与 SO_4^{2-} 不能得到很好的分离。当采用较低浓度的淋洗液洗脱时，弱保留离子及 Br^-、NO_3^- 得到很好分离，但强保留离子的保留时间太长，色谱峰也会变宽，对于易极化的离子（如 I^-）甚至不被洗脱。由此可见，单独采用较高或较低的等浓度洗脱方式都不能满足油气田水中常见阴离子组分的同时分析。

2．梯度洗脱

在气田水样品中同时存在着弱保留离子（F^-、甲酸、乙酸等）和易极化的离子（I^-），采用等浓度洗脱的方式在满足弱保留离子分离分析时，易极化的离子的保留时间太长甚至不能从分离柱中洗脱下来，因此必须选用合适的梯度洗脱方式才能做到一次进样完成上述组分的分析。

选用适当的梯度洗脱方式分析气田水中常见的 7 种阴离子组分，开始时采用低浓度的淋洗液洗脱有助于提高弱保留离子的分离度，随后增加淋洗液的浓度减少强保留离子及易极化的离子的保留时间，缩短分析时间。

图 3-9 中，梯度 a 先用低浓度淋洗液走一段等度，然后用平缓的梯度增加淋洗液的浓度，既提高弱保留离子的分离度又减少强保留离子及易极化的离子的保留时间，使 SO_4^{2-} 与 $C_2O_4^{2-}$、I^- 与 PO_4^{3-} 得到了很好的分离。经过反复对比实验，最终选择能使阴离子达到令人满意分离效果的 a 梯度洗脱方式，即：0～5min 为 2mmol/L；5～14min 由 2mmol/L 线性增加到 25mmol/L；14～17min 保持 25mmol/L；17～17.1min 由 25mmol/L 降至 2mmol/L；17.1～20min 保持 2mmol/L，恢复到平衡状态。

图 3-9 中，梯度 b、c 先用低浓度淋洗液走一段等度，然后用较陡的梯度增加淋洗液的浓度，虽然解决了弱保留离子的分离度，但由于过陡的梯度使 SO_4^{2-}、$C_2O_4^{2-}$ 分离变差，甚至重叠。另外在不同的梯度洗脱方式下，多价态的磷酸盐的保留时间会发生变化，它可能在 I^- 之前出峰，也可能在 I^- 之后出峰，甚至可能与 I^- 的峰重叠在一起，严重影响样品的定性、定量分离分析。

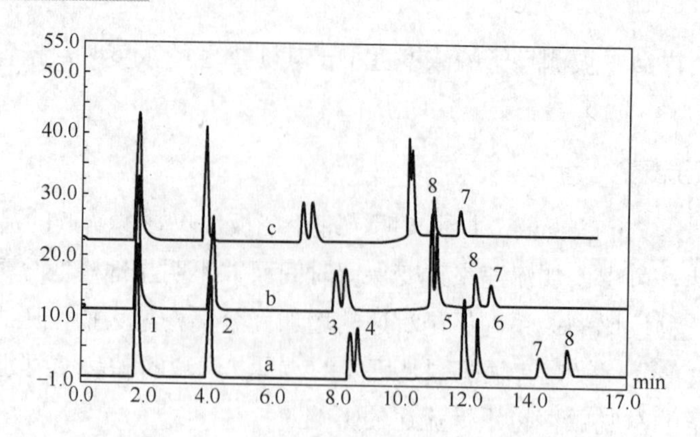

图 3-9　采用不同梯度洗脱时的阴离子分离图

分离柱：IonPac AS11（4mm）；检测器：抑制型电导；淋洗液：NaOH；梯度进样量：25μ/L。

（1）0～5min，2mmol/L；5～14min，2～25mmol/L；14～7min，25mmol/L。

（2）0～3min，2mmol/L；3～7min，2～5mmol/L；7～9min，5～25mmol/L；9～15min，25mmol/L。

（3）0～7min，2～5mmol/L；7～8min，5～30mmol/L；8～14min，30mmol/L。

色谱峰（mg/L）：1-F^-（10）；2-Cl^-（10）；3-Br^-（10）；4-NO_3^-（10）；5－SO_4^{2-}（10）；6-$C_2O_4^{2-}$（10）；7-I^-（10）；8-PO_4^{3-}（10）。

五、离子色谱分析方法的开发步骤

（一）改善分离度

1．稀释样品

对组成复杂的样品，若待测离子对树脂亲合力相差较大，就要做几次进样，并用不同浓度或强度的淋洗液或梯度淋洗。对固定相亲合力差异较大的离子，增加分离度的最简单方法是稀释样品或作样品前处理。

例如，盐水中SO_4^{2-}和Cl^-的分离。若直接进样，其色谱峰很宽而且拖尾表明进样量已超过分离柱容量，在常用的分析阴离子的色谱条件下，30min 之后 Cl^-的洗脱仍在继续。在这种情况下，在未恢复稳定基线之前不能再进样。若将样品稀释 10 倍之后再进样就可得到 Cl^-与痕量SO_4^{2-}之间的较好分离。对阴离子分析推荐的最大进样量，一般为柱容量的 30%，超过这个范围就会出现大的平头峰或肩峰。

2．改变分离和检测方式

若待测离子对固定相亲合力相近或相同，样品稀释的效果常不令人满意。对这种情况，除了选择适当的流动相之外，还应考虑选择适当的分离方式和检测方式。

例如，NO_3^-和ClO_3^-，由于它们的电荷数和离子半径相似，在阴离子交换分离柱上共淋洗。但ClO_3^-的疏水性大于NO_3^-，在离子对色谱柱上就很容易分开了。又如NO_2^-与Cl^-在阴离子交换分离柱上的保留时间相近，常见样品中 Cl^-的浓度又远大于NO_2^-，使分离更加困难，但NO_2^-有强的UV吸收，而Cl^-则很弱，因此应改用紫外作检测器测定NO_2^-，用电导检测Cl^-，或将两种检测器串联，于一次进样同时检测Cl^-与NO_2^-。对高浓度强酸中有机酸的分析，若采用离子排斥，由于强酸不被保留，在死体积排除，将不干扰有机酸的分离。

3．样品前处理

对高浓度基体中痕量离子的测定，例如，海水中阴离子的测定，最好的方法是对样品做适当的前处理。除去过量Cl^-的前处理方法有：使样品通过Ag^+型前处理柱除去Cl^-，或进样前加$AgNO_3$到样品中沉淀Cl^-；也可用阀切换技术，其方法是使样品中弱保留的组分和90%以上的Cl^-进入废液，只让10%左右的Cl^-和保留时间大于Cl^-的组分进入分离柱进行分离。对含有大的有机分子的样品，应于进样前除去有机物，较简单的方法是用Dionex的前处理柱OnGuard的RP、P柱或在线阀切换除去有机基体。

4．选择适当的淋洗液

用$CO_3^{2-}-HCO_3^-$作淋洗液时，在Cl^-之前洗脱的离子是弱保留离子，包括一价无机阴离子、短碳链一元羧酸和一些弱离解的组分，如F^-、甲酸、乙酸、AsO_2^-、CN^-和S^{2-}等。对乙酸、甲酸与F^-、Cl^-等的分离应选用较弱的淋洗离子，常用的弱淋洗离子有HCO_3^-、OH^-和$B_4O_7^{2-}$。由于HCO_3^-和OH^-易吸收空气中CO_2，CO_2在碱性溶液中会转变成CO_3^{2-}，CO_3^{2-}的淋洗强度较HCO_3^-和OH^-大，因而不利于上述弱保留离子的分离。$B_4O_7^{2-}$也为弱淋洗离子，但溶液稳定，是分离弱保留离子的推荐淋洗液。中等强度的碳酸盐淋洗液对高亲和力组分的洗脱效率低。对离子交换树脂亲合力强的离子有两种情况：一种是离子的电荷数大，如PO_4^{3-}、AsO_4^{3-}和多聚磷酸盐等；另一种是离子半径较大，疏水性强，如I^-、SCN^-、$S_2O_3^{2-}$、苯甲酸和柠檬酸等。对前者以增加淋洗液的浓度或选择强的淋洗离子为主。对后一种情况，推荐的方法是在淋洗液中加入有机改进剂（如甲醇、乙腈和对氰酚等）或选用亲水性的柱子，有机改进剂的作用主要是减少样品离子与离子交换树脂之间的非离子交换作用，占据树脂的疏水性位置，减少疏水性离子在树脂上的吸附，从而缩短保留时间，减少峰的拖尾，并增加测定灵敏度。

淋洗液浓度的改变对二价和多价待测离子保留时间的影响大于一价待测离子。若多价离子的保留时间太长，增加淋洗液的浓度是较好的方法。

（二）缩短保留时间

缩短分析时间与提高分离度的要求有时是相矛盾的。在能得到较好的分离结果的前提下，分析的时间越短越好。为了缩短分析时间，可改变分离柱容量、淋洗液流速、淋洗液强度，在淋洗液中加入有机改进剂和用梯度淋洗技术。

以上方法中最简便的是减小分离柱的容量，或用短柱。例如，用3×500mm分离柱分离NO_3^-和SO_4^{2-}，需用18min，而用3×250mm的分离柱，用相同浓度的淋洗液只用9min。但NO_3^-和SO_4^{2-}的分离不好，若改用稍弱的淋洗液就可得到较好的分离。

大的进样体积有利于提高检测灵敏度，但导致大的系统死体积，即大的水负峰，因而推迟样品离子的出峰时间。如在Dionex的AS11柱上用NaOH为淋洗液，进样量分别为

25μL、250μL 和 750μL 时，F^-的保留时间分别为 2.0min、2.5min 和 3.6min。为了缩短保留时间，最好用小的进样体积。

增加淋洗液的流速可缩短分析时间，但流速的增加受系统所能承受的最高压力限制，流速的改变对分离机理不完全是离子交换的组分的分离度的影响较大，例如对 Br^-和 NO_2^-之间的分离，当流速增加时分离度降低很多，而分离机理主要是离子交换的 NO_3^-和 SO_4^{2-}，甚至在很高的流速时，它们之间的分离度仍很好。

（三）改善检测灵敏度

（1）按说明书操作，使仪器在最佳工作状态得到稳定的基线，才可将检测器的灵敏度设置在较高灵敏挡，这是提高检测灵敏度的最简单方法，但此时基线噪声也随之增大。

（2）增加进样量。

（3）使用浓缩柱，但一般只用于较清洁的样品中痕量成分的测定。用浓缩柱时要注意，不要使分离柱超负荷。

（4）使用微孔柱。

六、无机阴离子分析

气田水中的溴化物、碘化物常与石油伴生水有关，其含量往往随矿化度的升高而增加，一般埋藏越深、封闭性越好，它们富集的越多，含量从每升几毫克至几百毫克。它们的存在与油气藏无直接成因联系，但作为间接标志，可以指示油气藏的保存环境。

人们常用质量法、容量法、光度法测定气田水的离子浓度，但这些方法烦琐费时，对不同的离子需要采用不同的测定方法。离子色谱自 1975 年问世以来，逐渐取代了其他测定阴离子的方法，成为测定阴离子的首选方法。它具有简单、迅速、一次进样可同时完成多个离子测定等优点。如采用 IonPac AS11 分离柱、EG40-KOH 梯度淋洗，可一次进样完成对气田水中的 F^-、Cl^-、Br^-、NO_3^-、SO_4^{2-}、I^-、PO_4^{3-}等 7 种常见阴离子的分析。

（一）淋洗液

化学抑制型电导检测中，用于阴离子分析的淋洗液一般为弱酸的盐。一般情况下，只要这种弱酸在 pH＞8 时能以阴离子的形式存在，其阴离子对固定相有亲和力，这种弱酸的盐就可以用作淋洗液。淋洗液的 pK_a越大，在淋洗液中它的离子型与质子化酸性的比值越小，则淋洗液的背景电导越低。表 3-7 列出了常用于阴离子分析的淋洗液。$NaHCO_3/Na_2CO_3$的混合溶液是使用最广的淋洗液。NaOH 用作淋洗液的突出优点是背景电导低，适用于作梯度淋洗；其缺点是 NaOH 易吸收空气中的 CO_2，使 NaOH 的淋洗强度改变和引起基线漂移，另一缺点是对固定相的亲和力弱，对二价和多价阴离子的洗脱需要较高的浓度。$B_4O_7^{2-}$是较弱的淋洗离子，用于对固定相亲和力弱的无机阴离子和短链有机酸的洗脱，由于其抑制反应产物使 $H_2B_4O_7$的背景电导足够低，也可用于梯度淋洗。

表 3-7 用于化学抑制型电导检测阴离子分析的淋洗液

淋洗液	淋洗离子	抑制反应产物	淋洗离子强度
$Na_2B_4O_7$	$B_4O_7^{2-}$	$H_2B_4O_7$	非常弱
NaOH	OH^-	H_2O	弱
$NaHCO_3$	HCO_3^-	CO_2+H_2O	弱
$NaHCO_3/Na_2CO_3$	HCO_3^- / CO_3^{2-}	CO_2+H_2O	中
$H_2NCH(R)COOH/NaOH$	$H_2NCH(R)COO^-$	$H_3^+NCH(R)COO^-$	中
Na_2CO_3	CO_3^{2-}	CO_2+H_2O	强

（二）淋洗液中的有机改性剂

有机溶剂的最重要作用是调节离子交换过程的选择性，改变分离柱对分析物的保留特性，从而改变洗脱顺序、峰效和分离度；其二是改善样品的溶解性，扩大离子色谱的应用范围；其三是使分离柱被有机物污染后的清洗成为可能和变得容易。较常用的有机改性剂有甲醇、乙腈和异丙醇。

（三）无机阴离子的洗脱顺序

与高效液相色谱不同，离子色谱的选择性主要由固定相性质决定。固定相选定之后，对于待测离子而言，决定保留的主要参数是待测离子的价数、离子的大小、离子的极化度和离子的酸碱性强度。

1. 待测离子的价数

一般的规律是，待测离子的价数越高，则保留时间越长，如二价的SO_4^{2-}的保留时间大于一价的NO_3^-。多价离子，如磷酸盐的保留时间与淋洗液的 pH 值有关，在不同的 pH 值，磷酸盐的存在形态不同，随着 pH 值的增高，磷酸由一价阴离子（$H_2PO_3^-$）到二价（HPO_4^{2-}）和三价（PO_4^{3-}），三价阴离子PO_4^{3-}的保留时间大于一价的$H_2PO_3^-$。

2. 离子的大小

待测离子的离子半径越大，保留时间越长。例如，下列一价离子的保留时间按下列顺序增加：$F^- < Cl^- < Br^- \ll I^-$。

3. 离子的极化度

待测离子的极化度越大，保留时间越长，例如，二价SO_4^{2-}的保留时间小于极化度大的一价离子 SCN^-。这是因为SCN^-在固定相上的保留除了离子交换之外，还加上了吸附作用。

（四）典型的分离柱和色谱条件

1. 典型的分离柱

表 3-8 列出了几种典型的已商品化的阴离子分离柱推荐的淋洗液和基本应用范围。

表 3-8 典型阴离子分离柱推荐的淋洗液和基本应用范围

分离柱	推荐淋洗液	基本应用范围
IonPac AS9-SC	$NaHCO_3/Na_2CO_3$	无机阴离子和卤素含氧酸的快速分析
IonPac AS9-HC	$NaHCO_3/Na_2CO_3$	1. 无机阴离子和卤素含氧酸的快速分析 2. 高 Cl^- 中 NO_2^- 的分析（Cl^- 与 NO_2^- 浓度比为 10000∶1）
IonPac AS11	NaOH	7 种常见阴离子的分析
IonPac AS11-HC	NaOH	1. 未知样品中有机酸和无机离子的综合信息 2. 一元羧酸的分析 3. 痕量有机酸和无机离子的大体积进样

2. 色谱条件

以常用的 IonPac AS11 阴离子交换分离柱为例，用 NaOH 或 KOH 作淋洗液，用于无机阴离子和有机酸阴离子的快速分离，包括无机阴离子，一价、二价、三价脂肪酸，疏水性离子如 I^-、SCN^-、$S_2O_3^{2-}$ 和 ClO_3^-。做梯度淋洗时，最好用 EG40 淋洗液发生器并在泵和进样阀之间连接一支阴离子捕获柱以除去来自淋洗液中污染的阴离子。

IonPac AS11-HC 的柱容量较 IonPac AS11 高 5 倍，因此弱保留阴离子在 IonPac AS11-HC 柱中能得到很好的分离，其缺点在于使用时柱压较高，可能对淋洗液发生器、抑制器及检测器带来负面影响。

图 3-10 为选用 IonPac AS11 柱、NaOH 为淋洗液，采用梯度淋洗分离弱保留离子和常见 7 种阴离子的色谱图。IonPac AS11 阴离子交换分离柱用含有有机溶剂的淋洗液，可以缩短强保留的疏水性离子 I^-、ClO_3^-、SCN^- 和 $S_2O_3^{2-}$ 的保留时间，并改善其峰形。

图 3-11 为选用 IonPac AS11 柱、NaOH 为淋洗液，加入有机改性剂分离弱保留离子和常见 7 种阴离子的色谱图。

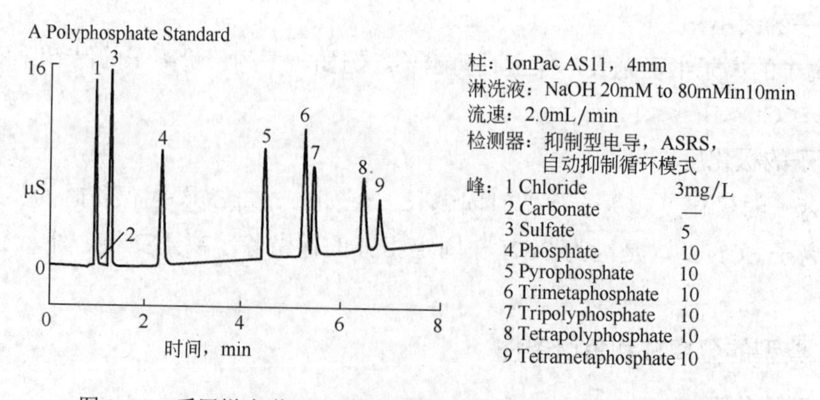

图 3-10 采用梯度淋洗分离弱保留离子和常见 7 种阴离子的分离

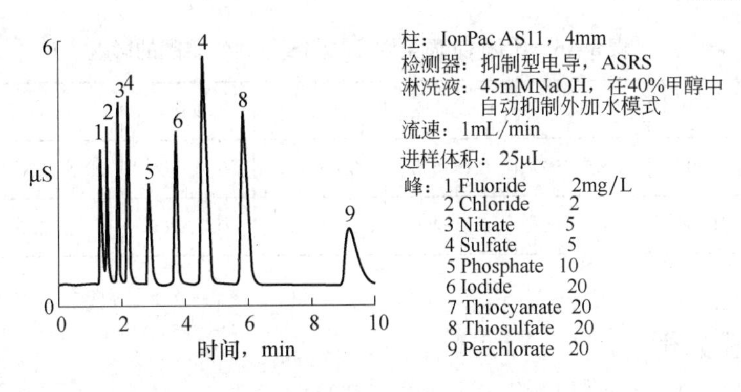

图 3-11 加入有机改性剂分离弱保留离子和常见 7 种阴离子的分离

（五）高质量浓度的 Cl^-对其他阴离子定量分析的影响

气田产出的地层水中，Cl^-含量一般在 10000～50000mg/L 之间，最高可达 100000mg/L 以上。当 Cl^-大于 500mg/L 时，F^-的定量结果开始降低；当 Cl^-为 2000mg/L 时，F^-的保留时间明显缩短，色谱峰发生变异，无法定量。这可能是由于 F^-是比 Cl^-更弱的保留离子，此时在 Cl^-的自身洗脱效应下使部分的 F^-在死时间共洗脱，随着 Cl^-浓度的增大，它的比例也明显增加，也就是说，F^-在色谱柱中的保留就越少。同样 Br^-、NO_3^-、SO_4^{2-}、PO_4^{3-} 也存在类似的情况，只不过 Br^-、NO_3^-、SO_4^{2-}、PO_4^{3-} 在色谱柱的保留值比 Cl^-大，因而所受的影响相对要小一些。I^-是易极化离子，其在色谱柱中的保留很强，所以在实验条件下基本不受影响。

在相当大的 Cl^-质量浓度范围内，只要各离子间能有很好的分离度，尽管峰高会随 Cl^-质量浓度的不同而发生一些变化，但峰面积不会发生改变。这是由于随着 Cl^-质量浓度的增大，洗脱基理发生了一些变化，Cl^-的自身洗脱效应及谱带压缩效应使峰形发生变化（峰高变低、峰形变宽），但因进样量没有变，峰面积不会发生变化。表 3-9 列出了进样体积为 25μL 时，用峰面积法测定 F^-、NO_3^-、SO_4^{2-}、PO_4^{3-}、Br^-、I^-等阴离子所允许的最大 Cl^-质量浓度。

表 3-9 用峰面积法测定各种阴离子所允许的最大 Cl^-质量浓度

组分	F^-	Br^-	NO_3^-	SO_4^{2-}	I^-	PO_4^{3-}
浓度，mg/L	500	10000	10000	5000	35000	10000

（六）高质量浓度的 Cl^-对其他阴离子线性范围的影响

基体中 Cl^-质量浓度较低时，NO_3^-、SO_4^{2-}、PO_4^{3-}、Br^-、I^-等阴离子有很宽的线性范围（0.1～500mg/L）。随着 Cl^-质量浓度的增大，洗脱机理发生了一些变化，Cl^-的自身洗脱效应及谱带压缩效应使峰形发生变化（峰形变宽、峰高变低），保留时间明显缩短，严重影响各种阴离子的定性、定量分析。基体中 Cl^-质量浓度很高时，各种阴离子的线性范围都明显变窄。表 3-10 列出了不同 Cl^-质量浓度时各种阴离子用峰面积法定量分析的线性范围。

表 3-10 不同 Cl^- 质量浓度对阴离子线性范围的影响

组分		F^-	Br^-	NO_3^-	SO_4^{2-}	I^-	PO_4^{3-}
Cl^-加入量 mg/L	500	0.05～50	0.1～400	0.1～500	0.1～500	0.2～500	0.2～500
	10000	—	0.1～200	—	0.1～200	0.2～200	0.2～200

七、阳离子分析

离子色谱分析阳离子除分离柱、抑制器和淋洗液不同外，分离机理、抑制原理与阴离子的分析相似。与原子吸收光谱法相比，离子色谱法具有一次进样可以同时测定碱金属、碱土金属及胺类的分析的优点。

（一）淋洗液

非抑制型离子色谱中，乙二胺、酒石酸或草酸是常用的淋洗液。对接枝型的阳离子交换树脂，离子交换功能基主要是弱酸性的羧基（—COOH），只用 H^+即可有效地淋洗一价和二价阳离子。硫酸和甲基磺酸是常用的淋洗液。

（二）典型的分离柱和色谱条件

用简单的酸作淋洗液，其操作和抑制都较二价的淋洗液方便，因此对碱金属和碱土金属的常规分析，推荐的分离柱是填充弱酸功能基的 IonPac CS12A 分离柱。用甲基磺酸或硫酸作淋洗液，一次进样可同时分析碱金属、碱土金属阳离子、NH_4^+、脂肪胺等。如图 3-12 所示，胺的分离结果非常好。用甲基磺酸作淋洗液，等度淋洗，可以很好地分离 Mn^{2+}和 Ca^{2+}、Mg^{2+}。

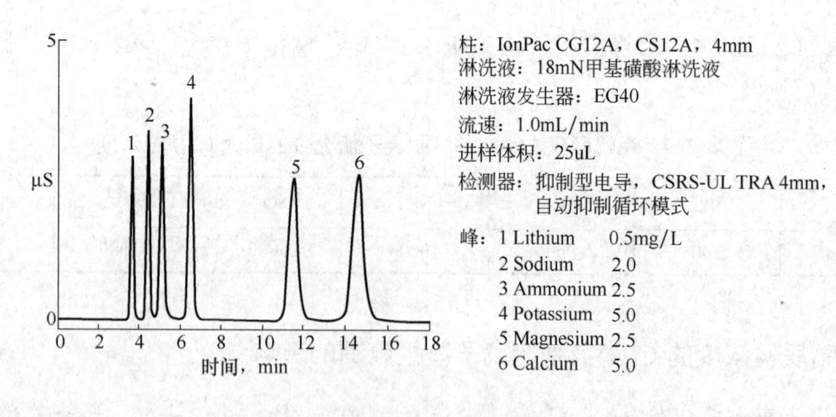

图 3-12 碱金属、碱土金属离子的分离

八、硼酸盐分析

硼可用于确定侵入盐水的来源。硼在油田水中以硼酸、硼酸盐和有机硼酸盐的形式存

在。当其以伴生硼酸存在时，对缓冲机制非常重要，其重要性仅次于碳酸盐体系。硼可能形成相对不溶的硼酸钙和硼酸镁沉淀。

硼和溴、碘一般与石油的伴生水有关。硼和氯一样，是海相来源的元素。大多数硼化合物的溶解度较高，硼盐具有水解分裂性，硼化合物能被其他一些化合物俘获并生成沉淀，这些都有助于硼的广泛迁移。卤水和地层水中的可溶性络合硼化合物可能是作为石油生源的动、植物腐烂的结果。

在离子排斥柱上，由于 Donnan 排斥，强的有机酸在死体积流出，而弱的无机酸则被较强地保留。由于硼酸的摩尔电导低，必须使所生成的络合物具有较强酸性，才能提高对硼酸检测的灵敏度。

（一）淋洗液

离子排斥色中淋洗液的主要作用是改变溶液的 pH 值，控制有机酸的离解。由于硼酸可迅速地与多元醇或 α-羟基酸反应形成酸性较强的络合物，因此可用酒石酸和甘露醇的混合溶液作淋洗液，可明显提高对硼酸的检测灵敏度。通过实验发现用酒石酸和甘露醇的混合溶液作淋洗液虽然可以提高检测灵敏度，但是由于酒石酸和甘露醇存放时间较长后会变质产生沉淀物，因此每次使用后都必须对分离柱进行清洗，否则会导致出现异常峰，如图 3-13 所示。因此对于分离柱 ICE-AS6 推荐用全氟丁酸作淋洗液。

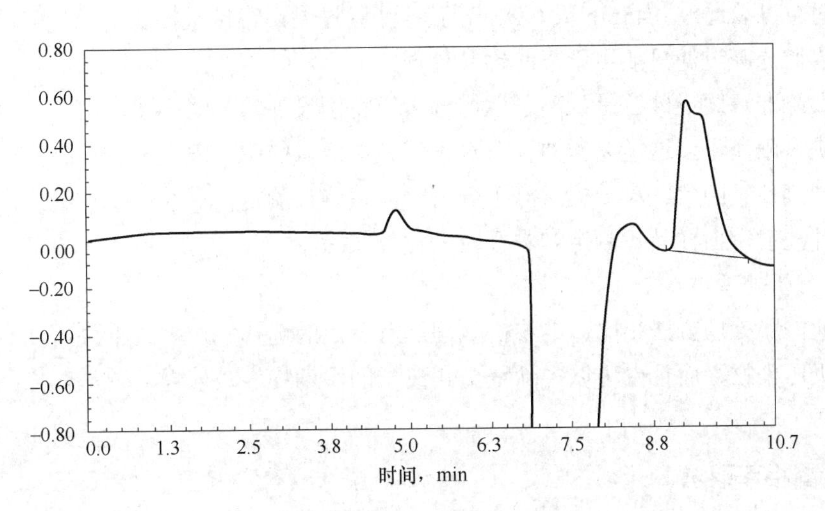

图 3-13　异常的色谱峰

（二）典型的分离柱和色谱条件

IonPac ICE-AS6 离子排斥柱用于分离复杂基体或高离子强度样品中有机酸和醇类（图 3-14）。树脂的磺酸基和羧基有利于一、二、三元羧酸通过氢键保留，适于分离羟基羧酸及脂肪醇。

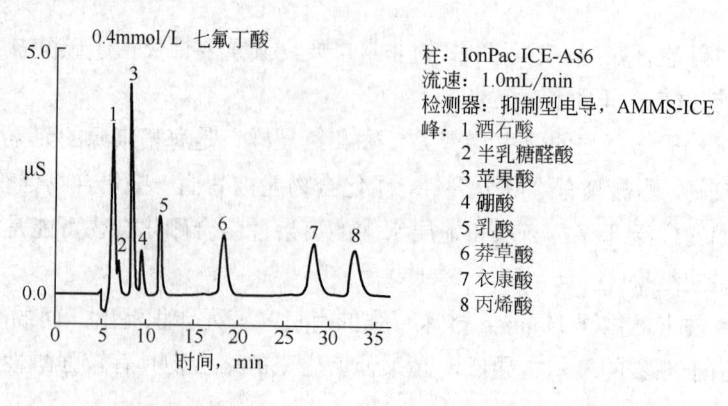

图 3-14 有机溶剂洗脱强保留疏水性有机酸

九、离子色谱样品预处理技术

目前离子色谱样品预处理较常用的方法有膜处理法、固相萃取法、分解处理法等。

（一）膜处理法

1．滤膜或砂芯处理法

滤膜过滤样品是离子色谱分析最通用的水溶液样品前处理方法，一般如果样品含颗粒态的样品时，可以通过 0.45μm 或 0.22μm 微孔滤膜过滤后直接进样。由于一般的滤膜不能耐高压，因此滤膜过滤只能用于离线样品处理。

此外，除非滤膜或砂芯是为离子色谱分析所特别设计的，滤膜或砂芯中均会含有一定量的无机阴、阳离子，这类离子的存在对水溶液中痕量的阴、阳离子分析会产生干扰，影响测定的准确性。因此，对于痕量离子分析时，建议在测定样品前用二次纯水对滤膜进行多次洗涤并注射空白样品，测定时进行空白背景扣除。

2．电渗析处理法

与其他的膜处理方法相比，电渗析处理法有一定的选择性，因此不仅可以有效去除颗粒物、有机污染物，而且也可以去除重金属离子的污染物，是处理复杂基体样品最有效的方法之一。

（二）固相萃取法

固相萃取法是目前离子色谱样品前处理应用最广泛的一种方法，对不同的溶液中的污染物，可以分别利用反相、离子交换、螯合树脂等多种手段进行处理。从萃取手段上也可以利用常规的固相萃取法和固相微萃取法，但固相微萃取法一般是利用在液相色谱上样品浓缩和去除基体干扰的反过程，因此固相微萃取法用于离子色谱中更为方便，而且一个固相微萃取柱可以多次使用。

1．反相和吸附固相萃取法

对于反相或吸附固定相，可以有多种类型，从固定相颗粒大小上，可以用常规吸附树脂，也可以用固相微萃取，不同的是处理样品量有所差异；而固定相也可以采用硅胶型或聚合物型，但要注意的是，对于高 pH 值的样品，宜采用聚合物型的固定相。

2．离子交换树脂法

不同类型的离子交换树脂可以有效去除不同有针对性的污染物，如阳离子交换树脂可以去除金属离子的污染，而特定形式的阴离子交换树脂可以去除过高含量的阴离子，如银型阴离子交换树脂可以将过量氯离子或其他卤素阴离子去除，而钡型阴离子交换树脂可以将过量的硫酸根离子去除。有时，通过离子交换树脂也可以将一些有机物去除，而将离子交换树脂与吸附或反相树脂混合使用，可以同时去除有机物和离子态化合物。

十、离子色谱仪使用要点

（一）样品分析

1．启动仪器与仪器的稳定

（1）提供一定压力的氮气并检查压力是否合适。

（2）确认系统中有淋洗液流出，并进入了抑制器。

（3）确认淋洗泵中无气泡。

（4）确认系统中无液体、气体泄漏。

（5）确认系统有稳定的压力与背景电导。

2．开始测定

用注射器注入标准或者样品。

3．定量计算

用标准样品配制成不同浓度的标准系列（5 个浓度），在与欲测组分相同的色谱条件下，等体积准确量进样，测量各峰的峰面积或峰高，用峰面积或峰高对样品浓度绘制标准工作曲线，以此为标准计算样品中的待测组分的含量。

（二）获得可靠分析结果的途径

1．可能影响色谱分析结果的各种干扰因素

（1）色谱柱、淋洗液的温度。

（2）淋洗液的浓度与组成。

（3）淋洗液的流速。

（4）淋洗液中的杂质。

2．配制淋洗液、标准液所使用水和试剂的要求

（1）离子色谱使用的水与试剂的纯度应尽可能高。可以采用高纯水（用电阻率≥17MΩ、0.22μm 滤膜过滤）及淋洗液脱气（真空和搅动）。

（2）试剂：尽可能使用优级纯、配标准的试剂应预先干燥。

（3）淋洗液的配制与保存：

① 阴离子淋洗液的配制。碳酸盐（AS4A，AS12A，AS14 等）：配 100 倍浓度的淋洗液作为储备液，使用时用高纯水稀释。

② 氢氧化钠（AS10、AS11、AS15、AS16 等）：配制 50%（质量分数）NaOH 储备溶

液，使用时用高纯水稀释。

③ 阳离子淋洗液（甲基磺酸）的配制：取一定浓度的甲基磺酸配成储备液（可以配制为 1mol/L 的储备液）。

④ 淋洗液保存。使用聚丙烯（PP）瓶，保存在暗处及 4℃左右（通常可以保存 6 个月）。淋洗液要经常更换。

（4）标准溶液的配制与保存：

① 配制 1000mg/L 储备标准溶液。阴离子标准取钠盐，阳离子标准取氯化物，称取适量，用高纯水稀释。

② 配制混合标准溶液。吸取适量的储备液，用高纯水稀释至刻度，摇匀。

③ 标准溶液的保存。使用聚丙烯（PP）瓶，保存在暗处及 4℃左右（通常可以保存 6 个月）。mg/L 浓度的混合标准不能长期保存，应经常配制。μg/L 浓度的混合标准应在使用前临时配制。

3．所使用的预处理方法的优缺点

（1）过滤。样品中除去颗粒物用 0.45μm 或 0.22μm 滤膜，过滤前用高纯水冲洗滤膜，以减少沾污。

（2）稀释。待测物浓度较高时，应预先稀释，降低干扰物的浓度。

（3）去除干扰物。①预处理柱、超滤。②固相萃取、液相萃取、离心、盐析等。③在线柱处理。

4．仪器例行保养

1）例行保养

（1）检查是否有气体泄漏。

（2）检查是否有液体泄漏。

（3）记录使用的色谱条件：日期、操作者、色谱柱类型、流速、系统压力、背景电导等。

2）停机时的保养措施

短时间停机：2～3d，色谱条件不变；4d 以上，改变色谱条件。

长时间停机：两周以上需要开机运行仪器（不进样）。

3）色谱柱清洗（图 3-15）

（1）最好分别清洗保护柱与分离柱。如要同时清洗，应将分离柱置于保护柱之前。

（2）溶液流动方向：保持→方向。

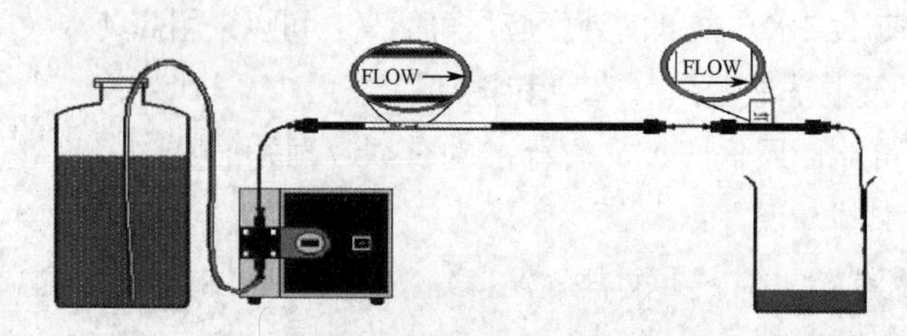

图 3-15　色谱柱清洗

4）清洗抑制器（图 3-16）

（1）清洗 ELUENT 和 REGEN 两部分。

（2）清洗时应先关闭抑制器电源。

（3）清洗后要向抑制器内泵 10min 高纯水，以便于平衡系统。

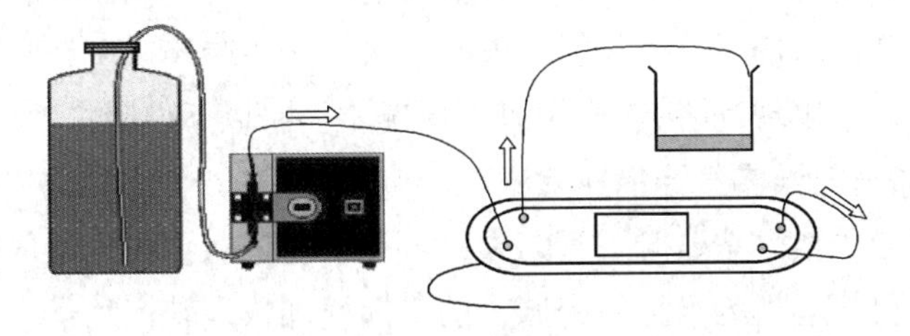

图 3-16　抑制器清洗

5）激活抑制器（图 3-17）

在下列情况下，需要激活抑制器：

（1）初次安装时。

（2）有液体泄漏时。

（3）进行清洗之后。

（4）灵敏度下降后。

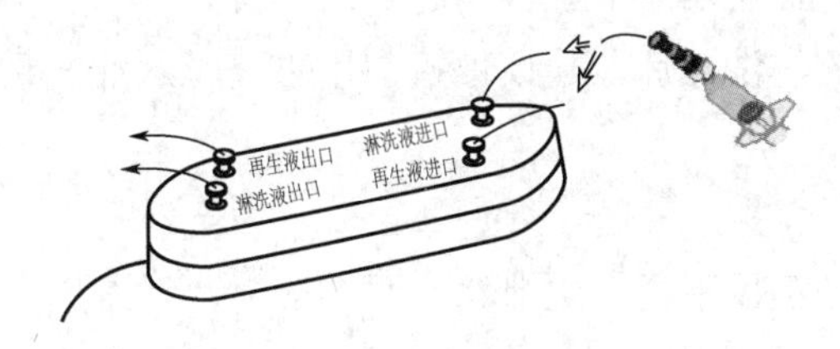

图 3-17　抑制器激活

6）抑制器的使用

（1）如果电源关闭，不要连续向抑制器内泵淋洗液。

（2）停泵时抑制器的电源应关闭。

（3）测量结束关闭仪器前，允许泵在关闭抑制器电源的情况下继续运行 30s 左右，确认再生液出口处没有气泡后再停泵。

7）检查废液桶

经常检查废液桶（图 3-18），确保气体不会存在桶内。

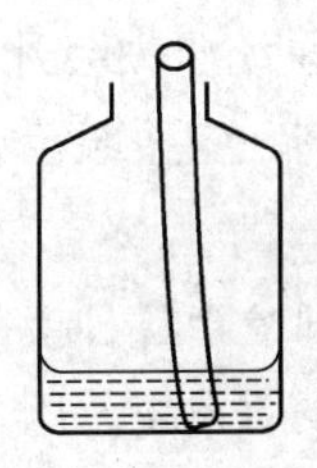

图 3-18　废液桶检查

十一、仪器常见故障的排除和色谱柱、抑制器的清洗

（一）泵常见故障分析与排除

高压泵正常工作情况下，系统压力和流量稳定，噪声很小，色谱峰形正常。与之相反，在高压泵工作不正常的情况时，系统压力波动较大，产生噪声，基线噪声加大，流量不稳并导致色谱峰形变差（出现乱峰）。产生以上情况主要有以下原因：

1．淋洗液的脱气与泵内气泡的排除

仪器初次使用或更换淋洗液时，管路中的气泡容易进入泵内，造成系统压力和流量的不稳定，同时分析泵电动机为维持系统压力的平衡而加快运转产生噪声。另外，分析泵工作时要求能够提供充足的淋洗液，否则分析泵易抽空。因此，淋洗液瓶需要施加一定的压力，通常施加的压力小于35kPa。

已经进入泵内的气泡可以通过启动阀排除。具体方法是：先停泵，用1个10mL注射器在启动阀处向泵内注入去离子水或淋洗液，可反复几次直到气泡排除为止，然后再将泵启动。

2．系统压力波动大，流量不稳定

系统中进入了空气，或者单向阀的宝石球与阀座之间有固体异物，使得两者不能闭合密封，需卸下单向阀进入盛有乙醇的烧杯用超声波清洗。

当使用了浓度较高的淋洗液后，建议停机前用去离子水冲洗系统至中性，以免盐沉淀在单向阀内。

3．漏液

泵密封圈变形后，在高压下会产生泄漏。泵漏液时，系统压力不稳，仪器无法工作。泵密封圈属于易耗品，正常使用的情况下每6～12个月更换一次。更换的频率与使用次数有关。为延长密封圈的使用寿命，在使用了高浓度的碱以后，要用去离子水清洗泵头部分，以防产生沉淀物。

4．系统压力升高

系统压力升高超过正常的30%以上时，可以认为该系统压力不正常。压力的升高与以下几种情况有关：

（1）保护柱的滤片因有物质沉积而使压力逐渐升高。此时应更换滤片。

（2）某段管子堵塞造成系统压力突然升高。此时应逐段检查，如有需要须更换管子。

（3）当有机溶剂与水混合时，由于溶液的黏度、密度变化，压力也会升高。

（4）室温较低，如低于10℃时，系统压力会升高。应设法保持室温在15℃以上。

（5）流速设定过高使系统压力升高。应按照色谱柱的要求设定分析泵的流速。

5．系统压力降低或无压力

系统有泄漏时，压力会降低。仔细检查各种接头是否拧紧。此外当系统流路中有大量气泡存在，进入泵内形成空穴，启动泵后系统无压力显示，也无溶液流出。为避免上述问题，流动相的容器要加压（≤0.03MPa）；在仪器初次使用或更换淋洗液时要注意排除输液

管路中的空气。

（二）检测器常见故障

检测器尚未达到稳定状态可使基线产生漂移。另外在使用抑制器时，正常情况下背景电导会由高向低的方向逐渐降低，最后达到平衡。如果背景电导值持续增加，说明抑制器部分有问题，应检查抑制器是否失效。

在离子色谱中，电导池或流动池内产生气泡也会使基线噪声增大。通常这种噪声的图形有规律性，它随着泵的脉动而产生。池内的气泡可以通过增加出口的反压和向池内注射乙醇或异丙醇除去。

检测池被污染也会造成噪声增加。用酸清洗电导池和对电极表面抛光可使基线噪声减小。

（三）色谱柱常见故障及清洗

1．柱压升高

柱压升高可能的原因有：

（1）色谱柱过滤网板被污染，需要更换。一般先更换保护柱进口端的网板，更换时应注意不可损失柱填料。

（2）柱接头拧的过紧，使输液管端口变形。因此接头不可拧的过紧，不漏液即可。

（3）PEEK 材料的管子切口不齐。

2．分离度降低

色谱柱分离度的下降可能与以下原因有关：系统有泄漏时分离度会降低；分离柱被污染后柱容量印制值变小；淋洗液类型和浓度不合适等。

可以通过选择适当的分离（柱）方式及采取适当的样品前处理方式来解决。

3．死体积增大

分离柱入口树脂损失造成死体积增大或树脂床进入空气使树脂床产生沟流均会使分离度下降。沟流时可造成色谱峰形分叉。另外在使用中要注意色谱柱的 pH 适应范围，如果超出该范围分离度将下降。若分离柱入口处出现空隙，可充填一些惰性树脂球以减小死体积的影响。

4．保留时间缩短或延长

色谱峰保留时间的改变会影响待测组分的定性和定量。影响保留时间稳定的因素有以下几个原因：

（1）仪器的某部分可能有漏液。例如，接头处没拧紧等。

（2）系统内有气泡使泵不能按设定的流速传送淋洗液。

（3）分离柱交换容量下降，使得保留时间缩短。

（4）由于抑制器的问题引起保留时间的变化。例如，非离子表面活性剂的污染可使硫酸根的保留时间延长。

（5）使用 NaOH 淋洗液时空气中的 CO_2 对保留时间的影响。碳酸根的存在使淋洗液的淋洗强度增大。

解决方法是：

（1）采用 50%NaOH 储备液。

（2）使用预先经过脱气的水配制。

（3）配好的淋洗液用氮气或高纯氮气保护。

5．色谱柱的保存与清洗

1）色谱柱的保存

一般而言，大多数阴离子分离柱在碱性条件下保存，阳离子分离柱在酸性条件下保存。具体的保存方法可参考色谱柱的使用说明书。需要长时间保存（30d 以上），先按要求向柱内泵入保存液，然后将柱子从仪器上取下，用无孔接头将柱子两端堵死后放在一通风干燥处保存。短时间不使用，建议每周至少开机一次，让仪器运行 1～2h。

2）色谱柱的清洗

色谱柱的清洗有几点事项应注意：清洗前将系统中的保护柱取下，并连接到分离柱之后，并保持色谱柱的流动方向不变。这样做的目的是防止将保护柱内的污染物冲至相对清洁的分离柱内。清洗时的流速不宜过快，最好在 1mL/min 以下。

（1）无机离子污染。离子半径较大的无机离子与交换基团结合，影响了正常的交换分离。首先应考虑用组分相同但浓 10 倍的淋洗液清洗色谱柱。清洗阴离子分离柱上的金属（Fe）可使用 1～3mol/L 的草酸。对于疏水性的污染物，常用酸和有机溶剂配合清洗。

（2）有机物污染。清洗色谱柱内的有机物通常用甲醇和乙腈。但对于带有羧基的阳离子分离柱要避免使用甲醇。低交联度离子交换树脂填充的色谱柱（交联度＜5%）清洗液中有机溶剂的浓度不宜超过 5%。

（3）金属离子污染。先用草酸清洗，如效果不理想，再用络合能力较强的吡啶-2,6-二羧酸（PDCA）进行清洗。

（四）抑制器常见故障

抑制器最常见的故障是峰面积减小（灵敏度下降）、背景电导升高和漏液。

1．峰面积减小

造成峰面积减小的主要原因有：微膜脱水、抑制器漏液、溶液流路不畅和微膜污染。抑制器长时间停用之后，若保管不善常发生微膜脱水现象。在使用之前需对抑制器内的微膜充分水化，并确保在此之前避免用高压泵直接泵溶液进入抑制器，因为微膜脱水后变脆易破裂。

2．背景电导升高

在化学抑制型电导检测分析过程中，若背景电导升高，则说明抑制器部分存在一定的问题，绝大多数是操作不当造成的。例如，淋洗液或再生液流路堵塞，系统中无溶液流动造成背景电导偏高或使用的抑制器其电流设置的太小等。

膜被污染后交换容量下降也会使背景电导升高。而失效的抑制器在使用时会出现背景电导持续升高的现象，此时应更换一支新的抑制器。

3．漏液

抑制器漏液的主要原因是抑制器的微膜没有充分水化，因此长时间未使用的抑制器在使用前应先让微膜水化溶胀后再使用。另要保证再生液出口畅通，因为反压较大时也会造成抑制器漏液。另外由于抑制器保管不当造成抑制器内的微膜收缩、破裂也会发生漏液现象。

4．抑制器的保存及清洗

1）抑制器的保存

微膜抑制器应让其内部保持潮湿的环境。抑制器短期不用（五天以上），应用注射器分别从淋洗液出口和再生液入口注入 5mL 以上的纯水，然后用堵头堵死密封存放。抑制器再次使用前也应按此方法活化。长期不用（一个月以上），应用超纯水清洗 10min 以上后再用堵头堵死封存。具体的保存方法可参考抑制器的使用说明书。

2）抑制器的清洗

化学抑制型离子色谱抑制器长时间使用后性能会有所下降。清洗时可使溶液由分析泵直接进入抑制器，然后从抑制器排至废液。

对于酸可溶的沉淀物和金属离子，阴离子抑制器使用配制于 1mol/L HCl 中的 0.1mol/L KCl。阳离子抑制器用 1mol/L 甲烷磺酸清洗。

对于有机物，阴离子抑制器使用 10% 1mol/L HCl 和 90%乙腈溶液清洗。阳离子抑制器用 10% 1mol/L 甲基磺酸和 90%乙腈溶液清洗。

十二、常见产生异常谱图的原因及解决方法

（一）坏柱

坏柱的第一迹象是峰拖尾或产生畸形峰，而且在色谱图中每个峰的形状都一样。有时会突然出现峰拖尾，也可能经过一段时期慢慢形成，但都是趋向于越来越坏。解决方法有：

（1）倒柱并清洗。拆下柱，原柱头作尾反接于泵上直接冲洗，不要接到检测器上，避免流动池被污染。

（2）换烧结过滤片。

（3）补柱头孔穴并倒柱。

（二）样品过载

色谱图中出现一个或多个峰拖尾，而且又大于正常峰，可能是柱超载引起。溶质的总质量大，超出柱线性容量范围，表现为保留时间变小，峰形也有了变化。最简单的方法是将怀疑超载的样品稀释后再进样，此时峰形比原来的拖尾峰更对称，而且保留时间增至正常值，说明样品超载。

（三）假拖尾

有时峰拖尾并不是真正的拖尾，而是两组分的峰未分开所致。比如一种未知的干扰峰与已知的样品峰部分的叠加。假拖尾峰一般易识别，当前后的峰都正常，唯有个别峰“胖”

而拖尾，或者是标准样品的峰正常，被测样品的峰变宽，经反复试验都如此，可断定有杂质干扰。

（四）前延峰

前延峰在液相色谱中不常见。因柱温问题很容易引起前延峰，有些样品在常温下分离可见前延峰，升高温度后前延峰的现象消失。

流动相分离阴离子样品时，以硅胶为基质的填料表面负电荷增加，使阴离子样品很快从填料的孔隙中被排斥出来。使用高浓度缓冲溶液，即增加流动相离子强度，可以克服前延峰的效应。柱头塌陷或滤片阻塞也会出现前延峰。

第四节　原子吸收光谱法

原子吸收光谱法（Atomic Absorption Spectrometry，AAS）是于20世纪50年代提出，在60年代迅速发展起来的一门分析技术，是基于从光源辐射出待测元素的特征光波，通过样品的蒸气时，被蒸气中待测元素的基态原子所吸收，由辐射光波强度减弱的程度，可以求出样品中待测元素的含量。它在地质、冶金、机械、化工、农业、食品、轻工、生物医药、环境保护、材料科学等各个领域有广泛的应用。

原子吸收光谱法的优点如下：

（1）检出限低，灵敏度高。火焰原子吸收法的检出限可达到ppb级，石墨炉原子吸收法的检出限可达到10^{-10}～10^{-14}g。

（2）分析精度好。火焰原子吸收法测定中等和高含量元素的相对标准差可低于1%，其准确度已接近于经典化学方法。石墨炉原子吸收法的分析精度一般为3%～5%。

（3）分析速度快。原子吸收光谱仪在35min内，能连续测定50个试样中的6种元素。

（4）应用范围广。可测定的元素达70多个，不仅可以测定金属元素，也可以用间接原子吸收法测定非金属元素和有机化合物。

（5）仪器比较简单，操作方便。

原子吸收光谱法的不足之处表现为：

（1）当测定不同元素时，原则上必须更换对每种元素发射特定辐射波长的空心阴极灯。

（2）由于制造空心阴极灯技术的限制，现在还不能测定共振吸收线处于真空紫外区的非金属元素，如硫、磷等。

（3）有相当一些元素的测定灵敏度还不能令人满意。

一、基础理论

原子吸收光谱法是一种光化学分析方法，它研究的是原子的外层电子在能量的作用下，在原子的高低能级间的过渡过程及伴随的能量变化，因此，了解光谱的产生和光谱线的特性是十分重要的。

（一）原子光谱

原子光谱是原子核外电子在不同能级间跃迁而产生的光谱，它包括原子吸收、原子发射和原子荧光光谱等。

原子吸收光谱法是以原子光谱为基础的，原子光谱是原子能级跃迁的结果。原子的能级是由未充满壳层的外层电子，即光谱电子或价电子决定的。一个被核束缚的电子只能处于一些稳定的状态之中，它的能量具有不连续的量子化的特征，这就是能级。原子在高低能级之间的过渡伴随着能量的吸收或发射，即原子光谱具有确定的波长或频率。但是，原子光谱线并非几何线条，而是有一定的宽度。

1．原子吸收光谱

当辐射能作用于粒子（原子、分子或离子）后，粒子吸收与其能级跃迁相应的能量，即 $h\nu=E_j-E_i$，并由低能态或基态跃迁至较高的能态（激发态），这种物质对辐射能的选择性吸收而得到的光谱称为吸收光谱（图 3-19）。

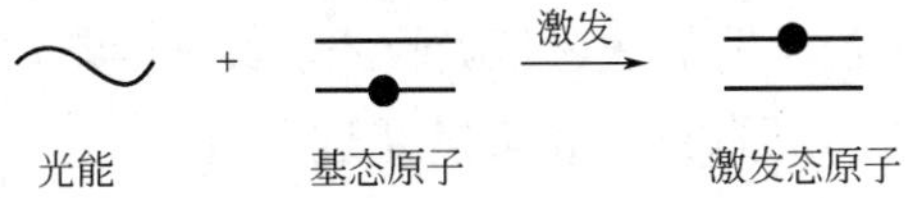

激发

光能　　基态原子　　激发态原子

图 3-19　原子吸收过程

原子吸收光谱与原子结构：由于原子能级是量子化的，因此，在所有的情况下，原子对辐射的吸收都是有选择性的。由于各元素的原子结构和外层电子的排布不同，元素从基态跃迁至第一激发态时吸收的能量ΔE不同，因而各元素的共振吸收线具有不同的特征。吸收能量的表达式为：

$$\Delta E = E_1 - E_0 = h\nu = h\frac{c}{\lambda} \quad (3\text{-}11)$$

2．原子发射光谱

如图 3-20 所示，物质的分子、原子或离子得到能量由低能态或基态跃迁到高能态（激发态），当其由高能态跃迁回到较低能态或基态而产生的光谱称为发射光谱。

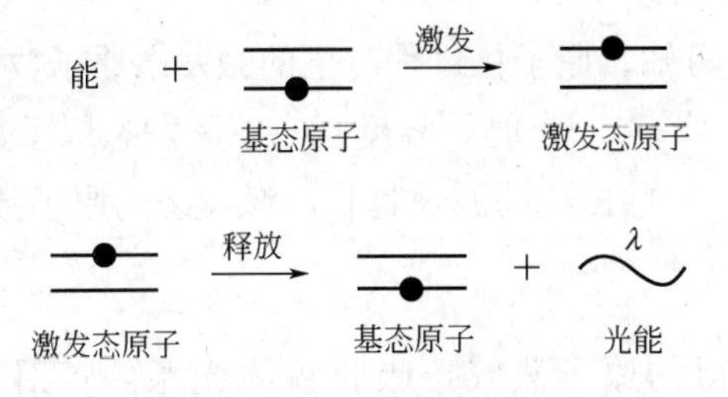

图 3-20　激发与释放原子

原子吸收光谱是原子发射光谱的逆过程。基态原子只能吸收频率为 $\nu=(E_q-E_0)/h$ 的光，跃迁到高能态 E_q。因此，原子吸收光谱的谱线也取决于元素的原子结构，每一种元素都有其特征的吸收光谱线。

（二）共振吸收线和共振发射线

原子的电子从基态激发到最接近于基态的激发态，称为共振激发。当电子从共振激发态跃迁回基态时，称为共振跃迁。这种跃迁所发射的谱线称为共振发射线，与此过程相反的谱线称为共振吸收线。

在诸多的跃迁中，以基态至激发态的跃迁最为重要，其中基态至第一激发态的跃迁称为主共振跃迁，相应的谱线为主共振线。

由于原子通常处于基态，第一激发态的能量在激发态中又是最低的，原子吸收能量到达第一激发态的概率最大。因此，共振线是最灵敏线，在 AAS 中通常使用共振线。只有共振线落在远紫外或试样浓度较大时才用其他线。所以分析线不一定是最灵敏线。如汞 253.7、钠 303.3、铜 249.2 等。如果共振线处有干扰存在，也可用其他线。

（三）谱线特性

谱线的强度和宽度是谱线的重要特性。谱线强度和能级上的原子数目有关，谱线宽度则是能级的宽度决定的。无论是发射线还是吸收线，其强度都与谱线的宽度密切相关。在 AAS 中，光源的发射线要求比吸收线窄得多就是这个道理。

（四）原子蒸气中基态原子数和火焰温度的关系

待测元素由化合物离解成原子后，不一定全部以基态原子存在，其中有一部分在原子化过程中会吸收较高的能量被激发而成激发态。在一定温度下，处于不同能态的原子数目的比值遵循玻尔兹曼分布定律：

$$\frac{N_i}{N_0}=\frac{g_i}{g_0}\exp\left(-\frac{E_i-E_0}{kT}\right) \tag{3-12}$$

式中 N_i，N_0——分布在激发态和基态能级上的原子数目；

g_i，g_0——激发态和基态能级的统计权重；

E_i，E_0——激发态和基态具有的能量，eV；

k——玻尔兹曼常数；

T——热力学温度，K。

由玻尔兹曼分布定律可知，原子化过程产生的激发态原子数取决于激发态和基态的能量差ΔE 和火焰的温度 T。当ΔE 一定时，温度越高，激发态原子数会越多；当 T 一定时，电子跃迁的能级差ΔE 越小，共振线的波长越长，激发态的原子数目也会越大。

（五）定量分析依据

试样经原子化后获得的原子蒸气可吸收锐线光源的辐射光，仍遵循朗伯—比尔定律：

$$A=\lg\frac{I_0}{I}=KN_0L \tag{3-13}$$

式中 A——吸光度；

I_0，I——锐线光源入射光和透过光的强度；

K——常数；

N_0——单位体积内被测元素基态原子数；

L——原子蒸气厚度（火焰宽度）。

因此，在一定浓度范围内，L 一定的情况下：

$$A = K'C \tag{3-14}$$

式中，K' 为与实验条件有关的常数，此式即为原子吸收光谱法进行定量分析的依据。

二、原子吸收光谱仪

原子吸收光谱仪由光源、原子化系统、分光系统和检测系统四部分组成。从光路上区分又分为单光束和双光束两种类型，如图 3-21 所示。

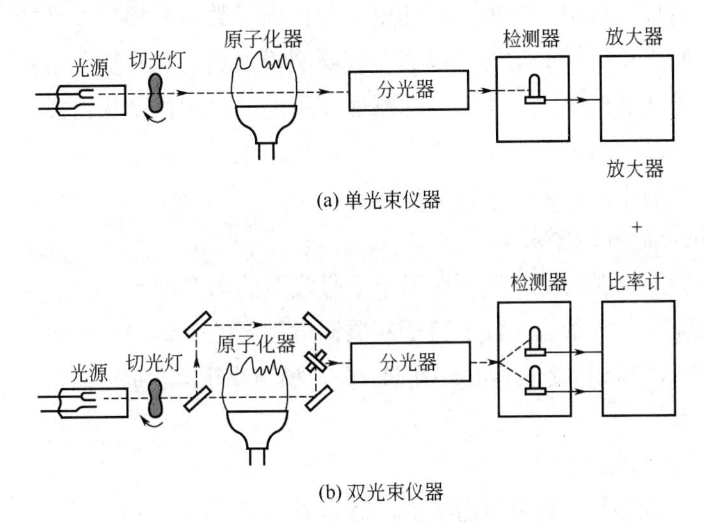

(a) 单光束仪器

(b) 双光束仪器

图 3-21 原子吸收光谱仪基本构造

（一）光源

原子吸收线包含的频率范围很小，仅 10^{-3}nm，用连续光源无法得到吸收信号。如果用锐线光源，当发射线的宽度比吸收线小得多时，才有可能测量吸收信号。作为光源要求发射的待测元素的特征锐线光谱应满足如下要求：

（1）能发射待测元素的共振线。

（2）能发射锐线。

（3）辐射光强度大，稳定性好。

1. 空心阴极灯

空心阴极灯是由玻璃管制成的封闭着低压气体的放电管，主要是由一个阳极和一个空心阴极组成（图 3-22）。阴极为空心圆柱形，由待测元素的高纯金属或合金直接制成，贵重金属以箔衬阴极内壁；阳极为钨棒，钨棒上镀一层钽或钛，其作用是吸杂气，如 H_2、H_2O。

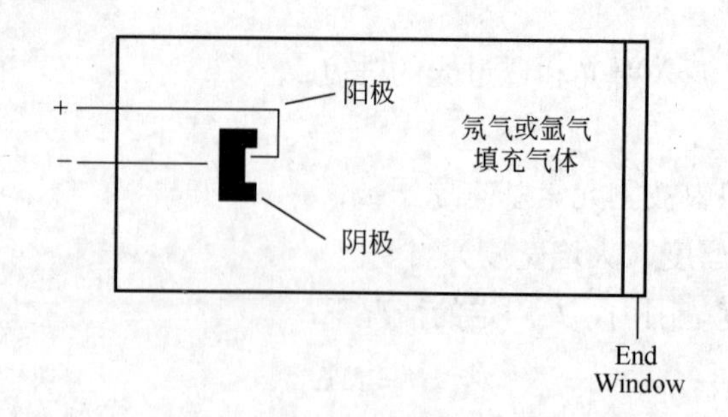

图 3-22　空心阴极灯结构图

1）工作原理

空心阴极灯放电是一种特殊形式的低压辉光放电，放电集中于阴极空腔内。当在两极之间施加几百伏电压时，便产生辉光放电。在电场作用下，电子在飞向阳极的途中与载气原子碰撞并使之电离，放出二次电子，使电子与正离子数目增加，以维持放电。正离子从电场获得动能，如果正离子的动能足以克服金属阴极表面的晶格能，当其撞击在阴极表面时，就可以将原子从晶格中溅射出来。除溅射作用之外，阴极受热也会导致阴极表面元素的热蒸发。溅射与蒸发出来的原子进入空腔内，再与电子、原子、离子等发生第二类碰撞而受到激发，发射出相应元素特征的共振辐射。

2）空心阴极灯的性能要求

（1）发射的共振辐射的半宽度要明显小于吸收线的半宽度。

（2）辐射强度大、背景低，低于特征共振辐射强度的 1%。

（3）稳定性好，30min 之内漂移不超过 1%，噪声小于 0.1%。

（4）使用寿命长。

3）空心阴极灯的优缺点

优点：辐射光强度大，稳定，谱线窄，灯容易更换。

缺点：每测一种元素需更换相应的灯。

4）空心阴极灯的特性及其影响因素

空心阴极灯的特性指标有：特征辐射谱线的宽度、灯的工作电流、灯特征辐射强度的稳定性以及灯的使用寿命。

空心阴极灯常采用脉冲供电方式，以改善放电特性，同时便于使有用的原子吸收信号与原子化池的直流发射信号区分开，称为光源调制。在实际工作中，应选择合适的工作电流。使用灯电流过小，放电不稳定；灯电流过大，溅射作用增加，原子蒸气密度增大，谱线变宽，甚至引起自吸，导致测定灵敏度降低，灯的使用寿命缩短。

灯工作电流的选择原则：在保证放电稳定和有适当光强输出的情况下，尽量选用低的工作电流。

2．无极放电灯

无极放电灯用石英制成，在管内放入少量较易蒸发的金属卤化物，抽真空后充入一定量氩气再密封。将它置于高频（2450MHz）的微波电场中激发、放电，会产生半宽很窄、强度大的特征谱线，发射强度比空心阴极灯大 100～1000 倍，适用于对难激发的 K、Rb、

Zn、Cd、Hg、Pb 等元素的测定。

无极放电灯的优点：

（1）工作效率高，输入功率转化为辐射的效率高，特征辐射强度大，有效使用寿命长。

（2）石英管放置在微波谐振腔内，微波电磁场通过波导腔提供激发能量，既能调谐（使腔的工作频率调至微波频率），又能进行耦合调节（使腔的负载与发生器相匹配）有较宽泛的范围内调节放电条件。

3．连续光源

在原子吸收测量中，常常要用到连续光源氘灯，它的作用是用来扣除背景。氘灯扣除背景只适用于 350nm 以下的分析线，实际上真正有意义的是 300nm 以下。

（二）原子化系统

原子化系统的作用是将试样中的待测元素转化成原子蒸气。它可分为火焰原子化和无火焰原子化，前者操作简单、快速，有较高的灵敏度，后者原子化效率高，试样用量少，适于做高灵敏度的分析。

原子化器是直接决定仪器分析灵敏度的关键因素。原子化器的功能是提供能量，使试样干燥、蒸发和原子化。入射光束在这里被基态原子吸收，因此也可把它视为吸收池。对原子化器的基本要求：必须具有足够高的原子化效率；必须具有良好的稳定性和重现形；操作简单及低干扰水平等。

常用的原子化器有火焰原子化器（图 3-23）和非火焰原子化器。下面介绍常用的火焰原子化器。

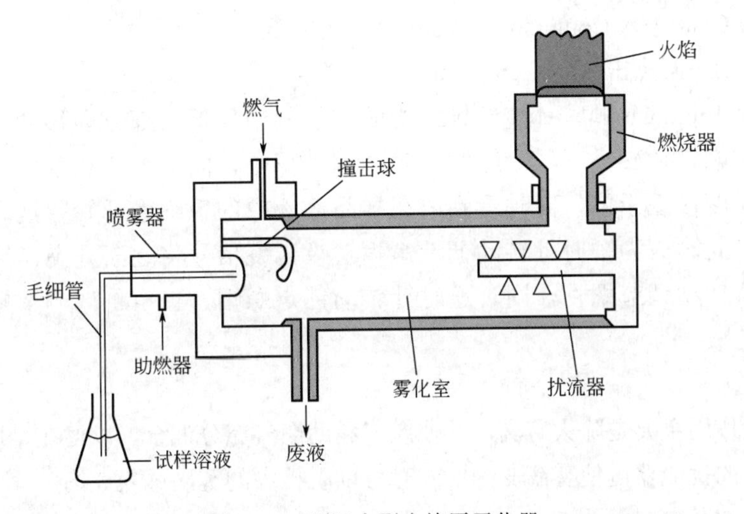

图 3-23　预混合型火焰原子化器

1．原子化过程

火焰原子化法中，常用的是预混合型原子化器，它是由雾化器、雾化室和燃烧器三部分组成。它是将液体试样经喷雾器形成雾粒，这些雾粒在雾化室中与气体（燃气与助燃气）均匀混合，除去大液滴后，再进入燃烧器形成火焰。此时，试液在火焰中产生原子蒸气。原子化过程如图 3-24 所示。

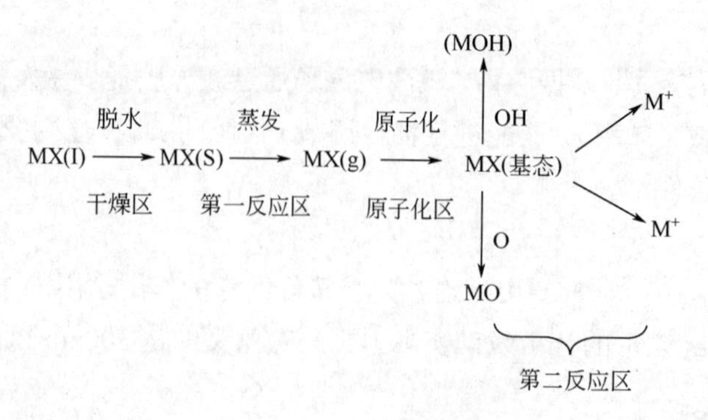

图 3-24 原子化过程

2. 雾化器

雾化器是火焰原子化器中的重要部件。它的作用是将试液变成细雾。雾粒越细、越多，在火焰中生成的基态自由原子就越多。目前，应用最广的是气动同心型喷雾器。雾化器喷出的雾滴碰到玻璃球上，可产生进一步细化作用。生成的雾滴粒度和试液的吸入率，影响测定的精密度和化学干扰的大小。目前，雾化器多采用不锈钢、聚四氟乙烯或玻璃等制成。

雾化器的优化：在 Cu 元素的标准测量条件下，点亮铜灯；点燃空气—乙炔（Air-C_2H_2）火焰进行调节。具体步骤如下：

（1）点击 Cont.进入 Continuous graphic 对话框。

（2）吸入 Blank 点击 Auto Zero Graph 自动调零。

（3）吸入 4ppm Cu 顺时针转动锁定螺帽，使其向仪器后部方向移动一段距离，这样可使调节螺帽自由转动。然后逆时针转动调节螺帽，同时密切观察屏幕上吸光度的变化。当吸光度接近于零，同时看到放在样品溶液中的毛细管开始冒泡时，立即停止逆时针旋转。此时改为顺时针转动调节螺帽，吸光度信号将逐渐升高，待找到最大吸光度时，不再转动调节螺帽，同时逆时针转动锁定螺帽，直至将调节螺帽锁紧。雾化器调节工作完成。

3. 雾化室

雾化室的作用主要是除大雾滴，并使燃气和助燃气充分混合，以便在燃烧时得到稳定的火焰。其中的扰流器可使雾滴变细，同时可以阻挡大的雾滴进入火焰。一般的雾化装置的雾化效率为 5%～15%。

4. 燃烧器

最常用的燃烧器是单缝燃烧器，其作用是产生火焰，使进入火焰的试液细雾滴经过干燥、熔化、蒸发和离解等过程后，产生大量的基态自由原子及少量的激发态原子、离子和分子。通常要求燃烧器的原子化程度高、火焰稳定、吸收光程长、噪声小等。燃烧器有单缝和三缝两种。燃烧器的缝长和缝宽，应根据所用燃料确定。目前，单缝燃烧器应用最广，它是根据混合气体的燃烧速度设计成的，因此不同的混合气体有不同的燃烧头。它应是稳定的、再现性好的火焰，有防止回火的保护装置，抗腐蚀，受热不变形，在水平和垂直方向能准确、重复地调节位置。

5．火焰及其性质

1）火焰的结构

燃烧的火焰可分为以下 6 个区域：

（1）预混合区，试液雾滴与燃气、助燃气混合。

（2）燃烧器缝口。

（3）预燃区，又称干燥区。在灯口狭缝上方不远处，上升的燃气被加热至 350℃着火燃烧。其特点是燃烧不完全，温度不高，试液在此区被干燥，呈固态微粒。

（4）第一反应区，又称蒸发区。在预热区上方，是燃烧的前沿区，燃烧不充分的火焰温度低于 2300℃（$Air-C_2H_2$）。此区域反应复杂，生成多种分子和游离基，如 H_2O、CO、•OH、•CH、•C_2 等，产生连续分子光谱对测定有干扰，不宜做原子吸收测定区域使用。它是一条清晰的蓝色光带，特点是燃烧不充分，半分解产物多，温度未达到最高点。干燥的固态微粒在此区被熔化蒸发或升华。这一区域很少作为吸收区，但对易原子化、干扰少的碱金属可进行测定。

（5）中间薄层区，又称原子化区。在第一反应区和第二反应区之间，位于燃烧器狭缝口上方 2～10mm 附近，火焰温度最高，对 $Air-C_2H_2$ 火焰可达 2300℃，为强还原气氛。待测元素的化合物在此区域还原并热解成基态原子，此区域为锐线光源辐射光通过的主要区域。其特点是燃烧完全，温度高，被蒸发的化合物在此区被原子化，是火焰原子吸收光谱法的主要应用区。

（6）第二反应区。在火焰上半部，覆盖火焰的外表面温度低于 2300℃，由于空气供应充分，燃烧比较完全，温度逐渐下降，被离解的基态原子开始重新形成化合物。因此，这一区域不能用于实际原子吸收光谱分析。

2）常用火焰及其性质

原子吸收光谱分析中，一般用乙炔、氢气、丙烷作燃气，以空气、N_2O、氧气作助燃气。火焰的组成决定了火焰的温度及氧化还原特性，直接影响化合物的离解和原子化的效率。表 3-11 列出常用的各种火焰的燃烧速度和温度。

表 3-11　各种火焰的燃烧速度和温度

气体混合物	$Air-C_3H_8$	$Air-H_2$	$Air-C_2H_2$	O_2-H_2	$O_2-C_2H_2$	$N_2O-C_2H_2$
燃烧速度，cm/s	82	440	160	900	1130	180
温度，℃	1925	2045	2300	2700	3060	2955

$Air-C_2H_2$ 火焰是应用最广泛的一种，最高温度为 2300℃，能测定 35 种以上的元素。当调节燃气和助燃气的体积比例时，可以获得三种不同类型的火焰。$Air-C_2H_2$ 火焰不适用

于测定温度高、难熔元素和波长小于 220nm 锐线光源的元素（如 As、Se、Zn、Pb）。

（1）贫燃性火焰（蓝色）Air∶C_2H_2=(5～6)∶1，由于助燃气多，燃烧完全，火焰呈强氧化性，温度高，发射背景低，适用于不宜氧化的元素的测定，如 Cu、Ag、Pb、Cd 和碱土金属等的测定。

（2）化学计量型火焰（中性）Air∶C_2H_2=4∶1，火焰呈氧化性，发射背景低，噪声低，适用于 30 多种金属元素的测定。

（3）富燃性火焰（黄色）Air∶C_2H_2=(2～3)∶1，火焰呈还原性，发射背景强，噪声高，温度低，适用于难离解且易氧化元素的测定，如 Cr、Mo、Sn 和稀土元素的测定。

（三）分光系统

分光系统（单色器）由入射狭缝、出射狭缝、凹面镜和色散元件组成（图 3-25）。

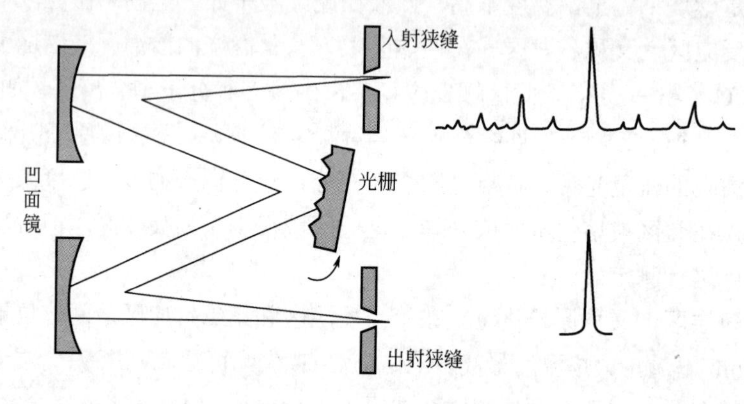

图 3-25　分光系统

单色器的关键部件是色散元件，主要为棱镜或衍射光栅，其作用是将待测元素的共振吸收线与邻近的谱线分开。光栅放置在原子化器之后，以阻止来自原子化器内的所有不需要的辐射进入检测器。

单色器的性能主要是指线色散率、分辨率和通带宽度。

（1）线色散率 D：两条谱线间的距离与波长差的比值 $\Delta l/\Delta\lambda$。实际工作中常用其倒数 $\Delta\lambda/\Delta l$。

（2）分辨率 R：仪器分开相邻两条谱线的能力。用该两条谱线的平均波长与其波长差的比值 $\lambda/\Delta\lambda$ 表示。

原子吸收光谱仪对单色器的分辨率要求不高，曾以能分辨开镍三线 Ni230.003nm、Ni231.603nm、Ni231.096nm 为标准，后采用 Mn279.5nm 和 279.8nm 代替 Ni 三线来检定分辨率。

（3）通带宽度 W：通过单色器出射狭缝的某标称波长处的辐射范围。当倒色散率 D^{-1} 一定时，可通过选择狭缝宽度 S 来确定：$W=D^{-1}S$。

（四）检测系统

检测系统由检测器（光电倍增管）、放大器、对数转换器和显示装置（记录器）组成，它可将单色器出射的光信号转换成电信号后进行测量。

1．检测器

原子吸收光谱仪的检测器为可接收 190～850nm 波长的光电倍增管。它将单色器射出的光信号转换成电信号。

经单色器分光后的出射光照射到光电倍增管的光敏阴极 K 上，使其释放光电子，光电子依次碰撞各个打拿极产生倍增电子，电子数可增加 10^6 倍以上，最后射向阳极 A，形成 10μA 左右的电流，再通过负载电阻转换为电压信号送入放大器。

2．放大器

放大器的作用是将光电倍增管输出的电压信号放大后送入显示器。在原子吸收光谱仪中常使用同步检波放大器以改善信噪比。

3．对数转换器

对数转换器的作用是将检测、放大后的透光度信号，经运算放大器转换成吸光度信号。

4．显示装置

目前原子吸收光谱仪均采用计算机工作站绘制校准工作曲线、处理大量测定数据。

（五）光路系统

原子吸收光谱仪又称原子吸收分光光度计，按照光源波道数目有单道、双道和多道之分；按光路可分为单光束和双光束两类。光路系统如图 3-26 所示。

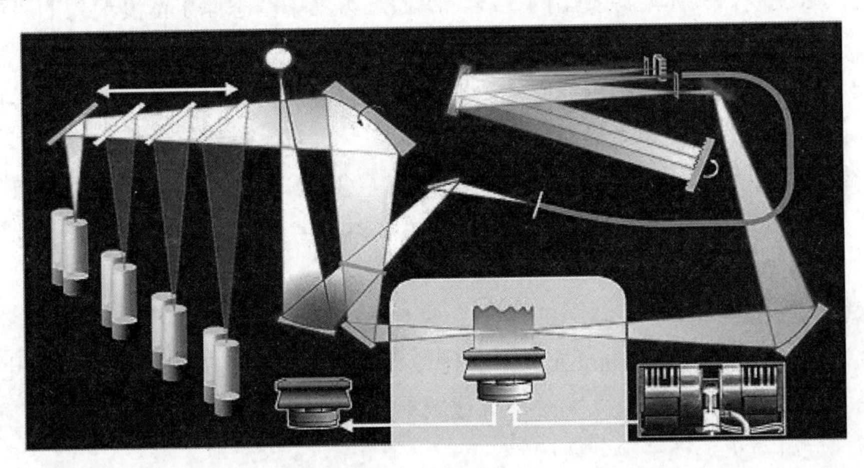

图 3-26 光路系统

三、测定条件的选择

（一）吸收波长（共振线）的选择

通常选用共振吸收线为分析线，测定高含量元素时，可以选用灵敏度较低的非共振吸收线为分析线。As、Se 等共振吸收线位于 200nm 以下的远紫外区，火焰组分对其有明显吸收，故用火焰原子吸收法测定这些元素时，不宜选用共振吸收线为分析线。

（二）空心阴极灯的工作电流选择

空心阴极灯工作时发射的锐线光源应当稳定，并有合适的光强输出，因此工作时应注意灯的预热时间和工作电流两个方面。

通常对于单光束仪器，灯的预热时间应在 15min 以上，才能达到辐射的锐线光源稳定。灯工作电流的大小直接影响灯放电的稳定性和锐线光源的输出强度。灯电流过小，放电不稳定，故光谱输出不稳定，且光谱输出强度小；灯电流过大，发射谱线变宽，导致灵敏度下降，校正曲线弯曲，灯寿命缩短。选用灯电流的一般原则是，在保证有足够强且稳定的光强输出条件下，尽量使用较低的工作电流。通常以空心阴极灯上标明的最大电流的 1/2～2/3 作为工作电流。在具体的分析场合，最适宜的工作电流由实验确定。

（三）原子化条件的选择

1．火焰类型

选择合适的火焰不仅能提高测定的灵敏度和稳定性，还可减少干扰。选择的一般原则是：对易电离、易挥发的元素（如碱金属和部分碱土金属）及易与硫化合的元素（如铜、银、铅、镉、锌等），宜选用低温火焰，如 Air−C_3H_8。对于易生成难离解化合物的元素，宜选用高温火焰。对于分析线在 200nm 以下的元素，不宜选用乙炔火焰。

2．燃烧器的高度及与光轴的角度

锐线光源的光束通过火焰的不同部位时对测定的灵敏度和稳定性有一定的影响，为保证测定的灵敏度高，应使光源发出的锐线光源通过火焰中基态原子密度最大的“中间薄层区”。这个区域火焰比较稳定，干扰也少。

燃烧器的高度选择方法：用一固定浓度的溶液喷雾，再缓缓上下移动燃烧器直到吸光度达最大值，此时的位置即为最佳燃烧器高度。

燃烧器也可以转动，当其缝口与光轴一致时（0℃），可以转动燃烧器至适当角度以减少吸收的长度来降低灵敏度。对于 10cm 长的燃烧器，当其转动 90℃时，原子吸收的灵敏度约为 0℃的 1/20。

3．试液提升量

通常试液提升量选择 3～6mL/min，雾化效率可达 10%。提升量较小时，雾化效率高，但测定灵敏度下降；若提升量太大时，雾化效率降低，大量试液成为废液排除，灵敏度也不会提高，同时对火焰产生冷却效应。

（四）光谱通带的选择

选择光谱通带实际上就是选择单色器的狭缝宽度，狭缝宽度影响光谱通带宽度与检测器接受的能量。原子吸收光谱分析中，对于无干扰、谱线简单的元素，如碱金属、碱土金属，可采用较宽的狭缝以减少灯电流和光电倍增管的高压来提高信噪比，增加稳定性。对存在干扰线、谱线复杂的元素，如铁、钴、镍等，需选用较小的狭缝，防止非吸收线进入检测器来提高灵敏度，改善标准曲线的线性关系。

（五）检测器光电倍增管工作条件的选择

在日常分析工作中，电倍增管工作电压一般选择在最大工作电压（750V）的1/3～2/3范围内。增加负高压能提高灵敏度，噪声增大，稳定性差；降低负高压，会使灵敏度降低，提高信噪比，改善测定的稳定性，并能延长光电倍增管的使用寿命。

四、干扰因素及消除方法

原子吸收光谱分析中，干扰效应按其性质和产生的原因，可以分为物理干扰和化学干扰。

（一）物理干扰及其消除

物理干扰是指试样在转移、蒸发和原子化过程中，由于试样任何物理特性（如黏度、表面张力、密度等）的变化而引起的原子吸收强度下降的效应。物理干扰是非选择性干扰，对试样各元素的影响基本是相似的。

物理干扰包括电离干扰、发射光谱干扰和背景干扰。

1. 电离干扰

电离干扰是指待测元素在火焰中吸收能量后，除进行原子化外，还使部分原子电离，从而降低了火焰中基态原子的浓度，使待测元素的吸光度降低，造成结果偏低。火焰温度越高，电离干扰越显著。

当对电离电位较低的元素（如Be、Sr、Ba、Al）进行分析时，为抑制电离干扰，除可采用降低火焰温度（采用富燃火焰）的方法外，还可向试液中加入消电离剂，如1%CsCl（或KCl、RbCl）溶液，因CsCl在火焰中极易产生高的电子密度，此高电子密度可抑制待测元素的电离而除去干扰。

2. 发射光谱干扰

原子吸收光谱仪使用的锐线光源应只发射波长范围很窄的特征谱线，但由于以下原因也会发射出少量干扰谱线而影响测定：

（1）当空心阴极灯发射的灵敏线和次灵敏线十分接近，且不易分开时就会降低测定的灵敏度。

（2）空心阴极灯内充有Ar、Ne等惰性气体，其发射的灵敏线与待测元素的灵敏线相近时，也产生干扰。

（3）空心阴极灯阴极含有的杂质元素发射出与待测元素相近的谱线。

3. 背景干扰

背景干扰主要是由分子吸收和光散射产生的，表现为增加表观吸光度，使测定结果偏高。分子吸收是指在原子化过程中由于燃气、助燃气、生成的气体分子、试液中的盐类与无机酸（主要为H_2SO_4、H_3PO_4）等分子或游离基对锐线辐射的吸收而产生干扰。光散射是指在原子化过程中夹杂在火焰中的固体颗粒（为难熔氧化物、盐类或碳粒）对锐线光源产生散射，使共振线不能投射在单色器上，从而使被检测的光减弱。通常辐射光波长越短，光散射干扰越强，灵敏度下降越多。

为校正背景干扰，可采用以下几种方法：

（1）用双波长法扣除背景。

（2）用氘灯校正背景。

（3）用自吸收方法校正背景。

（4）利用塞曼效应校正背景。

4. 化学干扰及其消除

化学干扰是原子吸收光谱分析中的主要干扰。它与被测元素本身性质和在火焰中引起的化学反应有关。产生化学干扰的主要原因是由于被测元素不能全部从它的化合物中解离出来，从而使参与锐线吸收的基态原子数目减小，而影响测定结果的准确性。

化学干扰又分为阳离子干扰和阴离子干扰。在阳离子干扰中，有很大一部分是属于被测元素与干扰离子形成的难熔混晶体，如铝、钛、硅对碱土金属的干扰；硼、铍、铬、铁、铝、硅、钛、铀、钒、钨和稀土元素等，易与被测元素形成不易挥发的混合氧化物，使吸收降低；也有增大吸收（增感效应）的，如锰、铁、钴、镍对铝、镍、铬的影响。阴离子的干扰更为复杂，不同的阴离子与被测元素形成不同熔点、沸点的化合物而影响其原子化，如磷酸根和硫酸根会抑制碱土金属的吸收。其影响的次序为：PO_4^{3-} ＞ SO_4^{2-} ＞Cl^-＞ NO_3^- ＞ ClO_3^-。

产生化学干扰的因素有很多，常用消除干扰的方法有以下几种：

（1）改变火焰温度。在 $Air-C_2H_2$ 火焰中测定钙时，PO_4^{3-} 和 SO_4^{2-} 对其有明显的干扰，但在 $N_2O-C_2H_2$ 火焰中可以消除。测定铬时，用富燃的 $Air-C_2H_2$ 火焰可得到较高的灵敏度；在 $N_2O-C_2H_2$ 火焰的红羽毛区，干扰现象就大大地减少。

（2）加入释放剂。释放剂是指能与干扰元素形成更稳定或更难挥发的化合物而释放被测元素的试剂。如加入锶盐或镧盐，可以消除 PO_4^{3-}、铝对钙、镁的干扰。

（3）加入保护络合剂。保护络合剂与被测元素或干扰元素形成稳定的络合物。如加入 EDTA 可以防止 PO_4^{3-} 对钙的干扰。8-羟基喹啉与铝形成络合物，可消除铝对镁的干扰。加入 F^- 可防止铝对铍的干扰。

（4）加入助熔剂。氯化铵对很多元素有提高灵敏度的作用，当有足够的氯化铵存在时，可以大大提高铬的灵敏度。

（5）改变溶液的性质或雾化器的性能。在高氯酸溶液中，铬、铝的灵敏度较高，在氨性溶液中，银、铜、镍等有较高的灵敏度。使用有机溶液喷雾，不仅改变化合物的键型，而且改变火焰的气氛，有利于消除干扰，提高灵敏度。使用性能好的雾化器，雾滴更小，熔融蒸发加快，可降低干扰。

（6）预先分离干扰物。如采用有机溶剂萃取、离子交换、共沉淀等方法预先分离干扰物。

（7）采用标准加入法。此法不但能补偿化学干扰，也能补偿物理干扰。但不能补偿背景吸收和光谱干扰。

五、定量分析

（一）灵敏度、检测限

1．灵敏度

灵敏度是指能产生 1%吸收（或 0.0044 的吸光度）时，被测元素在水溶液中的浓度（μg/mL），又称特征（相对）灵敏度 S 或特征浓度，可用(μg/mL)×10^2 表示。计算公式如下：

$$S=\frac{c\times 0.0044}{A} \tag{3-15}$$

式中 c——被测溶液浓度，μg/mL；

A——溶液的吸光度。

灵敏度并不能指出可测定元素的最低浓度或最小量（未考虑仪器的噪声），它可用检测限表示。

2．检测限

检测限是指仪器所能检出的元素的最低浓度或最小质量，它以被测元素能产生三倍于标准偏差的读数时所对应的浓度或质量来表示。计算公式如下：

$$D_{\mathrm{c}}=\frac{c\times 3\sigma}{A} \tag{3-16}$$

$$D_{\mathrm{m}}=\frac{cV\times 3\sigma}{A} \tag{3-17}$$

式中 c——被测溶液浓度，μg/mL；

V——待测溶液的体积，mL；

A——溶液的吸光度；

σ——标准偏差（是用空白溶液经至少 10 次连续测定，所得吸光度的平均值）。

$$标准偏差\sigma=\sqrt{\frac{\sum(A_i-\overline{A})}{n-1}} \tag{3-18}$$

式中 A_i——空白溶液单次测量的吸光度；

$\overline{A}$——空白溶液多次平行测量吸光度的平均值；

n——测定次数（$n\geqslant 10$）。

灵敏度和检测限是衡量分析方法和仪器性能的重要指标，检测限考虑了噪声的影响，其意义比灵敏度更明确。同一元素在不同仪器上有时灵敏度相同，但由于两台仪器的噪声水平不同，检测限可相差一个数量级以上。因此，降低噪声，如将仪器预热及选择合适的空心阴极灯的工作电流、光电倍增管的工作电压等，有利于改进检测限。

（二）定量分析方法

1．标准工作曲线法

标准工作曲线法是最常用的基本分析方法。配制一组合适的标准样品，在最佳测定条件下，由低浓度到高浓度依次测定它们的吸光度 A，以吸光度 A 对浓度 c 作图（图 3-27）。在相同的测定条件下，测定未知样品的吸光度，从 A-c 标准曲线上用内插法求出未知样品中被测元素的浓度。

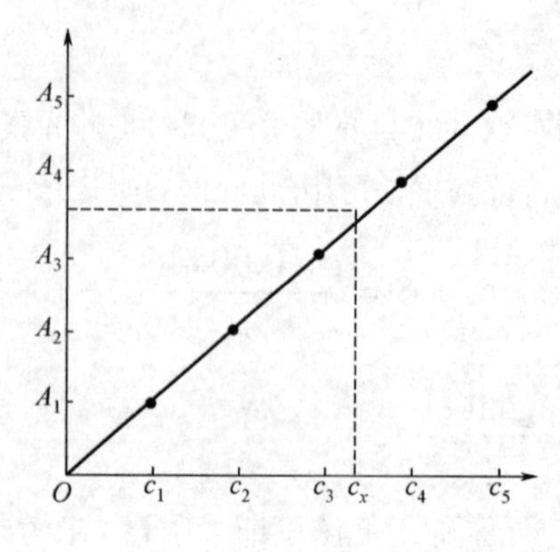

图 3-27　标准工作曲线

1）校正曲线弯曲的原因

光吸收的最简式 $A=Kc$，只适用于均匀稀薄的蒸气原子，随着吸收层中原子浓度的增加，上述简化关系不成立。

在高浓度下，分子不成比例地分解。结果，相对于稳定的原子温度，较高浓度下给出的自由原子比率较低。

（1）由于有不被吸收的辐射、杂散光。因为必须全部光被吸收到同一程度才能保持线性。

（2）由于光源的老化或使用高的灯电流引起的空心灯谱线扩宽。

（3）由于单色器狭缝太宽，则传送到检测器去的谱线会超过一条。校正曲线表现出更大的弯曲。

2）减小校正曲线弯曲的措施

（1）选择性能好的空心阴极灯，减少发射线变宽。

（2）灯电流不要过高，减少自吸变宽。

（3）分析元素的浓度不要过高。

（4）对准发射光，使其从吸收层中央穿过。

（5）工作时间不要太长，避免光电倍增管和灯过热。

（6）助燃气体压力不要过高，可减小压力变宽。

2．标准加入法

使用标准加入法应注意以下几点：当无法配制组成匹配的标准样品时，使用标准加入法是合适的。分取几份等量的被测试样，其中一份不加入被测元素，其余各份试样中分别加入不同已知量 c_1，c_2，c_3，…，c_n 的被测元素，然后，在标准测定条件下分别测定它们的吸光度 A，绘制吸光度 A 对被测元素加入量 c_i 的曲线（图 3-28）。

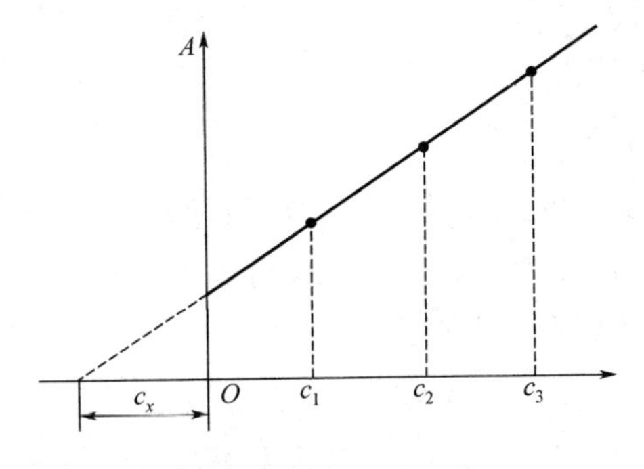

图 3-28 标准加入法

如果被测试样中不含被测元素，在正确校正背景之后，曲线应通过原点；如果曲线不通过原点，说明含有被测元素，截距所对应的吸光度就是被测元素所引起的效应。外延曲线与横坐标轴相交，交点至原点的距离对应的浓度 c_x，即为所求的被测元素的含量。应用标准加入法，彻底校正背景。

（1）待测元素浓度与对应的吸光度呈线性关系。加入标准溶液的浓度应适当，曲线斜率太大或太小都会引起较大误差。

（2）为了得到准确的分析结果，最少应采用 4 个点来作外推曲线。

（3）标准加入法的曲线斜率应适当，添加标准溶液的浓度最好为 c、$2c$、$3c$，尽可能使 A 值与 A_1-A 值接近。A 值在 0.1～0.2 之间。

（4）该法可消除基体效应带来的影响，但不能消除背景吸收。有背景吸收时应运用背景扣除技术加以校正。

（5）标准加入法不能消除光谱干扰和与浓度有关的化学干扰。

六、分析试样的预处理

（一）器皿的选择与洗涤

1．器皿的选择

对于微量元素分析来说，所用器皿的质量以及洁净与否对分析结果至关重要。因此在选择用于保存及消化样品的器皿时，要考虑到其材料表面吸附性和器具表面的杂质等因素可能对样品带来的污染。一般来说，实验室分析测定所用仪器大部分为玻璃制品，但是由于一般软质玻璃有较强的吸附力，会将待测溶液中的某些离子吸附掉而丢失，因此试剂瓶及容器最好避免使用软质玻璃而使用硬质玻璃。目前微量元素分析常用的还有塑料、石英、玛瑙等材料制成的器皿，可根据测定元素的种类以及测定条件来选择适用的器皿。

2．器皿的洗涤

容器的洁净是获得准确测定结果的保证。一般洗涤程序应为：器皿先用洗涤剂刷洗，再用自来水冲洗干净，30%硝酸浸泡 48h，然后用蒸馏水冲洗数次，最后再用超纯水浸泡 24h 烘干备用。有试验证明，经以上程序处理过的器具无锌、铜、铁、镁等元素存在。

（二）水及试剂

1．水的纯度

测定微量元素含量所用水的纯度对分析测定结果有很大影响，不纯净的水会污染待测样品，影响测定结果。一般来说，使用去离子水即可满足要求，使用超纯水（电阻大于 $10^6\Omega$）或亚沸石英蒸馏器蒸馏的新鲜双蒸水则更好。

2．试剂及保存

在原子吸收分析中，酸试剂以硝酸、高氯酸和盐酸最为常用。其中浓硝酸和高氯酸为强氧化剂，常被用于样品的消解；稀盐酸则常被用于无机物样品的溶解。因为无酸中一般都含有少量金属离子存在，因此应选择纯度较高的试剂。一般来说，各种酸试剂应使用优级纯制剂。另外，用以配制标准溶液的标准物质应选用基准试剂。总之，以选用的试剂不污染待测元素为准则。在实践中，如果在仪器灵敏度范围内检测不出待测元素吸收信号就可以使用。储备液应为浓溶液（一般来说浓度为 1000mg/L 的储备液在一年内使用其结果不受影响）。标准曲线工作液因为较稀应当天使用，久放则其曲线斜率会有改变。

（三）样品的预处理

样品的预处理是在进行原子吸收测定之前，将样品处理成溶液状态，也就是对样品进行分解，使微量元素处于溶解状态。样品经过预处理后才能进行原子吸收光谱测定。要使饲料样品中的微量元素处于游离状态，常用的方法有高低温灰化法、湿消化法、酸溶解法以及密封微波溶样法。

1．高低温灰化法

高低温灰化法分为马福炉高温灰化法和等离子体低温灰化法两种。

高温灰化：即将试样在高温下灼烧，使样品中的有机物质分解挥发，仅留下矿物质灰分。高温灰化具体方法为：将样品（一般为 1.0000～3.0000g）放入洁净的瓷坩埚中，先在 300℃的电热板上炭化，待无烟产生后转至马福炉中，450℃高温灼烧 3～5h（至样品白色或灰白色无炭粒为止），在干燥器内冷却后取出，然后缓慢滴加 1∶1 盐酸或 1∶1 硝酸 5mL 溶解后，无损失地转移到 100mL 容量中，用超纯水或新鲜双蒸水定容至刻度待测，同样方法测定空白液。高温灰化的优点是适合于大批样品分析，且酸空白低，缺点是样品消化时间长、难以彻底消化、回收率比较低（如铅、镉、锌等）。高温灰化需要掌握好灰化温度和灰化时间，最佳灰化温度和时间是确保样品灰化完全和防止元素挥发损失的关键条件，时间过短则样品分解不完全，回收率低，时间过长则易带来元素的挥发损失。400～500℃一般元素灼烧 3～5h 均能回收完全，锌必须灼烧 4h 以上才能解离并被盐酸提取。但应注意，易挥发元素的测定如 Hg、As、Se 等不宜用高温灰化法，因此法易导致元素大量丢失。另外，较好的灰助剂，如酸、铵盐等可加速试样的分解和提高元素的回收率，结合使用不但灰渣为白色且疏松易于溶解。

低温灰化：利用高频电场作用产生激发态等离子体来消化样品中的有机体。具体方法是：将干燥后经准确称量的样品放在石英烧杯中，引入氧化室，用氧等离子体低温灰化使呈白色粉末状为灰化终点，灰化后的其他操作步骤同高温灰化。低温灰化与高温灰化相比，其优点在于可抑制无机成分的挥发，成分回收率比高温灰化法高，但由于等离子条件依赖于复杂的参数，因此测定重现率很低，且灰化速度慢，目前在原子吸收光谱分析中应用较少。

2．湿消化法

湿消化法常用的酸是硝酸、高氯酸，两种酸用量比一般为 10∶1。在使用硝酸—高氯酸消化时一定要先将硝酸加入放置几小时或过夜，使之与样品充分混合，在电热板上硝化以后再加入高氯酸，以防止在硝酸分解完全后局部温度升高而导致高氯酸和有机物作用产生爆炸危险。方法如下：准确称取 1.0000g 风干样品于三角瓶或凯氏烧瓶中，用少量超纯水润湿后加 20mL 硝酸，混匀，盖上表面皿放置过夜，置于可调电炉上低温消煮至近干，若样品未溶解完全则继续加硝酸消煮直至溶液近干为止，再加入 2mL 高氯酸，加热，待冒白烟溶液未干前停止加热，将溶液无损失地转移到 100mL 容量瓶中，用超纯水定容至刻度混匀待测，并做空白。与干灰化相比，湿消化不容易损失金属元素，所需时间也较短，缺点是酸的用量大，造成较高的试剂空白。另外，也可用过氧化氢辅助混酸消化。过氧化氢在酸性介质中能在低温下分解，产生高能态的活性氧，硝酸分解产生的二氧化氮有催化氧化的能力，两者配合使用可增强混酸的氧化能力，提高反应速度，从而使样品完全分解。

3．酸溶解法

酸溶解法是用稀盐酸直接溶解样品。其方法为：将 1.0000g 干燥磨碎过 80 目筛的风干样本放在 1mol/L 盐酸冲洗过的 100mL 烧杯中，用自动滴定管加 5mL 1mol/L 盐酸，搅拌 30min 后离心或过滤，上清液或滤液收集于 100mL 容量瓶中，用超纯水定容至刻度混匀待测，同样测空白样。

4．密封微波溶样法

微波消解溶样即通过样品与酸的混合物对微波能的吸收达到快速加热消解样品的目的。方法如下：准确称取 1.0000g 试样于聚四氟乙烯罐中，加入 5.0mL 硝酸和 1.5mL 30% 过氧化氢，拧紧聚四氟乙烯罐盖，室温下浸泡 10min 后放入微波炉中。置微波炉 350W 功率挡加热 10min，450W 功率挡加热 5min，550W 功率挡加热 5min，650W 功率挡加热 3min。冷却后开盖，将罐内溶液无损失转移至烧杯中，在电热板上于 100℃左右赶酸至近干，将样品转移至 100mL 容量瓶中加超纯水定容，摇匀。同时做试剂空白实验。微波加热具有加热速率快、效率高的优点，尤其在密闭容器中，可以在数分钟之内达到很高的温度和压力，使样品快速溶解。此外，密闭容器微波消解能避免样品中存在的或在样品消解形成的挥发性分子组分中痕量元素的损失，还能减少酸的使用量从而显著降低空白值，保证测量结果的准确性。

七、碱土金属元素分析

（一）仪器工作条件

碱土金属元素分析仪器工作条件见表 3-12。

表 3-12　碱土金属元素分析仪器工作条件

分析项目	仪器参数					
	检测波长 nm	光谱通带 nm	燃烧器高度 mm	灯电流 mA	空气流量 L/min	乙炔流量 L/min
Ca	422.7	0.2	10	2.0	4.5	0.8
Mg	285.2	0.2	10	1.0	4.5	0.8
Sr	460.7	0.2	13	2.0	1.5	4.5
Ba	553.6	0.2	13	2.0	1.5	4.5

（二）钙离子含量测定

1．适用范围

可测定 5mg/L 以内的钙离子，钙离子 1%吸收的特征浓度为 0.05mg/L。

2．样品测定

1）标准曲线绘制

吸取钙离子标准储备液分别于 50mL 容量瓶中，再分别加 4mL 氯化镧溶液、4mL 盐酸溶液和 0.1mL 氯化钠溶液，定容、摇匀。此标准系列中镧离子、钠离子含量分别为 3200mg/L 和 20g/L，盐酸溶液质量浓度为 0.2%。钙离子含量：0.0、1.0mg/L、2.0mg/L、3.0mg/L、4.0mg/L、5.0mg/L、10.0mg/L。

2）样品测定

吸取一定体积经过滤后的水样于 50mL 容量瓶中，再加 4mL 氯化盐溶液、4mL 盐酸溶液，定容、摇匀。

（三）镁离子含量测定

1．适用范围

可测定 0.5mg/L 以内的镁离子，镁离子 1%吸收的特征浓度为 0.03mg/L。

2．样品测定

1）标准曲线绘制

吸取镁离子标准储备液分别于 50mL 容量瓶中，再分别加 4mL 氯化镧溶液、4mL 盐酸溶液和 0.1mL 氯化钠溶液，定容、摇匀。此标准系列中镧离子、钠离子含量分别为 3200mg/L 和 20g/L，盐酸溶液质量浓度为 0.2%。镁离子含量：0.0、1.0mg/L、2.0mg/L、3.0mg/L、4.0mg/L、5.0mg/L。

2）样品测定

吸取一定体积经过滤后的水样于 50mL 容量瓶中，再加 4mL 氯化盐溶液、4mL 盐酸溶液，定容、摇匀。

（四）锶离子含量测定

1．适用范围

可测定 8mg/L 以内的锶离子，锶离子 1%吸收的特征浓度为 0.1mg/L。

2. 样品测定

1）标准曲线绘制

吸取锶离子标准储备液分别于50mL容量瓶中，再分别加4mL氯化镧溶液、5mL盐酸溶液和2.0mL氯化钠溶液，定容、摇匀。此标准系列中镧离子、钠离子含量分别为3200mg/L和400g/L，盐酸溶液质量浓度为0.25%。锶离子含量：0.0、1.0mg/L、2.0mg/L、4.0mg/L、6.0mg/L、8.0mg/L。

2）样品测定

吸取一定体积经过滤后的水样于50mL容量瓶中，再加4mL氯化镧溶液、5mL盐酸溶液，定容、摇匀。

（五）钡离子含量测定

1. 适用范围

适用于油气田水中大于10mg/L以内的钡离子，钡离子1%吸收的特征浓度为6mg/L。

2. 样品测定

1）标准曲线绘制

吸取锶离子标准储备液分别于50mL容量瓶中，再分别加1mL硝酸钙溶液、5mL硝酸溶液，定容、摇匀。此标准系列中钙离子含量为700mg/L，硝酸溶液质量浓度为0.5%。钡离子含量：0.0、100mg/L、200mg/L、300mg/L、400mg/L、500mg/L。

2）样品测定

吸取一定体积经过滤后的水样于50mL容量瓶中，再加4mL氯化镧溶液、5mL盐酸溶液，定容、摇匀。

八、碱金属元素分析

原子发射与原子吸收之间存在基本差别。在采用原子发射状态工作时，火焰起两方面作用：将试液雾滴转变成原子蒸气，随后将原子热激发至激发态。当这些受激原子返回到基态时，就发射出可由仪器检测的光。发射光的强度与试液中待测元素的浓度相关。

虽然火焰发射时产生的带状光谱辐射造成在选调火焰条件时比原子吸收困难，但是，在缺少元素灯或试样量很少时，可采用火焰发射技术进行分析。某些元素，如Ba、Li、K、Na、Al等火焰发射的检出限优于原子吸收的检出限。

在火焰发射分析中，由于光的散射、温度的非均一性、谱线变宽及火焰发射中的自吸作用，在很多情况下浓度与光强度之间呈非线性关系。

（一）分析方法

在火焰发射分析中，所用的燃烧器与原子吸收测量时相同。燃烧器的装配和调准应在原子吸收状态时进行。火焰发射的最佳条件与在吸收测量时确定的燃烧器的位置、雾化器提液量及气体流量等最佳值相近。由空气—乙炔火焰进行吸收测定的大多数元素，采用氧化亚氮—乙炔火焰进行发射测定可获得良好结果。但碱金属例外，碱金属的火焰发射测定，采用电离作用较低的空气—乙炔火焰可取的良好的效果。

火焰发射分析中采用的狭缝宽度，取决于选用的分析线附近光谱的复杂程度。增大狭缝宽度可提高光的聚集量；但狭缝又应足够窄，以便排除其他谱线或谱带的干扰。

（二）测定条件选择

（1）选择能产生待测元素光谱的火焰，所选用的火焰能提供最强的激发光，而背景发射和电离作用应尽量小些。

（2）在 5cm 单缝燃烧头上的预混合氧化亚氮—乙炔火焰是优先选用的火焰，但在选择分析波长时应不与由该火焰燃烧产物形成的带状分子光谱相重合。

（3）选择分析波长时应考虑试样中其他元素存在产生的光谱干扰。

（三）干扰

在火焰发射中观测到的许多干扰与原子吸收中的干扰相同，包括基体干扰、电离干扰、化学干扰等。除此外火焰发射中还存在邻近谱线干扰、分子谱带干扰和自吸干扰。

1．邻近谱线干扰

当试样中其他元素的光谱进入单色器的光普带时，就会发生邻近谱线干扰。如果在全部试样、标样及空白中干扰元素量不是恒定的，就会产生待测元素信号的错误变化。然而，在原子吸收分析中这种类型的干扰极少遇见；即使偶尔出现这类干扰，改用次级分析线可很容易地排除掉。

2．分子谱带干扰

分子谱带会遮盖一部分光谱线，给检测待检测元素谱线带来困难。某些分子谱带强度还会因试样不同而发生变化。

3．自吸干扰

自吸是由于光路中火焰所发生的一部分光被另一部分原子吸收，减少了进入单色器的光量而造成的。原子蒸气密度越高，被吸收的光量也越多。自吸现象引起校准曲线在高浓度部分弯曲。

（四）具体元素分析

1．仪器工作条件

碱金属元素分析仪器工作条件见表 3-13。

表 3-13　碱金属元素分析仪器工作条件

分析项目	仪器参数					
	检测波长 nm	光谱通带 nm	燃烧器高度 mm	灯电流 mA	空气流量 L/min	乙炔流量 L/min
Li	670.8	0.1	10	1.0	4.5	1.0
Na	589.0	0.2	13	1.0	4.5	0.6
K	766.5	0.2	10	1.5	4.5	0.8

2．锂离子测定

1）适用范围

可测定2.5mg/L以内的锂离子，锂离子1%吸收的特征浓度为0.021mg/L。

2）样品测定

（1）标准曲线绘制。吸取锂离子标准储备液分别于50mL容量瓶中，再加1mL硝酸铝溶液，定容、摇匀。此标准系列中铝离子含量分别为600mg/L。锂离子含量：0.40mg/L、0.80mg/L、1.2mg/L、1.6mg/L、2.0mg/L。

（2）样品测定。吸取一定体积经过滤后的水样于50mL容量瓶中，再加1mL硝酸铝溶液，定容、摇匀。

3．钠离子测定

1）适用范围

可测定2.0mg/L以内的钠离子，钠离子1%吸收的特征浓度为0.011mg/L。

2）样品测定

（1）标准曲线绘制。吸取钠离子标准储备液分别于50mL容量瓶中，再加1mL氯化钾（铯）、2mL盐酸溶液，定容、摇匀。此标准系列中钾（铯）离子含量为1000mg/L，盐酸溶液质量浓度为0.1%。钠离子含量：0.0、1.0mg/L、2.0mg/L、3.0mg/L、4.0mg/L、5.0mg/L。

（2）样品测定。吸取一定体积经过滤后的水样于50mL容量瓶中，再加1mL氯化钾（铯）、2mL盐酸溶液，定容、摇匀。

4．钾离子测定

1）适用范围

可测定1.0mg/L以内的钾离子，钾离子1%吸收的特征浓度为0.01mg/L。

2）样品测定

（1）标准曲线绘制。吸取钾离子标准储备液分别于50mL容量瓶中，再加1mL氯化钠（铯）、2mL盐酸溶液，定容、摇匀。此标准系列中钠（铯）离子含量为1000mg/L，盐酸溶液质量浓度为0.1%。钠离子含量：0.0、1.0mg/L、2.0mg/L、3.0mg/L、4.0mg/L、5.0mg/L。

（2）样品测定。吸取一定体积经过滤后的水样于50mL容量瓶中，再加1mL氯化钠（铯）、2mL盐酸溶液，定容、摇匀。

九、使用要点、日常维护和故障排除

（一）使用要点

1．空心阴极灯位置的调整

通过调整空心阴极灯的位置，使其发光阴极位于单色器的主光轴上。操作方法是：调节灯座的前后、高低、左右位置，使接收器得到最大光强，即读数最大（透射比挡或能量挡）或数字显示读数最小（吸光度挡），调整时不必点火。如今许多仪器都带有自动微调功能，由计算机自动完成空心阴极灯位置的调节。

2．燃烧器位置的调整

调整燃烧器位置的目的在于使其缝口平行于外光路的光轴并位于正下方，以保证空心阴极灯的光束完全通过火焰并汇聚于火焰中心而获得较高的灵敏度。

燃烧器的调整是在静态下进行的。常以铜灯（324.1nm）作光源，按前述调整好灯的位置，调节负高压，使透射比为1%∶100%，然后用仪器附带的透光检验工具或一根火柴棒插入燃烧器缝口里。当对光棒直立在燃烧器缝口的正中心时，透射比应接近0，否则仍需对燃烧器位置做前后调整，然后拍对光棒垂直置于缝口两端，其透射比应降至30%，否则应改变燃烧器转角直至达到要求为止。

当静态调整完毕之后，若有必要，可在点火的情况下，吸喷铜标准溶液，调整燃烧器的前后转角及其高度，测量不同位置时的吸光度。对应最大吸光度的位置为最佳位置，但燃烧器不应挡光。

由于不同元素的最佳燃烧器高度不同，使用时应根据不同的元素重新调节燃烧器高度。

3．雾化器的调整

雾化器是原子化系统的核心部件，分析的灵敏度和精密度很大程度上取决于雾化器的质量。质量良好的喷雾器，应是雾滴小、雾量大、雾滴匀、喷雾稳，这取决于吸液毛细管喷口和节流嘴端面的相对位置和同心度。毛细管和节流嘴端面相对位置和同心度，应在放大镜下精心调节。每次调整效果可通过观察雾化状况来判断。正常情况下，雾滴离开喷嘴后应沿毛细管线方向，向前成一锥形，上下左右对称地散射开。也可通过吸喷标准溶液测定吸光度来判断，直至出现最大吸光度时，即将位置固定下来。需要指出的是，任何时候绝对禁止在氧化亚氮—乙烘火焰中调节喷雾器，否则会发生回火。

碰撞球的作用是进一步细化雾滴和提高雾化效率。碰撞球与喷嘴的相对位置，直接影响雾滴的细化效果。一般来说，碰撞球靠近喷嘴点细化效果好而噪声大。在实际工作中，应从成细化和稳定两个方面综合考虑，通过吸喷标准溶液，观测吸光度及稳定性来调定碰撞球的最佳位置。

（二）日常维护

1．空心阴极灯的维护

（1）空心阴极灯如长期搁置不用，会因漏气、气体吸附等原因不能正常使用，甚至不能点燃，所以每隔2～3个月应将不常用的灯点燃2～3h，以保持灯的性能。

（2）空心阴极灯使用一段时间后会衰老，致使发光不稳，光强减弱，噪声增大及灵敏度下降，在这种情况下，可用激活器激活，或者把空心阴极灯反接后在规定的最大工作电流下通电半个小时以上。多数元素灯在经过激活处理后其使用性能在一定程度上得到恢复，从而延长灯的使用寿命。

（3）取、装元素灯时应拿灯座，不要拿灯管，以防止灯管破裂或通光窗口被沾污，导致光能量下降。如有污垢，可用脱脂棉蘸上无水乙醇和乙醚混合液轻轻擦拭以予清除。

2．氘灯的维护

不要在氘灯电流调节器处于很大值时开启氘灯，以免因大电流的冲击而影响使用寿命。

使用氘灯切勿频繁启闭，以免影响其使用寿命。

3．透镜的维护

外光路的透镜，不应用手触摸，要保持清洁，透镜表面如落有灰尘，可用洗耳球吹去或用擦镜纸轻轻擦掉，千万不能用嘴去吹，以免留下口水圈。如沾有污垢，可用乙醇—乙醚混合液清洗。光学零件不能用汽油等溶剂和重铬酸钾—硫酸液清洗。石墨炉原子化器，在石墨管两端的透镜易被样液污染，要经常检查清洗。

4．原子化系统的维护

1）全系统的维护

分析任务完成后，应继续点火，喷入去离子水约10min，以清除雾化燃烧系统中的任何微量样品。溢出的溶液，特别是有机溶液滴，应予以清除，废液应及时清倒。每周应对雾化燃烧器系统清洗一次，若分析样品浓度较高，则每天分析完毕都应清洗一次。若使用有机溶液喷雾或在空气—乙炔焰中喷入高浓度的Cu、Ag、Hg盐溶液，则工作后应立即清洗，防止这些盐类生成不稳定的乙炔化合物，引起爆炸。有机溶液的清洗方法是先喷与样品互溶的有机溶液5min，再喷丙酮5min，然后再喷1% HNO_3 5min，最后再喷去离子水5min。

2）雾化器的维护

（1）如发现进样量过小，则可能是毛细管被堵塞。若毛细管被气泡堵塞，可把它从溶液中取出，继续通压缩空气，并用手指轻轻弹动即可；若被溶质或其他物质堵塞，可点火喷纯溶剂，如无改善，可用软细金属丝清除；若仍然不通，则应更换毛细管。

（2）不锈钢雾化器为铂铱合金毛细管，不宜测定高氟浓度样品，使用后立即用水冲洗，防止腐蚀；吸液用聚乙烯管应保持清洁，无油污，防止弯折；发现堵塞，可用软钢丝清除。

3）雾化室的维护

雾化室必须定期清洗，清洗时可先取下燃烧器，可用去离子水从雾化室上口灌入，让水从废液管排走。若喷过浓酸、碱溶液及含有大量有机物的试样后，应马上清洗。注意检查排液管下的水封是否有水，排液管口不要插进废液中，防止二次水封导致排液不畅。日常工作后应用蒸馏水吸喷5～10min进行清洗。

4）燃烧器的维护

燃烧器的长缝点燃后应呈现均匀的火焰，若火焰不均匀，长时间出现明显的不规则变化——缺口或锯齿形，说明缝被碳或无机盐沉积物或溶液滴堵塞，需清除。可把火焰熄灭后，先用滤纸插入揩拭。如不起作用可吹入空气，同时用单面刀片沿缝细心刮除，让压缩空气将刮下的沉积物吹掉，但要注意不要把缝刮伤。必要时应卸下燃烧器，用体积比为1∶1的乙醇—丙酮清洗，严禁用酸浸泡。

5．毛细管进样头的维护

（1）测定溶液应经过过滤或彻底澄清，防止堵塞雾化器。金属雾化器的进样毛细管堵塞时，可用软细金属丝疏通。对玻璃雾化器的进样毛细管堵塞，可用洗耳球从前端吹出堵塞物，也可以用洗耳球从进样端抽气，同时从喷嘴处吹水，洗出堵塞物。

（2）如毛细管进样头变脏，可吸取20%的 HNO_3 清洗；如果严重弯曲或变形，用刀片割去损坏部分。

6．其他

（1）定期检查氩气、乙炔气和压缩空气的各个连接管路是否泄漏。检查时可在可疑处涂一些肥皂水，看是否有气泡产生，千万不能用明火检查漏气。

（2）使用前、后检查乙炔的压力，保证压力大于500kPa（100psi），防止丙酮挥发进入管道而损坏仪器。

（3）在空气压缩机的送气管道上，应安装气水分离器，经常排放气水分离器中集存的冷凝水。冷凝水进入仪器管道会引起喷雾不稳定，进入雾化器会直接影响测定结果。

（三）常见故障及排除

1．空心阴极灯点不亮

可能是灯电源已坏或未接通；灯头接线断路或灯头与灯座接触不良。可分别检查灯电源、连线及相关接插件。

2．空心阴极灯内有跳火放电现象

这是灯阴极表面有氧化物或杂质的原因。可加大灯电流到十几毫安，直到火花放电现象停止。若无效，须换新灯。

3．空心阴极灯辉光颜色不正常

这是灯内惰性气体不纯。可在工作电流下反向通电处理，直到辉光颜色正常为止。

4．输出能量过低

可能是波长超差；阴极灯老化；外光路不正；透镜或单色器被严重污染；放大器系统增益下降等。若是在短波或者部分波长范围内输出能量较低，则应检查灯源及光路系统的故障。若输出能量在全波长范围内降低，应重点检查光电倍增管是否老化，放大电路有无故障。

5．电气回零不好

可能是阴极灯老化，需更换新灯；废液不畅通，雾化室内积水，应及时排除；燃气不稳定，使测定条件改变，可调节燃气，使之符合条件；阴极灯窗口及燃烧器两侧的石英窗或聚光镜表面有污垢，逐一检查清除；毛细管太长，可剪去多余的毛细管。

6．稳定性差

可能是仪器受潮或预热时间不够，可用热风机除潮或按规定时间预热后再操作使用。燃气或助燃气压力不稳定，若不是气源不足或管路泄漏的原因，可在气源管道上加一阀门控制开关，调稳流量；废液流动不畅，应停机检查，疏通或更换废液管；火焰高度选择不当，造成基态原子数变化异常，致使吸收不稳定；光电倍增管负高压过大；虽然增大负高压可以提高灵敏度，但会出现噪声大，测量稳定性差的问题，只有适当降低负高压，才能改善测量的稳定性。

7．灵敏度低

可能是阴极灯工作电流大，造成谱线变宽，产生自吸收。应在光源发射强度满足要求的情况下，尽可能采用低的工作电流；雾化效率低，若是管路堵塞的原因，可将助燃气的流量开大，用手堵住喷嘴，使其畅通后放开；若是撞击球与喷嘴的相对位置没有调整好，则应调整到雾呈烟状液粒很小时为最佳；燃气与助燃气之比选择不当，烧器与外光路不平行，应使光轴通过火焰中心，缝与光轴保持平行；分析谱线没找准，可选择较灵敏的共振线作为分析谱线；样品及标准溶液被污染或存放时间过长变质，立即将容器冲洗干净，重新配制。

8．背景校正噪声大

可能是光路未调到最佳位置，可重新调整氘灯与空心阴极灯的位置，使两者光斑重合；高压调得太大，可适当降低氘灯能量，在分析灵敏度允许的情况下，增加狭缝宽度；原子化温度太高，可选用适宜的原子化条件。

9．校准曲线线性差

可能是光源灯老化或使用高的灯电流，引起分析谱线的衰弱或扩宽，应及时更换光源灯或调低灯电流；狭缝过宽，使通过的分析谱线超过一条，可减小狭缝；测定样品的浓度太大，由于高浓度溶液在原子化器中生成的基态原子不成比例，使校准曲线产生弯曲，因此需缩小测量浓度的范围或用灵敏度较低的分析谱线。

10．检出限偏高

可能是标尺扩展不够，应扩大至合适值；积分时间太短，可加长至适当值；分析灵敏度偏低，按故障现象的处理方法逐一分析解决；毛细管堵塞或老化腐蚀，应清理或更换毛细管；气路不稳定，查看气路系统中有无漏气、积水等问题，检查气源是否稳定。

11．噪声大、读数不稳

发生这种现象是光源系统、原子化系统、分光系统和检测系统发生故障。首先区分故障是来源于原子化系统还是电检测系统。通过点燃火焰吸喷“纯水”和不点火的情况比较（据基线稳定度就可判明）。

如果判断出故障来源于原子化系统，还要进而判断是来自火焰还是喷雾装罩，可通过吸喷“纯水”和调节喷雾器为观察噪声电平是否明显减小或消失，否则，噪声可能主要来自火焰。可调整燃助比、燃烧器高度和稳定气源压力来观察噪声电平的变化情况。喷雾器是火焰原子化系统噪声的主要来源。

如果判断故障主要来源于电检测系统，需先区分出主要来自灯电源还是检测系统。可使用合格的铜灯，让仪器和灯充分预热，切断入射光，考察此时的噪声电平。若正常，则故障来自灯电源或元素灯。再进一步检查灯电源，或换新灯检查。

如果否定出自灯或灯电源，则需进一步检查单色器系统和检测系统。故障现象随波长而变化，则可判断故障主要来自单色器系统。对于双光束仪器，如果增加灯电流，基线漂移增大，说明单色器两束光不匹配。单色器内部的杂散光、光栅及其光学元件表面积聚灰尘、污秽，均能使噪声电平增大。

检测系统是噪声主要来源之一。需使用万用表和示波器，先查清故障是来自电源供应还是光电倍增管或线性电路。

检查噪声故障是件难度较大的工作，故障现象有时是多部分、多因素的叠加综合，但通过耐心细致的分析、比较、检查，也是可以“确症”和排除的。

读数不稳定表示吸收信号上叠加有较大的噪声，这对测定是不利的。导致读数不稳的原因主要来自原子化系统，吸液毛细管堵塞、雾化器雾口腐蚀、雾化室内积废液、空气和乙炔不纯或压力不稳、试液基体浓度过太、有沉淀和夹杂物、燃烧器缝口沉积有炭和无机盐或缝口堵塞而使火焰主锯齿形，所有这些情况均影响读数稳定性。应针对具体问题加以检查排除。

12．产生回火

发生这种现象是因气流速度小于燃烧速度。回火时极易引起火灾和爆炸。因此，在突然停电或助燃气压缩机出现故障，以及发现废液排出管水封不好或雾化室中的安全塞松动漏气时，应立即关闭燃气气路，确保人身和财产的安全。然后将仪器各控制开关恢复到开启前的状态后方可检查产生回火的原因。

第五节　密度测定

目前气田水密度测定有韦氏天平法和密度仪法。韦氏天平法测定气田水的密度操作烦琐、费时而且受诸多因素影响，如外界空气气流、韦氏天平的固定位置、砝码及测锤金属丝的腐蚀程度等都直接影响到测定结果的准确性。

密度仪采用U形玻璃管的电磁感应振动原理测定密度在保证有很高的精确度和准确度的同时，还具有操作简单、样品用量少、自动化程度高以及不受外界条件干扰等优点，非常适用于气田水中密度的测定。

一、基本原理

密度测量基于U形玻璃管的电磁感应振动。将一块磁铁固定到U形管上，由振动器引发振动。振动周期 T 由一个传感器测量。

将振动的一整套前后运动称为周期，其耗时为振动周期 T。垂直方向上的最大位移为振幅 A（图3-29）。

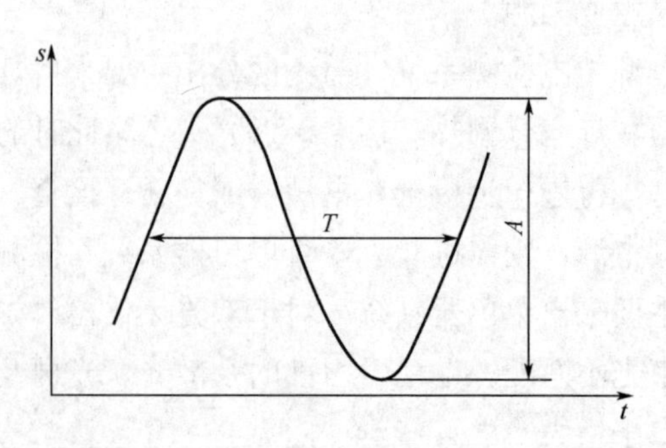

图3-29　振动周期

每秒内的周期数为频率 f。玻璃管均以各自不同的频率振动，频率与同期的关系为：

$$f = \frac{1}{T} \tag{3-19}$$

当玻璃管充满气体或液体时，频率为总质量的函数，会发生变化。如果质量增加，频率降低，即振动周期T变长，相应的公式如下：

$$T = 2\pi\sqrt{\frac{\rho_{V_c} + m_c}{K}}\ \ [S] \tag{3-20}$$

因此密度ρ的计算方式如下：

$$\rho = \frac{K}{4\pi^2}T^2 - \frac{m_c}{V_c} \tag{3-21}$$

式中　ρ——U形管中的样品密度，g/cm^3；

V_c——样品体积（U形管的容积），cm^3；

m_c——检测器的质量，g；

K——检测器常数，g/s^2。

二、校准

（一）进行首次校准

1．清洗测量管

（1）若有一取样泵ASU-DE。

① 将取样管插入含有高度挥发性溶剂（如丙酮或酒精）的烧杯中。

② 开启泵，冲洗测量槽约10s。用仪器取样调节控制器调节取样速度，使其取约5s从启动泵至充满测量槽（溶液在槽上端排放管上出现）。在泵液期间建议将取样从烧杯中移出然后再插，以增加一些气泡，这将使清洗更有效。

③ 从烧杯中移去取样管后停泵。

（2）若无取样泵ASU-DE（只有内置气泵）。

用注射器灌满约10mL高挥发性溶剂（如丙酮或酒精）来清洗测量管。

2．干燥（净化）测量管

（1）将取样管插至干燥空气出口（无黑环的白色接口）。

（2）按住“PUMP”键约2s（直至显示器上出现“purge checking”（净化检查）。当测量槽已干燥后净化检查会自动将泵关闭，即振动值不再变化。

3．进行空气校准

按“CALIB”键，仪器显示“Calibrating”用干燥空气进行校准，仪器显示“Set Water”（设置水）时完成校准。

4．进行水校准

（1）用取样泵ASU-DE吸入或用注射器注入约8mL由仪器厂商或自行购买的标准样品。

（2）在注入时仔细观察不能让气泡进入测量槽。

（3）结束时显示校准结果，可被认作为测量槽常数。

（二）样品测定过程中仪器校正

当测定的样品有疑问时，或者连续检验无法通过，就要重新校正。

（1）仪器会先用空气进行校正，待仪器出现提示加入样品时，注入离子水，从下进样口推入样品至上出样口可以看到样品为止。仪器校正结束显示校正结果 0.9982g/cm^3 为合格。

（2）用乙醇清洗（干燥）U 形管。

三、样品测定

（一）U 形管的检查

每天在样品开始测量前需要进行测量池的检验，注入离子水，显示校正结果为 0.9982g/cm^3 后可以进行样品测定。

（二）样品测定

（1）选择方法。

（2）输入样品信息。

（3）进样。

① 样品必须均质无气泡。悬浮液或乳剂可能会在测量池里分离。

② 注入样品至上出样口可以看到样品为止。

（4）开始测量。

（5）读取结果。

（6）清洗测量池。

如果有必要，测定下一个样品前对 U 形管进行的清洗、干燥。

四、仪器维护保养

（一）使用注意事项

（1）不能用强碱或者含 HF 酸的溶液清洗测量管。

（2）仪器要放在坚硬的台面上，不能有影响到液滴振动的情况发生（液体不能振动）。

（3）打开仪器的电源，预热半小时以上，即可进行测量工作。

（4）U 形管中有待测样品或者水时，注射器需保持插在进样口处。

（二）测量管的清洗

1．清洗和干燥

在将样品或清洗液注入密度计前，需确认符合化学品安全使用和易燃化学品使用规定，确认所有与液体接触部位是否抗腐蚀。不要使用任何机械方法清洗测量池。

2．清洗频率

（1）每批测量工作完成之后至少进行一次测量池的清洗和吹干操作。

（2）以下情况增加清洗频率：

① 完成校正后。

② 测量样品与前次样品不相溶（例如在石化样品后测量水密度）。

③ 样品量很小。

④ 测量样品有可能与前次样品发生化学反应。

3．清洗液和干燥液的选择

（1）第一种清洗液要能溶解并清除测量池中样品残留，它必须对所有样品都易溶。

（2）第二种清洗液能清除第一种清洗液并且在干燥空气流下易蒸发，加速测量池的干燥。所选择的第二种清洗液必须和第一种清洗液有很好的相溶性。

（3）目前常用乙醇作为第一种清洗液，丙酮作为第二种清洗液。

（三）仪器的维护

（1）仪器闲置一天以上，要将测量池清洗吹干。否则玻璃表面可能产生的藻类很难清除。

（2）闲置时间不超过一天，可在测量池内注满去离子水或最后用的清洗液，如果用注射器注入，将注射器留在入口适配器处，以免测量池内液体溢出。

第六节 摩尔法测定氯化物

几乎所有的油田水中都有氯化物，其浓度可从很低到饱和。氯化物浓度可用于估计地层水的电阻率及区别地层。氯化物可用摩尔滴定法（简称摩尔法）、硝酸汞滴定法及离子色谱法测定。

一、适用范围

（1）适用于油气田水中氯离子含量在10mg/L以上，溴、碘离子合计含量为氯离子含量的1%以下时氯离子含量的测定。

（2）适用于现场氯离子测定。

二、原理

摩尔法是基于指示剂铬酸钾与刚过量的标准硝酸银滴定剂反应在终点形成不可溶的红色铬酸银沉淀。因为氯化银的溶解度更低，在铬酸银生成之前，所有的氯化物先与硝酸银反应。这种方法适合于分析pH值为6.0～8.5的溶液。因此可以直接应用于大多数油田水测定而不需调节pH值。反应方程式如下：

$$Ag^+ + Cl^- = AgCl\downarrow（白色）$$

$$2Ag^+ + CrO_4^{2-} = Ag_2CrO_4\downarrow（砖红色）$$

三、测定条件

（一）指示剂的用量

根据溶度积原理，等当点时溶液中 Cl^-和 Ag^+的浓度为：

$$[Ag^+]=[Cl^-]=\sqrt{K_{sp(AgCl)}}=\sqrt{1.8\times10^{-10}}=1.3\times10^{-5}(mol/L)$$

等当点时，要求刚好析出 Ag_2CrO_4 沉淀以指示终点，此时溶液中 CrO_4^{2-} 的浓度应为：

$$[CrO_4^{2-}]=\frac{K_{sp(Ag_2CrO_4)}}{[Ag^+]^2}=\frac{2.0\times10^{-12}}{(1.3\times10^{-5})^2}=1.2\times10^{-2}(mol/L)$$

实际工作中，若 K_2CrO_4 的浓度太高，会妨碍 Ag_2CrO_4 沉淀颜色的观察，影响终点的判断。实际工作中加入量为 5×10^{-3}mol/L。显然 K_2CrO_4 的浓度降低后，要使 Ag_2CrO_4 沉淀析出，必须多加一点 $AgNO_3$，加入过量的 $AgNO_3$ 能否满足准确度要求。K_2CrO_4 的浓度降低后引起的误差通过计算：

0.1000mol/L $AgNO_3$ 滴定 0.1000mol/L NaCl，终点误差为+0.06%；

0.0250mol/L $AgNO_3$ 滴定 0.0250mol/L NaCl，终点误差为+0.25%。

（二）溶液的酸度

H_2CrO_4 的 $Ka_2=3.2\times10^{-7}$，酸性较弱，生成的 Ag_2CrO_4 易溶于酸。$Ag_2CrO_4+H^+ = 2Ag^+ + HCrO_4^-$，因此滴定不能在酸性溶液中进行测定。

如果碱性太强，则有 Ag_2O 析出。反应方程式如下：

$$2Ag^++2OH^- = 2AgOH\downarrow$$

$$2AgOH\downarrow \rightarrow Ag_2O\downarrow+H_2O$$

当样品中有铵盐存在时，要求溶液的 pH 值在 6.5～7.2。当溶液的 pH 值更高时，有相当的 NH_3 释出，形成 $Ag(NH_3)^+$、$Ag(NH_3)^{2+}$，使 AgCl、Ag_2CrO_4 溶解度增大，影响测定结果。

四、干扰离子

摩尔法易受溴化物、碘化物、硫氰酸盐、磷酸盐、碳酸盐和硫酸盐等能使银离子沉淀的化合物干扰。在这些化合物中，溴化物、碘化物、硫酸盐在油田水中很普遍。一般不去中和溴化物与碘化物，因为它们的量很少，不会影响对氯化物的检测结果。

硫化物通过加硝酸酸化并煮沸的方法去除。氰化物与硫代硫酸盐很少出现，但如果有的话它们会通过形成可溶性银络合物干扰检测。铁、钡、铅、铋会与铬酸盐指示剂发生沉淀反应。在这些离子当中，铁离子是最常遇到的。如果需要，可用氢氧化钠或过氧化钠使铁离子沉淀后过滤去除，也可通过阳离子交换树脂除掉。

五、样品预处理

（一）含硫化氢水样的预处理

反应过程中易发生以下反应，干扰滴定终点的颜色观察，甚至无法观察到终点：

预处理方法如下：

$$2Ag^{+}+S^{2-} = Ag_2S\downarrow \text{（黑色）}$$

（1）加酸煮沸。加入硝酸使其呈酸性，将 S^{2-} 转化为 H_2S，同时利用硝酸的氧化性，将 S^{2-} 氧化为 S，煮沸除去。

（2）加过氧化氢煮沸。加过氧化氢将 S^{2-} 氧化为 S，煮沸除去多余的 H_2O_2（做全分析时更实用）。

（二）有色和悬浮物水样的预处理

用电热板将样品蒸至快干时，转移至坩埚中蒸干后，在高温炉中灼烧碳化以除去有机物。需要注意的是，蒸发至快干时要降低温度慢慢蒸干，否则样品容易溅失。

六、计算

$$c_{\mathrm{l(mmol/L)}}^{-} = \frac{c\times(V_1-V_0)}{V}\times 10^3\times f$$

$$c_{\mathrm{l(mg/L)}}^{-} = \frac{c\times(V_1-V_0)}{V}\times 35.45\times 10^3\times f \qquad (3\text{-}22)$$

式中 c——硝酸银标准溶液的浓度，mol/L；

V_1——样品消耗硝酸银标准溶液的体积，mL；

V_0——空白消耗硝酸银标准溶液的体积，mL；

V——样品的取样体积，mL；

35.45——Cl^{-}离子的摩尔质量，g/mol；

f——稀释因子。

七、溶液的配制、标定

（1）K_2CrO_4 溶液：$w_{K_2CrO_4}=5\%$，称取 50g 加水 950mL 混匀。

（2）Na_2CO_3 溶液：$w_{Na_2CO_3}=0.5\%$，称取 0.5g 加水 99.5mL 混匀。

（3）HNO_3 溶液：$w_{HNO_3}=1\%$，量取 10mL 浓硝酸在不断搅拌下慢慢倒入适量水中，冷却，用蒸馏水稀释至 1000mL，混匀。切不可将水往浓硝酸里倒，防止浓硝酸溅出伤人。

（4）酚酞指示剂：$\rho_{\text{酚酞}}=1g/L$，其介质为体积分数是 90%的乙醇溶液。

（5）$AgNO_3$ 标准溶液（0.025mol/L）配制及标定。

① 配制：称取 21.2g $AgNO_3$，溶于 5L 水中，摇匀，保存于棕色磨口瓶中。

② 标定。

a．基准物质配制：NaCl 摩尔粉剂（0.1000mol/L）。

使用方法：先用玻璃棒把安瓿管顶端向内凹进的玻璃泡打破，使其打破端向下立于玻璃漏斗上，漏斗下端插到安瓿标签规定的体积的容量瓶中。再用玻璃棒把安瓿管侧面的玻璃泡打破，通过此破口用水吹洗安瓿管内全部试剂通过漏斗进入容量瓶中。移去安瓿和漏斗，摇动容量瓶使其内试剂全部溶解。于 20℃用水稀释至刻度，摇匀。此溶液即为安瓿标签上规定的浓度。

b．标定步骤：

用大肚移液管取定体积 NaCl 标准溶液于三角瓶中，加水至总体积为 50～60mL，加 1mL 铬酸钾指示剂，用硝酸银溶液滴至生成淡砖红色悬浮物为终点。用同样方法做空白试验。计算式如下：

$$c_{(AgNO_3)} = \frac{c_{(NaCl)} \times V_{(NaCl)}}{(V_1 - V_0)} \tag{3-23}$$

式中 $c_{(NaCl)}$——NaCl 标准溶液浓度，mol/L；

$V_{(NaCl)}$——基准物质（NaCl）体积，mL；

V_1——硝酸银溶液耗量，mL；

V_0——空白试验时硝酸银溶液耗量，mL。

八、操作要点

（1）要求控制水总体积的目的。通过控制溶液的总体积来控制溶液中的浓度，5% K_2CrO_4 约为 0.25mol/L，加 1mL 至 50mL 溶液中，其浓度为 5.0×10^{-3}mol/L。

（2）调节水样的 pH 值至 6.0～8.5 方法。加入 2 滴酚酞指示剂，用碳酸钠溶液（0.5%）调节溶液呈红色，再用硝酸溶液（1%），调节溶液刚好为无色。

（3）滴定终点的判断。样品中氯离子含量低与氯离子含量高，其滴定终点的颜色是有区别的，所以确定终点时建议着重观察颜色突变的瞬间。

（4）移取水样时，移液管必须用水样润洗 2～3 次。

（5）滴定管读数时，视线应与滴定管刻度弯月面下缘实线的最低点在同一水平面。

（6）测定氯离子含量时，搅拌要均匀，避免氯离子被氯化银沉淀吸附。

（7）硝酸银标准溶液应存放在棕色试剂瓶中，它的有效日期为三个月，每隔三个月硝酸银标准溶液应重新进行标定。

（8）配制硝酸溶液时，应将浓硝酸缓慢加入水中。

（9）发现试剂瓶上标签掉落或将要模糊时应立即贴好标签。无标签或标签无法辨认的试剂都要当成危险物品重新鉴别后小心处理，不可随便乱扔。

（10）废液的处置：分析完成后所产生的废液应用聚乙烯容器收集起来集中处理，不得随意倾倒。

习　题

一、填空题

1. 玻璃电极在使用前，需在蒸馏水中浸泡24h以上，目的是________，饱和甘汞电极使用温度不得超______℃，这是因为温度较高时___________。

2. 在电位滴定中，几种确定终点方法之间的关系是：在$E-V$图上的_______就是一次微商曲线上的_______也就是二次微商的_______点。

3. 离子色谱可分为_________、_________ 和_________三种不同分离方式。

4. 离子色谱常用淋洗液，按淋洗强度从小至大次序，分别为_________、_________、和 _________等几种。

5. 在原子吸收分析中，为了消除喷雾系统和火焰系统带来的干扰，宜采用_______法进行定量。若被测元素灵敏度太低，或者共振吸收在真空紫外区，则宜采用_______法进行定量。为了消除基体效应的干扰，宜采用_______法进行定量。

6. 原子吸收法测定钙时，为了抑制 PO_4^{3-} 的干扰，常加入的释放剂为_______；测定镁时，为了抑制 Al^{3+}的干扰，常加入的释放剂为 _______；测定钙和镁时，为了抑制Al^{3+}的干扰，常加入保护剂_______或_______。

二、问答题

1. 直接电位法的主要误差来源有哪些？应如何减免？

2. 为什么一般来说，电位滴定法的误差比电位测定法小？

3. 离子色谱的保留受哪些因素影响？

4. 为什么有时磷酸根在硫酸根之前洗脱，而有时磷酸根在硫酸根之后洗脱？要使磷酸根保留时间增加，用什么办法？

5. 原子吸收分光光度法有哪些干扰？怎样减少或消除？

6. 怎样选择原子吸收光谱分析的最佳条件？

第四章 环境监测

环境监测是指运用物理、化学、生物等现代科学技术方法，间断地或连续地对环境化学污染物及物理和生物污染等因素进行现场监测和测定，以及做出正确的环境质量评价。目前主要有水质监测、空气和废气监测以及物理污染监测（如噪声、振动监测）等。

第一节 水质监测

根据监测对象来分，水质监测可分为环境水体质量监测和水污染源监测。环境水体包括地表水（海洋、江、河、湖、库水）和地下水（浅滩、深至2000m的地下水、沼泽水等）。水污染源主要包括工业废水、生活污水、医院污水等。我们主要针对生产过程、生活设施及其他排放源排放的各类废水或污水进行监视性监测，掌握废水或污水总排放量及污染物浓度，判断并评价是否符合排放标准，为污染源管理提供依据。

一、水质监测项目

环境水体中的水和水污染源排放的各种水中污染物的种类约有数百种，并且污染物的种类和浓度有较大的差别。由于人力、物力、财力和时间等原因，不可能也没有必要对水中各种污染物进行监测。应根据实际情况，选择环境标准中要求控制的危害大、影响范围广、并已建立可靠分析测定方法的项目。

根据HJ/T 91—2002《地表水和污水监测技术规范》中的规定，对监测项目的确定原则主要有以下几点：

（1）选择国家和地方的地表水环境质量标准中要求控制的监测项目；

（2）选择对人和生物危害大、对地表水环境影响范围广的污染物；

（3）选择国家水污染物排放标准中要求控制的监测项目；

（4）所选监测项目有“标准分析方法”“全国统一监测分析方法”；

（5）各地区可根据本地区污染源的特征和水环境保护功能的划分，酌情增加某些选测项目；

（6）根据本地区经济发展、监测条件的改善及技术水平的提高，可酌情增加某些污染源和地表水监测项目。

（一）地表水监测项目

GB 3838—2002《地表水环境质量标准》中，为满足地表水各类使用功能和生态环境质量要求，该标准将监测项目分为基本项目、集中式生活饮用水地表水源地补充项目和集中式生活饮用水地表水源地特定项目三类。该标准项目共计109项，其中地表水环境质量标准基本项目24项，集中式生活饮用水地表水源地补充项目5项，集中式生活饮用水地表水源地特定项目80项。

（二）地下水监测项目

根据HJ/T 164—2004《地下水环境监测技术规范》中的规定，地下水的必测项目和选测项目见表4-1。

表4-1　地下水监测项目

必测项目	选测项目
pH值、总硬度、溶解性总固体、氨氮、硝酸盐氮、亚硝酸盐氮、挥发性酚、总氰化物、高锰酸盐指数、氟化物、砷、汞、镉、六价铬、铁、锰、大肠菌群	色、臭和味、浑浊度、氯化物、硫酸盐、碳酸氢盐、石油类、细菌总数、硒、铍、钡、镍、六六六、滴滴涕、总α放射性、总β放射性、铅、铜、锌、阴离子表面活性剂

（三）工业废水监测项目

工业废水情况比较复杂，不同行业排放的废水监测项目不尽相同，各行业排放废水的监测项目可参见HJ/T 91—2002。

二、水质监测分析方法及分类

针对不同的水样和所需的污染物种类及浓度，并根据自身的条件，选择适宜的分析监测方法是至关重要的。

（一）选择监测分析方法的原则

（1）首先选用国家标准分析方法、统一分析方法或行业标准方法。

（2）当实验室不具备使用标准分析方法时，也可采用原国家环境保护局监督管理司环监〔1994〕017号文和环监〔1995〕号文公布的方法体系。

（3）在某些项目的监测中，尚无“标准”和“统一”分析方法时，可采用ISO、美国EPA和日本工业标准JLS方法体系等其他等效分析方法，但应经过验证合格，其检出限、准确度和精密度应能达到质控要求。

（4）当规定的分析方法应用于污水、底质和污泥样品分析时，必要时要注意增加消除基体干扰的净化步骤，并进行可适用性检验。

（二）选择监测分析方法应考虑的因素

1．灵敏度

灵敏度是指某方法对单位浓度或单位量待测物质变化所产生的响应量的变化程度。一个方法的灵敏度可因试验条件的变化而改变，在一定的试验条件下，灵敏度具有相对的稳定性。

通过校准曲线可以把仪器响应量与待测物质的浓度或量定量地联系起来，用下式表示它的直线部分：

$$A = \kappa C + b \tag{4-1}$$

式中 A——仪器响应值；

κ——方法灵敏度，即校准曲线的斜率；

C——待测物质的浓度；

b——校准曲线的截距。

2．检出限

检出限为某特定分析方法在给定的置信度内可从样品中检出待测物质的最小浓度或最小量（实际上为检出下限，一般称为检出限）。所谓检出是指定性检出，即判定样品中存有浓度高于空白的待测物质。

灵敏度和检出限是两个从不同角度表示检测器对测定物质敏感程度的指标，前者越高、后者越低，说明检测器性能越好。

检出上限是与校准曲线直线部分的最高界限点相应的浓度值或质量。

3．测定限

测定限为定量范围的两端，分别为测定下限与测定上限。

（1）测定下限。在测定误差能满足预定要求的前提下，用特定方法能准确定量地测定待测物质的最小浓度或质量，称为该方法的测定下限。一般简称为测定限。

测定下限反映出分析方法能准确定量地测定低浓度水平待测物质的极限可能性。在没有（或消除了）系统误差的前提下，它受精密度要求的限制（精密度通常以相对标准偏差表示）。分析方法的精密度要求越高，测定下限高于检出限越多。

（2）测定上限。在限定误差能满足预定要求的前提下，用特定方法能够准确定量地测量待测物质的最大浓度或量，称为该方法的测定上限。

对没有（或消除了）系统误差的特定分析方法的精密度要求不同，测定上限也将不同。

4．方法适用范围

方法适用范围是指某一特定方法的检出限至检出上限之间的浓度或质量范围。在此范围内可做定性或定量的测定。

5．最佳测定范围

最佳测定范围也称有效测定范围，是指在限定误差能满足预定要求的前提下，特定方法的测定下限至测定上限之间的浓度或质量范围。在此范围内能够准确定量地测定待测物质的浓度或质量。

最佳测定范围应小于方法的适用范围，对测量结果的精密度（通常以相对标准偏差表示）要求越高，相应的最佳测定范围越小。

6. 校准曲线

校准曲线包括标准曲线和工作曲线，前者用标准溶液系列直接测量，没有经过样品的预处理过程，这对于工业废物样品或基体复杂的样品往往造成较大误差；而后者所使用的标准溶液经过了与样品相同的消解、净化、测量等全过程。

凡应用校准曲线的分析方法，都是在样品测得信号值后，从校准曲线上查得其含量（或浓度）。因此，绘制准确的校准曲线，直接影响到样品分析结果的准确与否。此外，校准曲线也确定了方法的测定范围。

7. 加标回收率

加标回收率的测定可以反映测试结果的准确度。当按照平行加标进行回收率测定时，所得结果既可以反映测试结果的准确度，也可以判断其精密度。

（三）监测分析方法的分类

监测分析方法按分析方法分类可分为化学分析法和仪器分析法两大类，这里主要以监测分析对象来分类。

1. 监测分析无机污染物的技术

（1）原子吸收光谱法。原子吸收光谱法（AAS）主要用于多种金属元素的测定，它可分为火焰原子吸收、无火焰（石墨炉或电热）原子吸收、氢化物原子吸收和冷原子吸收等方法，可测定水中多数痕量、超痕量金属元素。

（2）原子荧光光谱法（AFS）。我国开发的原子荧光仪器可同时测定水中含As、Sb、Ge、Sn、Se、Te、Pb等八种元素的化合物。用于这些易生成氢化物元素的分析，具有较高的灵敏度和准确度，且基体干扰少。

（3）等离子发射光谱法（ICP-AES）。近年来该方法发展很快，已用于清洁水基体成分，废水中金属及底质、生物样品中多元素的同时测定。其灵敏度、准确度与火焰原子吸收法大体相当，而且效率高，一次进样，可同时测定10～30个元素。

（4）等离子质谱法（ICP-MS）。该法是以ICP为离子化源的质谱分析方法，其灵敏度比ICP-AES法高2～3个数量级，特别是当测定质量数在100以上的元素时，其灵敏度更高，检出限更低。

（5）离子色谱法。离子色谱法是分离和测定水中常见阴、阳离子的新技术，该方法的选择性和灵敏度均较好，一次进样可同时测定多种成分。用电导检测器和阴离子分离柱可测定F^-、Cl^-、Br^-、NO_2^-、SO_2^{3-}、SO_4^{2-}、$H_2PO_4^-$、NO_3^-；用阳离子分离柱可测定NH_4^+、K^+、Na^+、Ca^{2+}、Mg^{2+}等；用电化学检测器可测定I^-、S^{2-}、CN^-及有机化合物。

（6）分光光度和流动注射分析技术。该技术主要研究一些高灵敏度、高选择性的显色反应，用于金属离子和非金属离子的分光光度法测定仍然受到重视。在常规监测中分光光度法占有较大的比重。值得注意的是，将这些方法与流动注射技术相结合，可将许多化学操作，如蒸馏、萃取、加各种试剂、定容显色和测定融为一体，是一种实验室自动分析技术，且在水质在线自动监测系统中被广泛应用。具有取样少、精度高、分析速度快和节省试剂等优点，可使操作人员从烦琐的体力劳动中解放出来。例如，测水质中NO_3^-、NO_2^-、

NH_4^+、F^-、CN^-、CrO_4^{2-}、Ca^{2+}、Mg^{2+}、Pb^{2+}、Zn^{2+}、Cu^{2+}、Cd^{2+}等均可用流动注射技术。检测器不仅可用分光光度法，也可用原子吸收、离子选择性电极等。

（7）电化学法。电化学法的种类很多，如离子选择电极法、电位分析法、库仑分析法、现代极谱法等以及各种电化学滴定法。

（8）其他方法。除了上述方法，还有化学法、气相分子吸收光谱法、化学发光法、分子荧光法、中子活化法、X射线荧光光谱法等，它们在元素和无机物的监测分析中也有某些应用。

2．监测分析有机污染物的技术

（1）耗氧有机物的监测。反映水体受到耗氧有机物污染的综合指标很多，如高锰酸盐指数、CODcr、BOD_5（也包括硫化物、NH_4^+—N、NO_2^-—N等无机还原性物质）、总有机碳（TOC）、总耗氧量（TOD）。对于废水处理效果的控制及对地表水水质的评价多用这些指标。

（2）有机污染物的分析。有机污染物分析可分为挥发性有机物（VOCs）、半挥发性有机物（S-VOCs）分析和特定化合物的分析。采用吹脱捕焦GC-MS法测VOCs，用液-液萃取或微固相萃取GC-MS测定S-VOCs属广谱分析。用气相色谱分离，用火焰离子化检测器（FID）、电子捕获检测器（ECD）、氮磷检测器（NPD）、光离子化检测器（PID）等测定各类有机污染物；用带有紫外检测器（UV）或荧光检测器（RF）的高效液相色谱（HPLC）测定多环芳烃、醛酮类、酞酸酯类、苯酚类等。

3．水污染突发事故快速监测

我国每年发生大小污染事故数千起，不仅损害环境生态系统，而且直接威胁着人们的生命财产安全和社会稳定，污染事故监测方法有：

（1）便携式快速仪器法，如溶解氧、pH计、便携式气相色谱仪、便携式FTIR仪等；

（2）快速检测管和检测试纸法，如H_2S检测管（试纸）、CODcr快速检测管、重金属检测管等；

（3）现场采样、实验室分析等。

三、水样的采集、管理、运输、保存及注意事项

（一）水样采集点的布设

1．地表水

1）地表水采样断面和采样点的设置原则

监测断面在总体和宏观上需能反映水系或所在区域的水环境质量状况。各断面的具体位置需能反映所在区域环境的污染特征，尽可能以最少的断面获取足够的有代表性的环境信息，同时还需考虑实际采样时的可行性和方便性。具体有如下原则：

（1）对流域或水系要设立背景断面、控制断面（若干）和入海口断面。对行政区域可设背景断面（对水系源头）[或入境断面（对过境河流）、对照断面]、控制断面（若干）和入海河口断面或出境断面。在各控制断面下游，如果河段有足够长度（至少10km），还应设消减断面。

（2）根据水体功能区设置控制监测断面，同一水体功能区至少要设置 1 个监测断面。

（3）断面位置应避开死水区、回水区、排污口处，尽量选择顺直河段、河床稳定、水流平稳、水面宽阔、无急流、无浅滩处。

（4）监测断面力求与水文测流断面一致，以便利用其水文参数，实现水质监测与水量监测的结合。

（5）监测断面的布设应考虑社会经济发展、监测工作的实际状况和需要，要具有相对的长远性。

（6）流域同步监测中，根据流域规划和污染源限期达标目标确定监测断面。

（7）河道局部整治中，由所在地区环境保护行政主管部门监视整治效果的监测断面。

（8）应急监测断面布设应遵循《地表水和污水监测技术规范》。

（9）入海河口断面要设置在能反映入海河水水质并临近入海的位置。

2）湖泊、水库监测垂线（或断面）的布设

（1）湖泊、水库通常只设监测垂线，如有特殊情况可参照河流的有关规定设置监测断面。

（2）湖（库）区的不同水域，如进水区、出水区、深水区、浅水区、湖心区、岸边区，按水体类别设置监测垂线。

（3）湖（库）区若无明显功能区别，可用网格法均匀设置监测垂线。

（4）监测垂线上采样点的布设一般与河流的规定相同，但有可能出现温度分层现象时，应做水温、溶解氧的探索性试验后再定。

（5）受污染物影响较大的重要湖泊、水库，应在污染物主要输送路线上设置控制断面。

3）地表水采样点位的确定

在一个监测断面上设置的采样垂线数与各垂线上的采样点数应符合表 4-2 和表 4-3 要求，湖（库）监测垂线上的采样点的布设应符合表 4-4 要求。

表 4-2　采样垂线数的设置

水面宽，m	垂线数	说　明
≤50	一条（中泓）	垂线布设应避开污染带，如要测污染带应另加垂线；确定能证明该断面水质均匀时，可仅设中泓垂线；凡在该断面要计算污染物通量时，必须按本表设置垂线
50～100	两条（近左、右岸有明显水流处）	
＞100	三条（左、中、右）	

表 4-3　采样垂线上的采样点数的设置

水深，m	采样点数	说　明
≤5	上层一点	上层指水面下 0.5m 处，水深不到 0.5m 时，在水深 1/2 处；下层指河底以上 0.5m 处；中层指 1/2 水深处；封冻时在冰下 0.5m 处采样，水深不到 0.5m 时，在水深 1/2 处采样；凡在该断面要计算污染物通量时，必须按本表设置采样点
5～10	上、下层两点	
＞10	上、中、下三层三点	

表 4-4　湖（库）监测垂线采样点的设置

水深，m	分层情况	采样点数	说 明
≤5		一点（水面下 0.5m 处）	分层是指湖水温度分层状况；水深不足 1m，在 1/2 水深处设置测点；有充分数据证实垂线水质均匀时可酌情减少测点
5～10	不分层	两点（水面下 0.5m，水底上 0.5m 处）	
5～10	分层	三点（水面下 0.5m，1/2 斜温层，水底上 0.5m 处）	
>10		除水面下 0.5m、水底上 0.5m 处外，按每一斜温分层 1/2 处设置	

2．地下水

地下水监测点（监测井）设置方法如下：

（1）背景值监测井的布设。为了解地下水体未受人为影响条件下的水质状况，需在研究区域的非污染地段设置地下水背景值监测井（对照井）。

根据区域水文地质单元状况和地下水主要补给来源，在污染区外围地下水水流上方垂直水流方向，设置一个或数个背景值监测井。背景值监测井应尽量远离城市居民区、工业区、农药化肥施放区、农灌区及交通要道。

（2）污染控制监测井的布设。污染源的分布和污染物在地下水中的扩散形式是布设污染控制监测井的首要考虑因素。各地可根据当地地下水流向、污染源分布状况和污染物在地下水中扩散形式，采取点面结合的方法布设污染控制监测井，监测重点是供水水源地保护区。

① 渗坑、渗井和固体废物堆放区的污染物在含水层渗透性较大的地区以条带状污染扩散，监位复原时间超过 15min 时，应进行洗井。

② 井口固定点标志和孔口保护帽等发生移位或损坏时，必须及时修复。

③ 对每个监测井建立基本情况表，监测井的撤销、变更情况应记入原监测井的基本情况表内，新换监测井应重新建立基本情况表。

3．污水

1）污染源污水监测点位的布设原则

（1）第一类污染物采样点位一律设在车间或车间处理设施的排放口或专门处理此类污染物设施的排放口。第一类污染物主要有汞、镉、砷、铅的无机化合物，六价铬的无机化合物及有机氯化合物和强致癌物质等。

（2）第二类污染物采样点位一律设在排污单位的外排口。第二类污染物主要有悬浮物、硫化物、挥发酚、氰化物、有机磷化合物、石油类、铜（锌、氟）的无机化合物、硝基苯类、苯胺类等。

（3）进入集中式污水处理厂和进入城市污水管网的污水采样点位应根据地方环境保护行政主管部门的要求确定。

（4）对整体污水处理设施效率监测时，在各种进入污水处理设施污水的入口和污水设施的总放排口设置采样点；对各污水处理单元效率监测时，在各种进入处理设施单元污水的入口和设施单元的排放口设置采样点。

2）污染源污水监测的采样频率

（1）如有污水处理设施并能正常运转使污水能稳定排放，则污染物排放曲线比较平稳，监督监测可以采瞬时样；对于排放曲线有明显变化的不稳定排放污水，要根据曲线情况分时间单元采样，再组成混合样品。正常情况下，混合样品的单元采样不得少于两次。如排放污水的流量、浓度甚至组分都有明显变化，则在各单元采样时采样量应与当时污水流量成比例，以使混合样品更有代表性。

（2）实际的采样位置应在采样断面的中心。当水深大于 1m 时，应在表层下 1/4 深度处采样；水深不大于 1m 时，在水深的 1/2 处采样。

（二）污水（钻井废水、气田水、生活污水）采样

1. 污水采样方法

污水的监测项目按照行业类型有不同要求，在分时间单元采集样品时，与测定 pH 值、COD、BOD_5、DO、硫化物、油类、有机物、余氯、粪大肠菌群、悬浮物、放射性等项目的样品，不能混合，只能单独采样。

自动采样用自动采样器进行，有时间等比例采样和流量等比例采样两种方式。当污水排放量较稳定时可采用时间等比例采样，否则必须采用流量等比例采样。所用的自动采样器必须符合国家环保总局颁布的污水采样器技术要求。

2. 注意事项

（1）用样品容器直接采样时，必须用水样冲洗三次后再进行采样。但当水面有浮油时，采油的容器不能冲洗。

（2）采样时应注意除去水面的杂物、垃圾等漂浮物。

（3）用于测定悬浮物、BOD_5、硫化物、油类、余氯的水样，必须单独定容采样，全部用于测定。

（4）在选用特殊的专用采样器（如油类采样器）时，应按照该采样器的使用方法采样。

（5）采样时应认真填写“污水采样记录表”，表中应有以下内容：污染源名称、监测目的、监测项目、采样点位、采样时间、样品编号、污水性质、污水流量、采样人姓名及其他有关事项等。

（6）凡需现场监测的项目，应进行现场监测。其他注意事项可参见地表水质监测的采样部分。

3. 污水样品的采集

（1）确定采样负责人。采样负责人主要负责制定采样计划并组织实施。

（2）制定采样计划。采样负责人在制定计划前要充分了解该项监测任务的目的和要求，应对要采样的监测段项目和任务时，还应了解有关现场测定技术。

采样计划应包括：确定的采样点位、测定项目和数量、采样质量保证措施，采样时间和路线、采样人员和分工、采样器材以及需要进行的现场测定项目和安全保证等。

（3）采样器材与现场测定仪器的准备。采样器材主要是采样器和水样容器。关于水样

保存及容器洗涤方法见表 4-5。表中所列洗涤方法，是指对已用容器的一般洗涤方法。如新启用容器，则应事先做更充分的清洗，容器应做到定点、定项。采样器的材质和结构应符合《水质采样器技术要求》中的规定。

表 4-5 水样的保存、采样体积及容器洗涤方法

项目	采样容器	保存剂用量	保存期	采样量[①] /mL	容器洗涤
浊度*	G,P		12h	250	I
色度*	G,P		12h	250	I
pH*	G,P		12h	250	I
电导*	G,P		12h	250	I
悬浮物**	G,P		14d	500	I
碱度**	G,P		12h	500	I
酸度**	G,P		30d	500	I
COD	G	加 H_2SO_4，pH≤2	2d	500	I
高锰酸盐指数**	G		2d	500	I
DO*	溶解氧瓶	加入硫酸锰、碱性 KI、叠氮化钠溶液、现场固定	24h	250	I
BOD_5**	溶解氧瓶		12h	250	I
TOC	G	加 H_2SO_4，pH≤2	7d	250	I
F^-**	P		14d	250	I
Cl^-**	G,P		30d	250	I
Br^-**	G,P		14d	250	I
I^-**	G,P	NaOH，pH=12	14d	250	I
$SO4^{2-}$**	G,P		30d	250	I
$PO4^{3-}$	G,P	NaOH，H_2SO_4，调 pH=7，$CHCl_3$0.5%	7d	250	IV
总磷	G,P	HCl，H_2SO_4，pH≤2	24h	250	IV
氨氮	G,P	HCl，H_2SO_4，pH≤2	24h	250	I
NO_2^--N**	G,P		24h	250	I
NO_3^--N**	G,P		24h	250	I
凯氏氮**					
总氮	G,P	HCl，H_2SO_4，pH≤2	7d	250	I
硫化物	G,P	1L 水样加 NaOH 至 pH=9，加入 5%抗坏血酸 5mL，饱和 EDTA3mL,滴加饱和 Zn（Ac）至沉淀完全，满瓶，常温避光	24h	250	I
总氰	G,P	NaOH，Ph≥9	12h	250	I
Be	G,P	HNO_3，1L 水样中加浓 HNO_3 10Ml	14d	250	III
B	P	HNO_3，1L 水样中加浓 HNO_3 10Ml	14d	250	I

续表

项目	采样容器	保存剂用量	保存期	采样量[①]/mL	容器洗涤
Na	P	HNO_3，1L 水样中加浓 HNO_3 10mL	14d	250	II
Mg	G,P	HNO_3，1L 水样中加浓 HNO_3 10mL	14d	250	II
K	P	HNO_3，1L 水样中加浓 HNO_3 10mL	14d	250	II
Ca	G,P	HNO_3，1L 水样中加浓 HNO_3 10mL	14d	250	II
Cr^{6+}	G,P	NaOH,pH 值 8～9	14d	250	III
Mn	G,P	HNO_3，1L 水样中加浓 HNO_3 10mL	14d	250	III
Fe	G,P	HNO_3，1L 水样中加浓 HNO_3 10mL	14d	250	III
Ni	G,P	HNO_3，1L 水样中加浓 HNO_3 10mL	14d	250	III
Cu	P	HNO_3，1L 水样中加浓 HNO_3 10mL	14d	250	III
Zu	P	HNO_3，1L 水样中加浓 HNO_3 10mL	14d	250	III
As	G,P	HNO_3，1L 水样中加浓 HNO_3 10mL，DDTC 法，HCl 2mL	14d	250	I
Se	G,P	HCl，1L 水样中加浓 HCl 2mL	14d	250	III
Ag	G,P	HNO_3，1L 水样中加浓 HNO_3 2mL	14d	250	III
Cd	G,P	HNO_3，1L 水样中加浓 HNO_3 2mL	14d	250	III
Sb	G,P	HCl，0.2%(氢化物法)	14d	250	III
Hg	G,P	HCl，1%，如水样为中性，1L 水样中加浓 HCl 10mL	14d	250	III
Pb	G,P	HNO_3，1%，如水样为中性，1L 水样中加浓 HNO_3 10mL[②]	14d	250	III
油类	G	加入 HCl 至 pH≤2	7d	250	II
浓药类**	G	加入抗坏血酸 0.01～0.02g 除去残余氯	24h	1000	I
除草剂类**	G	加入抗坏血酸 0.01～0.02g 除去残余氯	24h	1000	I
邻苯二甲酸酯类**	G	加入抗坏血酸 0.01～0.02g 除去残余氯	24h	1000	I
挥发性有机物**	G	用（1+10）HCl 调至 pH≤2，加入 0.01～0.02g 抗坏血酸除去残余氯	12h	1000	I
甲醛**	G	加入 0.2～0.5g/L 硫代硫酸钠除去残余氯	24h	250	I
酚类**	G	用 H_3PO_4 调至 pH≤2，用 0.1-0.2g 抗坏血酸除去残余氯	24h	1000	I
阴离子表面活性剂	G,P		24h	250	IV

续表

项目	采样容器	保存剂用量	保存期	采样量①/mL	容器洗涤
微生物**	G	加入硫代硫酸钠至0.2～0.5g/L除去残余氯，4℃保存	12h	250	Ⅰ
生物**	G,P	当不能现场测定时用甲醛固定	12h	250	Ⅰ

注：（1）“*”表示应尽量做现场测定；“**”表示低温（0～4℃）避光保存。

（2）G为硬质玻璃瓶；P为聚乙烯瓶(桶）。

（3）Ⅰ、Ⅱ、Ⅲ、Ⅳ表示四种洗涤方法。

Ⅰ：洗涤剂洗一次，自来水洗三次，蒸馏水洗一次。对于采集微生物和生物的采样容器，需经160℃干热灭菌2h。经灭菌的微生物和生物采样容器必须在两周内使用，否则应重新灭菌；经121℃高压蒸汽灭菌15min的采样容器，如不立即使用，应于60℃将瓶内冷凝水烘干，两周内使用。细菌监测项目采样时不能用水样冲洗采样容器，不能采混合水样，应单独采样后2h内送实验室分析。

Ⅱ：洗涤剂洗一次，自来水洗两次，(1+3)HNO_3荡洗一次，自来水洗三次，蒸馏水洗一次。

Ⅲ：洗涤剂洗一次，自来水洗两次，(1+3)HNO_3荡洗一次，自来水洗三次，去离子水洗一次。

Ⅳ：铬酸洗液洗一次，自来水洗三次，蒸馏水洗一次。如果采集污水样品可省去用蒸馏水、去离子水清洗的步骤。

① 单项的最少采样量。

② 如用溶出伏安法测定，可改用1L水样加19L浓$HClO_4$。

（三）水样的管理与运输

1．水样的管理

水样是从各种水体及各类型水中取得的实物证据和资料，妥善、严格的管理是获得可靠监测数据的必要手段。

对需要现场测试的项目，如pH值、电导、温度、溶解氧、流量等应进行记录，并妥善保管现场记录。

水样采集后，往往根据不同的分析要求，分装成数份，并分别加入保存剂。对每一份样品都应附一张完整的水样标签。水样标签的设计可以根据实际情况，一般包括采样目的、监测点数目、位置、监测日期、时间、采样人员等。标签使用不褪色的墨水填写，并牢固地贴于盛装水样的容器外壁上。

2．水样的运输

水样采集后必须立即送回实验室，根据采样点的地理位置和每个项目分析前最长可保存的时间，选用适当的运输方式。

同一采样点的样品应装在同一包装箱内，如需分装在两个或几个箱子中时，则需在每个箱内放入相同的现场采样记录。运输前应检查现场采样记录上的所有水样是否全部装箱。要用红色在包装箱顶部和侧面标上“切勿倒置”的标记。

每个水样瓶均需贴上标签，内容有采样点位编号、采样日期和时间、测定项目、保存方法，并写明用何种保存剂。

在样品运输过程中应有押运人员，防止样品损坏或受沾污。移交实验室时，交接双方应一一核对样品，办妥交接手续，并在管理程序记录卡上签字。

污水样品的组成往往相当复杂，其稳定性通常比地表水样更差，应设法尽快测定。保存和运输方面的具体要求参照地表水样的有关规定执行。

（四）水样的保存

1．导致水质变化的因素

水样采集后，应尽快送到实验室分析。样品久放，受下列因素影响，某些组分的浓度可能会发生变化。

（1）生物作用。微生物的代谢活动，如细菌、藻类和其他生物的作用可改变许多被测物的化学形态，它们可影响许多测定指标的浓度，主要反映在pH值、DO、BOD_5、CO_2、碱度、硬度以及磷酸盐、硫酸盐、硝酸盐和某些有机化合物的浓度变化上。

（2）化学作用。测定组分可能被氧化或还原，如六价铬在酸性条件下易被还原为三价铬，低价铁可氧化成高价铁。由于铁、锰等价态的改变，可导致某些沉淀与溶解、聚合物产生或解聚作用的发生，如多聚无机磷酸盐、聚硅酸等，所有这些均能导致测定结果与水样实际情况不符。

（3）物理作用。如测定组分被吸附在容器壁上或悬浮颗粒物的表面上（如溶解的金属或胶状的金属），某些有机化合物以及某些易挥发组分的挥发损失。

水样在储存期内发生变化的程度主要取决于水样的类型及水样的化学性质和生物学性质，也取决于保存条件、容器材质、运输及气候变化等因素。必须强调的是，这些变化往往非常快，常在很短的时间里样品就发生了明显地变化，因此必须在一切情况下采取必要的保护措施，并尽快进行分析。

由于样品中成分性质不同，有的分析项目要求单独取样，有的分析项目要求在现场分析，有些项目的样品能保存较长时间。由于采样地点和样品成分的不同，迄今为止，还没有找到适用于一切场合和情况的绝对准则。

2．盛装水样容器材质的选择

盛装水样容器材质的选择是样品保存的首要问题。选择容器的材质必须注意以下几点：

（1）容器不能引起新的沾污。一般的玻璃容器在储存水样时，可溶出钠、钙、镁、硅、硼等元素，在测定这些项目时应避免使用玻璃容器，以防止新的污染。

（2）容器器壁不应吸收或吸附某些待测组分。一般的玻璃容器吸附金属，聚乙烯等塑料容器吸附有机物质、磷酸盐和油类，在选择容器材质时应予以考虑。

（3）容器不应与某些待测组分发生反应。如测氟时，水样不能储于玻璃瓶中，因为玻璃会与氟化物发生反应。

（4）深色玻璃能降低光敏作用。

3．水样保存方法

（1）冷藏是短期内保存样品的一种较好的方法，对测定基本无影响。冷藏或冷冻样品在4℃冷藏或将水样迅速冷冻，储存于暗处，可以抑制生物活动，减缓物理挥发作用和化学反应速度。但需要注意冷藏保存也不能超过规定的保存期限，冷藏温度必须控制在4℃左右。温度太低（≤0℃），因水样结冰体积膨胀，使玻璃容器破裂，或样品瓶盖被顶开失去密封，样品受沾污；温度太高则达不到冷藏目的。

（2）加入化学保存剂。

① 控制溶液pH值。测定金属离子的水样常用硝酸酸化至pH值为1～2，既可以防止重金属的水解沉淀，又可以防止金属在器壁表面上的吸附，同时在pH值为1～2的酸性介质中还能抑制生物的活动。用此法保存，大多数金属可稳定数周或数月。测定氰化物的水样需加氢氧化钠调至pH值为12。测定六价铬的水样应加氢氧化钠调至pH值为8，因在酸性介质中，六价铬的氧化电位高，易被还原。保存总铬的水样，则应加硝酸或硫酸至pH值为1～2。

② 加入抑制剂。为了抑制生物作用，可在样品中加入抑制剂。如在测氨氮、硝酸盐氮和COD的水样时，加氯化汞或加入三氯甲烷、甲苯作防护剂以抑制生物对亚硝酸盐、硝酸盐、铵盐的氧化还原作用。在测酚水样时用磷酸调溶液的pH值，加入硫酸铜以控制苯酚分解菌的活动。

③ 加入氧化剂。水样中痕量汞易被还原，引起汞的挥发性损失，加入硝酸—重铬酸钾溶液可使汞维持在高氧化态，汞的稳定性大为改善。

④ 加入还原剂。测定硫化物的水样，加入抗坏血酸对保存有利。含余氯的水样，能氧化氰离子，可使酚类、烃类、苯系物氯化生成相应的衍生物，为此在采样时加入适量的$Na_2S_2O_3$予以还原，除去余氯干扰。

样品保存剂如酸、碱或其他试剂在采样前应进行空白试验，其纯度和等级必须达到分析的要求。

4．水样的保存条件

由于地表水、废水（或污水）样品的成分不同，同样保存条件很难保证对不同类型样品中待测物都是可行的。因此，在采样前应根据样品的性质、组成和环境条件，检验保存方法或选用保存剂的可靠性。经研究表明，污水或受纳污水的地表水在测定重金属Pb、Cd、Cu、Zn等时，往往需加入酸，才能保证重金属不沉淀或不被容器壁吸附。

四、水样的测定

水样的理化检验指标包括水温、色度、浊度、透明度、pH值、残渣、矿化度、电导率、硬度、氧化还原电位、酸度、碱度和二氧化碳等。

（一）水温

水的物理化学性质与水温有着密切关系。水中溶解性气体（如氧、二氧化碳等）的溶解度、水中生物和微生物的活动、盐度、pH值以及碳酸钙饱和度等都受水温变化的影响。水温常使用在计算各种形式碱度、与碳酸钙饱和稳定性有关的研究、盐度的计算和通常的实验室操作中。

温度为现场观测项目之一，常用的测量仪器有水温计、深水温度计和颠倒温度计，水温计用于浅层水温的测量，深水温度计用于40m以内的测量，颠倒温度计用于深层水温的测量。此外，还有热敏电阻温度计等。

1．水温计法

（1）仪器。水温计为安装于金属半圆槽壳内的水银温度表，下端连接一金属储水杯，使温度表球部悬于杯中，温度表顶端的槽壳带一圆环，拴以一定长度的绳子。通常测量范围为-6～40℃，分度为0.2℃。

（2）测量步骤。将水温计插入一定深度的水中，放置5min后，迅速提出水面并读取温度值。从水温计离开水面至读数完毕应不超过20s。

2．深水温度计法

（1）仪器。深水温度计安装在特制金属套管内，套管上有一孔供温度计读数，套管下端有一只有孔的盛水圆筒，水温计的球位于金属圆筒的中央。

（2）测量步骤。将深水温度计投入水中，与水温计测量步骤基本相同。

3．颠倒温度计法

颠倒温度计有闭端（防压）和开端（受压）两种，均需装在采水器上使用。前者用于测量水温，后者与前者配合使用，确定采水器的沉放深度。

在深度小于200m的水中，可根据放出的绳长来确定采水器的沉放深度，而不必用闭端与开端颠倒温度计的温差进行计算。

颠倒温度计由主温表和辅温表组装在厚壁玻璃套管内构成，闭端颠倒温度计的厚壁玻璃套管两端完全封闭。

主温表是双端式的水银温度表，其测量范围通常为-2～31℃，分度为0.1℃。

辅温表是普通的水银温度表，用于校正因环境温度改变而引起的主温表读数变化。辅温表的测量范围一般为-20～50℃，分度为0.5℃。

（二）色度

纯水为无色透明。清洁水在水层浅时应为无色，深层为浅蓝绿色。天然水中存在的腐殖质、泥土、浮游生物、铁和锰等金属离子，均可使水体着色。

水的颜色可区分为真色和表色两种。真色是指去除浊度后水的颜色。表色是指没有去除悬浮物的水所具有的颜色，包括了溶解性物质及不溶解悬浮物所产生的颜色。

如水样浑浊，应放置澄清后，取上清液或用孔径为0.45μm滤膜过滤，也可经离心后再测定。因有吸附作用，不可用滤纸过滤。

对于清洁的或浊度很低的水，水的真色和表色相近。对着色很深的工业废水，其颜色主要由于胶体和悬浮物所造成，故可根据需要测定真色或表色。

根据GB 11903—1989《水质 色度的测定》，测定较清洁的、带有黄色色调的天然水和饮用水的色度时，用铂钴标准比色法，以度数表示结果。对受工业废水污染的地表水和工业废水，可用文字描述颜色的种类和深浅程度，并以稀释倍数法测定色的强度。

要注意水样的代表性。所取水样应无树叶、枯枝等杂物。将水样盛于清洁、无色的玻璃瓶内，尽快测定。否则应保存于 4℃，在 48h 内测定。

1．铂钴标准比色法

用氯铂酸钾与氯化钴配成标准色列，与水样进行目视比色。每 1L 水中含有 1mg 铂和 0.5mg 钴时所具有的颜色，称为 1 度，作为标准色度单位。50mL 具塞比色管，其刻线高度应一致。

2．稀释倍数法

为说明工业废水的颜色种类，如深蓝色、棕黄色、暗黑色等，可用文字描述。为定量说明工业废水色度的大小，采用稀释倍数法表示色度，即将工业废水按一定的稀释倍数，用水稀释到接近无色时，记录稀释倍数，以此表示该水样的色度，单位为倍。

如测定水样的真色，应放置澄清后取上清液，或用离心法去除悬浮物后测定，如测定水样的表色，待水样中的大颗粒悬浮物沉降后，取上清液测定。

3．分光光度法——单波长

用铂—钴标准溶液单波长分光光度法测定样品真色（建议在 450～465mm 范围内）。

（三）浊度

浊度是由于水中含有泥沙、黏土、有机物、无机物、浮游生物和微生物等悬浮物质所造成的，可使光散射或吸收。天然水经过混凝、沉淀和过滤等处理，使水变得清澈。

测定水样浊度可用分光光度法、目视比浊法或浊度计法。样品收集于具塞玻璃瓶内，应在取样后尽快测定。如需保存，可在 4℃冷藏、暗处保存 24h，测试前要激烈振摇水样并恢复到室温。

1．分光光度法

（1）原理。在适当温度下，硫酸肼与六次甲基四胺聚合，形成白色高分子聚合物，以此作为浊度标准液，在一定条件下与水样浊度相比较。

水样应为无碎屑及易沉降的颗粒。器皿不清洁及水中溶解的空气泡会影响测定结果。如在 680nm 波长下测定，天然水中存在的淡黄色、淡绿色无干扰浊度的计算式为：

$$浊度=\frac{A(B+C)}{C} \tag{4-2}$$

式中 A——稀释后水样的浊度，度；

B——稀释水体积，mL；

C——原水样体积，mL。

（2）适用范围。此法适用于测定天然水、饮用水的浊度，最低检测浊度为 3 度。硫酸肼毒性较强，属致癌物质，取用时需注意。

2．目视比浊法

将水样与由硅藻土（白陶土）配制的浊度标准液进行比较。相当于 1mg 一定粒度的硅藻土（白陶土）在 100mL 水中所产生的浊度，称为 1 度。

3．便携式浊度计法

便携式浊度计法根据ISO 7027国际标准设计进行测量，利用一束红外线穿过含有待测样品的样品池，光源为具有890nm波长的高发射强度的红外发光二极管，以确保使样品颜色引起的干扰达到最小。传感器处在与发射光线垂直的位置上，它测量由样品中悬浮颗粒散射的光量，微电脑处理器再将该数值转化为浊度值（透射浊度值和散射浊度值在数值上是一致的）。

当出现漂浮物和沉淀物时，读数将不准确。气泡和振动将会破坏样品的表面，得出错误的结论。有划痕或沾污的比色皿都会影响测定结果。

（四）pH值

pH值是水中H^+活度的负对数，即$pH=-\lg a_{H^+}$。pH值是环境监测中常用和重要的检验项目之一，可间接表示水的酸碱程度。天然水的pH值多在6～9范围内，这也是我国污水排放标准中的pH值控制范围。pH值是水化学中常用的和最重要的检验项目之一，由于pH值受水温影响而变化，测定时应在规定的温度下进行。通常采用玻璃电极法、便携式pH计法和比色法测定pH值。比色法简便，但受色度、浊度、胶体物质、氧化剂、还原剂及盐度的干扰。玻璃电极法基本上不受以上因素的干扰，然而pH值在10以上时产生钠差，读数偏低，需选用特制的低钠差玻璃电极，或使用与水样的pH值相近的标准缓冲溶液对仪器进行校正。下面介绍玻璃电极法和便携式pH计法。

1．玻璃电极法

以玻璃电极为指示电极，饱和甘汞电极为参比电极组成电池。在25℃理想条件下，H^+活度变化10倍，使电动势偏移59.16mV，根据电动势的变化测量出pH值。许多pH计上有温度补偿装置，用以校正温度对电极的影响，用于常规水样监测，可准确和再现至0.1个pH值单位，较精密的仪器可准确到0.01个pH值单位。为了提高测定的准确度，校准仪器时选用的标准缓冲溶液的pH值应与水样的pH值接近。

2．便携式pH计法

pH值测量常用复合电极法。方法原理如下：以玻璃电极为指示电极，以Ag/AgCl等为参比电极合在一起组成pH复合电极。利用pH复合电极电动势随H^+活度变化而发生偏移来测定水样的pH值。复合电极pH计均有温度补偿装置，用以校正温度对电极的影响，用于常规水样监测可准确至0.1个pH值单位，较精密仪器可准确到0.01个pH值单位。为了提高测定的准确度，校准仪器时选用的标准缓冲溶液的pH值应与水样的pH值接近。

（五）残渣

残渣分为总残渣、可滤残渣和不可滤残渣三种。总残渣是水或污水在一定温度下蒸发，烘干后剩留在器皿中的物质，包括不可滤残渣（即截留在滤器上的全部残渣，也称为悬浮物）和可滤残渣（即通过滤器的全部残渣，也称为溶解性固体）。

水中悬浮物的理化特性、所用的滤器与孔径大小、滤片面积和厚度以及截留在滤器上物质的数量等均能影响不可滤残渣与可滤残渣的测定结果。鉴于这些因素复杂且难以控制，因而上述两种残渣的测定方法只是为了实用而规定的近似方法，只具有相对评价意义。烘干温度和时间对结果有重要影响，由于有机物挥发，吸着水、结晶水的变化和气体逸失等造成减重，也由于氧化而增重。通常有两种烘干温度供选择。103～105℃烘干的残渣，保留结晶水和部分吸着水，重碳酸盐将转为碳酸盐，而有机物挥发逸失甚少，由于在105℃不易赶尽吸着水，故达到恒重较慢。而在(180±2)℃烘干时，残渣的吸着水都除去，可能存留某些结晶水，有机物挥发逸失，但不能完全分解。重碳酸盐均转为碳酸盐，部分碳酸盐可能分解为氧化物及碱式盐，某些氯化物和硝酸盐可能损失。

下述方法适用于天然水、饮用水、生活污水和工业废水中20000mg/L以下残渣的测定。

1．103～105℃烘干的总残渣

将混合均匀的水样，在称至恒重的蒸发皿中于蒸汽浴或水浴上蒸干，放在103～105℃烘箱内烘至恒重，增加的质量为总残渣。

2．103～105℃烘干的可滤残渣

将过滤后水样放在称至恒重的蒸发皿内蒸干，然后在103～105℃烘至恒重，增加的质量为可滤残渣。

3．180℃烘干的可滤残渣

本法以(180±2)℃代替103～105℃烘干可滤残渣，二者原理相同。水样在此温度下烘干，可使吸着水全部赶尽，所得结果与化学分析结果所计算的总矿物质含量较接近。但对含钙、镁、氯化物或硫酸盐高的苦咸水，需在此温度下小心烘干，并适当延长时间，还应在称重时迅速操作。如果水样含腐蚀性物质时，宜改用孔径0.45μm滤膜过滤，蒸发皿内残渣量不可超出200mg，以免吸着水不易赶除。

4．103～105℃烘干的不可滤残渣（悬浮物）

由于水土流失，使水中悬浮物大量增加。地表水中存在悬浮物使水体浑浊，透明度降低，影响水生生物的呼吸和代谢，甚至造成鱼类窒息死亡。悬浮物多时，还可能造成河道阻塞。造纸、皮革、冲渣、选矿、湿法粉碎和喷淋除尘等工业操作中产生大量含无机、有机的悬浮物废水。因此，在水和废水处理中，测定悬浮物具有特定意义。

不可滤残渣（悬浮物）是指不能通过孔径为0.45μm滤膜的固体物。用0.45μm滤膜过滤水样，经103～105℃烘干后得到不可滤残渣（悬浮物）含量。

$$总残渣=总可滤残渣+总不可滤残渣 \tag{4-3}$$

5．550℃灼烧的固定和挥发性残渣

（1）固定残渣：在550℃灼烧总残渣一定时间（一般为15～20min）的残渣为固定残渣。

（2）挥发性残渣：在550℃灼烧总残渣一定时间（一般为15～20min）后减少的残渣为挥发性残渣。

6．可沉降残渣

测定可沉降残渣的方法有容量法和重量法。

1）容量法

（1）方法原理。将混合好的水样装满 1L Inhoff 锥瓶，放置一段时间后（45min），用一根棒或用旋转的方式温和地搅拌瓶壁附近的水样，再放置 15min 并记录下在锥瓶中沉降残渣的体积，以 mL/L 计。

（2）方法适用范围。实际的检测限取决于样品的组成，一般为 0.1～1.0mL/L。如存在生物或化学絮凝物，建议采用重量法。

2）重量法

将混合好的样品移入到一个体积不小于 1L 的玻璃容器中，样品应足够达到 20cm 的深度。让样品静置 1h，不能扰动沉降物或漂浮物。从容器中心的可沉降物表面和水样液面之间的一半处吸取 250mL 样品，测定此上层液体的总悬浮物。这些就是不可沉降残渣。

$$\text{可沉降残渣}=\text{总不可滤残渣}-\text{不可沉降残渣} \tag{4-4}$$

（六）电导率

电导率是以数字表示溶液传导电流的能力。纯水的电导率很小，当水中含无机酸、盐时，电导率增加。电导率常用于间接推测水中离子成分的总浓度。水溶液的电导率取决于离子的性质和浓度、溶液的温度和黏度等。

电导率的标准单位是 S/m（西门子/米），一般实际使用单位为 μS/cm。新蒸馏水电导率为 0.5～2μS/cm，存放一段时间后，由于空气中的二氧化碳或氨的溶入，电导率可上升至 2～4μS/cm；饮用水电导率在 5～1500μS/cm 之间；海水电导率大约为 30000μS/cm；清洁河水电导率约为 100μS/cm。电导率随温度变化而变化，温度每升高 1℃，电导率增加约 2%，通常规定 25℃为测定电导率的标准温度。

电导率的测定方法是电导率仪法，电导率仪有实验室内使用的仪器和现场测试仪器两种。而现场测试仪器通常可同时测量 pH 值、溶解氧、浊度、总盐度和电导率五个参数。

1. 便携式电导率仪法

由于电导是电阻的倒数，因此，当两个电极插入溶液中，可以测出两电极间的电阻 R，根据欧姆定律，温度一定时，这个电阻值与电极的间距 L（cm）成正比，与电极的截面积 A（cm^2）成反比，即：

$$R = rL / A \tag{4-5}$$

由于电极面积 A 和间距 L 都是固定不变的，故 L/A 是一常数，称为电导池常数（以 Q 表示）。比例常数 r 称作电阻率，其倒数 $1/r$ 称为电导率，以 K 表示，则有：

$$S = \frac{1}{R} = \frac{1}{rQ} \tag{4-6}$$

S 表示电导度，反映导电能力的强弱，所以有：

$$K = QS \tag{4-7}$$

当已知电导池常数，并测出电阻后，即可求出电导率。

水样中含有的粗大悬浮物质、油和脂等干扰测定，可先测水样，再测校准溶液，以了解干扰情况。若有干扰，应经过滤或萃取除去。

2．实验室电导率仪法

实验室电导率仪法的原理与便携式电导率仪法相同。水样采集后应尽快分析，如果不能在采样后及时进行分析，样品应储存于聚乙烯瓶中，并满瓶封存，于4℃冷暗处保存，在2h之内完成测定，测定前应加温至25℃，不得加保存剂。

（七）外观

水样的外观可以根据肉眼见到的情况来描述。例如，呈现某种颜色，存在水草或藻类等植物、甲壳虫、幼虫、蠕虫或微粒悬浮物、沉淀物等。

地表水被排放的废水污染后，水中可能存在漂浮物。通常有两种：一种是微粒漂浮物，包括油脂小球；另一种是肉眼可见的液态薄膜，可能分散在大片水面上。漂浮物聚集在水面，易于察觉，可被风力转移到别处。另外，有些微粒中可能含致病的微生物。

采集含漂浮物的水样时，可将采样瓶浸没在水面以下，待水样进入瓶内，至瓶内液面距离瓶口40～60mm处即可，不能满瓶。否则，加盖瓶塞时会使油膜等挤出，或附着在瓶塞上。

测定天然水样的外观和受污染水样的漂浮物，最好在现场进行。将200mL振荡均匀的水样倒入50mL烧杯内，放在光线明亮的地方，从侧面观察水中可见物，用适当文字描述。然后仔细察看液面是否存在漂浮物，并用适当文字叙述。如果有条件，可用测定的数值来表示，如颜色、浊度和悬浮物。

（八）硬度

水的硬度原是指沉淀肥皂的程度。使肥皂沉淀的原因主要是由于水中的钙、镁离子，此外，铁、铝、锰、锶及锌等金属离子也有同样的作用。

总硬度可将上述离子的浓度相加进行计算。此法准确，但比较烦琐，而且在一般情况下，钙、镁离子以外的其他金属离子浓度都很低，所以多采用乙二胺四乙酸二钠容量法测定钙、镁离子的总量，并经过换算，以每升水中碳酸钙的毫克数表示。

EDTA滴定法：当EDTA酸或EDTA钠盐被加入到含有金属离子溶液中时就形成了络合物。在pH值为10.0±0.1含有钙和镁离子溶液中加入少量的铬黑T染料，溶液变成红色。如果加入EDTA滴定剂，钙和镁离子被络合，溶液从酒红转变成蓝色，指示了终点。

$$\text{硬度}(\text{EDTA}, \text{mgCaCO}_3/\text{L}) = \frac{AB \times 1000}{\text{样品体积}} \tag{4-8}$$

式中 A——滴定毫升数；

B——相当于1.00mL EDTA滴定剂的$CaCO_3$的质量，mg。

（九）颗粒计数和大小分布

在天然水、水及废水处理流中颗粒是普遍存在的。颗粒计数和大小分布分析能帮助测定天然水、处理车间的渗漏、处理前和处理后的水的组成。同样，它能有助于设计处理过程、对运行中的变化做出决定或测定过程的效率。测定仪器有三种，分别是电敏感区仪、光—遮挡仪和光—扫描仪。

1．电敏感区仪法

在使用电敏感区仪时，颗粒悬浮在电解质溶液中，并通过一个小孔。在小孔两边的电极之间加上一个恒定的电流或电压。由于颗粒占据了小孔的体积，导致了电阻的变化，从而使电压或电流发生了变化（无论哪个都不存在电恒定）。

电压或电流脉冲被放大并根据最大高度被分级成尺寸等级或通道。有些仪器有固定的通道，另外一些允许选择尺寸等级的数目、每个通道的尺寸宽度和/或测量最小的尺寸。

2．光—遮挡仪法

在光—遮挡仪中，一束光从测量区一侧发光至另一侧的光电池，被照耀的液体部分组成了敏感区。颗粒以已知速度通过敏感区，被颗粒遮挡的光产生了光电池的一个电压差。在不同的仪器中，应用产生信号的不同特征来测定尺寸：光—遮挡仪使用脉冲高度（与颗粒横截面相关），而迁移—时间仪使用脉冲宽度（与颗粒特征长度成正比）。

3．光—扫描仪法

光—扫描仪可以是动态或静态的设备。在动态仪中，通过流动池的光束直路被随着流体流过测量区的颗粒遮挡，在一个固定角度范围内散射的光被收集和测量。颗粒的尺寸是从此角和基于 Fronhofer 散射或 Mie 散射定理测定的。在静态仪中，颗粒是保持静止的，由一束激光扫描悬浮部分。扫描的光被光电池收集，从所有被扫描颗粒产生的响应被数学转换而得到尺寸分布。

（十）砷

地表水中含砷量因水源和地理条件不同而有很大差异。在大多数煤中掺杂着砷，在矿泉水、污泥及沉降物中也有砷的存在。砷的污染主要来源于采矿、冶金、化工、化学制药、农药生产、纺织、玻璃、制革等行业的工业废水。

砷的检测方法有多种，使用最多的还是传统的银盐法，此外，还有早期的容量法、电化学法，随着现代分析测试技术的发展，新方法新技术不断涌现，原子吸收光谱法、原子荧光法、中子活化法、微波发射光谱法、离子色谱法、气相色谱法、化学发光法、X-射线荧光法、等离子发射光谱法等在砷的检测上得到广泛应用。不同方法各有所长，结合不同种类的样品和实验条件采用合适的方法。

1．新银盐分光光度法

（1）原理：硼氢化钾（或硼氢化钠）在酸性溶液中，产生新生态的氢，将水中无机砷还原成砷化氢气体，以硝酸—硝酸银—聚乙烯醇—乙醇溶液为吸收液。砷化氢将吸收液中的银离子还原成单质胶态银，使溶液呈黄色，颜色强度与生成氢化物的量成正比。黄色溶液在 400nm 处有最大吸收。颜色在 2h 内无明显变化（20℃以下）。

本法对砷的测定具有较好的选择性。但在反应中能生成与砷化氢类似氢化物的其他离子有正干扰，如锑、铋、锡、锗等；能被氢还原的金属离子有负干扰，如镍、钴、铁、锰、镉等；常见阴阳离子没有干扰。

（2）适用范围：取最大水样体积250mL，方法的检出限和测定上限分别为0.0004mg/L和0.0120mg/L。该法适用于地表水和地下水痕量砷的测定。

2．二乙氨基二硫代甲酸银光度法

（1）原理：锌与酸作用，产生新生态氢。在碘化钾和氯化亚锡存在下，使五价砷还原为三价砷，三价砷被新生态氢还原成气态砷化氢（胂）。用二乙氨基二硫代甲酸银（AgDDC）—三乙醇胺的三氯甲烷溶液吸收胂，生成红色胶体银，在波长510nm处，测吸收液的吸光度。

清洁水样可直接取样加硫酸后测定，含有机物的水样应用硝酸—硫酸消解。铬、钴、铜、镍、汞、银或铂的浓度高达5mg/L时也不干扰测定，只有锑和铋能生成氢化物，与吸收液作用生成红色胶体银干扰测定。加入氯化亚锡和碘化钾，可抑制300μm锑盐的干扰。硫化物对测定有干扰，可通过乙酸铅棉去除。砷化氢为剧毒物质，整个反应应在通风橱内进行。

（2）适用范围：取试样量为50mL，砷最低检出浓度为0.007mg/L，测定上限浓度为0.50mg/L。本法可测定水和废水中的砷。

3．氢化物原子吸收光谱法

（1）原理：硼氢化钾或硼氢化钠在酸性溶液中产生新生态氢，将水样中的无机砷还原成砷化氢，用氮气载入升温至900～1000℃的电热石英管中，则砷化氢被分解，生成砷基态原子蒸气，对来自砷光源（常用无极放电灯）发射的193.7nm特征光产生吸收。将测得水样中砷的吸光度值与标准溶液的吸光度值比较，确定水样中砷的含量。

（2）适用范围：方法适用浓度范围为1.0～12μg/L，一般装置的检出限为0.25μg/L，可用于地下水、地表水和基体不复杂的废（污）水样品中痕量砷的测定。用硼氢化钠在酸性溶液中将亚砷酸还原为挥发性的砷化氢，用氩气或氮气连续地将砷化氢吹到用电加热或原子吸收光谱仪的火焰中转换成气态原子。

4．原子荧光法

（1）原理：水样经消解处理后，加入硫脲，将砷还原成三价，取适量上述水样于酸性介质中，加入硼氢化钾溶液，三价砷生成砷化氢，用载气（氩气）导入电热石英管原子化器，在氩—氢火焰中原子化，产生的基态原子蒸气吸收砷元素空心阴极灯发射的特征光后，被激发而发射原子荧光。在一定试验条件下，荧光强度与水样中的砷含量呈正比关系，可用标准曲线法确定它们在水样中的浓度。

（2）适用范围：该法是近年发展起来的新方法，灵敏度高、干扰少、测定简便、快速，适用于地表水和地下水中痕量砷的测定，其检出限为0.0001～0.0002mg/L。

（十一）镉

镉（Cd）不是人体的必需元素。镉的毒性很大，可在人体内积蓄，主要积蓄在肾脏，引起泌尿系统的功能变化。水中含镉0.1mg/L时，可轻度抑制地表水的自净作用。镉对白鲢鱼的安全浓度为0.014mg/L；用含镉0.04mg/L的水进行农灌时，土壤和稻米受到明显污染；农灌水中含镉0.007mg/L时，即可造成污染。

1. 直接吸入火焰法测定镉、铜、铅和锌

（1）原理：将样品或消解处理好的试样直接吸入火焰，火焰中形成的基态原子蒸气对光源发射的特征电磁辐射产生吸收。将测得的样品吸光度和标准溶液的吸光度进行比较，确定样品中被测元素的含量。

（2）适用范围：此法适用于测定地下水、地表水和废水中的镉、铅、铜和锌。适用浓度范围与仪器的特性有关，表4-6列出一般仪器的适用浓度范围。

表4-6 直接吸入火焰法一般仪器的适用浓度范围

元素	适用浓度范围，mg/L	元素	适用浓度范围，mg/L
镉	0.05～1	铅	0.2～10
铜	0.05～5	锌	0.05～1

2. 石墨炉法测定痕量镉、铜和铅

（1）原理：将样品注入石墨管，用电加热方式使石墨炉升温，样品蒸发离解形成的基态原子蒸气，对来自光源的特征电磁辐射产生吸收。将测得的样品吸光度和标准吸光度进行比较，确定样品中被测金属的含量。

（2）适用范围：此法适用于地下水和清洁地表水。分析样品前要检查是否存在基体干扰并采取相应的校正措施。测定浓度范围与仪器的特性有关，表4-7列出了分析线波长和适用浓度范围。

表4-7 分析线波长和适用浓度范围

元素	分析线，nm	适用浓度范围，μg/L
镉	228.8	0.1～2
铜	324.7	1～50
铅	283.3	1～50

（十二）铬

铬（Cr）的化合物常见的价态有三价和六价。在水体中，六价铬一般以CrO_4^{2-}、$HCrO_4^-$两种阴离子形式存在，受水中pH值、有机物、氧化还原物质及水的温度及硬度等条件影响。三价铬和六价铬的化合物可以互相转化。

铬的工业来源主要是含铬矿石的加工、金属表面处理、皮革鞣制、印染等行业。

1. 六价铬的测定

下面主要介绍二苯碳酰二肼分光光度法。

（1）原理：在酸性溶液中，六价铬与二苯碳酰二肼反应，生成紫红色化合物，其最大吸收波长为540nm，摩尔吸光系数为4×10^4，含铁量大于1mg/L，水样显黄色，六价钼和汞也和显色剂反应生成有色化合物，但在本法的显色酸度下反应不灵敏。钼和汞达200mg/L，不干扰测定。钒有干扰，其含量高于4mμg/L即干扰测定。但钒与显色剂反应后10min，可自行褪色。

氧化性及还原性物质，如ClO^-、Fe^{2+}、SO_3^{2-}、$S_2O_3^{2-}$等，以及水样有色或浑浊时，对测定均有干扰，需进行预处理。

（2）适用范围：此法适用于地表水和工业废水中六价铬的测定。当取样体积为50mL，使用光程为300mm比色皿，方法的最小检出量为0.2μg铬，方法的最低检出浓度为0.004mg/L，使用光程为10mm比色皿，测定上限浓度为1mg/L。

（3）离子色谱法。使用此法可测定饮用水、地下水和工业废水中可溶性的六价铬，检测限为0.3～0.4μg/L，线性范围为0.5～5000μg/L。

过滤水样，用缓冲液调节pH值为9～9.5，以减小三价铬的溶解度和保持六价铬的氧化状态。将样品加入到仪器中的硫酸铵和氢氧化铵的洗脱液流中。柱子将溶液中的三价铬与六价铬分开，六价铬与叠氮染料反应生成铬精，在530nm或540nm测定。

2．总铬的测定

（1）原子吸收法：测定铬的共振吸收波长为357.9nm。

① 火焰原子吸收法：火焰原子吸收法的检测限为0.02mg/L，适用于测定的总铬浓度在0.2～10mg/L。

② 石墨炉原子吸收法：石墨炉原子吸收法的检测限为2μg/L，最佳测定范围为5～100μg/L。

（2）高锰酸钾氧化—二苯碳酰二肼分光光度法。

① 原理：在酸性溶液中，水样中的三价铬被高锰酸钾氧化成六价铬。六价铬与二苯碳酰二肼反应生成紫红色化合物，于波长540nm处进行分光光度测定。过量的高锰酸钾用亚硝酸钠分解，而过量的亚硝酸钠又被尿素分解。干扰同二苯碳酰二肼分光光度法。

② 适用范围：该法适用于地表水和工业废水中总铬的测定。方法的最低检出浓度和测定上限同二苯碳酰二肼分光光度法。

（3）硫酸亚铁铵滴定法。

① 原理：在酸性溶液中，以银盐作催化剂，用过硫酸铵将三价铬氧化成六价铬；加入少量氯化钠并煮沸，除去过量的过硫酸铵及反应中产生的氯气。以苯基代邻氨基苯甲酸作指示剂，用硫酸亚铁铵溶液滴定，使六价铬还原为三价铬，溶液呈绿色为终点。根据硫酸亚铁铵溶液的用量，计算出水样中总铬的含量。滴定反应方程式如下：

$$6Fe^{2+} + Cr_2O_7^{2-} + 14H^+ \longrightarrow 6Fe^{3+} + 2Cr^{3+} + 7H_2O$$

钒对测定有干扰，但在一般含铬废水中，钒的含量在容许限以下。

② 适用范围：此法适用于水和废水中高浓度（＞1mg/L）总铬的测定。

（十三）铜

铜（Cu）是人体必不可少的元素，成人每日的需要量约为20mg。水中含铜达0.01mg/L时，对水体自净有明显的抑制作用。铜对水生生物毒性很大，有人认为铜对鱼类的起始毒性浓度为0.002mg/L，但一般认为水体含铜0.01mg/L对鱼类是安全的。铜对水生生物的毒性与其在水体中的形态有关，游离铜离子的毒性比络合态铜要大得多，灌溉水中硫酸铜对水稻的临界危害浓度为0.6mg/L。铜的主要污染源有电镀、冶炼、五金、石油化工和化学工业等部门排放的废水。

1．原子吸收法

直接火焰原子吸收法、萃取火焰原子吸收法、离子交换火焰原子吸收法、石墨炉原子吸收法见本节镉的测定。

2．二乙氨基二硫代甲酸钠萃取光度法

（1）原理：在氨性溶液中（pH＝9～10），铜与二乙氨基二硫代甲酸钠作用，生成物质的量比为1∶2的黄棕色络合物。反应式如下：

$$2(C_2H_5)_2N-\overset{\overset{S}{\|}}{C}-S-Na+Cu^{2+}\longrightarrow (C_2H_5)_2N-C\langle{}^{S}_{S}\rangle Cu\langle{}^{S}_{S}\rangle C-N(C_2H_5)_2+2Na^+$$

该络合物可被四氯化碳或氯仿萃取，其最大吸收波长为440nm，在测定条件下，有色络合物可稳定1h，其摩尔吸光系数为1.4×10^4。

在测定条件下，二乙氨基二硫代甲酸钠也能与铁、锰、镍、钴和铋等离子生成有色络合物，干扰铜的测定，除铋外均可用EDTA和柠檬酸铵掩蔽消除。

（2）适用范围：方法的测定范围为0.02～0.60mg/L，最低检出浓度为0.01mg/L，经适当稀释和浓缩测定上限可达2.0mg/L，已用于地表水、各种工业废水中铜的测定。

（十四）锌

锌（Zn）是人体必不可少的有益元素。碱性水中锌的浓度超过5mg/L时，水有苦湿味，并出现乳白色。水中含锌1mg/L时，对水体的生物氧化过程有轻微抑制作用。锌对白鲢鱼的安全浓度为0.1mg/L。农灌水中含锌量低于10mg/L时，对水稻、小麦的生长无影响。锌的主要污染源是电镀、冶金、颜料及化工等部门排放的废水。

直接吸入火焰原子吸收分光光度法测定锌具有较高的灵敏度，干扰少，适合测定各类水中的锌。不具备原子吸收光谱仪的单位，可选用二硫腙比色法、阳极溶出伏安法或示波极谱法。

1．原子吸收法

直接火焰原子吸收法、在线富集流动注射—火焰原子吸收法见本节镉的测定。

2．二硫腙分光光度法

（1）原理：在pH值为4.0～5.5的乙酸盐缓冲介质中，锌离子与二硫腙形成红色螯合物，该螯合物可被四氯化碳（或三氯甲烷）定量萃取，用四氯化碳萃取，锌—二硫腙螯合物的最大吸收波长为535nm，其摩尔吸光系数约为9.3×10^4L/（mol·cm）。

在本法规定的试验条件下，天然水中正常存在的金属离子不干扰测定。水中存在少量铋、镉、钴、铜、金、铅、汞、镍、钯、银和亚锡等金属离子时，对本法均有干扰，但可用硫代硫酸钠掩蔽剂和控制溶液的 pH 值来消除这些干扰。三价铁、余氯和其他氧化剂会使二硫腙变成棕黄色。由于锌普遍存在于环境中，而锌与二硫腙反应又非常灵敏，因此需要采取特殊措施防止污染。

（2）适用范围：当使用光程为 20mm 比色皿，试样体积为 100mL 时，锌的最低检出浓度为 0.005mg/L。该方法适用于测定天然水和轻度污染的地表水中的锌。

（十五）汞

汞（Hg）及其化合物属于剧毒物质，可在体内蓄积。进入水体的无机汞离子可转变为毒性更大的有机汞，由食物链进入人体，引起全身中毒。天然水中含汞极少，一般不超过 0.1μg/L。仪表厂、食盐电解、贵金属冶炼、军工等工业废水中可能存在汞。

冷原子吸收分光光度法、冷原子荧光法是测定水中微量、痕量汞的特异方法，干扰因素少，灵敏度较高。二硫腙分光光度法是测定多种金属离子的通用方法，如能掩蔽干扰离子和严格掌握反应条件，也能得到满意的结果。

1. 冷原子吸收分光光度法

采用高锰酸钾—过硫酸钾法，或溴酸钾—溴化钾法消解水样，用冷原子吸收分光光度法测定水中总汞。

总汞是指未过滤的水样，经剧烈消解后测得的汞浓度包括无机和有机结合的、可溶的和悬浮的全部汞。

（1）原理：汞基态原子蒸气对波长 253.7nm 的紫外光具有选择性吸收作用，在一定范围内，吸收值与汞蒸气浓度成正比。在硫酸—硝酸介质和加热条件下，用高锰酸钾和过硫酸钾将试样消解，或用溴酸钾和溴化钾混合试剂，在 20℃以上室温和 0.6～2mol/L 的酸性介质中产生溴，将试样消解，使所含汞全部转化为二价汞。用盐酸羟胺将过剩的氧化剂还原，再用氯化亚锡将二价汞还原成金属汞。在室温下通入空气或氮气流，将金属汞气化，载入冷原子吸收测汞仪，测量吸收值，求得试样中汞的含量。

（2）适用范围：视仪器型号与试样体积不同而异，方法最低检出浓度为 0.1～0.5μg/L；在最佳条件下（测汞仪灵敏度高，基线噪声极小及空白试验值稳定），当试样体积为 200mL 时，最低检出浓度可达 0.05μg/L。

2. 冷原子荧光法

（1）原理：水样中的汞离子被还原为单质汞，形成汞蒸气，其基态汞原子被波长为 253.7nm 的紫外光激发而产生共振荧光，在一定的测量条件下和较低的浓度范围内，荧光强度与汞浓度成正比。

激发态汞原子与无关质点（如 O_2、N_2、CO_2 等）碰撞发生能量传递，会造成荧光猝灭。故该法采用高纯氩或高纯氮作载气，并在测量前的还原操作中，应注意尽量避免空气进入还原瓶中。

冷原子荧光法测汞仪工作原理如图 4-1 所示。

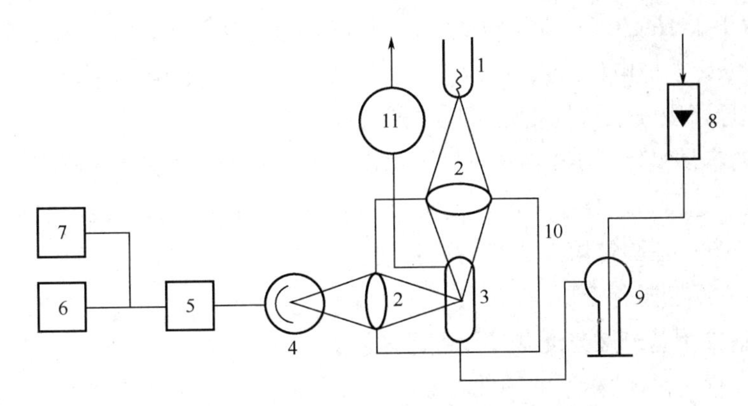

图 4-1 冷原子荧光法测汞仪工作原理

1—低压汞灯；2—石英聚光镜；3—吸收-激发池；4 一光电倍增管；5—放大器；6—指示表；7—记录仪；

8—流量计；9 一还原瓶；10—荧光池（铝材发黑处理）；11—抽气泵

（2）适用范围：该法的最低检出浓度为 0.05μg/L，测定上限可达 1μg/L 以上，干扰因素少。

（十六）铅

铅（Pb）是可在人体和动物组织中积蓄的有毒金属。铅的主要毒性效应是贫血症、神经机能失调和肾损伤。铅对水生生物的安全浓度为 0.16mg/L，用含铅 0.1～0.4mg/L 的水灌溉水稻和小麦时，作物中含铅量明显增加。

世界范围内，淡水中含铅 0.06～120μg/L，中值为 3μg/L；海水含铅 0.03～13μg/L，中值为 0.03μg/L。铅的主要污染源是蓄电池、冶炼、五金、机械、涂料和电镀工业等部门的排放废水。

原子吸收法见本节镉的测定。

（十七）硫化物

地下水（特别是温泉水）及生活污水，通常含有硫化物，其中一部分是在厌氧条件下，由于细菌的作用，使硫酸盐还原或由含硫有机物的分解而产生。某些工矿企业，如焦化、造气、选矿、造纸、印染和制革等工业废水也含有硫化物。

水中硫化物包括溶解性的 H_2S、HS^-、S^{2-}，存在于悬浮物中的可溶性硫化物，酸可溶性金属硫化物以及未电离的有机、无机类硫化物。H_2S 易从水中逸散于空气，产生臭味，且毒性很大，它可与人体内细胞色素、氧化酶及该类物质中的二硫键（—S—S—）作用，影响细胞氧化过程，造成细胞组织缺氧，危及人的生命。H_2S 除自身能腐蚀金属外，还可被污水中的生物氧化成硫酸，进而腐蚀下水道等。因此，硫化物是水体污染的一项重要指标（清洁水中 H_2S 的嗅阀值为 0.035μg/L）。

此处所列方法所测定的硫化物是指水和废水中溶解性的无机硫化物和酸溶性金属硫化物。

测定上述硫化物的方法，通常有亚甲蓝比色法和碘量滴定法以及电极电位法。当水样中硫化物浓度小于 1mg/L 时，采用对氨基二甲基苯胺光度法，样品中硫化物浓度大于 1mg/L 时，采用碘量法。电极电位法具有较宽的测量范围，它可测定 6～10mol/L 的硫化物。另外还有间接火焰原子吸收法和气相分子吸收光谱法等。

由于 S^{2-}很容易氧化，H_2S 易从水样中逸出。因此在采集时应防止曝气，并加入一定量的乙酸锌溶液和适量氢氧化钠溶液，使水样呈碱性并生成硫化锌沉淀。通常 1L 水样中加入 2mol/L 的乙酸—乙酸锌溶液 2mL，硫化物含量高时，可酌情多加直至沉淀完全为止。水样充满瓶后立即密封保存。

1．对氨基二甲基苯胺光度法（亚甲蓝法）

（1）原理：在含高铁离子的酸性溶液中，S^{2-}与对氨基二甲苯胺作用，生成亚甲蓝，颜色深度与水中 S^{2-}浓度成正比。

亚硫酸盐、硫代硫酸盐超过 10mg/L 时，将影响测定。亚硝酸盐达 0.50mg/L 时，产生干扰。其他氧化剂或还原剂也可影响显色反应。亚铁氰化物可生成蓝色，产生正干扰。

（2）适用范围：本法最低检出 S^{2-}浓度为 0.02mg/L，测定上限为 0.8mg/L。当采用酸化—吹气预处理法时，可进一步降低检出浓度。酌情减少取样量，测定浓度可高达 4mg/L。

2．碘量法

（1）原理：硫化物在酸性条件下与过量的碘作用，剩余的碘用硫代硫酸钠溶液滴定。由硫代硫酸钠溶液所消耗的量，间接求出硫化物的含量。还原性或氧化性物质干扰测定。水中悬浮物或浑浊度高时，对测定可溶态硫化物有干扰。遇此情况应进行适当处理。

（2）适用范围：此法适用于含硫化物在 1mg/L 以上的水和废水的测定。

3．硫离子选择电极电位滴定法

（1）原理：用硫离子选择电极作指示电极，双桥饱和甘汞电极为参比电极，用标准硝酸铅溶液滴定硫离子，以伏特计测定电位变化指示反应终点。

工业废水大多色深、浑浊，含有机物、阳离子、阴离子，成分复杂，且 S^{2-}极易被氧化，不易保持稳定的浓度。此法不受色深、浑浊的影响。Hg^{2+}、Ag^{+}、Cu^{2+}、Cd^{2+}等干扰测定。加入抗氧缓冲溶液（SAOB），可防止 S^{2-}的氧化。SAOB 溶液中含有水杨酸，能与多种金属离子（如 Fe^{3+}、Fe^{2+}、Cu^{2+}、Cd^{2+}、Zn^{2+}、Cr^{3+}等）生成稳定的络合物，也能与 Pb^{2+}络合，但很不稳定。SAOB 溶液中的抗坏血酸能还原 Ag^{3+}、Hg^{2+}。阴离子 CN^{-}、SH^{-}的干扰可在滴定前加入几滴丙烯腈的异丙醇（1%）溶液予以消除。阴离子 $C1^{-}$、SO_4^{2-}、SiO_3^{2-}、SO_3^{2-}、$S_2O_3^{2-}$、PO_4^{3-} 等不干扰本法测定。若水样中含有胶体（如栲胶等）存在，在滴定前加入约 0.2g 固体硝酸钙破坏胶体。

采集水样时，应立即准确加入等体积 SAOB（50%）溶液，用塞子塞紧瓶口。样品应尽快分析。水样在 3d 内，其被测组分浓度下降 3%。

（2）适用范围：该法适用样品中 S^{2-}浓度范围为 10^{-1}～10^{3}mg/L，检测下限浓度为 0.2mg/L，可用于制革、化工、造纸、印染等工业废水以及地表水中 S^{2-}的测定。

4．气相分子吸收光谱法

（1）原理：在 5%～10%磷酸介质中将硫化物转化为 H_2S，用空气载入气相分子吸收光谱仪的吸光管内，测量对 202.6nm 波长光的吸光度，与标准溶液的吸光度比较，确定水样中硫化物浓度。对于基体复杂、干扰组分多的水样，可采用快速沉淀过滤与吹气分离的双重去除干扰的方法。

（2）适用范围：使用 202.6nm 波长，方法检出限为 0.05mg/L，测定下限为 0.020mg/L，测定上限为 10mg/L；在 228.8nm 处，测定上限可达 500mg/L；适用于各种水样的硫化物测定。

（十八）化学需氧量

化学需氧量（COD）是指在一定条件下，用强氧化剂处理水样时所消耗氧化剂的量，指水样在一定条件下，氧化 1L 水样中还原性物质所消耗的氧化剂的量，以氧的质量浓度（mg/L）来表示。

化学需氧量反映了水中受还原性物质污染的程度。水中还原性物质包括有机物、亚硝酸盐、亚铁盐、硫化物等。水被有机物污染是很普遍的，因此化学需氧量也作为有机物相对含量的指标之一。水样的化学需氧量，可受加入氧化剂的种类及浓度、反应溶液的酸度、反应温度和时间以及催化剂的有无而获得不同的结果。因此，化学需氧量也是一个条件性指标，必须严格按操作步骤进行。

对于工业废水，我国规定用重铬酸钾法，其测得的值称为化学需氧量。其他测定方法有库仑法、快速密闭催化消解法（含光度法）、节能加热法、氯气校正法等。

1. 重铬酸钾法

重铬酸钾法可分为标准法和快速法两种。标准法测定的是 COD_{Cr}，是国家标准分析方法 HJ 828—2017《水质 化学需氧量的测定 重铬酸盐法》；而快速法则是为了加快氧化反应速度、缩短反应时间而对标准法反应条件进行部分调整后的一种方法，仅适用于水样 COD_{Cr} 值初探和水污染治理技术的研究领域。

（1）原理：在强酸性溶液中，一定量的重铬酸钾氧化水样中还原性物质，过量的重铬酸钾以试亚铁灵作指示剂，用硫酸亚铁铵溶液回滴。根据用量算出水样中还原性物质消耗氧的量。

反应方程式如下：

$$2Cr_2O_7^{2-}+16H^+ +3C(\text{代表有机物})\xrightarrow{Ag_2SO_4}4Cr^{3+}+8H_2O+3CO_2$$

$$Cr_2O_7^{2-}+14H^+ +16Fe^{2+}\longrightarrow 6Fe^{3+}+2Cr^{3+}+7H_2O$$

酸性重铬酸钾氧化性很强，可氧化大部分有机物，加入硫酸银作催化剂时，直链脂肪族化合物可完全被氧化，而芳香族有机物却不易被氧化，吡啶不被氧化，挥发性直链脂肪族化合物、苯等有机物存在于蒸汽相，不能与氧化剂液体接触，氧化不明显。Cl^- 能被重铬酸盐氧化，并且能与硫酸银作用产生沉淀，影响测定结果，故在回流时向水样中加入硫酸汞，使之成为络合物以消除干扰。Cl^- 浓度高于 2000mg/L 的样品应先被定量稀释，使浓度降低至 2000mg/L 以下，再行测定。若水中含亚硝酸盐较多，可预先在重铬酸钾溶液中加入氨基磺酸便可消除其干扰。

Cl^- 的干扰反应如下：

$$Cr_2O_7^{2-} + 14H^+ + 6Cl^- \longrightarrow 3Cl_2 \uparrow + 2Cr^{3+} + 7H_2O$$

在排除 Cl^- 干扰时，Cl^- 与 $HgSO_4$ 的反应如下：

$$Hg^{2+} + 4Cl^- \longrightarrow [HgCl_4]^{2-}$$

COD_{Cr} 可按下式计算：

$$COD_{Cr} = \frac{(V_0 - V_1 \times c \times 8 \times 1000)}{V} \tag{4-10}$$

式中 V_0——空白试验时硫酸亚铁铵的用量，mL；

V_1——测定水样时硫酸亚铁铵的用量，mL；

V——所取水样的体积，mL；

c——硫酸亚铁铵标准溶液的浓度，mol/L；

8——与 1mol 硫酸亚铁铵对应的氧的质量，g/mol。

（2）适用范围：用 0.25mol/L 的重铬酸钾溶液可测定大于 50mg/L 的 COD 值。用 0.025mol/L 的重铬酸钾溶液可测定 5～50mg/L 的 COD 值，但准确度较差。

快速 COD_{Cr} 测定法是采用提高重铬酸钾与有机物作用时的酸度，从而提高回流时的反应温度的方法，加快了氧化反应的速度，使回流时间由标准法的 2h 缩短为约 10min。

2．库仑法

（1）原理：水样以重铬酸钾为氧化剂，在 10.2mol/L 硫酸介质中回流氧化后，过量的重铬酸钾用电解产生的 Fe^{2+} 作为库仑滴定剂，进行库仑滴定。根据电解产生 Fe^{2+} 所消耗的电量，按照法拉第定律进行计算：

$$COD_{Cr} = \frac{Q_s - Q_m}{96487} \times \frac{8000}{V} \tag{4-11}$$

式中 Q_s——标定重铬酸钾所消耗的电量；

Q_m——测定过量重铬酸钾所消耗的电量；

V——水样的体积，mL。

如仪器具有简单的数据处理装置，最后显示的数值即为 COD_{Cr} 值。

此法简便、快速、试剂用量少，简化了用标准溶液标定标准滴定溶液的步骤，缩短了回流时间，尤适合工矿企业的工业废水控制分析。但由于其氧化条件与重铬酸钾法不完全一致，必要时，应与重铬酸钾法测定结果进行核对。

（2）适用范围：当使用 1mL 0.05mol/L 重铬酸钾溶液进行标定值测定时，本法的最低检出浓度为 2mg/L；当使用 3mL 0.05mol/L 重铬酸钾溶液，进行标定值测定时，最低检出浓度为 3mg/L，测定上限为 100mg/L。

3．氯气校正法（高氯废水）

（1）原理：在水样中加入已知量的重铬酸钾标准溶液及硫酸汞溶液、硫酸银—硫酸溶液，于回流吸收装置的插管式锥瓶中加热至沸并回流 2h，同时从锥瓶插管通入 N_2，将水样中未络合而被氧化的那部分 Cl^- 生成的氯气从回流冷凝管上口导出，用氢氧化钠溶液吸收；消解好的水样按重铬酸钾法测其 COD，为表观 COD；在吸收液中加入碘化钾，调节 pH 值为 2～3，以淀粉为指示剂，用硫代硫酸钠标准溶液滴定，将其消耗量换算成消耗氧的质量浓度，即为 Cl^- 影响校正值；表观 COD 与 Cl^- 校正值之差，即为被测水样的实际 COD。

（2）适用范围：本法适用于 Cl^- 浓度大于 1000mg/L、小于 2000mg/L 的高氯废水 COD 的测定，检测限为 30mg/L，适用于油田、沿海炼油厂、油库、氯碱厂、废水深海排放等废水中 COD 的测定。

（十九）高锰酸盐指数

高锰酸盐指数是指在一定条件下，以高锰酸钾为氧化剂，处理水样时所消耗的量，以 mg/L 来表示。水中的亚硝酸盐、亚铁盐、硫化物等还原性无机物和在此条件下可被氧化的有机物，均可消耗高锰酸钾。因此，高锰酸盐指数常被作为水体受还原性有机（和无机）物质污染程度的综合指标。

我国规定了环境水质的高锰酸盐指数的标准。高锰酸盐指数在以往的水质监测分析书上，亦有被称为化学需氧量的高锰酸钾法。由于在规定条件下，水中有机物只能部分被氧化，并不是理论上的需氧量，也不是反映水体中总有机物含量的尺度。因此，用高锰酸盐指数这一术语作为水质的一项指标以有别于重铬酸钾法的化学需氧量（应用于工业废水），更符合于客观实际。

高锰酸盐指数的测定方法包括酸性法、碱性法和高锰酸盐指数水质自动分析仪法。

1. 酸性法

（1）原理：水样加入硫酸呈酸性后，加入一定量的高锰酸钾溶液，并在沸水浴中加热反应一定的时间。剩余的高锰酸钾用草酸钠溶液还原，再用高锰酸钾溶液回滴过量的草酸钠，通过计算求出高锰酸盐指数值。

反应方程式如下：

$$MnO_4^- + 12H^+ + 5C(\text{有机物}) \longrightarrow 4Mn^{2+} + 5CO_2 + H_2O$$

$$2MnO_4^- + 16H^+ + 5C_2O_4^{2-} \longrightarrow 2Mn^{2+} + 10CO_2 + 8H_2O$$

根据高锰酸钾和草酸钠的用量和浓度，可按下列公式计算高锰酸盐指数。分下列两种情况。

① 水样不经稀释时，有：

$$\text{高锰酸盐指数} = \frac{[(10+V_1)K-10]\times M\times 8\times 1000}{100} \tag{4-12}$$

其中

$$K=\frac{10.00}{V}$$

式中 V_1——滴定水样时草酸钠溶液的消耗量，mL；

K——校正系数；

M——高锰酸钾溶液浓度，mol/L。

② 水样经稀释时，有：

$$高锰酸盐指数=\frac{\{[(10+V_1)K-10]-[(10+V_0)K-10]\times c\}\times M\times 8\times 1000}{V_2} \quad (4-13)$$

式中 V_0——空白试验中高锰酸钾溶液消耗量，mL；

V_2——分取水样量，mL；

c——稀释的水样中含水的比例。

显然，高锰酸盐指数是一个相对的条件性指标，其测定结果与溶液的酸度、高锰酸盐浓度、加热温度和时间有关。因此，测定时必须严格遵守操作规定，使结果具可比性。

水样采集后，应加入硫酸使 pH＜2，以抑制微生物活动。样品应尽快分析，必要时，应在 0～5℃冷藏保存，并在 48h 内测定。

（2）适用范围：酸性法适用于 Cl^- 浓度不超过 300mg/L 的水样。当水样的高锰酸盐指数值超过 5mg/L 时，则酌情分取少量，并用水稀释后再进行测定。

2. 碱性法

加一定量高锰酸钾溶液于水样中，加热一定时间以氧化水中的还原性无机物和部分有机物。加酸酸化后，用草酸钠溶液还原剩余的高锰酸钾并加入过量，再以高锰酸钾溶液滴定至微红色。

（二十）挥发酚

根据酚类能否与水蒸气一起蒸出，可分为挥发酚与不挥发酚。挥发酚多指沸点在 230℃以下的酚类，通常属一元酚。

酚类为原生质毒，属高毒物质。人体摄入一定量时，可出现急性中毒症状，长期饮用被酚污染的水，可引起头昏、出疹、瘙痒、贫血及各种神经系统症状。水中含低浓度（0.1～0.2mg/L）酚类时，可使生长在其中鱼的鱼肉有异味，高浓度（＞5mg/L）时则造成鱼类中毒死亡。含酚浓度高的废水也不宜用于农田灌溉，否则，会使农作物枯死或减产。水中含微量酚类，在加氯消毒时，会产生特异的氯酚臭。酚类主要来自炼油、煤气洗涤、炼焦、造纸、合成氨、木材防腐和化工等废水。

用玻璃仪器采集水样，水样采集后，应及时检查有无氧化剂存在。必要时加入过量的硫酸亚铁，并立即加磷酸酸化至 pH 值约为 4.0，并加适量硫酸铜（1g/L）以抑制微生物对酚类的生物氧化作用，同时应冷藏（5～10℃），在采集后 24h 内进行测定。

水中挥发酚通过蒸馏后，可以消除颜色、浑浊等的干扰。但当水样中含氧化剂、油、硫化物等干扰物质时，应在蒸馏前先做适当的预处理。

1. 4-氨基安替吡啉（4-AAP）直接光度法

（1）原理：酚类化合物于 pH 值 10.0±0.2 介质中，在铁氰化钾存在下，与 4-氨基安替吡啉反应，生成橙红色的吲哚酚安替吡琳染料，其水溶液在 510nm 波长处有最大吸收。

水样的色度、浑浊度以及还原性硫化物、氧化剂、苯胺类化合物以及石油等都能影响酚的检测质量。酚类化合物中，羟基对位的取代基可阻止反应进行，但卤素、羧基、磺酸基、羟基和甲氧基除外，这些基团多半是能被取代的；邻位硝基阻止反应生成，而间位硝基不完全地阻止反应；氨基安替吡啉与酚的偶合在对位较邻位多见，当对位被烷基、芳基、酯、硝基、苯酰基、亚硝基或醛基取代，而邻位未被取代时，不呈现颜色反应。

（2）适用范围：用光程长为20mm比色皿测量时，酚的最低检出浓度为0.1mg/L；此法适用于饮用水、地表水、地下水和工业废水中挥发酚的测定，测定范围为0.002～6mg/L。

2．4-氨基安替吡啉萃取光度法

（1）原理：酚类化合物于pH值为10.0±0.2的介质中，在铁氰化钾存在下，与4-氨基安替吡啉反应所生成的橙红色安替吡啉染料可被三氯甲烷萃取，在460nm波长处具最大吸收。

（2）适用范围：本法最低检出浓度为0.002mg/L，测定上限为0.12mg/L。

3．溴化滴定法

（1）原理：在过量溴（由溴酸钾和溴化钾产生）的溶液中，使酚与溴生成三溴酚，并进一步生成溴代三溴酚。在剩余的溴与碘化钾作用释放出游离碘的同时，溴代三溴酚与碘化钾反应成三溴酚和游离碘，用硫代硫酸钠溶液滴定释出的游离碘，并根据其消耗量，计算出以苯酚计的挥发酚含量。计算公式如下：

$$挥发酚含量=\frac{(V_1-V_2)c\times15.68\times1000}{V} \tag{4-14}$$

式中　V_1——空白试验滴定时硫代硫酸钠标准滴定溶液用量，mL；

V_2——水样滴定时硫代硫酸钠标准滴定溶液用量，mL；

c——硫代硫酸钠溶液浓度，mol/L；

V——水样取样体积，mL；

15.68——$M(1/6C_6H_5OH)$，g/mol。

（2）适用范围：此法适用于含高浓度挥发酚的工业废水。

（二十一）石油类

环境水中石油类来自工业废水和生活污水的污染。工业废水中石油类（各种烃类的混合物）主要来自原油的开采、加工、运输以及各种炼制油的使用等行业。石油类碳氢化合物漂浮于水体表面，将影响空气与水体界面氧的交换：分散于水中以及吸附于悬浮微粒上或以乳化状态存在于水中的油，它们被微生物氧化分解，将消耗水中的溶解氧，使水质恶化。

石油类中所含的芳烃类虽较烷烃类少，但其毒性要大得多。重量法是常用的分析方法，它不受油的品种限制；但操作繁杂、灵敏度低，只适于测定10mg/L以上的含油水样。该方法的精密度随操作条件和熟练程度的不同差别很大。

红外分光光度法适用于0.01mg/L以上的含油水样，该方法不受油的品种影响，能比较准确的反应水中石油类的污染程度。

非分散红外法适用于测定浓度为0.02mg/L以上含油水样，当油品的比吸光系数较为接近时，测定结果的可比性较好；但当油品相差较大，测定的误差也较大，尤其当油样中含芳烃时误差要更大些，此时要与红外分光光度法相比较。同时要注意消除其他非烃类有机物的干扰。

油类物质要单独采样，不允许在实验室内再分样。样品如不能在24h内测定，采样后应加盐酸酸化至ph＜2，并于2～5℃下冷藏保存。

1．重量法

（1）原理：盐酸酸化水样，用石油醚萃取矿物油，蒸除石油醚后，称其重量。

（2）适用范围：测定 10mg/L 以上的含油水样。

（3）注意事项：

① 分液漏斗的活塞不要涂凡士林。

② 采样瓶应为洁净玻璃瓶，用洗涤剂清洗干净（不要用肥皂）。应定容采样，并将水样全部移入分液漏斗测定，以减少油类附着于容器壁上引起的误差。

2．红外分光光度法

（1）原理：四氯化碳萃取水中的油类物质，测定总萃取物，然后将萃取液用硅酸镁吸附，去除动、植物油等极性物质后，测定石油类。总萃取物和石油类的含量均由波数分别为 $2930cm^{-1}$（CH_2 基团中 C－H 键的伸缩振动）、$2960cm^{-1}$（CH_3 基团中 C—H 键的伸缩振动）和 $3030cm^{-1}$（芳香环中 C—H 键的伸缩振动）谱带处的吸光度 A2930、A2960、A3030 进行计算。动、植物油的含量为总萃取物与石油类含量之差。

（2）适用范围：该方法适用于地表水、地下水、生活污水和工业废水中石油类和动、植物油的测定。样品体积为 500mL，使用光程为 4cm 的比色皿时，该方法的检出限为 0.1mg/L，样品体积为 5L 时，其检出限为 0.01mg/L。

第二节　空气和废气监测

一、空气监测的布点规范

（一）环境空气质量监测点位布设的基本要求

环境空气质量监测的目的是了解污染物的含量水平及特征，并根据污染源的分布及其特征、气象条件和地理地貌特征等因素，分析评价污染物的现状及其变化规律。现以城市空气质量监测点位的布设为例简述如下。

1．监测点位布设的一般原则

（1）监测点位的布设应具有较好的代表性，应能客观反映一定空间范围内的空气污染水平和变化规律。

（2）应考虑各监测点之间设置条件尽可能一致，使各个监测点取得的监测资料具有可比性。

（3）为了大致反映城市各行政区空气污染水平及规律，在监测点位的布局上尽可能分布均匀。同时，在布局上还应考虑能大致反映城市主要功能区和主要空气污染源的污染现状及变化趋势。

（4）应结合城市规划考虑环境空气监测点位的布设，使确定的监测点位能兼顾城市未来发展的需要。

2．监测点位数目的确定

对城市环境空气质量监测点数的确定，以人口和功能区为基础的布点法。国家环保总局颁布实施《环境监测技术规范（大气和废气部分）》也是以人口为基础，根据不同污染物确定监测点位数。

3．监测点位的布设方法

监测点位总数确定之后，可采用经验法、统计法、模拟法等进行点位布设。

1）经验法

经验法是常采用的方法，特别是对尚未建立监测网或监测数据积累少的地区，需要凭借经验确定采样点的位置，其具体方法如下：

（1）功能区布点法。多用于区域性常规监测，先将监测区域划分为工业区、商业区、居住区、工业和居住混合区、交通稠密区、清洁区等，再根据具体污染情况和人力、物力条件，在各功能区设置一定数量的采样点。各功能区的采样点数不要求平均，在污染源集中的工业区和人口较密集的居住区多设采样点。

（2）网络布点法。这种布点法是将监测区域地面划分成若干均匀网状方格，采样点设在两条直线的交点处或方格中心（图4-2）。网格大小视污染源强度、人口分布及人力、物力条件等确定。若主导风向明显，下风向设点应多一些，一般约占采样总数的60%。对于有多个污染源，且污染源分布较均匀的地区，常采用这种布点方法。它能较好地反映污染物的空间分布；如将网格划分得足够小，则将监测结果绘制成污染物浓度空间分布图，对指导城市环境规划和管理有重要意义。

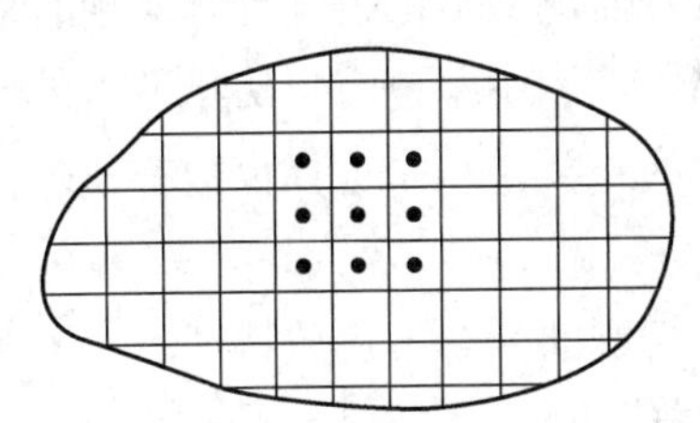

图4-2　网络布点法

（3）同心圆布点法。这种方法主要用于多个污染源构成污染群，且大污染源较集中的地区。先找出污染群的中心，以此为圆心在地图上画若干个同心圆，再从圆心作若干条放射线，将放射线与圆周的交点作为采样点（图4-3）。不同圆周上的采样点数目不一定相等或均匀分布，常年主导风向的下风向比上风向多设一些点。例如，同心圆半径分别取4km、10km、40km，从里向外各圆周上分别设4个、8个、8个、4个采样点。

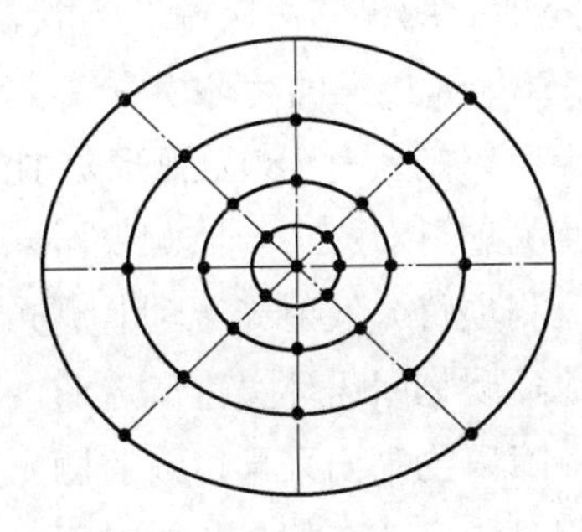

图4-3　同心圆布点法

（4）扇形布点法。扇形布点法适用于孤立的高架点源，且主导风向明显的地区。以点源所在位置为顶点，主导风向为轴线，在下风向地面上划出一个扇形区作为布点范围。扇形的角度一般为45°，也可更大些，但不能超过90°。采样点设在扇形平面内距点源不同距离的若干弧线上（图4-4）。每条弧线上设3～4个采样点，相邻两点与顶点连线的夹角一般取10°～20°。在上风向应设对照点。

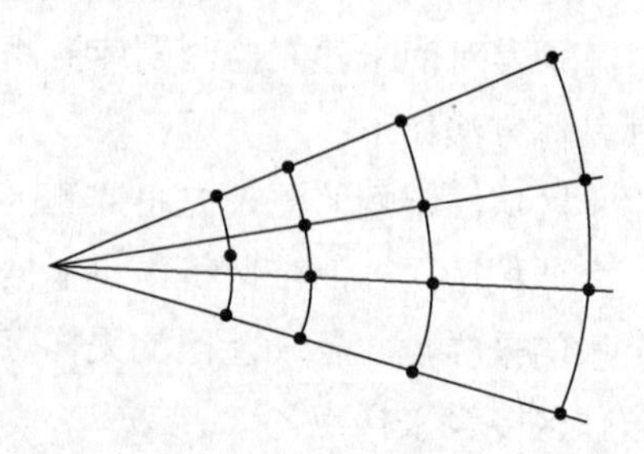

图4-4　扇形布点

在实际工作中，为做到因地制宜，使采样网点布设合理，往往采用一种布点方法为主，兼用其他方法的综合布点法。

2）统计法

统计法适用于已积累了多年监测数据的地区。根据城市空气污染物分布在时间与空间上的变化有一定相关性，通过对监测数据的统计处理对现有监测点位进行调整，删除监测信息重复的点位。例如，如果监测网中某些点位历年取得的监测数据较近似，可以通过类聚分析法将结果相近的点位聚为一类，从中选择少数有代表性的点位。

3）模拟法

模拟法是根据监测区域污染源的分布、排放特征、气象资料，以及应用数学模型预测的污染物时空分布状况设计采样点。

4）监测点位具体位置的要求

根据《环境监测技术规范》的要求，在确定环境空气监测点具体位置时，必须满足以下要求：

（1）监测点位置的确定应首先进行周密的调查研究，采用间断性的监测，对本地区空气污染状况有粗略的概念后再选择设置监测点的位置。监测点的位置一经确定之后，不宜轻易变动，以保证监测资料的连续性和可比性。

（2）在监测点50m范围内不能有明显的污染源，不能靠近炉、窑和锅炉烟囱。

（3）在监测点采样口周围270°捕集空间，环境空气流动不受任何影响。如果采样管的一边靠近建筑物，至少在采样口周围要有180°弧形范围的自由空间。

（4）点式监测仪器（每个监测项目对应一台监测仪器）采样口周围，或长光程监测仪器（用差分吸收光谱分析多个监测项目）发射光源到监测光束接收端之间90%光程附近，不能有高大建筑物、树木或其他障碍物阻碍环境空气流通。从采样口或监测光束到附近最高障碍物之间的距离，至少是该障碍物高出采样口或监测光束的两倍以上。

（5）监测点周围建设情况相对稳定，在相当长的时间内不能有新的建筑工地出现。监测点应建在能长期使用，且不会改动的地方。

（6）监测点应地处相对安全和防火措施有保障的地方。

（7）监测点位附近无强大的电磁波干扰，周围容易获得稳定可靠的电源供给，电话线容易安装和检修。

（8）为了方便进出监测点位进行维修，应有便于出入监测点位的车辆通道。

（二）采样频率和采样时间

采样频率是指在一个时段内的采样次数；采样时间是指每次采样从开始到结束所经历的时间。二者要根据监测目的、污染物分布特征、分析方法灵敏度等因素确定。例如，为监测空气质量的长期变化趋势，连续或间歇自动采样测定为最佳方式；事故性污染等应急监测要求快速测定，采样时间尽量短；对于一级影响评价项目，要求不得少于夏季和冬季两期监测，每期应取得有代表性的7d监测数据，每天采样监测不少于6次（2：00、10：00、14：00、16：00、19：00）。表4-8列出国家环保总局颁布的城镇空气质量采样频率和采样时间规定；表4-9列出GB 3095—2012《环境空气质量标准》对污染物监测数据的统计有效性规定。

表4-8　采样频率和采样时间

监测项目	采样频率和采样时间
二氧化硫	隔日采样，每天连续采样（24±0.5）h，每月14～16d，每年12个月
二氧化氮（或氮氧化物）	隔日采样，每天连续采样（24±0.5）h，每月14～16d，每年12个月
总悬浮颗粒物	隔双日采样，每天连续采样（24±0.5）h，每月5～6d，每年12个月
灰尘自然沉降量	每月采样（30±2）d，每年12个月
硫酸盐化速率	每月采样（30±2）d，每年12个月

表4-9　污染物监测数据统计的有效性规定

污染物	取值时间	数据有效性规定
SO_2、NO_x、NO_2	年平均	每年至少有分布均匀的144个日均值，每月至少有分布均匀的12个日均值
TSP、PM_{10}、Pb	年平均	每年至少有分布均匀的60个日均值，每月至少有分布均匀的5个日均值
SO_2、NO_x、NO_2、CO	日平均	每日至少有18h的采样时间
TSP、PM_{10}、B[a]P、Pb	日平均	每日至少有12h的采样时间
SO_2、NO_x、NO_2、CO、O_3	1h平均	每小时至少有45min的采样时间
Pb	季平均	每季至少有分布平均的15个日均值，每月至少有分布均匀的5个日均值
F	月平均	每月至少采样16d以上
	植物生长季平均	每一个生长季至少有70%个月平匀植
	日平均	每日至少有12h的采样时间
	1h平均	每小时至少有45min的采样时间

二、空气采样方法和技术

（一）样品的采集

如果采样方法不正确或不规范，即使操作者再细心、实验室分析再精确、实验室的质量保证和质量控制再严格，也不会得出准确的测定结果。因此，监测点位确定之后，采样人员一定要严格按照采样的操作步骤及质量保证和质量控制技术规定进行采样。这要求采样人员要有一定的理论基础知识及工作经验，尤其应具有较强的责任心。

根据被测污染物在空气和废气中存在的状态和浓度水平以及所用的分析方法，将按气态、颗粒态和两种状态共存的污染物，介绍不同原理的采样方法和应注意的问题。

1. 气态污染物的采样方法

1）直接采样法

当空气中被测组分浓度较高，或所用的分析方法灵敏度很高时，可选用直接采取少量气体样品的采样法。用该方法测得的结果是瞬时或者短时间内的平均浓度，而且可以较快得到分析结果。

2）有动力采样法

有动力采样法是用一个抽气泵，将空气样品通过吸收瓶（管）中的吸收介质，使空气样品中的待测污染物浓缩在吸收介质中。吸收介质通常是液体和多孔状的固体颗粒物、其目的是不仅浓缩了待测污染物、提高了分析灵敏度，并且有利于去除干扰物质和选择不同原理的分析方法。有动力采样法包括溶液吸收法、填充柱采样法和被动式采样法。

（1）溶液吸收法。该方法主要用于采集气态和蒸气态的污染物，是最常用的气体污染物样品的浓缩采样法。根据需要，吸收管分别设计为气泡吸收管、多孔玻板吸收管、多孔玻柱吸收管、冲击式吸收管等。

（2）填充柱采样法。用一个内径为3～5mm、长为5～10cm的玻璃管，内装颗粒状或纤维状的固体填充剂（图4-5）。填充剂可以用吸附剂，或在颗粒状、纤维状的担体上涂以某种化学试剂。当空气样品以0.1～0.5L/min或2～5L/min的流速被抽过填充柱时，气体中被测组分因吸附、溶解或化学反应等作用而被阻留在填充剂上。

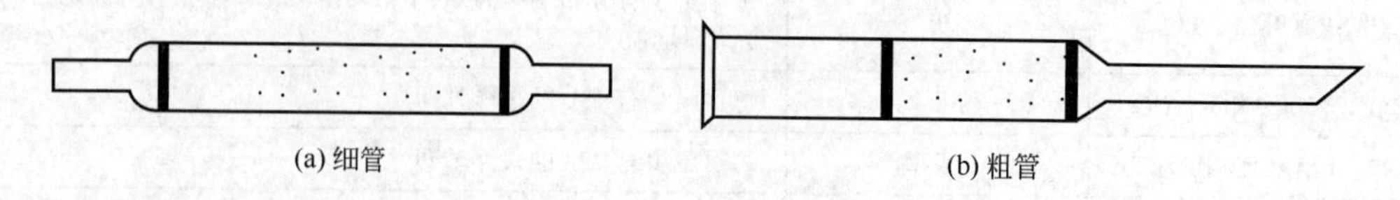

图4-5　填充柱采样管

3）被动式采样法

被动式采样器是基于气体分子扩散或渗透原理采集空气中气态或蒸气态污染物的一种采样装置，由于它不用任何电源或抽气动力，所以又称无泵采样器。这种采样器体积小，非常轻便，可用作个体接触剂量评价的监测；也可放在欲测场所，连续采样，用作环境空气质量评价的监测。目前，常用于室内空气污染和个体接触剂量的评价监测。

2．颗粒物的采样

空气中颗粒物质的采样方法主要有自然沉降法和滤料法。自然沉降法主要用于采集颗粒物粒径较大的尘粒；滤料法用于采集空气中不同粒径的颗粒物，或利用等速跟踪排气流速的原理，采集烟尘和粉尘。常用的滤料有定量滤纸、玻璃纤维滤膜、过氯乙烯纤维滤膜、微孔滤膜和浸渍试剂滤纸（膜）等。

（二）采样体积的计算

1．直接采样法

直接采样时，当压力达到平衡并稳定后，这些采样器具的容积就是空气采样体积。

2．有动力采样法

有动力采样时，主要有以下几种方法：

（1）用转子流量计和孔口流量计测定采样系统的空气流量。当采样流量稳定时，用流量乘以采样时间计算空气采样体积。

（2）用气体体积计量器以累积的方式，直接测量进入采样系统中的空气体积。

（3）用质量流量计测量进入采样系统中的空气质量，换算成标准采样体积。由于质量流量计测定的是空气质量流量，所以不需要对温度和大气压力校准。

（4）用类似毛细管或限流的临界孔稳流器来测量和测定采样的流量。

采样时还应该记录采样时的温度和大气压力，将采样体积换算成标准状态下的采样体积，计算公式为：

$$V_0 = V_1 \times \frac{273}{273+t} \times \frac{p}{101.325} \tag{4-15}$$

式中　V_0——标准状况下的采样体积，L 或 m^3；

t——采样时的温度，℃；

p——采样时的大气压，kPa。

三、大气污染物的测定

（一）二氧化硫

测定环境空气中二氧化硫的方法有甲醛缓冲溶液吸收—盐酸恩波副品红分光光度法（简称甲醛法）、四氯汞钾溶液吸收—盐酸恩波副品红分光光度法（简称四氯汞钾法）及定电位电解法。

1．甲醛缓冲溶液吸收—盐酸恩波副品红分光光度法

二氧化硫被甲醛缓冲溶液吸收后，生成稳定的羧基甲磺酸加成化合物。在样品溶液中加入氢氧化钠使加成化合物分解，释放出的二氧化硫与盐酸恩波副品红、甲醛作用，生成紫红色化合物，根据颜色深浅，用分光光度计在 577nm 处进行测定。

本法适宜测定浓度范围为 0.003～1.07mg/m^3。最低检出限为 0.2μg/10mL，当用 10mL 吸收液采气样 10L 时，最低检出浓度为 0.02mg/m^3；当用 50mL 吸收液，24h 采气样 300L，取出 10mL 样品测定时，最低检出浓度为 0.003mg/m^3。

2．四氯汞钾溶液吸收—盐酸恩波副品红分光光度法

二氧化硫被四氯汞钾溶液吸收后，生成稳定的二氯亚硫酸盐络合物，再与甲醛及盐酸恩波副品红作用，生成紫红色络合物，根据颜色深浅，用分光光度法测定。

当采样体积为10L时，最低检出浓度为0.015mg/m^3。

短时间采样，用一个内装5mL四氯汞钾吸收液的多孔玻板吸收管，以0.5L/min流量采气10～20L。测定24h平均浓度时，用50mL吸收液，流量为0.2L/min，10～16℃恒温采样。

$$二氧化硫含量=\frac{W}{V_n}\cdot\frac{V_t}{V_a} \tag{4-16}$$

式中 W——测定时所取样品溶液中二氧化硫含量，μg；

V_t——样品溶液总体积，mL；

V_n——标准状态下的采样体积，L；

V_a——测定时所取样品溶液体积，mL。

（二）氮氧化物的测定（盐酸萘乙二胺分光光度法）

空气中的二氧化氮与串联的第一支吸收瓶中的吸收液反应生成粉红色偶氮染料。空气中的一氧化氮不与吸收液反应，通过酸性高锰酸钾溶液氧化管被氧化为二氧化氮后，与串联的第一支吸收瓶中的吸收液反应生成粉红色偶氮染料。于波长540nm处分别测定第一支和第二支吸收瓶中样品的吸光度。

空气中臭氧浓度超过0.25mg/m^{3}时，对氮氧化物的测定产生负干扰，采样时在吸收瓶入口端串接一段15～20cm长的硅橡胶管，排除干扰。

方法检出限为0.12μg/10mL，当吸收液体积为10mL，采样体积为24L时，氮氧化物（以NO_2计）的最低检出浓度为0.005mg/m^3。

（三）硫化氢的测定（亚甲基蓝分光光度法）

硫化氢（H_2S）为无色气体，分子量34.08，沸点－83℃，对空气相对密度1.19，在标准状况下1L气体质量为1.54g，1体积水溶解2.5体积硫化氢，其水溶液呈酸性，与重金属盐反应可以生成不溶于水的重金属硫化物沉淀。硫化氢能被氧化，根据氧化条件和氧化剂的不同，氧化的产物也不同，与碘溶液作用生成单体硫，在空气中燃烧生成SO_2，和氯或溴水溶液作用生成硫酸。

硫化氢有腐蛋的恶臭味，人对硫化氢的嗅觉阈为0.012～0.03mg/m^3。硫化氢是神经毒物，对呼吸道和眼黏膜也有刺激作用。硫化氢对农作物的毒害要比对人的毒害轻得多。

硫化氢化学测定方法很多，有硫化银比色法、乙酸铅试纸法、检气管法和亚甲基蓝比色法等。其中以亚甲基蓝比色法应用最普遍，且方法灵敏，适用于大气测定。

1．原理

空气中硫化氢被碱性氢氧化镉悬浮液吸收，形成硫化镉沉淀。吸收液中加入聚乙烯醇磷酸铵可以减低硫化镉的光分解作用。然后，在硫酸溶液中，硫化氢与对氨基二甲基苯胺溶液和三氯化铁溶液作用，生成亚甲基蓝，比色定量。

2．仪器

（1）普通型气泡吸收管有10mL刻度线，并配有黑色避光套。

（2）空气采样器：流量范围0.2～2L/min，流量稳定；使用时，用皂膜流量计校准采样器在采样前和采样后的流量，流量误差应小于5%。

（3）10mL具塞比塞管。

（4）分光光度计：用20mm比色皿在波长665nm处测定吸光度。

3．采样

用一个内装10mL吸收液的普通型气泡吸收管，以1～1.5L/min流量，避光采气30L。根据现场硫化氢浓度，选择采样流量，使最大采样时间不超过1h。采样后的样品也应置于暗处，并在6h内显色；或在现场加显色液，带回实验室，在当天内比色测定。记录采样时的温度和大气压力。

4．说明

（1）方法的灵敏度：10mL吸收液中含有1μg硫化氢应有0.155±0.010吸光度。

（2）方法检出限为0.1μg/10mL，测定范围为10mL样品溶液中含0.2～4μg硫化氢。若采样体积为30L时，最低检出浓度为0.003mg/m^3，则可测浓度范围为0.007～0.13mg/m^3，如硫化氢浓度大于0.13mg/m^3，应适当减少采样体积，或取部分样品溶液进行分析。

（3）显色过程中，显色剂加入后，要迅速加盖轻轻倒转混匀，避免剧烈振荡。

（4）硫化物易被氧化，在日光下会加速氧化，故在采样、样品运输及保存过程中应避光。采样后现场显色，加显色剂时操作要迅速，防止酸性条件下硫化氢溢出，造成测定误差。

（5）方法的重现性。用标准溶液制备标准曲线时，各浓度点重复测定的平均相对标准差为6%，斜率平均值在95%概率的置信范围为0.155±0.010。本方法对硫化氢渗透管的渗透率重复测定的相对标准差为2%。

（6）方法的准确度。流量误差不超过5%，用本方法测定硫化氢渗透管的渗透率与用重量法测得值（重量法测定的不确定度为2%）相比较，平均为96%。

（7）干扰及排除。由于硫化镉在光照下易被氧化，所以采样期间和样品分析之前应避光，采样时间不应超过1h，采样后应在6h之内显色分析。空气中SO_2浓度小于1mg/m^3，NO_2浓度小于0.6mg/m^3，不干扰测定。

第三节 物理污染监测

环境中主要的物理污染包括噪声污染、电磁辐射污染、放射性污染、光污染和热污染，此外还有振动污染、风污染和太空垃圾污染。

一、噪声污染监测

噪声污染和水污染、空气污染、固体废物污染一样是当代主要的环境污染之一。但噪声与后者不同，噪声污染是一种物理污染（或称能量污染），其主要特点如下：

（1）噪声污染具有即时性。这种污染采集不到污染物，当声源停止振动时，声音便立即消失，不会在环境中造成污染的积累并形成持久的危害。

（2）噪声污染的危害是非致命的、间接的、缓慢的。但对人心理、生理上的影响不可忽视。

（3）噪声污染具有时空局部性和多发性。在环境中，噪声源分布广泛，集中处理有一定难度。

尽管噪声对人有干扰，但人也不能生活在无声无息的环境中。如果周围环境过于安静，人会感到不舒服，甚至会产生恐惧。因此，人应该生活在适度的声学环境中。随着城市化、工业化和交通运输业的发展以及人口密度的增加，噪声污染日益引起人们的重视，在诸多环境问题中，噪声污染投诉比例呈逐年上升趋势。噪声污染已成为环境监测的一个重要组成部分。

（一）噪声的来源与危害

1. 噪声的来源

声音由物体振动引起，以波的形式在一定的介质（如固体、液体、气体）中进行传播。一般情况下，人耳可听到的声波频率为20～20000Hz，称为可听声，简称声音；频率低于20Hz的，称为次声；高于20000Hz的，称为超声。声音的音调高低取决于声波的频率，高频声听起来尖锐，而低频声给人的感觉较为沉闷。声音的大小由声音的强弱决定。从物理学的观点来看，噪声是由各种不同频率、不同强度的声音杂乱、无规律地组合而成；乐音则是和谐的声音。

判断一个声音是否属于噪声，仅从物理学角度判断是不够的。主观上的因素往往起着决定性的作用。例如，美妙的音乐对正在欣赏音乐的人来说是乐音，对于正在学习、休息或集中精力思考问题的人可能是一种噪声。即使同一种声音，当人处于不同状态、不同心情时，对声音也会产生不同的主观判断，此时声音可能成为噪声或乐音。因此，从生理学观点来看，凡是干扰人们休息、学习和工作的声音，即不需要的声音，统称为噪声。当噪声对人及周围环境造成不良影响时，就会形成噪声污染。

环境噪声的来源有四种：一是交通噪声，包括汽车、火车和飞机等所产生的噪声，特别是随着电动自行车的广泛使用，电动自行车引起的噪声已经成为城市交通噪声的重要组成部分；二是工厂噪声，如鼓风机、汽轮机、织布机和冲床等所产生的噪声；三是建筑施工噪声，像打桩机、挖土机和混凝土搅拌机等发出的声音；四是社会生活噪声，如高音喇叭、收录机等发出的过强声音。

噪声污染按声源的机械特点可分为气体扰动产生的噪声、固体振动产生的噪声、液体撞击产生的噪声以及电磁作用产生的电磁噪声。按声音的频率可分为小于400Hz的低频噪声、400～1000Hz 的中频噪声，以及大于 1000Hz 的高频噪声。按噪声随时间变化的属性可分为稳态噪声、非稳态噪声、起伏噪声、间歇噪声以及脉冲噪声等。

2．噪声的危害

噪声的主要危害包括损伤听力、干扰人们的工作和休息、影响睡眠、诱发疾病、干扰语言交流，强噪声还会影响设备正常运行和损坏建筑结构，其危害程度主要取决于噪声的频率、强度及暴露时间。噪声对人体最直接的危害是听力损伤，这种损伤是累积性的，在强噪声下工作 1d，只要噪声不超过 120dB 以上，事后只产生暂时性的听力损伤，经过休息可以恢复；但如果长期在强噪声下工作，每天虽可以恢复，经过一段时间后，就会产生永久性的听力损伤，过强的噪声还能杀伤人体。

（二）噪声的物理量度

1．噪声的物理特性

1）频率、周期、波长与波速的概念

声源在单位时间内振动的次数称为频率，以 f 表示，单位为 Hz。

声音振动一次所需要的时间称为周期，以 T 表示，单位为 s。

周期与频率的关系是：

$$T=\frac{1}{f} \tag{4-17}$$

波长是指波形上振动完全相同的相邻两点间的距离，以 λ 表示，单位为 m。

波速是指波的传播速度，以 c 表示，单位为 m/s。波速与传递声波的介质和介质温度有关。常温下，声速约为 345m/s。在空气中，声音与温度的关系可简写为：

$$c=331.4+0.607t \tag{4-18}$$

2）声功率、声强和声压

声功率是指声源在单位时间内所发射的声能量，以 W 表示，单位为瓦（W）。在噪声监测中，声功率是指声源总功率。

声强是指单位时间内，声波通过垂直于其传播方向的单位面积的平均声能量，以 I 表示，单位为 W/m^2。

声压是指由于声波振动而引起的空气压强增量。声波在空气中传播时空气压缩和稀疏交替变化，所以压强的增量是正负交替的，但通常讲的声压是取均方根值（称为有效声压），所以声压值总是正的。声压以 P 表示，单位为 N/m^2。声波在自由场中以平面波或球面波传播时，声压和声强之间存在如下关系：

$$I=\frac{P^2}{r_0c_0} \tag{4-19}$$

式中　P——有效声压，Pa；

r_0——空气密度，kg/m^3；

c_0——空气中的声速，m/s。

当频率为1000Hz时，正常人耳刚好能听到的声音声压值约为$2\times10^{-5}N/m^2$，称为基准声压或听阈声压。使人耳感到疼痛的声压值约为$20N/m^2$，称为痛阈声压。

3）分贝、声功率级、声强级和声压级

（1）分贝。能够引起人的听觉的声波不仅要有一定的频率范围，还要有一定的声压范围，而声压的变化范围非常大，可达6个数量级以上，在实际使用上不太方便。另外，人体听觉对声音信号强弱刺激的反应不是线性的，而是成对数比例关系。因此，通常以一种对数方式——分贝（dB）来表达声学量值。

分贝是指两个相同的物理量（如A和A_0）之比取以10为底的对数并乘以10（或20）。

$$N=10\lg\frac{A}{A_0} \tag{4-20}$$

式中　A_0——基准量（或参考量）；

A——被量度量。

因此，分贝是无量纲的，在噪声测量中是很重要的参量。被量度量和基准量之比取对数，这对数值称为被量度量的“级”，即用对数标度时所得到的是比值，它代表被量度量比基准量高出多少“级”。

（2）声功率级L_W：

$$L_W=10\lg\frac{W}{W_0} \tag{4-21}$$

式中　L_W——声功率级，dB；

W——声功率，W；

W_0——基准声功率，10^{-12}W。

（3）声强级L_i：

$$L_i=10\lg\frac{I}{I_0} \tag{4-22}$$

式中　L_i——声强级，dB；

I——声强，W/m^2；

I_0——基准声强，$10^{-12}W/m^2$。

（4）声压级L_P：

$$L_P=10\lg\frac{P^2}{P_0^2}=20\lg\frac{P}{P_0} \tag{4-23}$$

式中　L_P——声压级，dB；

P——声压，Pa；

P_0——基准声压，为2×10^{-5}Pa。

正常人的轻声耳语声压级约为30dB，相距1m左右的会话语言约为60dB，公共汽车中约为 80dB，重型载重车、织布车间、地铁内噪声约为 100dB，大炮轰鸣、喷气飞机起飞约为 130dB。

2．噪声的叠加

两个以上独立声源作用于某一点，产生噪声的叠加。噪声叠加时，声能量可以代数相加。以两个声源为例，在空间某一点，两个声源的声功率和声强分别为 W_1、W_2 和 I_1、I_2，则该点的总声功率和声强分别为：

$$
\begin{aligned}
W_{总} &= W_1 + W_2 \\
I_{总} &= I_1 + I_2
\end{aligned}
\tag{4-24}
$$

声压不能直接相加，由式（4-23）可知声压的平方能直接相加，根据几个独立声源在空间某点的总声压级 L_P 可表示为：

$$
\begin{aligned}
L_P &= 10\lg\frac{P_1^2 + P_2^2 + \cdots + P_n^2}{P_0^2} \\
&= 10\lg(10^{L_{P_1}/10} + 10^{L_{P_2}/10} + \cdots + 10^{L_{P_n}/10})
\end{aligned}
\tag{4-25}
$$

如两个相等声压级的噪声进行叠加，则总声压级为：

$$
L_P = L_{P_1} + 10\lg 2 \approx L_{P_1} + 3 \tag{4-26}
$$

即作用于某一点的两个声源声压级相等时，其叠加后的声压级比一个声源的声压级增加 3dB。例如，两声源的声压级分别为 93dB 和 90dB，查曲线得ΔL_P=1.8dB，所以叠加后总声压级ΔL_P=93+1.8=94.8dB。

两个噪声叠加，总声压级不会比其中任一个大 3dB 以上；而两个声压级相差 10dB 以上时，叠加增量可忽略不计。

几个声源在某点处的总声压级，只需依次两两叠加即可，而与叠加次序无关。应该指出，根据波的叠加原理，若是两个相同频率的单频声源叠加，会产生干涉现象，即需考虑叠加点各自的相位，不过这种情况在环境噪声中几乎不会遇到。

3．噪声的相减

由于背景噪声的存在，使实际测量的读数增高，所以噪声测量中经常碰到如何扣除背景噪声问题，即噪声相减的问题。

（三）噪声标准

噪声对人的影响与声源的物理特性、暴露时间和个体差异等因素有关，它不仅取决于噪声引起的生理反应，还取决于人们的心理反应。所以噪声标准的制定是在大量试验基础上进行统计分析的，主要考虑因素是保护听力、噪声对人体健康的影响、人们对噪声的主观烦恼度和目前的经济、技术条件等方面。下面介绍我国的一些环境噪声标准。

1．城市区域环境噪声标准

表 4-10 是我国城市区域环境噪声标准值。该标准规定了城市五类区域的环境噪声最高

限值。适用于城市区域，乡村生活区域可参照该标准执行。

表 4-10　我国城域环境噪声标准值　　　等效声级 L_{Aeq}：dB（A）

类别	昼间	夜间
0	50	40
1	55	45
2	60	50
3	65	55
4	70	55

注：表中 0 类标准适用于疗养区、高级别墅区、高级宾馆区等特别需要安静的区域，位于城郊和乡村的这一类区域分别按严于 0 类标准 5dB 执行。

1 类标准适用于以居住、文教机关为主的区域，乡村居住环境可参照执行该类标准。

2 类标准适用于居住、商业、工业混杂区。

3 类标准适用于工业区。

4 类标准适用于城市中的道路交通干线道路两侧的区域，穿越城区的内河航道两侧区域，穿越城区的铁路主、次干线两侧区域的背景噪声（指不通过列车时的噪声水平）限值也执行该类标准。

2．工业企业厂界噪声标准

该标准（GB 12348—2008）适用于工厂及可能造成噪声污染的企事业单位的边界。噪声控制标准值见表 4-11。

表 4-11　工业企业厂界噪声控制标准值　　　等效声级 L_{Aeq}：dB（A）

类别	昼间	夜间	类别	昼间	夜间
Ⅰ	55	45	Ⅲ	65	55
Ⅱ	60	50	Ⅳ	70	55

注：夜间频繁突发的噪声（如排气噪声），其峰值不准超过标准值 10dB（A）；夜间偶然突发的噪声（如短促鸣笛声），其峰值不准超过标准值 15dB（A）。各类标准使用的范围划分如下：

Ⅰ类适用于以居住、文教机关为主的区域。

Ⅱ类适用于居住、商业、工业混杂区及商业中心区。

Ⅲ类适用于工业区。

Ⅳ类适用于交通干线道路两侧区域。

（四）噪声测量仪器

随着现代电子技术的飞速发展，噪声测量仪器日益自动化、小型化、多样化，并可根据使用需要，选择与测量目的相适应的测量仪器。常用的噪声测量仪器有声级计、频谱分析仪、声级记录仪、录音机和实时分析仪等。

1．声级计

声级计是噪声测量中最基本、最常用的仪器，可测量环境噪声、机器噪声、车辆噪声的声压级和计权声级。

声级计一般由传声器、前置放大器、衰减器、放大器、频率计权网络以及有效值指示表等组成，如图 4-6 所示。

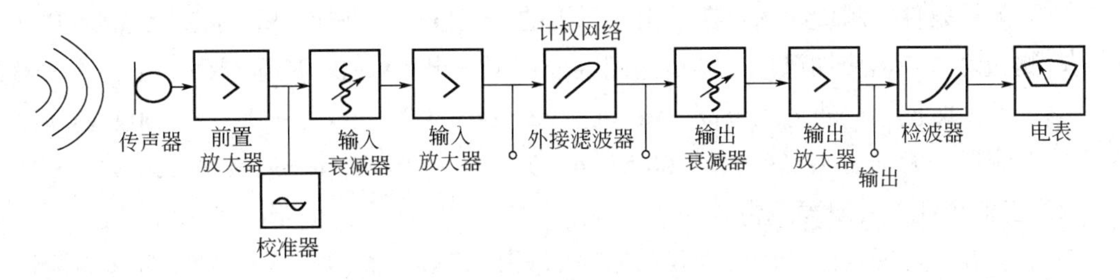

图 4-6　声级计工作原理

声压由传声器膜片接收后，将声压信号转换成电信号，经前置放大器做阻抗变换后送到输入衰减器。由于表头指示范围仅有 20dB，而声音变化范围可高达 140dB，故必须使用衰减器来衰减信号，再由输入放大器进行定量放大。经放大后的信号由计权网络对信号进行频率计权（或外接滤波器），然后先经衰减器、再经放大器将信号放大到一定的幅值，输出信号经均方根检波电路（RMS 检波）送出有效值电压，推动电流表，显示所测量的声压级噪声（dB）。

根据精度声级计可分为普通声级计和精密声级计。如将精密声级计的传声器换成加速度计，还可用来测量振动。根据声级计的用途又可以将其分为两类，一类用于测量稳态噪声，一类则用于测量不稳态噪声和脉冲噪声。

近年来有人将声级计分为四类：0 型、Ⅰ型、Ⅱ型、Ⅲ型，它们的精度分别为±0.4dB、±0.7dB、±1.0dB 和 1.5dB。

2．频谱分析仪

频谱分析仪也称声频频谱仪，是测量噪声频谱的仪器，基本组成与声级计相似，只是设置了完整的计权网络（滤波器）。借助于滤波器的作用，可以将声频范围内的频率分成不同的频带进行测量。一般情况下，都采用倍频程划分频带。如果要对噪声进行更详细的频谱分析，可用 1/3 频程划分频带；在没有专用的频谱分析仪时，也可以把适当的滤波器接在声级计上进行频谱分析。

3．声级记录仪

声级记录仪可将测量的噪声声频信号随时间变化记录下来，从而对环境噪声做出准确的评价。记录仪可将交变声频电信号做对数转换，经整流后将噪声的峰值、有效均方根值和平均值表示出来。

（五）噪声测量方法

1．城市区域噪声环境监测

我国城市环境噪声监测包括城市区域环境噪声测量、城市交通噪声测量、城市环境噪声长期监测和城市环境中噪声源的调查测试等。

（1）测量仪器。基本测量仪器为精密声级计或普通声级计。仪器使用前应按规定进行校准，测量后要求复校一次。

（2）布点。测量点应选择在居住或工作建筑物之外，离任一建筑物的距离不小于 1m，传声器距地面的垂直距离不小于 1.2m。

（3）测量条件。测量应选择在无雨、无雪的天气条件下进行，风速超过 5.5m/s 时停止测量，测量时传声器应加风罩。铁路两侧区域环境噪声测量时，应避开列车通过的时段。

（4）测量时间。一般分为昼间（6：00—22：00）和夜间（22：00—6：00）两个时间段。白天测量一般选在 8：00—12：00 或 14：00—18：00，夜间一般选在 22：00—5：00。

2．工业企业厂界噪声测量

工业企业厂界噪声测量应根据我国颁布的 GB 12348—2008《工业企业厂界噪声测量方法》规定。工业企业厂界噪声的测量点应布置在法定厂界外 1m 处，传声器高度在 1.2m 以上噪声敏感处。如厂界有围墙，测点应高于围墙。如厂界与居民住宅相连，厂界噪声无法测量时，测点应选在居室中央，室内限值应比相应标准值低 10dB（A）。围绕厂界布点，布点数目及间距视实际情况而定。

进行工业企业厂界噪声测量时，所采用的测量仪器、测量条件等要求与城市区域环境噪声测量时基本相同。

二、振动污染监测

物体的运动状态随时间在极大值和极小值之间交替变化的过程称为振动。过量的振动会使人不舒适、疲劳，甚至导致人体损伤。其次，振动将形成噪声源，以噪声的形式影响或污染环境。环境振动是环境污染的一个方面，铁路振动、公路振动、地铁振动、工业振动均会对人们的正常生活和休息产生不利的影响。

（一）振动的来源与危害

运转着的机械设备，由于机械部件之间都有力的传递，因而总是会产生振动。振动是噪声产生的原因，机械设备产生的噪声有两种传播方式：一种以空气为介质向外传播，称为空气声；另一种是声源直接激发固体构件振动，这种振动以弹性波的形式在基础、地板、墙壁中传播，并在传播中向外辐射噪声，称为固体声。

振动不仅能激发噪声，而且还能通过固体直接作用于人体，危害身体健康。轻微的振动就会影响精密仪器的正常使用，而强烈的振动甚至还会损害机器和建筑物。振动测量在工业上也有许多应用，如检测地下管道泄漏、检查旋转机械的平衡性能等。振动对人的影响大致分四种情况：

（1）人体刚能感受到振动的信息，即通常所说的“感觉阈”。人们对刚超过感觉阈的振动，一般并不觉得不舒适，即多数人对这种振动是可容忍的。

（2）振动的振幅加大到一定程度，人就感觉到不舒适，或者做出“讨厌”的反应，这就是“不舒适阈”。“不舒适”是一种心理反应，是大脑对振动信息的一种判断，并没有产生生理的影响。

（3）振动振幅进一步增加，达到某种程度，人对振动的感觉就由“不舒适”进入“疲劳阈”。对超过疲劳阈的振动，不仅有心理的反应，而且会出现生理的反应。这就是说，振动的感受器官和神经系统的功能在振动的刺激下受到影响，并通过神经系统对人体的其他功能产生影响，如注意力的转移、工作效率的降低等。对刚超过“疲劳阈”的振动来讲，振动停止以后，这些生理影响是可以恢复的。

（4）振动的强度继续增加，就进入“危险阈”（或“极限阈”）。超过危险阈时，振动对人不仅有心理、生理的影响，还产生病理性的损伤。这就是说，这样强的振动将使感受器官和神经系统产生永久性病变，即使振动停止也不能复原。

振动测量和噪声测量有关，部分仪器可以通用。只要将噪声测量系统中声音传感器换成振动传感器，将声音计权网络换成振动计权网络，就成了振动测量系统。但振动频率往往低于噪声的声频率。

（二）振动的名词术语

1．振动加速度级 VAL

对加速度与基准加速度之比取以 10 为底的对数乘以 20，记为 VAL，单位为分贝（dB）。按定义此量为：

$$\mathrm{VAL}=20\lg\frac{a}{a_0} \tag{4-27}$$

式中 a——振动加速度有效值，m/s^2；

a_0——基准加速度，$a_0=10^{-6}m/s^2$。

2．振动级 VL

按 ISO 2631/15 规定的全身振动不同频率计权因子修正后得到的振动加速度级，简称振级，记为 VL，单位为分贝（dB）。

3．Z 振动级 VL_Z

按 ISO 2631/1 规定的全身振动 Z 计权因子修正后得到的振动加速度级，记为 VL_Z，单位为分贝（dB）。

4．累积百分 Z 振级 VL_{Zn}

在规定的测量时间内，有 n%时间的 Z 振级超过某一 VL_Z 值，这个 VL_Z 值称为累积百分 Z 振级，记为 VL_{Zn}，单位为分贝（dB）。

5．稳态振动

观测时间内振级变化不大的环境振动。

6．冲击振动

具有突发性振级变换的环境振动。

7．无规振动

未来任何时刻不能预先确定振级的环境振动。

（三）城市区域环境振动标准

GB 10070—1988《城市区域环境振动标准》规定了我国城市区域环境振动的标准值及

适用地带范围（表 4-12）。

表 4-12　我国城市区域环境振动限值　　单位：Db

适用地带	昼间	夜间
特殊住宅区	65	65
居民、文教区	70	67
混合区、商业中心区	75	72
工业集中区	75	72
交通干线道路两侧	75	72
铁路干线两侧	80	80

注：（1）本标准值适用于连续发生的稳态振动、冲击振动和无规则振动。

（2）每日发生几次的冲击振动，其最大值昼间不允许超过标准值 10dB，夜间不超过 3dB。

（3）适用地带范围划分：

① 特殊住宅区是指特别需要安宁的住宅区。

② 居民、文教区是指纯居民和文教、机关区。

③ 混合区是指一般商业与居民混合区；工业、商业、少量交通与居民混合区。

④ 商业中心区是指商业集中的繁华地区。

⑤ 工业集中区是指在一个城市或区域内规划明确确定的工业区。

⑥ 交通干线道路两侧是指车流量每小时 100 辆以上的道路两侧。

⑦ 铁路干线两侧是指距每日车流量不少于 20 列的铁道外轨 30m 外两侧的住宅区。

（四）测量仪器

测量振动的仪器泛称拾振器，拾振器的种类很多，最常用的方法是将机械振动转换成电量，测量位移的称为测振计，测量速度的称为速度计，测量加速度的称为加速度计。

拾振器性能必须符合 ISO/DP 8041—1984 有关条款的规定。测量系统每年至少送计量部门校准一次。

（五）城市区域环境振动测量方法

1．监测方法

（1）测量点的布设。测量点在建筑物室外 0.5m 以内振动敏感处，必要时测量点置于建筑物室内地面中央，标准值均取表 4-11 中的值。

（2）计算方法。铅垂向 Z 振级的测量及评价量的计算方法按国家标准 GB 10071—1988 有关条款的规定执行

2．测量量及读值方法

（1）测量量：测量量为铅垂向 Z 振级。

（2）读数方法和评价量。

计权常数：本测量方法采用的仪器时间计权常数为 1s。

稳态振动：每个测点测量一次，取 5s 内的平均示数作为评价量。

冲击振动：取每次冲击过程的最大示数为评价量。对于重复出现的冲击振动，以 10

次读数的算术平均值为评价量。

无规振动：每个测点等间隔地读取瞬时示数。采样间隔不大于5s，连续测量时间不小于1000s，以测量数据的VL_{Z10}值为评价量。

铁路振动：读取每次列车通过过程中的最大示数，每个测点连续测量20次列车，以20次读数的算术平均值为评价量。

3．测量位置及拾振器的安装

（1）测量位置。测点置于各类区域建筑物室外0.5m以内振动敏感处，必要时，测点置于建筑物室内地面中央。

（2）拾振器。确保拾振器平稳地安放在平坦、坚实的地面上。避免置于如地毯、草地等松软的地面上。拾振器的灵敏度主轴方向与测量方向一致。

4．测量条件

测量时振源应处于正常工作状态，应避免足以影响环境振动测量值的其他环境因素，如剧烈的温度梯度变化、强电磁场、强风、地震或其他非振动污染源引起的干扰。

5．测量数据记录和处理

环境振动测量按待测振源的类别，选择相应的表格进行记录。测量交通振动，应记录车流量。

第四节 固体废物监测

固体废物是指在生产建设、日常生活和其他活动中产生的污染环境的固态、半固态废弃物质，还包括危险废物。固体废物主要来源于人类的生产和消费活动。根据固体废物的来源和特殊性质可将其分为三类：一为各种工矿企业在生产或原料加工过程中所产生或排出的物质，统称工业废物；二为各种生产、生活制品在进入市场流动中或消费后所产生或抛弃的物质，统称生活垃圾；另外，还有属于工业废物，但具独特性质，对环境和人体会带来危害而需加以特殊管理物质，称作危险废物。

一、概述

固体废物的监测包括采样计划的设计和实施、分析方法、质量保证等方面，各国都有具体规定。例如，美国环境保护局固体废物办公室根据资源回收法（RCRA）编写的《固体废物试验分析评价手册》较为全面地论述了采样计划的设计和实施，质量控制，方法选择，金属分析方法，有机物分析方法，综合指标试验方法，物理性质测定方法，有害废物的特性、法规定义和可燃性、腐蚀性、反应性、浸出毒性的试验方法，地下水、土地处理监测和废物焚烧监测等。

为了使采集样品具有代表性，在采集之前要调查研究生产工艺过程、废物类型、排放数量、堆积历史、危害程度和综合利用情况。如采集有害废物则应根据其有害特性采取相应的安全措施。

二、固体废物样品的采集和制备

（一）固体废物样品的采集

1．采样工具

采样工具包括尖头钢锨、钢尖镐（腰斧）、采样铲（采样器）、具盖采样桶或内衬塑料的采样袋。

2．采样程序

（1）根据固体废物批量大小确定应采的份数（由一批废物中的一个点或一个部位，按规定量取出的样品）、个数。

（2）根据固体废物的最大粒度（95%以上能通过的最小筛孔尺寸）确定份样量。

（3）根据采样方法，随机采集份样，组成总样，并认真填写采样记录表。

3．份样数

按表4-13确定应采份样个数。

表4-13　批量大小与最少份样个数　　单位：液体KL/固体t

批量大小	最少份样个数	批量大小	最少份样个数
＜5	5	500～1000	25
5～10	10	1000～5000	30
50～100	15	>5000	35
100～500	20		

4．份样量

按表4-14确定每个份样应采的最小质量。所采的每个份样量应大致相等，其相对误差不大于20%。表4-14中要求的采样铲容量为保证一次在一个地点或部位能取到足够数量的份样量。

表4-14　份样量和采样铲容量

最大粒度，mm	最小份样质量，kg	采样铲容量，mL
>150	30	
100～150	15	16000
50～100	5	7000
40～50	3	17000
20～40	2	800
10～20	1	300
＜10	0.5	125

液态废物的份样量以不小于100mL的采样瓶（或采样器）所盛量为准。

5．采样方法

在生产现场采样，首先应确定样品的批量，然后按下式计算出采样间隔，进行流动间隔采样：

$$采样间隔=\frac{批样量}{规定的份样数} \tag{4-28}$$

注意事项：采第一个份样时，不准在第一间隔的起点开始，可在第一间隔内任意确定。

（二）样品的制备

1．制样工具

制样工具包括粉碎机（破碎机）、药碾、钢锤、标准套筛、十字分样板、机械缩分器。

2．制样要求

（1）在制样全过程中，应防止样品产生任何化学变化和污染。若制样过程中可能对样品的性质产生显著影响，则应尽量保持原来状态。

（2）湿样品应在室温下自然干燥，使其达到适于破碎、筛分、缩分的程度。

（3）制备的样品应过筛后（筛孔为5mm），装瓶备用。

3．制样程序

（1）粉碎。用机械或人工方法把全部样品逐级破碎，通过5mm筛孔。粉碎过程中，不可随意丢弃难以破碎的粗粒。

（2）缩分。将样品在清洁、平整不吸水的板面上堆成圆锥形，每铲物粉自圆锥顶端落下，使其均匀地沿锥尖散落，不可使圆锥中心错位。反复转堆，至少三周，使其充分混合。然后将圆锥顶端轻轻压平，摊开物料后，用十字板自上压下，分成四等份，取两个对角的等份，重复操作数次，直至不少于1kg试样为止。在进行各项有害特性鉴别试验前，可根据要求的样品量进一步进行缩分。

4．样品的保存

制好的样品密封于容器中保存（容器应对样品不产生吸附、不使样品变质），贴上标签备用。标签上应注明编号、废物名称、采样地点、批量、采样人、制样人、时间。特殊样品可采取冷冻或充惰性气体等方法保存。

制备好的样品，一般有效保存期为3个月，易变质的样品不受此限制。

三、固体废物的测定方法

目前仅针对固体废物的浸出液进行测定，其测定方法与水质测定方法基本一样。常用分析方法有以下几种：重量法适用于测定悬浮物等；容量法适用于浸出物中含量较高的成分测定，如Cl^-、SO_4^{2-}等；原子吸收分光光度法、原子荧光分光光度法适用于金属如铜、铅、锌、镉、汞等组分的测定。

习 题

一、填空题

1. 水中铬常以________两种价态存在，其中________的毒性最强。

2. 甲醛法测定 SO_2 波长为________，其显色温度在 10℃时，显色时间为________min。

3. 工业企业厂界噪声测量时段的划分可由______按当地习惯和季节划定，一般情况下，昼间指______之间的时段；夜间指_______之间的时段。测量噪声时，要求气象条件为：无_______、无_______、风力________。

4. 用于测定化学需氧量的水样，在保存时需加入________，使 pH________。

5. 采集测定________、_________和_________项目的水样，应定容采样。

6. 测定水中的悬浮物，一般以_________悬浮物量作为量取试样体积的实用范围。

7. 测定高锰酸盐指数时，水中的_________、_________、 _________等还原性无机物和在此条件下可被氧化的 ____________均可消耗 $KMnO_4$。高锰酸盐指数常被作为水体受_________污染程度的综合指标。

8. 水中挥发酚通过蒸馏后，可以消除________等干扰。

9. 在 BOD_5 分析中，为检查稀释水、接种液或分析质量，可用相同浓度的_________和__________溶液等量混合，作为控制样品。

10. 通常规定______℃为测定电导率的标准温度。

11. 所有缓冲溶液都应避开________或_______的蒸汽，保存期不得超过________，出现浑浊、沉淀或发霉等现象时，应立即________。

二、判断题

1. 测定氯化物的水样，含少量有机物时，可用高锰酸钾氧化法处理。(　)

2. 红外分光光度法对含油较低的水样，采取萃取法。(　)

3. 原子吸收光度法测量高浓度试样时，应选择最灵敏线。(　)

4. 在 $K_2Cr_2O_7$ 法测定 COD 的回流过程中，若溶液颜色变绿，说明水样的 COD 适中，可继续进行实验。(　)

5. 工业废水样品应在企业的车间排放口采样。(　)

6. 石油类项目测定时，萃取液经硅酸镁吸附剂处理后，极性分子构成的动植物油不被吸附，非极性的石油类被吸附。(　)

7. 配制硫代硫酸钠标准溶液时，加入 0.2g 碳酸钠，其作用是使溶液保持微碱性，以抑制细菌生长。(　)

第五章 节能监测

节能监测是指依据国家有关节约能源的法规（或行业、地方规定）和能源标准，对用能单位的能源利用状况进行的监督、检查、测试和评价。节能监测是推进天然气生产企业节能工作法制管理的重要手段，目的是了解各生产环节的能源利用水平，加强节约能源的宏观管理，保证节能法律法规和节能技术标准的贯彻执行，促进节能降耗工作的有效开展，提高经济效益，保证企业的可持续发展。

第一节 主要耗能设备及监测仪器介绍

一、主要耗能设备

天然气行业的耗能设备主要有加热炉、电动机、变压器、泵、压缩机、天然气发动机、风机等。

（一）加热炉

1．工作原理

以图5-1为例，燃料在加热炉辐射室（炉膛）中燃烧，产生高温烟气并作为热载体流向对流室，从烟囱排出。待加热的介质首先进入加热炉对流室炉管。炉管主要以对流方式从流过对流室的烟气中获得热量，这些热量以传导方式由炉管外表面传导到炉管内表面，又以对流方式传递给管内流动的介质。介质由对流室炉管流入辐射室炉管，在辐射室内，燃烧器喷出的火焰主要以辐射方式将热量的一部分辐射到炉管外表面，另一部分辐射到敷设炉管的炉墙上，炉墙再次以辐射方式将热量辐射到背火面一侧的炉管外表面上。这两部分辐射热共同作用，使炉管外表面升温并与管壁内表面形成了温差，热量以传导方式流向管内壁，管内流动的介质又以对流方式不断从管内壁获得热量，实现了加热的工艺要求。

2．性能参数

加热炉的性能参数主要有热负荷、炉膛体积发热强度、炉管表面热强度、热效率、炉膛温度及排烟温度等。

1）热负荷

加热炉的热负荷是所有被加热的载热质（或介质）通过加热炉吸收的热量之和，为有效利用热量。

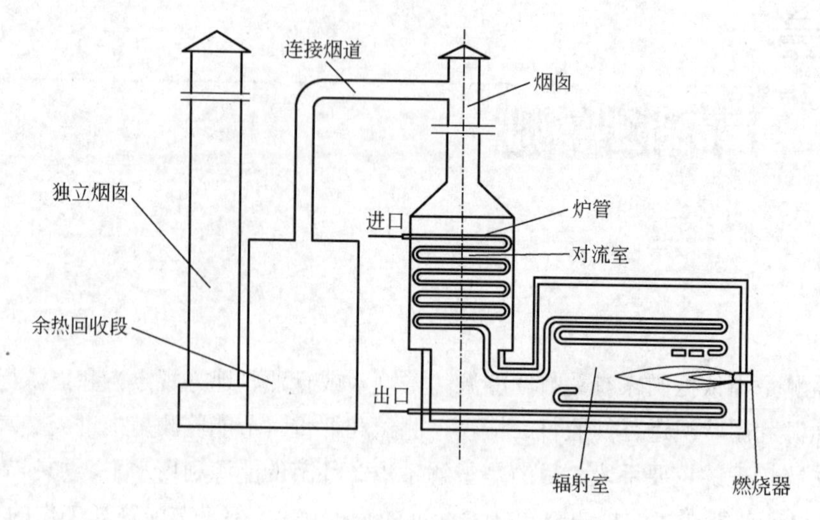

图 5-1 卧式圆筒管式加热炉

2）炉膛体积发热强度

燃料在炉膛中燃烧时，单位时间、单位体积放出的热量称为炉膛体积热强度。

在相同的热负荷下，炉膛体积越小，炉膛体积发热强度就越高，越有利于燃料的燃烧。加热炉炉膛体积热强度在燃油时一般不超过 $124kW/m^3$，燃气时一般不超过 $165kW/m^3$。

3）炉管表面热强度（平均表面热流密度）

单位时间内每单位炉管表面积所吸收的热量称为炉管表面热强度。

热负荷相同的炉子，炉管表面热强度越高，所需的炉管越少，所以应尽可能提高炉管表面热强度。

4）热效率

热效率是加热炉有效利用的热量占供给设备全部热量的百分比，是判断加热炉经济效益的一项重要指标。

5）炉膛温度

炉膛温度是指烟气离开辐射室进入对流室时的温度。炉膛温度高，有利于燃料充分燃烧，但过高又有可能导致辐射管局部过热结焦。加热炉炉膛温度一般控制在 600～750℃之间。

6）排烟温度

排烟温度是指烟气离开加热炉最后一组对流管进入烟囱时的温度。降低排烟温度可以减少加热炉热损失，提高热效率，从而节约燃料，降低运行成本。但排烟温度又不宜选择太低，否则会使受热面金属耗量增大，甚至产生烟气低温腐蚀，影响加热炉使用寿命。

（二）电动机

1．工作原理

电动机运行原理基于电磁感应定律和电磁力定律。电动机进行能量转换时，需具备能做相对运动的两大部件：建立励磁磁场的部件和感应电动势并流过工作电流的被感应部件，这两个部件中，静止的称为定子，做旋转运动的称为转子。定、转子之间有空气隙，以便转子旋转。

电磁转矩由气隙中励磁磁场与被感应部件中电流所建立的磁场相互作用产生。通过电磁转矩的作用，电动机向机械系统输出机械功率。建立上述两个磁场的方式不同，则形成不同种类的电动机。例如，两个磁场均由直流电流产生，则形成直流电动机；两个磁场分别由不同频率的交流电流产生，则形成异步电动机；一个磁场由直流电流产生，另一磁场由交流电流产生，则形成同步电动机。

以天然气生产系统中常用的三相异步电动机为例，说明电动机的工作原理。

1）原理

异步电动机转动原理模拟装置如图 5-2 所示。

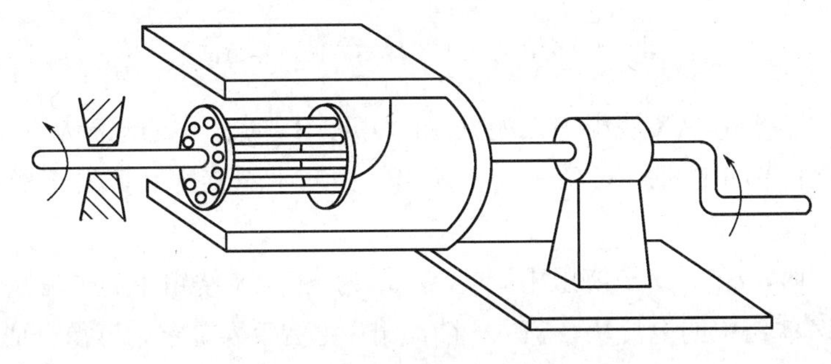

图 5-2　异步电动机原理模拟装置图

在装有手柄的蹄形磁铁的两极间放置一个“鼠笼”转子，当转动手柄带动蹄形磁铁旋转时，“鼠笼”转子也跟着旋转，“鼠笼”转子的转速总是低于外部磁铁旋转的速度。这是因为，只有在转子转速不等于磁场转速的情况下，当外部磁场旋转时，其磁力线才能切割转子导条，在导条中产生感应电动势及感生电流；通电导体进而受到电磁力的作用，转子才能旋转。正是因为两者转速有差异才能工作，所以这种电动机称为异步电动机。

对于鼠笼式异步电动机，其转子结构与模拟装置中的转子是相似的，不同的地方在于，在转子的外部不是旋转磁极，而是由软磁材料制成的圆柱形的定子铁心，在定子铁心内侧嵌入了定子绕组。在绕组中流过交流电流之后，就可以在定子铁心内表面建立等效的 N 极与 S 极区域，当电流随着时间正弦变化时，N、S 极区域在定子内圆表面的位置会发生连续变化，产生与上述实验相似的磁极旋转的等效磁极，亦即产生了“旋转磁场”。

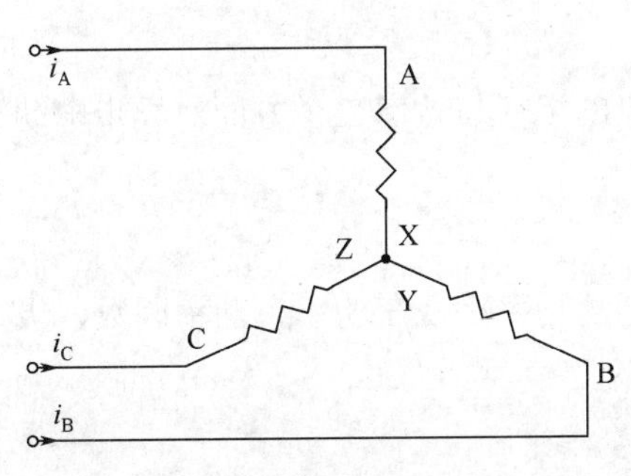

图 5-3　三相异步电动机定子接线

2）磁场

图 5-3 表示最简单的三相定子绕组 AX、BY、CZ，它们在空间按互差 120°的规律对称排列。并接成星形与三相电源 U、V、W 相连，则三相定子绕组通过三相对称电流，随着电流在定子绕组中通过，在三相定子绕组中就会产生旋转磁场。绕组中的电流的变化曲线如图 5-4 所示。

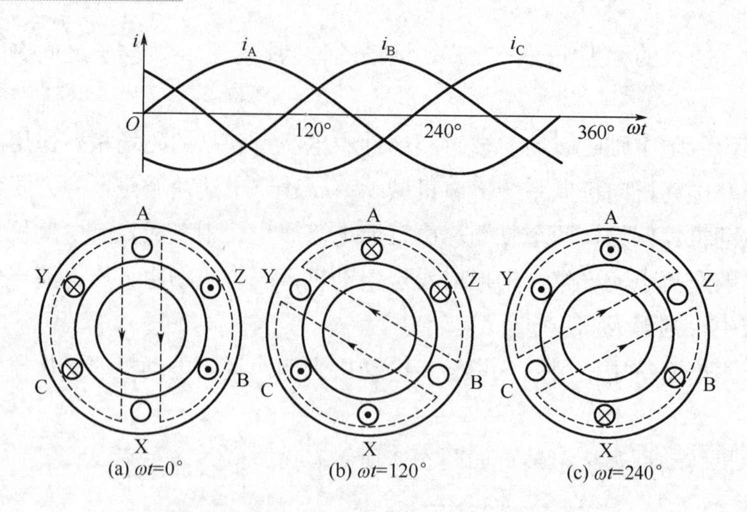

图 5-4　旋转磁场的形成示意图及电流曲线

当ωt=0° 时，i_A=0，AX 绕组中无电流；i_B为负，BY 绕组中的电流从 Y 流入，B 流出；i_C为正，CZ 绕组中的电流从 C 流入，Z 流出；由右手螺旋定则可得合成磁场的方向如图 5-4（a）所示。

当ωt=120° 时，i_B=0，BY 绕组中无电流；i_A为正，AX 绕组中的电流从 A 流入，X 流出；i_C为负，CZ 绕组中的电流从 Z 流入，C 流出；由右手螺旋定则可得合成磁场的方向如图 5-4（b）所示。

当ωt=240° 时，i_C=0，CZ 绕组中无电流；i_A为负，AX 绕组中的电流从 X 流入，A 流出；i_B为正，BY 绕组中的电流从 B 流入，Y 流出；由右手螺旋定则可得合成磁场的方向如图 5-4（c）所示。

可见，当定子绕组中的电流变化一个周期时，合成磁场也按电流的相序方向在空间旋转一周。随着定子绕组中的三相电流不断做周期性变化，产生的合成磁场也不断旋转，因此称为旋转磁场。

旋转磁场的方向是由三相绕组中电流相序决定的，若想改变旋转磁场的方向，只要改变通入定子绕组的电流相序，即将三根电源线中的任意两根对调即可。这时，转子的旋转方向也跟着改变。

2．性能参数

下面主要从电动机的基本参数、运行特性和电动机的损耗与效率三个方面对异步电动机的性能参数进行简要的介绍说明。

1）电动机的基本参数

三相异步电动机的基本参数主要包括有功功率、无功功率、视在功率、功率因数、极数、转速与转差率。

（1）有功功率。

有功功率又称为平均功率，是保持设备正常运行所需的电功率，即是将电能转化为热能、光能、机械能或化学能等的电功率，以 P 表示，单位为瓦特（W）。

（2）无功功率。

许多用电设备均是根据电磁感应原理工作的，如配电变压器、电动机等，它们都是依靠建立交变磁场才能进行能量的转换和传递。为建立交变磁场和感应磁通而需要的电功率称为无功功率，以 Q 表示，无功功率单位为乏（var）。

（3）视在功率。

在具有电阻和电抗的电路内，电压与电流的乘积为视在功率，常以 S 表示，单位为千伏安（kVA）。

（4）功率因数。

在交流电路中，电压与电流之间的相位差（ϕ）的余弦称为功率因数，用符号 $\cos\phi$表示，在数值上，功率因数是有功功率和视在功率的比值，即 $\cos\phi=P/S$。

（5）极数。

三相异步电动机的极数就是旋转磁场的极数，极数是磁极对数 P 的 2 倍。旋转磁场的极数与三相绕组的安排有关。

三相异步电动机旋转磁场的转速 n_1 与电动机磁极对数 P 有关：

$$n_1 = \frac{60f}{P} \tag{5-1}$$

由式（5-1）可知，旋转磁场的转速 n_1 决定于电流频率 f 和磁场的磁极对数 P。对某一异步电动机而言，f 和 P 通常是一定的，所以磁场转速 n_1 是常数。

在我国，工频 f=50Hz，因此对应于不同磁极对数 P 的旋转磁场转速 n_1，见表 5-1。

表 5-1　不同磁极对数的旋转磁场转速

P	1	2	3	4	5	6
n_1，r/min	3000	1500	1000	750	600	500

（6）转速与转差率。

电动机转子转动方向与磁场旋转的方向相同，但转子的转速 n 不可能达到与旋转磁场的转速 n_1 相等，否则转子与旋转磁场之间就没有相对运动，因而磁力线就不切割转子导体，转子电动势、转子电流以及转矩也就都不存在，即旋转磁场与转子之间存在转速差，通常用转差率来表示转子转速与磁场转速相差的程度。

旋转磁场的转速 n_1 常称为同步转速。通常把同步转速 n_1 和电动机转速 n 之差与同步转速 n_1 的比值称为转差率 s，计算方法如下：

$$s = \frac{n_1 - n}{n_1} \tag{5-2}$$

根据式（5-2），可以得到电动机的转速常用公式：

$$n = (1 - s)n_1 \tag{5-3}$$

2）电动机的运行特性

运行特性是指电动机在额定电压和额定频率下运行时，转子转速 n、电磁转矩 T_{em}、功

率因数 $\cos\phi$、效率 η 和定子电流 I_0 与输出功率 P_2 的关系。一般异步电动机的运行特性曲线如图 5-5 所示。

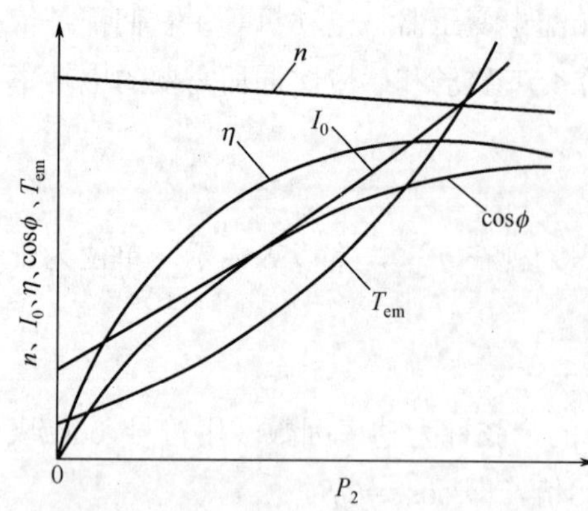

图 5-5 一般异步电机的运行特性曲线

从图 5-5 中可以看出：

（1）从空载到满载范围运行时，转子转速稍有下降，一般异步电动机满载转差率为 0.015～0.05，即满载额定转速仅比同步转速低 1.5%～5%。

（2）轻载时效率及功率因数很低，而当负载增加到大约 50%额定值以上时，η、$\cos\phi$ 很高且变化很少。

（3）电磁转矩及定子电流随负载增大而增加。

3）电动机损耗与效率

电机损耗主要包括基本铁损耗、绕组电阻损耗与电刷接触损耗、杂散损耗与风摩损耗。

（1）基本铁损耗。

在铁心中，主磁通交变引起磁滞及涡流损耗称为基本铁损耗，常按下式计算：

$$P_{\mathrm{Fe}} = KP_{1/50}B^2\left(\frac{f}{50}\right)^{1.3} G_{\mathrm{Fe}} \tag{5-4}$$

式中 P_{Fe}——基本铁损耗，W；

K——考虑铁芯加工、磁通密度分布不均等因素使铁损耗增加的修正系数；

$P_{1/50}$——频率为 50Hz，磁通密度为 1T 时铁芯材料（硅钢片）的单位损耗，W/kg；

B——铁芯磁通密度，T；

f——磁通交变频率，Hz；

G_{Fe}——铁芯质量，kg。

应分别计算定子或电枢铁心的齿、轭部铁损耗，然后相加。正常运行时，同步电动机的磁极极身主磁通不变，异步电动机转子内的磁通变化频率很低，基本铁损耗可忽略。

（2）绕组电阻损耗与电刷接触损耗。

绕组电阻损耗是电流流过绕组电阻产生的损耗即铜损耗。按国家标准规定计算损耗时，绕组电阻应折算到与绕组绝缘等级相对应的基准工作温度。对多相交流电动机，电阻损耗应为各相绕组损耗之和，其电阻为直流电动阻；对直流电动机，除电枢绕组的电阻损耗外，还应包括与之串联的换向极绕组及补偿绕组的电阻损耗。对带励磁绕组的同步电动机或直流电动机，应计入励磁绕组的电阻损耗。若电动机有电刷与集电环或换向器时，还应计算电刷接触损耗。

（3）杂散损耗。

由定、转子绕组中电流产生的漏磁场及高次谐波磁场，以及由气隙磁导变化产生的气隙磁场变化而引起的损耗称为杂散损耗。

杂散损耗按产生损耗的有效部位，分为杂散铁损耗和杂散铜损耗；按产生时的工作状况，可分为空载杂散损耗和负载杂散损耗，空载杂散损耗基本上是杂散铁损耗，常与基本铁损耗一起包括在空载铁损耗中。

杂散铜损耗包括由槽漏磁通引起导体中电流集肤效应使绕组电阻增大，以及导体由多股线并联时，因各股线所处位置不同，感生的漏磁电动势不同，以致在股线间产生环流而引起的损耗。对异步电动机，还包括由定子谐波磁通在转子绕组中感生的谐波电流产生的损耗，以及斜槽笼型转子因流动于导条间的横向电流而在导条中产生的损耗。

杂散铁损耗大致与引起损耗的谐波磁通密度的平方成正比，因而空载杂散铁损耗随槽口宽度增大或气隙长度减小而增加，同时随磁场与产生损耗的部件间的相对运动速度的增大而增大，并与产生损耗的部件表面状况有关。开口槽采用磁性槽楔，可使开槽引起的磁导齿谐波磁通大为降低，因而大、中型交流电动机常借此降低其空载杂散损耗。

（4）风摩损耗。

风扇及通风系统损耗取决于风扇的形式及尺寸、通风系统结构及冷却介质密度等。电动机转子表面与冷却介质的摩擦损耗取决于转子直径、长度及圆周速度，约与转子直径的五次方、速度的三次方成正比。轴承损耗取决于轴承型式、承受的比压力、轴颈圆周速度及润滑情况。电刷摩擦损耗取决于电刷的形式、比压力、接触面积、机电环或换向器的圆周速度。风摩损耗一般情况下为上述各损耗之和。

（5）效率。

根据输出功率 P_2 和各种损耗之和 $\sum P$ 可求得效率：

$$\eta = \frac{P_2}{P_2 + \sum P} \tag{5-5}$$

一般考核在额定输出功率 P_N 下的额定效率，但运行中也应注意到不同输出功率（0.5～1.0 倍 P_N）下的效率。对同一类电动机，一般情况下，单机容量较大者效率较高。

（三）变压器

变压器是一种静止的电能转换装置，它利用电磁感应原理，根据需要可以将一种交流电压和电流等级转变成同频率的另一种电压和电流等级。它对电能的经济传输、灵活分配和安全使用具有重要的意义，同时，它在电气的测试、控制和特殊用电设备上也有广泛的应用。

1. 工作原理

尽管变压器的种类繁多，但它们的工作原理是相同的，都是利用电磁感应的原理制成的。下面以常用的双绕组变压器为例来说明变压器的组成及其工作原理。

变压器的原理如图 5-6 所示。为了便于分析，将高压绕组和低压绕组分别画在两边。与电源相连的称为一次绕组或初级绕组、原绕组，与负载相连的称为二次绕组或称次级绕组、副绕组。一、二次绕组的匝数分别为 N_1 和 N_2。

当一次绕组接上频率为 f 的正弦交流电压 u_1（有效值为 U_1）时，一次绕组中便有电流 i_1 通过。一次绕组的磁通势 N_1i_1 产生的磁通绝大部分通过铁芯而闭合，从而在二次绕组中感应出电动势。如果二次绕组接有负载，那么二次绕组中就有电流 i_2 通过。二次绕组的磁通势 N_2i_2 也产生磁通，其绝大部分也通过铁心而闭合。因此，铁芯中的磁通是一个由一、二次绕组的磁通势共同产生的合成磁通，称为主磁通，用Φ表示，其幅值为Φ_m。主磁通穿过一次绕组和二次绕组而在其中感应出的电动势分别为 e_1 和 e_2，它们的有效值分别为 E_1 和 E_2，二次绕组的端电压为 u_2，其有效值为 U_2。忽略一、二次绕组的磁通势产生的漏磁通$\Phi_{\sigma 1}$、$\Phi_{\sigma 2}$在各自绕组中分别产生的漏磁电动势 $e_{\sigma 1}$ 和 $e_{\sigma 2}$，有下式成立：

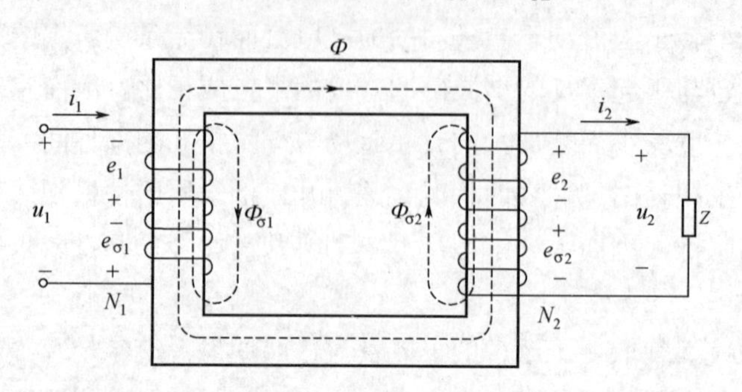

图 5-6　变压器原理图

$$E_1 = U_1 = 4.44 f N_1 \Phi_m \tag{5-6}$$

$$E_2 = 4.44 f N_2 \Phi_m \tag{5-7}$$

设 U_{20} 是在变压器空载时，二次绕组的端电压，则有：

$$E_2 = U_{20} \tag{5-8}$$

由式（5-7）、式（5-8）可知，由于一、二次绕组的匝数 N_1 和 N_2 不相等，故 E_1 和 E_2 的大小是不等的，因而输入电压 U_1（电源电压）和输出电压 U_2（负载电压）的大小也是不等的。

一、二次绕组的电压之比为：

$$\frac{U_1}{U_{20}} \approx \frac{E_1}{E_2} = \frac{N_1}{N_2} = K \tag{5-9}$$

上式中 K 称为变压器的变比，即一、二次绕组的匝数比。可见，当电源电压 U_1 一定时，只要改变匝数比，就可得出不同的输出电压 U_2。

变比在变压器的名牌上标注，它表示一、二次绕组的额定电压之比，例如，“6000/400V”（K=15），表示一次绕组的额定电压（即一次绕组上应加的电源电压）U_{1N}=6000V，二次绕组的额定电压 U_{2N}=400V。二次绕组的额定电压是指一次绕组加上额定电压时二次绕组的空载电压。由于变压器有内阻抗压降，所以二次绕组的空载电压一般应比满载时的电压高5%～10%。

要变换三相电压可采用三相变压器。

变压器一、二次绕组的电流关系为：

$$\frac{I_1}{I_2} \approx \frac{N_2}{N_1} = \frac{1}{K} \tag{5-10}$$

即变压器一、二次绕组的电流之比近似等于它们的匝数比的倒数。变压器中的电流是由负载的大小确定的，但是一、二次绕组中电流的比值是基本不变的。

2．性能参数

变压器的性能参数主要包括额定电压、额定电流和额定容量。

（1）额定电压U_{1N}和U_{2N}：一次绕组的额定电压U_{1N}是指变压器的绝缘强度和容许发热条件规定的一次绕组正常工作电压值。二次绕组的额定电压U_{2N}是指一次绕组加上额定电压，分接开关位于额定分接头时，二次绕组的空载电压值。对于三相变压器，额定电压是指线电压。

（2）额定电流I_{1N}和I_{2N}：是根据容许发热条件而规定的绕组长期容许通过的最大电流值。对于三相变压器，额定电流是指线电流。

（3）额定容量S_N：指额定工作条件下变压器输出能力（视在功率）的保证值。三相变压器的额定容量是指三相容量之和。由于电力变压器的效率很高，忽略压降损耗时，对于单相变压器有式（5-11）所示的关系式，对于三相变压器有式（5-12）所示的关系式：

$$S_N = U_{2N}I_{2N} = U_{1N}I_{1N} \tag{5-11}$$

$$S_N = \sqrt{3}U_{2N}I_{2N} = \sqrt{3}U_{1N}I_{1N} \tag{5-12}$$

当已知一台变压器的额定容量和额定电压时，可用式（5-11）、式（5-12）计算该变压器的额定电流。

（4）变压器的外特性。当变压器电源电压 U_1 不变时，随着二次绕组电流I_2的增加（负载增加），一、二次绕组上电压降便增加，这将使二次绕组的端电压 U_2 发生变动。当电源电压 U_1 和负载功率因数 $\cos\phi_2$ 为常数时，U_2 随 I_2 的变化关系称为变压器的外特性，如图 5-7 所示。

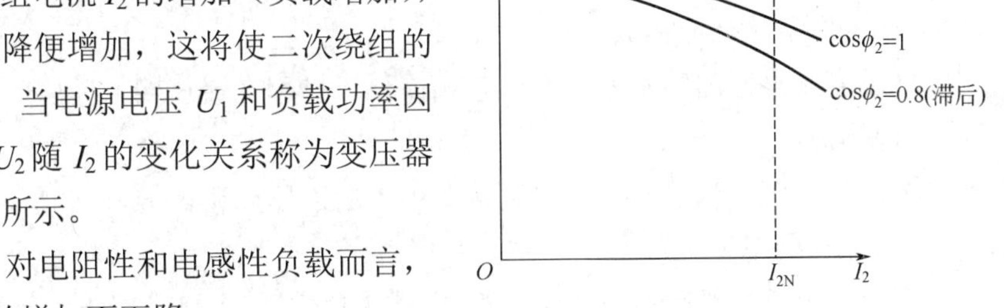

图 5-7　变压器的外特性曲线

由图 5-7 可见，对电阻性和电感性负载而言，电压 U_2 随着电流 I_2 的增加而下降。

通常希望电压 U_2 的变动越小越好。从空载到额定负载，二次绕组电压变化的程度用电压变化率ΔU表示，即：

$$\Delta U = \frac{U_{20} - U_2}{U_{20}} \times 100\% \tag{5-13}$$

在一般变压器中，由于其电阻和漏磁感抗均很小，电压变化率不大，约为 5%。

（5）变压器的损耗与效率。变压器的功率损耗包括铁芯中的铁损耗ΔP_{Fe}和绕组上的铜损耗ΔP_{Cu}两部分。铁损耗的大小与铁芯内磁感应强度的最大值有关，与负载的大小无关，而铜损耗则与负载大小有关。设 P_1 为变压器的输入功率，P_2 为输出功率，变压器的效率η用下式确定：

$$\eta = \frac{P_2}{P_1} \times 100\% = \frac{P_2}{P_2 + \Delta P_{Fe} + \Delta P_{Cu}} \times 100\% \tag{5-14}$$

（四）泵

泵是被某种动力机驱动，将动力机的机械能传递给它所输送的介质；使介质能量增加的机器。

目前在天然气行业中应用较广的主要为离心泵和往复泵两种。离心泵主要用在注水、供排水、油品输送以及作为钻井泵的灌注用泵等。用于井下采油的潜油电泵也是一种多级离心泵。往复泵主要有钻井泵、固井泵、压裂泵、注水泵等。

1．工作原理

1）离心泵的工作原理

离心泵是基于离心力原理工作的。离心泵开始工作后，充满叶轮的液体，由弯曲的叶片带动高速旋转，在离心力的作用下，液体沿叶片间的空间所形成的流道，由叶轮中心甩向边缘，再通过螺形泵壳（简称螺壳或蜗壳）流向排出管。随着液体的不断排出，在泵的叶轮中心形成真空，在大气压力作用下，吸水池中液体源源不断地流入叶轮中心，再由叶轮甩出，形成均匀平稳的液流。

2）往复泵的工作原理

往复泵是通过工作腔内元件（活塞、柱塞、隔膜等）的往复位移来改变工作腔内容积，从而使它所输送的介质按确定的流量排出的一种流体机械。元件往复位移的能量来源于各种原动机。

2．性能参数

1）离心泵的性能参数

标志离心泵性能的基本参数，包括流量、扬程（或压头）、功率、效率及转速等。

（1）流量 Q。

单位时间内，从泵出口排出到管路中去的液体体积，m^3/s。

（2）扬程 H。

泵加给单位重量所输送液体的能量，或单位重量所输送液体经过泵后能量的增加值，m。

（3）功率。

① 泵输出功率 N_{ou}：泵传递给所输送液体的功率，kW，$N_{ou}=QH\rho g\times10^{-3}$。

② 泵输入功率 N_{in}：泵轴所接受的功率，kW。

③ 原动机输入功率 N_{dr}：泵的原动机所接受的功率或原动机的输入功率，kW。

（4）效率。

① 泵效率 η：泵输出功率与输入功率之比，以百分数表示。

② 泵机组效率 η_{ov}：泵输出功率与原动机输入功率之比，以百分数表示。

（5）泵速（转速）n。

泵轴旋转的速度，即单位时间（每分钟）内泵轴的旋转次数，min^{-1}。

2）往复泵的性能参数

泵的工况分为额定工况和实际工况，相应地，性能参数即分为额定值与运行值。

常用的反映泵的基本工作性能的主要参数或指标有流量、压力、功率、效率。

（1）流量。

① 泵的流量 Q：单位时间内从泵的出口排到管路中去的液体体积，m^3/s。

② 泵的理论流量 Q_t：不考虑任何容积损失，按泵的主要结构参数和泵速计算的流量，m^3/s。

③ 泵的额定流量 Q_r：在额定条件下，设计规定该泵在正常运行时的流量，m^3/s。

（2）压力。

① 泵的排出压力 p_d：泵出口轴线与出口截面交点处的液体静压力（绝对压力）的积分平均值，MPa。

② 泵的额定排出压力 p_{dr}：在额定条件下，设计规定该泵在正常运行时允许承受的最高排出压力的公称值，MPa。

③ 泵的吸入压力 p_s：泵入口轴线与入口截面交点处的液体静压力（绝对压力）的积分平均值，MPa。

④ 泵的额定吸入压力 p_{sr}：在额定条件下，设计规定该泵在正常运行时允许的最低吸入压力（绝对压力）公称值，MPa。

⑤ 泵的压差 p：泵的排出压力与吸入压力之差，$p = p_d - p_s$，MPa。

（3）功率。

① 泵的输出功率 N_{ou}：泵传给所输送介质的功率，kW。

② 泵的输入功率 N_{in}：泵传动端（包括内部减速机构或外部减速机）输入轴所接受的功率，数值上等于原动机的输出功率，kW。

③ 泵的额定输入功率 N_{inr}：额定条件下泵正常运行时所需的输入功率，kW。

④ 原动机输入功率 N_{dr}：泵原动机接受的功率，kW。

（4）效率。

① 泵的效率 η：泵的输出功率与泵的输入功率之比，用百分数表示。

② 泵的机组效率 η_{ov}：泵的输出功率与泵原动机输入功率之比，用百分数表示。

（5）泵速。

① 泵速 n：活塞（柱塞）每分钟往复次数，min^{-1}。

② 额定泵速 n_r：设计规定该泵应达到的最高泵速的公称值，min^{-1}。

（五）压缩机

压缩机是将机械能转变为气体的能量，用来给气体增压与输送气体的气体压缩和输送机械，是风机的一种。

压缩机一般分为容积式和叶片式，主要代表为往复活塞式压缩机（简称往复压缩机）和离心压缩机。

1．工作原理

1）往复活塞式压缩机的工作原理

往复活塞式压缩机是活塞在圆筒形气缸内作往复运动，以提高气体压力的机器。

曲柄半径为 r，活塞从左到右移动的最大距离为 $2r$，称为行程 S。气缸中心线与曲柄之间的夹角为α。α在 0°～360° 之间变化，活塞从左向右移动一个行程 S，又从右向左移

动一个行程 S，返回原来位置，完成一个工作循环，走过了两个行程。对气体而言，完成一次循环，包括膨胀、吸气、压缩、排气四个过程。其工作原理如图 5-8 所示。

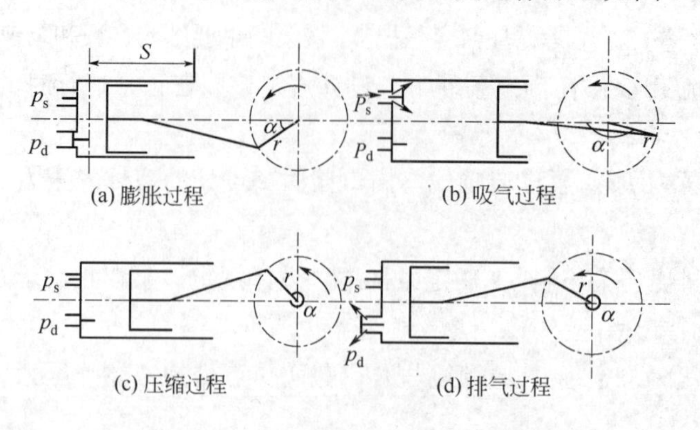

图 5-8 活塞式压缩机工作原理图

图 5-8（a）中，活塞自外止点开始向右移动，位于活塞左侧（称盖侧）的缸容积（或称左腔）的缸内容积就逐渐增大。对盖侧容积而言，由于缸内还有前一循环中被压缩而没有排尽的残余气体（即余隙容积内残留气体），这部分气体逐步开始膨胀降压。此时缸内压力高于外部吸气管道内压力，吸气阀关闭，而缸内压力又低于排气管道内压力，排气管道内的高压力使排气阀关闭，即两阀均处于关闭状态，为膨胀过程。缸内残余气体随活塞的右移而不断膨胀降压，此过程曲柄转角在 0° ～40° 之间。

活塞继续右移，盖侧容积继续增大，缸内压力继续下降直到略低于吸气管压力时，吸气阀被顶开，新鲜空气不断被吸入气缸，走到活塞到达内止点时为止，此为吸气过程，如图 5-8（b）所示，此过程曲柄转角在 40° ～180° 之间。

当曲柄转角到 180°后，活塞自内止点开始向左移动，盖侧容积逐步缩小。对盖侧容积而言，被吸入的新鲜空气就逐步被压缩升压，此时由于缸内压力已高于吸气压力而又低于排气压力，吸气阀已关闭，排气阀尚未打开，故缸内气体随活塞左移而不断被压缩升压，如图 5-8（c）所示，曲柄转角在 180° ～280° 之间，为压缩过程。

活塞继续左移，盖侧容积继续缩小，缸内压力继续上升走到略高于排气管压力时，排气阀被顶开，于是压缩空气就不断被排出，直到活塞到达外止点为止。为排气过程。如图 5-8（d）所示，此过程曲柄转角在 280° ～360° 之间。

归纳起来，往复活塞式压缩机的简单工作原理是：由于活塞在气缸内的往复运动与气阀相应的开、闭动作相配合，使缸内气体依次实现膨胀、吸气、压缩、排气四过程，不断循环，将低压气体升压而源源输出。当所要求的排气压力较高时，可采用多级压缩的方法，在多级气缸中将气体分两次或多次压缩升压。

2）离心压缩机的工作原理

离心压缩机工作时，叶轮旋转，通过叶片将能量连续地传给所输送的气体，从而将气体升压。离心压缩机广泛用于天然气输送、处理和石油石化等行业。

离心压缩机与离心泵的工作原理类似。离心压缩机工作时，气体由吸气室吸入，通过叶轮对气体做功后，使气体的压力、速度、温度都得到提高，然后再进入扩压器，将气体的速度能转变为压力能。当通过一级叶轮对气体做功、扩压后不能满足输送要求时，就必须把气体再引入下一级继续进行压缩。为此，在扩压器后设置了弯道、回流器，使气体由离心方向变向心方向，均匀地进入一级叶轮进口。至此，气体流过了一个级，再继续进入后面的级后，经排出室及排出管被引出。

当离心压缩机的压比比较高时，如果不进行冷却，不仅多耗功，而且排气温度太高，对压缩机的轴承和气缸都不利，因此在压缩过程中必须进行缸外冷却，即把压缩机分为若干段。图 5-9 为三段二次冷却压缩示意图。

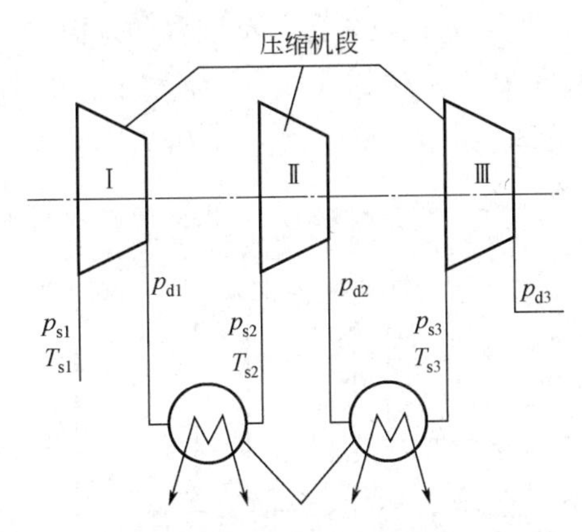

图 5-9 三段二次中间冷却压缩示意图

p_{s1}、p_{s2}、p_{s3}—各级吸气压力；p_{d1}、p_{d2}、p_{d3}—各级排气压力；

T_{s1}、T_{s2}、T_{s3}—各级吸气温度

2．性能参数

1）往复活塞式压缩机的性能参数

往复活塞式压缩机的性能参数有压力、流量、功率等。

（1）压力。

① 吸气压力：气体在标准吸气位置的平均压力。

② 排气压力：气体在标准排气位置的平均压力，也称背压。

③ 压力比：排气压力与吸气压力之比，也称总压力比。

④ 级压力比：多级压缩机中任一级的压力比，其排气压力取中间冷却器前的值。

⑤ 级的总压力比：多级压缩机中任一级的压力比，其排气压力取中间冷却器（包括分离器）后的值。

（2）流量。

① 压缩机实际容积流量：经压缩机压缩并排出的气体，在标准排气位置的气量，换算到标准吸气位置的温度、压力及组分（例如湿度）的状态。

② 压缩机标准容积流量：经压缩机压缩并排出的气体，在标准排气位置的实际容积流量换算到标准工况（温度、压力）下的值。

（3）功率。

① 理论功率：在一台没有损失的压缩机中，按所选定的基准过程，将气体从给定的吸

气压力压缩到给定的排气压力，理论上所需要消耗的功率。

② 指示功率：由指示器记录的压力-容积图上所对应的功率，即压缩机中直接消耗于压缩气体的功率。

③ 内功率：传到气缸内的功率，等于指示功率加上由于热传递和泄漏而损失的功率。

④ 轴功率：驱动压缩机（轴）所需要的功率，即压缩机曲轴上的输入功率，等于内功率加上机械损失功率，但不包括外传动（如齿轮或皮带传动）损失的功率。

⑤ 驱动功率：原动机输出轴的功率，与轴功率的差别在于传动系统消耗了能量。

压缩机原动机输出驱动功率 N_0 经过外部传动装置传递到曲轴上，为轴功率 N，由于压缩机内有摩擦损失，消耗摩擦功率，传到气缸内（活塞上）的功率为内功率，在气缸内又有热传递和泄漏损失功率，最后在示功器记录的压力容积图上对应的功率才是指示功率，用来压缩气体，如图 5-10 所示。

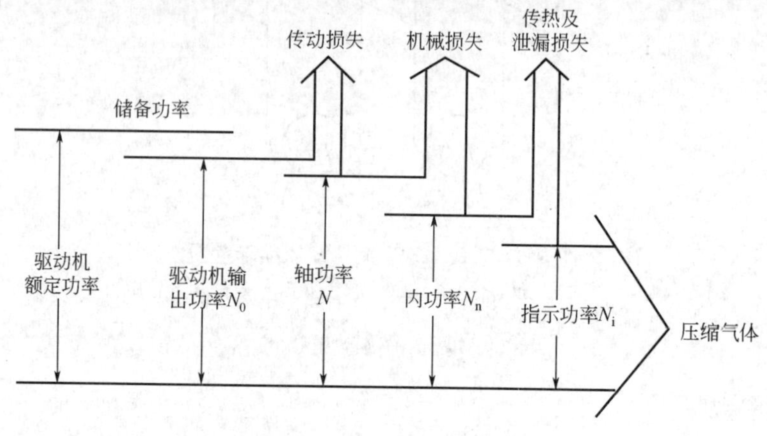

图 5-10　压缩机能量分配

2）离心压缩机的性能参数

离心压缩机的主要性能参数包括流量、压力比、转速、功率等。

（1）流量。

流量分为容积流量和质量流量。容积流量是指单位时间内压缩机吸入的气体体积，单位为 m^3/min，表示压缩机的通流能力。石油天然气行业用的压缩机常用标准状态下的容积流量，称为标准容积流量，单位为 m^3/min。我国天然气行业规定的标准状态为压力和温度分别为 1.01325×10^5Pa 和 20℃，而在化工工艺计算中采用的标准状态则是压力和温度分别为 1.01325×10^5Pa 和 0℃。质量流量是指单位时间里流体通封闭管道或敞开槽有效截面的流体质量，单位为 kg/h 或 kg/s，和体积流量对应，可以表示为体积流量和流体密度的乘积。

（2）压力比。

压力比为压缩机排气压力与进气压力的比值。

（3）转速。

压缩机转子的旋转速度，单位为 r/min。

（4）功率。

通常指轴功率并以此作为选择驱动机功率的依据，单位为 kW。

（5）离心压缩机的优缺点

① 优点。

单机流量大；质量轻，体积小；运转可靠；气缸内无润滑；转速较高。

② 缺点。

不适用于气量太小及压力比过高的场合；离心压缩机的效率一般仍低于活塞式压缩机；离心压缩机的稳定工况区较窄。

（六）天然气发动机

天然气发动机是一种以天然气为燃料的往复式内燃机。

1．工作原理

以四冲程循环发动机为例。四冲程循环包括进气、压缩、燃烧及膨胀、排气等四个冲程，需要有两个完整的活塞工作循环（活塞往复运动两次、曲轴转动两周）来完成。

（1）进气过程：活塞由上止点向下移动，在配气机构的作用下，进气门打开，排气门关闭。由于活塞的下移，气缸容积增大，压力降低，天然气与空气的混合物经进气管不断吸入气缸。当活塞到达下止点时，进气过程完成。

（2）压缩过程：活塞到达下死点后，活塞开始向上移动，进排气门关闭，气缸内容积不断减小，混合气体被压缩，其温度和压力不断升高。

（3）燃烧及膨胀过程：压缩结束时，由电火花塞点燃，混合气体迅速燃烧。由于燃料在燃烧时放出热量，使燃烧产物的温度和压力都升高。高温、高压气体膨胀推动活塞由上止点向下止点运动，从而使曲轴旋转对外做功。

（4）排气过程：做功过程结束后，排气门打开，进气门关闭，活塞由曲轴带动由下止点向上止点运动，燃烧过的废气便依靠压力差和活塞上行的排挤，从排气门排出，气缸内压力迅速下降到大气压。活塞继续由下向上运动，把气缸内剩余废气排出。所以排气结束时，由于排气阀的阻力，气缸内废气压力略高于大气压力。

活塞经过上述四个连续过程后，完成了一个工作循环，曲轴转动两周。当活塞再次由上止点向下止点运动时，又开始了下一下工作循环，这样周而复始地继续下去。

2．性能参数

天然气的性能参数主要包括平均有效制动压力、功率和效率。

1）平均有效制动压力

平均有效制动压力（BMEP）的定义式如下：

$$\text{BMEP}=\frac{15\times 10^{10}P}{Id^2Sn}\text{（四冲程）} \tag{5-15}$$

式中　BMEP——平均有效制动压力，即单位气缸容积发出的有效功或作用于活塞上的压力，kPa；

P——制动功率，在输出轴端测得的功率，kW；

I——动力气缸数；

d——动力气缸直径，mm；

S——冲程，mm；

n——转速，r/min。

平均有效制动压力是评价发动机性能的一个指标。不过只有考虑到每种机组轴承的尺寸、机身的横截面积、油和水冷却管的散热能力等因素后，对各种不同发动机之间进行BMEP比较才是有意义的。对于某一种发动机来说，评价它在一个地方和另一个地方使用的适应性，也允许采用这种比较方法。

四冲程发动机的BMEP大约是500kPa，二冲程发动机为310～325kPa。现代某些四冲程发动机的BMEP达到700～750kPa，涡轮增压四冲程发动机可达到900～1350kPa。二冲程发动机的BMEP值，趋向和自然吸气的四冲程发动机的BMEP值大致相同的范围。

2）功率和效率

（1）效率。

天然气发动机是依靠工质中的天然气燃烧而并非向工质中加入热量进行工作的，它的工质不再回复到原始状态；因此，热力学的效率定义不适用于这种情况。效率定义与燃气轮机相同，或定义为：

$$\eta = \frac{P_1}{M_f \cdot H_M} \tag{5-16}$$

式中 P_1——功率，kW；

M_f——单位时间内所供应的天然气量，m^3/s；

H_M——天然气的低位发热值，kJ/Nm^3。

（2）功率。

多缸发动机的总功率为所有气缸的功率之和。

发动机的额定功率，是制造厂按一定的海拔高度和环境温度下设计的，这个额定功率的评价条件在发动机的性能数据表中应给出。如果未给出，一般按海平面和15.6℃的环境温度条件下考虑。如果安装条件与设计值不同时，对于自然吸气式发动机，每高出海平面300m，额定功率值根据经验要降低3%～3.5%，环境温度每升高5.5℃，额定功率值要降低1%。对于涡轮增压式发动机的额定功率值由于环境条件改变而引起的变化，需要向制造厂询问。

（七）风机

1．工作原理

风机是对气体压缩和气体输送机械的习惯简称。气体压缩和气体输送机械是把原动机所做的功转换成被输送气体的压能和动能、并将气体输送出去的流体机械。

在空气动力学中，静压是指气体对平行于气流的物体表面作用的压力，是克服管道阻力的压力，可通过垂直于其表面的孔进行测量。动压是指气体流动动能转化成的压力。全压为动压与静压之和。

2．性能参数

风机的主要性能参数包括风机流量、全压、功率、转速、效率。

1）流量

单位时间内通过风机进口的气体体积，如无特殊说明，是指在标准进口状态下（20°C、一个标准大气压、相对湿度50%）下的气体体积。

2）全压

风机的全压为单位体积气体从风机进口截面到风机出口截面通过叶轮所获得的机械能，等于风机出口和进口之间的全压之差，也称升压或压升。

3）静压

风机的全压减去风机出口截面处的动压（通常将风机出口截面处的动压作为风机的动压）。

4）功率

全压有效功率：单位时间内气体通过通风机后增加的总能量；输入功率（轴功率）：驱动风机主轴的功率；装置轴功率：原动机的输出功率。

5）效率

效率也称全压效率，等于全压有效功率与输入功率的比值。

6）转速

通风机轴或叶轮每分钟的转数。

二、节能测试仪器

天然气行业中节能监测工作中常用的节能测试仪器主要有热工、电工、管网漏水检测等测量仪器。

（一）热工测试仪器

热工监测主要是对消耗热能的工业设备（如加热炉）的运行状况及热效率进行监测。结合节能监测实际，下面主要对温度、烟气测量仪表和热流计进行介绍。

1．温度测量仪

温度测量范围很广、种类很多。在耗能设备节能监测中，温度测量参数主要有环境温度、压缩机的各级进排气温度、加热炉被加热介质进出口温度、炉体外表面温度、空气温度、炉子排烟温度和燃料温度等。温度参数的测量以玻璃水银温度计、红外测温仪的应用居多。

1）玻璃温度计

（1）特点及适用范围。

玻璃温度计的特点是使用方便、精确度高、价格低廉，无需电源。其缺点是惰性大、能见度低、不能自动记录和远传。通常，酒精温度计中酒精的沸点（78℃）较低，凝固点在-117℃，因此多用作测低温物质。而水银温度计中水银的凝固点是-39℃，沸点是356.7℃，所以通常用来测量0～500℃以内范围的高温物质。

（2）使用注意事项。

① 使用时需要注意安装方法，在被测介质具有一定压力时，必须设置测温套管，当温

度小于200℃时，套管内装上机油；温度大于200℃时，装上铜屑，以减少热阻。

② 测量流动介质温度时，温度计应逆流向安放或与流向垂直安放，套管插入深度要达到介质输送管的中心线。

③ 根据管内介质温度高低合理选择温度计量程，以能直接观测到测量读数为佳。

④ 测量环境温度时，温度计应放置在阴凉处，避免光源直接照射。

（3）维护保养。

① 定期清洁外表面。

② 用软布清洁仪器。

2）红外测温仪

（1）特点及适用范围。

因红外测温仪的感受件不需与被测介质接触，仪表不会破坏被测介质的温度场，测温仪本身也不会受温度场的损伤；测温过程中，仪表的滞后小，动态性能好，反应快；输出信号大、灵敏度和准确度高。但是易受环境因素（环境温度、空气中的灰尘等）影响，对于光亮或者抛光的金属表面的测温读数影响较大，只限于测量物体外部温度，不方便测量物体内部和存在障碍物时的温度。一般测温范围为-20～3000℃。在锅炉、加热炉节能监测中常用于炉体外表面温度、管壁温度的测量。

（2）使用注意事项。

① 必须准确确定被测物体的发射率，常用发射率见表5-2。

表5-2 常用被测物体发射率

所测表面	发射率	所测表面	发射率
铝（氧化）	0.2～0.4	钢（冷轧）	0.5～0.9
铁（氧化）	0.5～0.9	混凝土	0.95
铜（氧化）	0.4～0.8	塑料（不透明）	0.95

② 避免周围环境高温物体的影响。

③ 要仔细定位热点，发现热点，用红外线测温仪器瞄准目标，然后在目标上作上下扫描运动，直至确定热点。

④ 对于透明材料，环境温度应低于被测物体温度。

⑤ 使用红外线测温仪时，要注意环境条件：烟雾、蒸汽和尘土等。它们均会阻挡仪器的光学系统而影响精确测温。

⑥ 测温仪要垂直对准被测物体表面，在任何情况下，角度都不能超过30°，不能应用于光亮的或抛光的金属表面的测温，不能透过玻璃进行测温。

⑦ 正确选择距离系数，目标直径必须充满视场。

（3）维护保养。

① 定期清洁镜头和机壳。

② 定期检查电池，长时间不启用仪器时，应取出电池。

③ 为了保证测量准确，必须定期校准本仪器。

④ 本仪器的需维修的零部件只能有经过授权的经销商进行维修或校准。

2．烟气分析仪

用于烟道气体成分分析测试的仪器，称为烟气分析仪。按照测试方法的不同，有电化学式气体分析仪和红外线气体分析仪两种，按照用途的不同，可分为便携式烟气分析仪和在线式烟气监测分析仪两类。便携式烟气分析仪是现场节能监测中常用到的仪器，其特点是重量小、携带方便、取样快捷、读数简便，能快速测量现场气体的浓度、温度、含湿量等，便于工作人员现场使用，且投资小。便携式烟气分析仪大多采用电化学式传感器进行测量。在线式烟气监测分析仪的特点是能够连续不间断地对排放物进行监督、检测，随时读取现场数据并通过远端处理系统用微机进行记录、存储，可以对生产企业排放的烟气进行连续监测，以获取全面而完整的监测数据。

便携式多功能烟气分析仪采用电化学和红外传感器相结合的方式进行测量。

1）特点及适用范围

可分析检测 O_2、CO、CO_2、NO、NO_2、SO_2、H_2S、CH_4 等气体，同时可测量烟黑、烟气温度、烟道压力、差压、流速等参数，可计算燃烧效率、过量空气系数、排烟热损失。仪器预处理完善，性能稳定，适合于工业燃烧和排污监测，在石化、电力、钢铁、环保、节能、科研等行业有众多应用。

（1）采样完善。

配备了大功率帕尔帖气体冷却器和排水蠕动气泵，电子检测冷凝水，一旦达到排水上限，自动开启蠕动泵，排放冷凝水，非常适合干/潮湿的烟气监测分析。同时，仪器配备三级过滤及颗粒物搜集装置，有效过滤烟尘颗粒。仪器可选配加热采样管线，适合高湿烟气环境。

（2）反应迅速。

内置大功率薄膜气泵，极限真空度可达-60kPa，烟气采样流量 2～2.6L/min，确保传感器接触充分的烟气，提高反应速度。

（3）传感器性能稳定。

配备长寿命电化学传感器和红外传感器，电化学传感器精度在±5%测量值，红外传感器精度在±3%测量值。传感器寿命在 3 年以上，稳定耐用。

（4）操控方便。

配备无线移动手操器，约 50m 覆盖范围内操作仪器，非常适合污染源严重的场合，操作人员远程控制操作仪器，避免操作人员现场污染。

（5）智能化程度高。

仪器带 WiFi 功能，通过手机可直接查看测量数据，实现数据网络共享。

2）使用注意事项

（1）使用前将仪器放置于新鲜空气处进行调零。

（2）探头探入处应用堵头堵住，防止外面空气进入烟道。

（3）将探头取出时要防止高温烫伤。

3）维护保养

（1）开机检查仪器能正常开机和自校，检查冷凝水箱，保证水箱干净，进行清洁维护，保持良好的状态。

（2）检查过滤器：过滤器外壳支撑短柱应与测量仪外壳标记对准。

（3）每月完全放电并充电。

3．热流计

热流计是测量单位时间内通过某截面热流量的仪器，也称热流密度计，用以测量在不同物质间热量传递的大小和方向。热流计由热流传感器、显示仪表及连接导线组成。热流计可用于热传导、热对流和热辐射的测试。对于设备和管道保温效果测试，目前常采用热阻式热流计（表面贴装式安装）进行测量。本节主要对热阻式热流计进行介绍。

1）特点及适用范围

热阻式热流计（表面贴装式安装）贴装于被测物表面，测量精度由传感器在检定时的传热条件和在实际测量时的传热条件之间的差异决定。因此，当传热条件有差异时，就会产生或大或小的测量误差。在使用上要注意传感器接触状态的影响，注意发射率的影响，注意对流放热系数的影响。其具有热流计厚度薄，附加热阻小，使用方便，应用广泛的特点。测温最高可达 1000℃，分辨率为 0.1℃；热流测量最高可达 9999W/m^2，分辨率为 0.1W/m^2。

热阻式热流计（表面贴装式安装）适用于对各种设备的保温性能测试，包括各种工业炉窑、热力输送管道、建筑物、冷库、地热和土壤热流的测试等，也可用于固体散热损失的测量。

2）使用注意事项

（1）把传感器安装在被测部位上，要保证传感器整个表面与被测表面紧密地接触，接触不良或间隙过大，测量值将偏低。可采用机械按压、磁铁吸引、粘结带贴附等方法使传感器紧密地贴在被测表面上。

（2）由于对热流计检定时，其表面型热流传感器是在传感器表面和检定装置表面发射率相等的条件下检定的，因此，检测时如传感器表面和被测表面发射率有差异，应对测量结果进行修正。

（3）为减少测量时传感器对流放热系数与检定条件下的测量误差，要求在室外测量装置表面热流时，在风速为 3m/s 以下时进行测量。

（4）禁止用仪器检测水，也不沾湿仪器。

（5）储存的地点保持气流流通，避免太阳直射，注意防潮和灰尘，储存温度不能太热或太冷。

（6）设备是精密仪器，防止受到振动。

（7）仪器是被密封好的，不要打开修理。

（8）测量时去掉测试表面的灰尘和铁锈。

（9）样品表面凹凸不平时，用砂纸把表面研磨平整。

（10）样品表面有油污时，用酒精擦干净。

（11）安装好后，传感器的信号稳定后再读数。

3）维护保养

（1）检查仪器表面，用湿毛巾或酒精擦拭；检查配（附）件是否完整、标识是否完好。

（2）为了保证测量准确，必须定期校准本仪器。

（3）长期不使用该仪器，将电池取出。

（二）电工测试仪器

电工测量是以电磁规律为基础的测量技术，它不仅具有准确、灵敏、操作简便、反应迅速及容易进行遥测等优点，而且利用它还可以进行非电量（如温度、压力、机械量等）的测量。

1. 特点及适用范围

测量电流、电压的方法一般分为直接式和非直接式两种。直接式测量通过电阻进行，即通过测量一个小电阻的电压差得到所经过电流的大小。非直接式测量通过监控电流产生的磁场得到。直接式用于测量相对较小的电流以及电压不高的情况，非直接式不带有任何导电关系，因此可用于测量相对较大的电流以及相对较高的电压。

功率测量常常通过测量负载上的电压 U、电流 I 和它们之间的相位角 ϕ 来代替直接测量功率，即：$P=UI\cos\phi$。另外，还可以通过测量一段时间内的电能，计算这段时间的平均功率，即：$P=W/t$。前一种方法多用于直读式仪表，后一种方法主要用于电能表。

电能是有功功率随时间的积累。电能测量有两种方法：瓦秒表法和电能表法。瓦秒表法用一个功率表和一个秒表测量电能。电能表法是用电能表直接测量电能。

功率因数的测量分直接测量和间接计算两种方法。直接测量采用功率因数表，测量原理为：功率因数 $PF=\cos\phi$。间接计算依据的原理为：功率因数 $PF=P/S$。

目前针对电功率、电能及功率因数的测量多数情况下都采用数字式测量仪表。这类仪表兼具多种测量模式，并能实现不同接线方式的测量。测量的参数主要包括：电流、电压、有功功率、无功功率、视在功率和功率因数等。

电能质量，从普遍意义上讲是指优质供电，包括电压质量、电流质量、供电质量和用电质量。目前常见的电能质量测试仪器有普通型和专业型两种。普通型电能质量测试仪适用于常规电路的测试，其测试的基波频率范围为 45～65Hz。专业型电能质量测试仪适用于各种电路的测试（可以测量变频器输出端的电参数），其测试的基波频率范围为 0.5～5000Hz。

频率测量是电子测量领域的最基本测量，通常，频率测量有两种方法：计数法和测周法。计数法适合于高频测量，信号的频率越高，则相对误差越小。测周法适合于低频测量，被测信号的周期越长（频率越低），则测周法测得的标准信号的脉冲数越大，相对误差越小。由于通常测试的电力网频率为 50Hz 左右，属于低频信号，因此对于电力网的频率测试多采用测周法。

相位测量是指对两个同频率信号之间相位差的测量。相位测量有四种方法：相位比较法、相位检波法、过零时间法和变频测相法。

2．使用注意事项

（1）使用时电流钳的电流方向要与电源一致。

（2）电流钳的钳口要完全闭合。

（3）电压钳要与裸线完全接触。

3．维护保养

（1）外观检查、清洁仪器；检查各零部件是否完好；如果仪器不能正常工作，应与供应商联系，不可擅自打开仪器外壳。电压线、电流线应捆绑好并擦拭干净。

（2）定期对仪器的显示屏进行清洁。

（三）管网漏水检测仪器

管网漏水检测仪器主要有用来测量流体流量的仪器：流量计、电子听漏棒、智能数字式听漏仪、管线探测仪、智能漏水检测仪等。以下对使用较多、操作便捷的流量计和智能漏水检测仪进行介绍。

1．流量计

用来测量流体流量的仪器称为流量计。流量计种类繁多，可适用于不同场合。按测量的介质不同可以分为液体流量计与气体流量计；目前节能监测中应用的便携式流量计主要为超声波流量计。

1）特点及适用范围

超声波流量计是近十几年来随着集成电路技术迅速发展才开始应用的一种非接触式仪表，适于测量不易接触和观察的流体以及大管径流量。使用超声波流量计不用在流体中安装测量元件，故不会改变流体的流动状态，不产生附加阻力，仪表的安装及检修均可不影响生产管线运行，因而是一种理想的节能型流量计。超声波流量计也可用于气体测量。管径的适用范围从 2cm 到 5m。

超声波流量计流量测量准确度几乎不受被测流体温度、压力、黏度、密度等参数的影响，又可制成固定式及便携式测量仪表，故可解决其他类型仪表难以测量的强腐蚀性、非导电性、放射性以及易燃易爆介质的流量测量问题。利用多普勒效应制造的超声多普勒流量计多用于测量介质有一定的悬浮颗粒或气泡介质，是非接触测量双相流的理想仪表。而时差式超声波流量计只能测量单一清澈流体。

超声波流量计的优点如下：

（1）是一种非接触式测量仪表，可用来测量不易接触、不易观察的流体流量和大管径流量。它不会改变流体的流动状态，不会产生压力损失且便于安装。

（2）可以测量强腐蚀性介质和非导电介质的流量。

（3）测量范围大，管径范围从 20mm～5m。

（4）超声波流量计可以测量各种液体和污水流量。

（5）超声波流量计测量的体积流量不受被测流体的温度、压力、黏度及密度等热物性参数的影响，可以做成固定式和便携式两种形式。

超声波流量计的缺点如下：

（1）超声波流量计的温度测量范围不高，一般只能测量温度低于200℃的流体。

（2）抗干扰能力差，易受气泡、结垢、泵及其他声源混入的超声杂音干扰，影响测量精度。

（3）直管段要求严格，为前15*D*后5*D*（*D*为所测管道的直径），否则离散性差，测量精度低。

（4）安装的不确定性会给流量测量带来较大误差。

（5）测量管道结垢会严重影响测量准确度，带来显著的测量误差，甚至在严重时导致仪表无流量显示。

（6）可靠性、精度等级不高（一般为1.5～2.5级），重复性差。

（7）价格较高。

2）使用注意事项

（1）要保证介质稳定流动，传感器的安装位置必须离干扰源足够远以消除干扰。为得到准确的结果，传感器至少离上游的干扰源20倍管道直径的距离，离下游的干扰源10倍管道直径的距离。传感器离上游的干扰源10倍管道直径的距离、离下游的干扰源5倍管道直径的距离也可以进行测试。但测试结果需要修正。

（2）必须正确安装传感器，如果安装传感器处的管道表面不平，可能会引起信号差和零偏移现象。安装传感器的过程可参见仪表说明书。

（3）时差式超声波流量计适合测量没有固体杂质和气泡的液体。当气泡太多时，超声束会被削弱导致仪器不能工作。

（4）用FLUXUS F601测试某种介质的流速，必须知道超声波在被测液体中的传播速度（单位为m/s）（编程菜单中有几种液体介质的列表，包括水等常用流体）。如果被测流体不在仪器菜单中，选择measure功能，仪器会自动测试被测液体的超声传播速度。在测试菜单中选择 Other，然后输入已知的超声波速度。

（5）当介质温度高于或低于环境温度时，在测试过程中，要确保传感器的温度和介质温度一致。

3）维护保养

（1）外观检查、清洁仪器；当显示电量不足标记时，需及时充电；擦净传感器上的声耦合剂痕迹。

（2）长时间不使用仪器时，要定期给仪器充电，将电池取出，每月完全放电并充电。

（3）定期对仪器前面的窗口和外壳进行清洁。

2．智能漏水检测仪

1）特点及使用要求

供水管网漏水数字式自动检测仪及模拟相关检测仪是当前较先进的一种检漏仪器，适用于环境干扰噪声大、管道埋设深或不适宜用地面听漏法的区域，可检测各类金属供水管道，能快速测出地下管道漏水点的位置。

其特点是：检测速度快；测试探头具有磁性装置，便于安放；测试结果显示直观；测试效率高，实现一次操作完成泄漏探测与漏点定位。

2）使用的注意事项

（1）在现场作业中，应穿戴安全服。特别是在马路和街道上检测时，要注意过往车辆，最好有人在一旁看护。

（2）需要打开阀门井盖时，要在井盖附近布置警示标识，或专人看护，以避免有人或车不慎落入井中造成摔伤。

（3）需下井作业时，应先开井盖通风，避免发生中毒事故。

（4）测量结束后，应及时盖好打开过的井盖，及时开启为测量关闭的阀门。

（5）需在路面打孔时，应先用管线仪检查需打孔的范围内有无其他管线，如电缆、煤气管道等，以免触电或损伤其他管道。

3）维护保养

（1）保养内容外观检查、清洁仪器用湿布擦拭干净；电池电量不足时及时更换电池，每月能定时开机运行。

（2）为了保证测量准确，必须定期校准本仪器。

（3）仪器应使用碱性电池，长期不使用该仪器，将电池取出。

第二节　加热炉监测

加热炉的测试方法应符合 SY/T 6381—2016《石油工业用加热炉热工测定》的规定，节能监测项目与指标应符合 SY/T 6275—2007《油田生产系统节能监测规范》的相关要求。

一、监测内容

1．监测检查项目

（1）加热炉不得使用国家公布的淘汰产品。

（2）应按 GB 17167—2006《用能单位能源计量器具配备和管理通则》、GB/T 20901—2007《石油石化行业能源计量器具配备和管理要求》的规定配备能源计量器具。

（3）应有加热炉的设备运行、检修记录。

（4）检查加热炉节能技术应用、改造情况。

2．监测测试项目

监测测试项目包括排烟温度；排烟处过量空气系数；炉体表面温度；热效率。加热炉在新安装、大修、技术改造后应进行热效率测试。

二、监测仪器

各种测试仪器应经过具有相应资质的计量部门校准或检定合格，并在有效期内。监测仪器的量程应与测试数据相匹配。测试仪器准确度要求应不低于表 5-3 的要求。

表 5-3 测试仪器准确度要求

序号	测 试 参 数		准 确 度		
			一级	二级	三级
1	燃料消耗量	液体燃料	0.5 级	1.5 级	2.0 级
		气体燃料	1.0 级	1.0 级	2.0 级
2	加热介质流量		1.5 级	1.5 级	2.0 级
3	进出口介质温度，℃		±0.1	±0.1	±0.1
4	排烟温度，℃		±1.0	±1.0	±1.0
5	入炉空气温度，℃		±0.1	±0.1	±0.1
6	炉体外表面温度，℃		±1.0	±1.0	±1.0
7	介质压力		1.5 级	1.5 级	2.0 级
8	燃气压力		0.4 级	0.4 级	1.5 级
9	排烟处氧含量，%		±0.1	±0.1	±0.1
10	排烟处一氧化碳含量		$\pm1\times10^{-6}$	$\pm1\times10^{-6}$	$\pm1\times10^{-6}$
11	排烟处二氧化碳含量		±0.1%	±0.1%	±0.1%

三、测试参数及步骤

（一）测试参数

加热炉热效率测试的主要参数有：

（1）燃料元素分析、工业分析、发热量。

（2）液体燃料的密度、温度、含水量。

（3）气体燃料的组成成分。

（4）混合燃料的组成成分。

（5）燃料消耗量。

（6）被加热介质的流量、密度。

（7）加热炉进口、出口介质温度和压力。

（8）排烟温度、燃烧室排出炉渣温度、滥流灰和冷灰温度。

（9）排烟处烟气成分（含 RO_2、O_2、CO）。

（10）环境温度；入炉冷空气温度；炉体外表面温度。

（11）当地大气压力。

（12）加热炉辅机耗电。

（二）测点布置

（1）燃料取样方法：可在燃烧器前管道取样装置上，接上燃气取样器取样，分两次各抽取 1L 以上试样，并做标记。

（2）燃料消耗量：应采用流量计来测定，同时在流量点附近测出燃料的压力和温度。

（3）介质流量：被加热介质流量应在介质管路上采用流量计测定，且安装环境符合仪表的使用要求。

（4）介质温度：介质温度的测点应布置在管道截面上介质温度比较均匀的位置；排烟温度的测点应选在加热炉最后一级尾部受热面 1m 以内的烟道上，温度计应插入烟道中心处，并保持温度计插入处的密封。

（5）介质压力：介质压力的测点应布置在直管道截面上。

（6）炉体外表面温度：测点的布置应具有代表性；一般 0.5～1m^2 一个测点，取其算术平均值。在炉门、烧嘴孔、焊孔等附近，边距 300mm 范围内不应布置测点。

（7）烟气成分：测点应选在加热炉最后一级尾部受热面 1m 以内的烟道上，取样探头应插入烟道中心处，并保持插入处的密封。

（8）散热损失：按 GB/T 10180—2017《工业锅炉热工性能试验规程》（即将实施）的规定进行。

（三）测试步骤

（1）检查测试仪器，应满足测试要求。测试后应对测试仪器的状况进行复核。

（2）按测试方案中测点布置的要求配置和安装测试仪器。

（3）全面检查被测系统运行工况是否正常，如有不正常现象应排除。

（4）参加测试的人员应经过测试前的培训，熟悉测试内容与要求。测试过程中测试人员不宜变动。

（5）宜进行预备性测试，全面检查测试仪器是否正常工作和熟悉测试操作程序及测试人员的相互配合程度。

（6）正式测试时，各测试项目必须同时进行。

（7）测试过程中记录人按照项目负责人及记录表要求，认真填写测试记录。测试完毕应由校核人校核并签名。

（8）测试人员必须在每次测试后立即向测试负责人汇报该次测试情况。

（9）测试结束后，检查所取数据是否完整、准确，对异常数据查明原因，以确定剔除或重新测试。

（10）测试结束后，检查被测设备及仪器、仪表是否完好并记录。将仪器擦拭干净，装箱。

四、技术要求

（1）测试应在加热炉正常生产，参数波动在测试期间平均值的±10%以内，热工况稳定和燃烧调整到测试工况 1h 后开始进行。热工况稳定所需时间自冷态点火开始算起不应少于 1h；对有炉墙加热炉的不应少于 8h。

（2）加热炉节能监测测试时间应不少于 1h。加热炉热效率测试时间应不少于 2h。

（3）测试的时间选择和测试参数的取值应具有代表性。除去需要化验分析的项目、炉体外表面温度外，各参数的测试应同步进行，测试数据应采取等时间间隔的办法录取，一般为 10～15min 录取一次，取算术平均值作为测试结果。

（4）测试期间安全阀不得启跳、吹灰。

（5）测试期间过量空气系数、被加热介质的流量、炉排速度、煤层高度应基本相同。

（6）加热炉效率测试应同时采用正平衡法和反平衡法，加热炉效率取正平衡法与反平衡法测得的平均值。当加热炉进行三级测试时，可根据需要采用正平衡法或反平衡法测定加热炉效率。

五、计算方法

加热炉测试参数与计算方法见表 5-4。

表 5-4　加热炉测试参数与计算方法

序号	项目名称	符号	单位	数据来源
1	加热炉型号			铭牌数据
2	加热炉额定容量		MW	铭牌数据
3	加热炉额定工作压力		MPa	铭牌数据
4	燃料品种			现场记录
5	大气压力		hPa	测试数据
6	大气温度		℃	测试数据
（一）燃料特征				
7	收到基甲烷	CH_4	%	化验数据
8	收到基乙烷	C_2H_6	%	化验数据
9	收到基丙烷	C_3H_8	%	化验数据
10	收到基丁烷	C_4H_{10}	%	化验数据
11	收到基戍烷	C_5H_{12}	%	化验数据
12	收到基已烷	C_6H_{14}	%	化验数据
13	收到基氢气	H_2	%	化验数据
14	收到基氧气	O_2	%	化验数据
15	收到基氮气	N_2	%	化验数据
16	收到基一氧化碳	CO	%	化验数据
17	收到基二氧化碳	CO_2	%	化验数据
18	收到基硫化氢	H_2S	%	化验数据
19	收到基不饱和烃	$\sum C_mH_n$	%	化验数据
20	燃气所带水量	M_d	g/m³	查表数据
21	气体燃料含灰量	μ_h	g/m³	查表数据
22	气体燃料容积成分之和	ΣK_i	%	$CH_4+C_2H_6+\cdots+H_2+O_2+N_2+\cdots+\Sigma C_mH_n+M_d$
23	干气体燃料密度	ρ_d	kg/m³	$0.0125(CO+N_2)+0.0009H_2+\Sigma(0.54m+0.045n)\times C_mH_n/100+0.0152H_2S+0.0197CO_2+0.0143O_2$
24	气体燃料收到基密度	ρ_{ar}	kg/m³	$\rho_d+[(M_d+\mu_h)/1000]/(1+M_d/804)$

续表

序号	项目名称	符号	单位	数据来源
25	气体燃料收到基低位发热量	$(Q_{arDW})_q$	kJ/m³	$\Sigma[K_i\times(Q^{g}_{DW}/100]/(1+M_d/804)$
（二）加热炉正平衡效率				
26	被加热水流量	D_W	kg/h	测试数据
27	加热炉进水温度	t_{Win}	℃	测试数据
28	加热炉出水温度	t_{Wout}	℃	测试数据
29	加热炉进水压力	p_{Win}	MPa	测试数据
30	加热炉出水压力	p_{Wout}	MPa	测试数据
31	加热炉进水焓	h_{in}	kJ/kg	查表数据
32	加热炉出水焓	h_{out}	kJ/kg	查表数据
33	水在基准温度时的焓	h_o	kJ/kg	查表数据
34	被加热水有效输出热量	Q_W	kJ/ h	$D_W(h_{out}-h_{in})$
35	加热炉出力	Q	MW	$Q_{out}/(3.6\times10^6)$
36	燃料消耗量	B	kg/h 或 m³/h	测试数据
37	燃料物理热	Q_{rx}	kJ/kg 或 kJ/m³	测试数据
38	加热燃料或空气外来热量	Q_{WL}	kJ/kg 或 kJ/m³	测试数据
39	自用蒸气带入热量	Q_{ZY}	kJ/kg	自用蒸汽量×自用蒸汽焓/ B
40	输入热量	Q_r	kJ/kg 或 kJ/m³	$Q_{arDW}+Q_{WL}+Q_{rx}+Q_{ZY}$
41	正平衡效率	η_1	%	$100\times Q_{out}/(B\times Q_r)$
（三）加热炉反平衡效率				
42	排烟处 RO_2	RO_2'	%	测试数据
43	排烟处 O_2	O_2'	%	测试数据
44	排烟处 CO	CO′	%	测试数据
45	排烟处 H_2	H_2'	%	测试数据
46	排烟处 H_2S	H_2S'	%	测试数据
47	排烟处 C_mH_n	C_mH_n'	%	测试数据
48	燃烧特性系数	β		对气： $(0.209N_2+0.395CO+0.396H_2+1.584CH_4+2.389C_mH_n-0.791O_2)/(CO_2+0.994CO+0.995CH_4+2.001C_mH_n)-0.791$
49	理论最大 RO_2 百分率	RO_2^{max}	%	$21/(1+\beta)$
50	修正系数	K_{q4}	%	$(100-q_4)/100$
51	排烟处过量空气系数	α_{py}		对气： $21/\{21-79(O_2'-0.5CO'-0.5H_2'-2C_mH_n')/[N_2'-N_2(RO_2'-CO'-C_mH_n')/(CO_2+CO+\Sigma mC_mH_n+H_2S)]\}$

续表

序号	项目名称	符号	单位	数据来源
52	理论空气量	V^0	m^3/kg 或 m^3/m^3	对气： $0.0476[0.5CO+0.5H_2+1.5H_2S+2CH_4+\Sigma(m+n/4)C_mH_n-O_2]$
53	RO_2 容积	V_{RO_2}	m^3/kg 或 m^3/m^3	对气： $0.01[CO_2+CO+H_2S+\Sigma(mC_mH_n)]$
54	理论氮气容积	$V_{N_2}^0$	m^3/kg 或 m^3/m^3	对气： $0.79V^0+N_2/100$
55	雾化用蒸气耗汽率	D_{wh}	kg/kg	测试数据或 Dzy/B
56	理论水蒸气容积	$V_{H_2O}^0$	m^3/kg 或 m^3/m^3	对气： $0.01[H_2S+H_2+\Sigma nC_mH_n/2+0.124Md]+0.0161V^0$
57	排烟处水蒸气容积	V_{H_2O}	m^3/kg 或 m^3/m^3	$V_{H_2O}^0+0.0161(a_{py}-1)V^0$
58	排烟处干烟气容积	V_{gy}	m^3/kg 或 m^3/m^3	$V_{RO_2}+V_{N_2}^0+(a_{py}-1)V^0$
59	排烟处烟气容积	V_{py}	m^3/kg 或 m^3/m^3	$V_{gy}+V_{H_2O}$
60	气体未完全燃烧热损失	q_3	%	$Vgy\times Kq_4(126.36CO'+107.98H_2'+358.18C_mH_n')\times100/Q_r$
61	入炉冷空气温度	t_{lk}	℃	测试数据
62	入炉热空气温度	t_{rk}	℃	测试数据
63	排烟温度	t_{py}	℃	测试数据
64	排烟处干烟气平均定压比热	C_{gy}	kJ/（m^3.℃）	$(RO_2'\times C_{RO_2}+N_2'\times C_{N_2}+O_2'\times C_{O_2}+CO'\times C_{CO})/100$
65	排烟处烟气焓	H_{py}	kJ/kg 或 kJ/m^3	$V_{gy}\times C_{gy}\times t_{py}+V_{H_2O}\times C_{H_2O}\times t_{py}$
66	入炉冷空气焓	H_{lk}	kJ/kg 或 kJ/m^3	$apy\times V_0\times C_{lk}\times t_{lk}$
67	排烟热损失	q_2	%	$K_{q4}\times(H_{py}-H_{lk})\times100/Q_r$
68	散热损失	q_5	%	按 GB/T 10180—2017《工业锅炉热工试验规程》
69	热损失之和	Σq	%	$q_2+q_3+q_4+q_5+q_6$
70	反平衡效率	η_2	%	$100\%-\Sigma_q$
71	加热炉平均效率	η	%	$(\eta_1+\eta_2)/2$
（四）加热炉综合效率				
72	加热炉辅机耗电量	ΣN	kW·h/h	测试数据
73	加热炉总供给能量	Q_T	kJ/kg 或 kJ/m^3	$Q_r+\Sigma N\times3600/B$
74	加热炉综合效率	η_z	%	$Q_{out}/(B\times Q_z)\times100\%$

六、评价分析

（一）监测结果评价

根据 SY/T 6275—2007《油田生产系统节能监测规范》可知，对燃气加热炉监测项目与指标要求见表 5-5。

表 5-5　燃气加热炉节能监测项目与指标

监测项目	评价指标	D≤0.40	0.40<D≤0.63	0.63<D≤1.25	1.25<D≤2.00	2.00<D≤2.50	2.50<D≤3.15	D>3.15
排烟温度℃	限定值	≤300	≤250	≤220	≤200	≤200	≤180	≤180
空气系数	限定值	≤2.2	≤2.0	≤2.0	≤1.8	≤1.8	≤1.6	≤1.6
炉体外表面温度℃	限定值	≤50						
热效率%	限定值	≥62	≥70	≥75	≥80	≥82	≥85	≥87
	评价值	≥70	≥75	≥80	≥85	≥85	≥88	≥89

注：D 为加热炉额定容量，单位为兆瓦（MW）。

（1）限定值是指节能监测合格的最低标准，评价值为节能监测系统或设备的节能运行状态指标。监测单位应以此进行合格与不合格以及节能状态与非节能状态的评价，并出具节能监测报告。监测单位在节能监测报告中应对监测对象的能耗状况进行分析评议，并提出改进建议。

（2）全部监测项目同时达到限定值的可视为“节能监测合格设备”；在此基础上，被监测设备的效率指标达到评价值的可视为“节能监测节能运行设备”。

（二）监测结果分析

加热炉主要热损失可分为排烟热损失、气体未完全燃烧热损失、固体未完全燃烧热损失、炉体散热损失和其他热损失，加热炉的排烟温度、排烟处过量空气系数、炉渣含碳量、炉体外表面温度等与加热炉热效率密切相关。

1．排烟热损失

排烟热损失是指加热炉烟气离开加热炉排入大气时，排烟所带走的热量损失。烟气温度比冷空气温度要高很多，所以它是加热炉热损失中较大的一项。

影响排烟热损失的因素主要是排烟温度和排烟容积。

排烟温度越高，排烟热损失越大。一般排烟温度每升高 12～15℃，排烟热损失将提高 1%。为降低排烟温度，对没有加装尾部受热面的加热炉应视具体情况安装省煤器和空气预热器，降低排烟热损失；但排烟温度也不是越低越好，过低的排烟温度会导致加热炉尾部受热面发生低温腐蚀。此外，加热炉运行和保养时应及时吹灰和除垢，有效提高加热炉辐射和对流传热效率，降低排烟温度。

影响排烟容积大小的因素有燃料性质、燃烧方式、燃烧器性能、系统漏入冷空气量等。过量空气系数是加热炉经济运行的重要指标之一，其值偏低时，不能保证完全燃烧；其值偏大时，不参与燃烧的大量冷空气进入炉内吸热，并随烟气排入大气而带走热量，使热损失增大，同时使风机耗电量增加。因此，加热炉运行中应确定合理的过量空气系数，既使燃料完全燃烧，又使各项热损失最小；同时采取有效措施，减少系统漏入冷空气量；采取富氧燃烧技术，减少助燃空气消耗量；燃气加热炉应优先选用自动、高效燃烧器，从而提高天然气的燃烧质量。

2．气体未完全燃烧热损失

气体未完全燃烧热损失是指由于一部分可燃气体未能燃烧放热，随烟气排出造成的热量损失。在加热炉各项热损失中所占的比例较小，但可燃气体含量较高时会对加热炉的运行带来安全隐患。

影响气体未完全燃烧热损失的主要因素有：

（1）过量空气不足，产生大量的 CO 等可燃气体（即冒黑烟）。

（2）空气与可燃气体混合不充分。

（3）炉膛内温度过低。

（4）炉排上煤层太厚。

（5）炉膛容积过小，可燃气体来不及燃尽即进入低温烟道。

为减少气体未完全燃烧热损失，应针对以上原因采取适当的措施。

3．炉体散热损失

加热炉运行时，由于炉墙、锅筒、钢架、管道及其他附件等表面温度高于周围空气温度，部分热量从炉体表面向外界散失，形成炉体散热损失。其大小主要取决于加热炉散热表面积的大小、外表面温度以及周围空气的温度。

有效维护、及时更新加热炉炉衬及保温层可有效减少炉体散热损失。

4．其他热损失

其他热损失主要是指冷却热损失等。冷却热损失是由于加热炉的某些部件采取了水冷却措施，而冷却水吸收的热量未被利用造成的热损失。对冷却水吸收的热量进行有效利用可减少加热炉的其他热损失。

5．加热炉经济运行

加热炉运行效率与其负荷率密切相关。就总的一般趋势来讲，加热炉最高运行效率多在负荷率 75%～100%。如果负荷率太低，加热炉运行效率必然降低；超负荷运行，加热炉运行效率也会降低。

因此，加热炉选型时应根据被加热介质特性、燃料特性、热负荷特性合理选择、设计效率高、容量优化匹配、安装数量合理的加热炉；运行时应合理配置加热炉容量和台数，使各台加热炉组合处于高效运行状态，以取得经济运行与节能减排效果。

6．加热炉节能技术

天然气生产系统中使用的加热炉大都以天然气为燃料，属于燃气炉。由于加热炉是天然气生产流程中的主要耗能设备，所以是节能的主要对象之一。目前，对加热炉采用的节能技术主要包括以下几种类型：

（1）采用高效火嘴，改善燃烧，减少燃烧热损失。

（2）采用高效新型保温绝热材料，加强炉体保温，减少加热炉散热损失。

（3）采用热管新技术，回收烟气余热，降低排烟热损失。

可以看出，上述各类节能技术具有一个共同特点，即采用不同的技术措施来减少加热炉能量转换过程中的各种能量损失，以提高加热炉的运行热效率。

第三节　注水泵监测

注水泵由注水泵站、注水管网等组成。注水泵节能监测的方法按 SY/T 5264—2012《油田生产系统能耗测试和计算方法》中的规定执行。节能监测项目与指标要求应符合 SY/T 6275—2007《油田生产系统节能监测规范》中注水地面系统的规定。

一、监测内容

（一）监测检查项目

（1）泵及电动机不得使用国家规定的淘汰产品。

（2）功率为 50kW 及以上的电动机应配备电流表、电压表和电度表。功率为 100kW 及以上的电动机应采取就地无功补偿等节电措施。泵机组与管网匹配，运行正常，管网布置合理，无明显泄漏。

（二）监测测试项目

监测测试项目包括系统效率；节流损失率；功率因数；机组效率。

二、监测仪器

各种测试仪器应经过具有相应资质的计量部门校准或检定合格，并在有效期内。监测仪器的量程应与测试数据相匹配。测试仪器准确度要求应不低于表 5-6 的要求。

表 5-6　测试仪器准确度要求

序号	参数名称	准确度	序号	参数名称	准确度
1	电流	1.0 级	4	功率	1.5 级
2	电压	1.0 级	5	介质流量	1.5 级
3	功率因数	1.5 级	6	压力	1.5 级

三、测试参数及步骤

（一）测试参数

（1）电动机输入功率或电流、电压、功率因数。

（2）注水泵吸入、排出压力。

（3）注水泵流量。

（4）注水站出站压力、流量。

（5）注水站内回流量。

（6）注水井井口压力、流量。

（7）各测点处的海拔高度。

（二）测点布置

（1）将测试仪器按其相序对应接入配电箱电源输入端测量电参数：输入功率、功率因数、电流、电压。

（2）在注水泵进、出口管段上分别安装使用压力表和流量计测量泵吸入压力、排出压力、注水泵流量、注水出站压力。

（3）在配水间管线上安装使用压力表和流量计测量进口管线压力、注水井流量、注水井控制阀后压力。

（4）在井口安装使用压力表和流量计测量注水井井口阀阀前压力、注水井井口阀阀后压力、注水井井口流量。

（三）测试步骤

（1）检查测试仪器，应满足测试要求。测试后应对测试仪器的状况进行复核。

（2）按测试方案中测点布置的要求配置和安装测试仪器。

（3）全面检查被测系统运行工况是否正常，如有不正常现象应排除。

（4）宜进行预备性测试，全面检查测试仪器是否正常工作并熟悉测试操作程序及测试人员的相互配合程度。

（5）正式测试时，各测试项目必须同时进行。

（6）测试前准备好测试记录表格。测试过程中记录人按照项目负责人及记录表要求，认真填写测试记录。测试完毕应由校核人校核并签名。

（7）测试人员必须在每次测试后立即向测试负责人汇报该次测试情况。

（8）测试结束后，检查所取数据是否完整、准确，对异常数据查明原因，以确定剔除或重新测试。

（9）测试结束后，检查被测设备及仪器、仪表是否完好并记录在原始记录中。将仪器仪表擦拭干净，装箱。

四、技术要求

（1）正式测试应在被测对象工况稳定后开始进行。工况稳定是指被测对象的主要运行参数波动在测试期间平均值的±5%以内。

（2）测试的时间选择和测算数值的取值应具有平均值的代表性。对一个测试单元的各个参数的测试应在同一时间内进行，测取数据的时间间隔应采取等时间间隔的办法，一般为5～15min，每个测点的测试次数应不少于3次。

（3）参加测试的人员应经过测试前的培训，熟悉测试内容与要求。测试过程中测试人员不宜变动。

（4）在不能收集到各测点的海拔高度的情况下，应使用海拔表测量各测点的海拔高度。选取所测注水系统中海拔高度最小的注水站的海拔高度作为各测点位置的基准值。

五、计算方法

相关参数的计算方法见表 5-7。

表 5-7　注水系统测试与计算参数

序号	名　称	符号	单 位	数据来源
1	电动机线电压	U	V	测试数据
2	电动机线电流	I	A	测试数据
3	电动机功率因数	$\cos\phi$		测试数据
4	电动机输入功率	N_{Min}	kW	测试数据
5	注水泵机组输入能量	N_{MPin}	kW	测试数据
6	各测点的压力，表压	p	MPa	测试数据
7	各测点的海拔高度	z	m	测试数据
8	参考点海拔高度	z_0	m	测试数据
9	各测点的折算压力	p_{z}	MPa	$\rho_{\mathrm{w}} g(z-z_0)\times 10^{-6}+p$
10	注水泵排出压力	p_{Pout}	MPa	测试数据
11	注水泵排出折算压力	p_{Poutz}	MPa	参见表中第 13 行计算公式
12	注水泵流量	G_{P}	m³/h	测试数据
13	注水泵机组输出能量	N_{Pout}	kW	$p_{\mathrm{Pout}} \cdot G_{\mathrm{P}}/3.6$
14	注水泵吸入压力	p_{Pin}	MPa	测试数据
15	注水泵吸入折算压力	P_{Pinz}	MPa	参见表中第 13 行计算公式
16	注水系统输入能量	N_{SYSin}	kW	$\sum_{i=1}^{n}(N_{\mathrm{Min}}+p_{\mathrm{Pinz}} \cdot G_{\mathrm{P}}/3.6)_i$
17	注水泵机组能量利用率	η_{MP}	%	$(N_{\mathrm{Pout}}/N_{\mathrm{MPin}})\times 100\%$
18	注水井井口折算压力	P_{Wz}	MPa	参见表中第 13 行计算公式
19	注水井井口流量	G_{W}	m³/h	测试数据
20	注水系统单位注水量电耗	M_{JW}	kW·h/m³	$\sum_{i=1}^{n} N_{\mathrm{Min}i} \Big/ \sum_{j=1}^{m} G_{\mathrm{W}j}$
21	注水系统输出能量	N_{SYSout}	kW	$\sum_{i=1}^{m}(p_{\mathrm{Wz}i} \cdot G_{\mathrm{W}i})/3.6$
22	注水系统能量利用率	η	%	$(N_{\mathrm{SYSout}}/N_{\mathrm{SYSin}})\times 100\%$
23	注水站出口压力	P_{Sout}	MPa	测试数据
24	注水站出口折算压力	P_{Soutz}	MPa	参见表中第 13 行计算公式
25	注水站出口流量	G_{S}	m³/h	测试数据
26	配水间来水折算压力（单井阀前折算压力）	P_{Vinz}	MPa	参见表中第 13 行计算公式

续表

序号	名 称	符号	单 位	数据来源
27	配水间管压折算值（单井阀后折算压力）	P_{Voutz}	MPa	参见表中第13行计算公式
28	注水阀组损失率	ε_{V}	%	$\dfrac{\sum_{i=1}^{m}[(p_{\text{Vinz}}-p_{\text{Voutz}})\cdot G_{\text{W}}]_i}{3.6N_{\text{SYSin}}}\times 100\%$
29	注水站能量利用率	η_{S}	%	$\dfrac{p_{\text{Sout}}\cdot G_{\text{S}}}{3.6\sum_{i=1}^{r}N_{\text{MPin}i}}\times 100\%$
30	注水管线损失率	ε_{P}	%	$\dfrac{\sum_{i=1}^{b}(p_{\text{Soutz}i}\cdot G_{\text{S}i})-\sum_{j=1}^{m}(p_{\text{Wz}j}\cdot G_{\text{W}j})-\sum_{j=1}^{m}[(p_{\text{Vinz}j}-p_{\text{Voutz}j})\cdot G_{\text{W}j}]}{3.6N_{\text{SYSin}}}\times 100\%$
31	注水管网损失率	ε_{PV}	%	$\dfrac{\sum_{i=1}^{b}(p_{\text{Soutz}i}\cdot G_{\text{S}i})-\sum_{j=1}^{m}(p_{\text{Wz}j}\cdot G_{\text{W}j})]}{3.6N_{\text{SYSin}}}\times 100\%$ 或 $\varepsilon_{\text{V}}+\varepsilon_{\text{P}}$
32	站内管线损失率	ε_{SP}	%	$\dfrac{\sum_{i=1}^{r}(p_{\text{Pout}i}-p_{\text{Sout}})\cdot G_{\text{P}i}}{3.6\sum_{i=1}^{r}N_{\text{MPin}i}}\times 100\%$
33	注水系统站内管线损失率	$\varepsilon_{\text{SPSYS}}$	%	$\dfrac{\sum_{j=1}^{b}\sum_{i=1}^{r}[(p_{\text{Poutz}i}-p_{\text{Soutz}j})\cdot G_{\text{P}i}]}{3.6N_{\text{SYSin}}}\times 100\%$
34	注水站内回流量	G_{SR}	m^3/h	测试数据
35	站内回流损失率	ε_{SR}	%	$\dfrac{p_{\text{Sout}}\cdot G_{\text{SR}}}{3.6\sum_{i=1}^{r}N_{\text{MPin}i}}\times 100\%$
36	注水系统回流损失率	$\varepsilon_{\text{SYSR}}$	%	$\dfrac{\sum_{i=1}^{b}(p_{\text{Soutz}i}\cdot G_{\text{SR}i})}{3.6N_{\text{SYSin}}}\times 100\%$

六、评价分析

（一）监测结果评价

注水系统节能监测项目和指标见表5-8。

表5-8 注水系统节能监测项目和指标

监测项目		评价指标	$Q<100$	$100\leqslant Q<155$	$155\leqslant Q<250$	$250\leqslant Q<300$	$300\leqslant Q<400$	$Q\geqslant 400$
系统效率，%	离心泵	限定值	≥44	≥46		≥48		
	往复泵	限定值	≥49					
	离心泵	节能评价值	≥48	≥51		≥53		
	往复泵	节能评价值	≥54					

续表

监测项目		评价指标	$Q<100$	$100 \leqslant Q<155$	$155 \leqslant Q<250$	$250 \leqslant Q<300$	$300 \leqslant Q<400$	$Q \geqslant 400$
节流损失率，%	离心泵	限定值	≤6					
功率因数	离心泵	限定值	≥0.85	≥0.86	≥0.87	≥0.87	≥0.87	≥0.87
	往复泵	限定值	≥0.84					
机组效率%	离心泵	限定值	≥53	≥58	≥66	≥68	≥71	≥72
	往复泵	限定值	≥72					
	离心泵	节能评价值	≥58	≥63	≥70	≥73	≥75	≥78
	往复泵	节能评价值	≥78					

注：Q 为泵额定流量，单位为 m^3/h。

（1）表 5-8 中的限定值是指节能监测合格的最低标准，节能评价值为被监测系统或设备的节能运行状态指标。监测单位应以此进行合格与不合格以及节能状态与非节能状态的评价，并出具节能监测报告。监测单位在节能监测报告中应对被监测对象的能耗状况进行分析评议，并提出改进建议。

（2）监测单台设备时，全部监测项目同时达到限定值的可视为“节能监测合格设备”；在此基础上，被监测设备的效率指标达到节能评价值的可视为“节能监测节能运行设备”。

（3）监测用能系统时，全部监测项目同时达到限定值的可视为“节能监测合格系统”；在此基础上，被监测系统的系统效率指标达到节能评价值的可视为“节能监测节能运行系统”。

（二）监测结果分析

注水系统损耗的能量主要分为三部分。第一部分是驱动注水泵电动机损耗的能量，这部分能量可以用电动机的效率曲线来描述，电动机的效率随着轴功率而变化。第二部分是注水泵损耗的能量，这部分能量可以用水泵效率曲线来描述，它随着水泵输出能量而变化。第三部分能量为管网摩阻损失，可以用管网效率来描述。就上述三部分损失来进行节能监测分析。

1．降低电机损失

（1）根据国家有关部门公布的节能产品目录，选择节能型高效电动机。

（2）结合生产实际，合理选型，减少无功损失。

（3）注水泵合理匹配，避免“大马拉小车”。

2．降低注水泵损失

（1）合理选择高效大流量离心注水泵。由于大流量离心注水泵过流面积大、阻力小，容积损失和水力损失小，泵效比小流量泵高。

（2）合理利用注水泵的高效区。为适应用水量和水压的变化，常采用多台注水泵并联运行和单独运行相结合的方式。为使注水泵的工况尽可能处于高效区内，应使它在并联时每台泵的工况点接近高效区的左面边界。这样在单泵运行时，工况点始终在高效区。

（3）对于注水量小、注水压力高的回注井，应选择高效柱塞泵。

3．降低管网损失

注水管线内壁应做涂料防腐，不仅可增加管线使用寿命，而且可减少摩擦阻力。对结垢的管网可采用酸洗等方法恢复管道输水能力和消耗。

第四节　机泵监测

泵机组测试方法按 GB/T 16666—2012《泵类液体输送系统节能监测》规定执行。节能监测项目与指标要求应符合 GB/T 16666—2012 的规定。

一、监测内容

（一）监测检查项目

（1）泵及电动机不得使用国家规定的淘汰产品，所配电动机应满足国家标准规定的能效限定值指标。

（2）功率为 50kW 及以上的电动机应配备电流表、电压表和电度表。功率为 100kW 及以上的电动机应采取就地无功补偿等节电措施。泵机组与管网匹配，运行正常，管网布置合理，无明显泄漏。

（二）监测测试项目

监测测试项目包括电动机负载率；泵机组效率；泵类及液体输送系统效率。

二、监测仪器

各种检测仪器应经过具有相应资质的计量部门校准或检定合格，并在有效期内。监测仪器的量程应与测试数据相匹配。测试仪器准确度要求应不低于表 5-9 的要求。

表 5-9　测试仪器准确度要求

序号	参数名称	准确度	序号	参数名称	准确度
1	电动机电流	1.0 级	5	压力	1.5 级
2	电动机电压	1.0 级	6	液体流速	0.05%（K=2）
3	电动机功率因数	1.0 级	7	液体流量	0.05%（K=2）
4	电动机输入功率	1.0 级			

三、测试参数及步骤

（一）测试参数

（1）电动机电流。

（2）电动机电压。

（3）电动机功率因数。

（4）电动机输入功率。

（5）泵进口压力。

（6）泵出口压力。

（7）泵调节阀后压力。

（8）泵进口压力表与基准面高度。

（9）泵出口压力表与基准面高度。

（10）调节阀后压力表与基准面高度。

（11）泵进口处液体流速。

（12）泵出口处液体流速。

（13）调节阀后处液体流速。

（14）泵出口处流量。

（二）测点布置

（1）泵流量测试点应尽量选在被测管段的前 10*D* 后 5*D* 处的直管段处，若流体不够充盈，则可以考虑选在竖管段上。

（2）在电动机配电装置的进线处测试电流、电压、功率因数及电动机输入功率。

（3）在测试流量、电参数的同时，通过在线压力表记录各进出口压力。

（三）测试步骤

（1）用超声波测厚仪测试流量计安装管线的厚度，用皮尺测试管道外径。

（2）使用超声波流量计测试流体流量及流速。

（3）使用超声波流量计测试的同时，使用电力质量钳表在电动机配电柜进线端测试电流、电压、有功功率、功率因数等。

（4）在测试流量、电参数的同时，通过在线压力表记录各进出口压力。

（5）记录人员对监测数据记录完毕后交由复核人员（现场负责人）、设备使用单位现场人员对测试数据进行复核，并签字确认。

（6）关闭仪器电源，将仪器擦拭干净，装入仪器箱。

四、技术要求

（1）应在正常生产实际运行工况下进行。

（2）监测时间不应少于 30min，每隔 10min 记录一组数据，取算术平均值。

五、计算方法

泵机组测试与计算参数见表 5-10。

表 5-10　泵机组主要测试与计算参数

序号	名称	符号	单位	数据来源
1	电动机电流	U	V	测试数据
2	电动机电压	I	A	测试数据
3	电动机功率因数	$\cos\phi$		测试数据
4	电动机输入功率	P_{Rr}	kW	测试数据
5	泵进口压力	P_1	Pa	测试数据
6	泵出口压力	P_2	Pa	测试数据
7	泵调节阀后压力	P_3	Pa	测试数据
8	泵进口压力表与基准面高度	Z_1	m	测试数据
9	泵出口压力表与基准面高度	Z_2	m	测试数据
10	调节阀后压力表与基准面高度	Z_3	m	测试数据
11	泵进口处液体流速	V_1	m/s	测试数据
12	泵出口处液体流速	V_2	m/s	测试数据
13	调节阀后处液体流速	V_3	m/s	测试数据
14	泵出口处流量	Q	m³/s	测试数据
15	电动机负载率	β	%	$\frac{P_U}{P_N}\times 100\%$
16	泵输出功率	P_{u}	kW	$\rho gQH\times 10^{-3}$
17	泵机组效率	η_{R}	%	$\frac{P_U}{P_{\mathrm{Rr}}}\times 100\%$
18	泵的总扬程	H	Pa	$\frac{P_2-P_1}{\rho g}+Z_2-Z_1+\frac{V_2^2-V_1^2}{2g}$
19	液体输送有效利用率与泵输出功率之比	η_{t}	%	$\frac{\rho g(H-H_1)Q\times 10^{-3}}{P_U}\times 100\%$
20	调节阀引起的扬程损失	H_1	Pa	$\frac{P_2-P_3}{\rho g}+Z_2-Z_3+\frac{V_2^2-V_3^2}{\rho g}$
21	泵类及液体输送系统效率	η_{SYS}	%	$\eta_{\mathrm{R}}\times\eta_{\mathrm{t}}\times 100\%$

六、评价分析

（一）监测结果评价

泵机组节能监测评价指标见表 5-11。

表 5-11　泵机组节能监测评价指标

类型	电机额定功率，kW	电机负载率，%	泵机组效率，%	泵类及液体输送系统效率，%
离心泵	5～50	>40	≥37	≥30
	≥50-250		≥44	≥35
离心泵	≥250		≥51	≥45
往复泵	5～50	>40	≥51	≥40
	≥50～250		≥54	≥43
	≥250		≥58	≥46

（1）限定值是指节能监测合格的最低标准，节能评价值为节能监测系统或设备的节能运行状态指标。监测单位应以此进行合格与不合格以及节能状态与非节能状态的评价，并出具节能监测报告。监测单位在节能监测报告中应对监测对象的能耗状况进行分析评议，并提出改进建议。

（2）全部监测项目同时达到限定值的可视为“节能监测合格设备”；在此基础上，被监测设备的效率指标达到节能评价值的可视为“节能监测节能运行设备”。

（二）监测结果分析

（1）对设备的判别与评价：电动机额定效率应满足 GB 18613—2012《中小型三相异步电动机能效限定值及能效等级》的要求，泵的额定效率应满足 GB 19762—2007《清水离心泵能效限定值及节能评价值》的要求。

（2）泵类及液体输送系统效率不合格，应查看系统中存在长期起节流作用的阀门和旁通的回流介质，以及存在不能正常工作的阀门或其他部件；对于负荷经常变化的，且为单台泵运行的情况，为保证电动机的经济运行，查看现场是否使用变频调速装置。

（3）对于经常变化的负荷或有多种生产工艺工况的，应有大、小泵的搭配安装。并应根据不同的生产工艺工况掌握负荷的变化规律，然后根据不同的负荷情况，选择不同容量泵的组合搭配。否则应考虑使用变频调速装置，以优化电动机的运行条件。

（4）管网的设计应尽可能地降低管道的阻尼系数，使流体的输送阻力最小。

（5）应控制流体在管网中的流速为经济流速的范围。

（6）泵机组的节能可通过泵的本身节能、系统节能、运行节能三个方面来进行管理。

① 应根据输送介质及运行参数要求优先选用合适类型的高效节能泵，使泵在工作中能在高效区经济运行。优化设计，合理匹配泵、电动机、管网及各种相关附件，使泵在高效区运行，实现系统节能。

② 泵的运行节能主要体现在泵的运行调节方式上。尽量不要使用节流、回流调节方式，减少节流、回流造成的能量损失。

a．根据输送液量的需要，合理选择启泵数量，实现泵在高效区的经济运行。

b．通过改变泵的转速来调节泵机组的运行工况，以达到调节泵排量的目的。目前常用的调速方式可分为电动机直接调速和恒速电动机带调速传动装置调速两类。电动机直接调速有变频调速、串级调速、变级调速、串电阻调速及无换向器电动机调速等技术，其中变频调速与串级调速为高效的调速方式。调速传动装置调速常用的有液力偶合器、液力调速离合器、电磁转差离合器等。

c. 对离心泵可利用切割叶轮、改变叶轮级数的方法来改变泵的工作特性，使其与实际工况相匹配，保证泵机组的高效运行。

d. 对往复泵可采取改变柱塞直径大小的方法来改变泵的流量。

e. 应用泵控泵（PCP）技术，利用前置小功率增压泵来调节系统压力和流量，保证大功率泵高效工作，可有效减少投资和运行成本。

③ 加强泵的维修管理，及时更换密封材料，清除泵内结垢，在泵壳体内部和叶轮上喷涂减阻涂料，减少泵的水力损失和机械损失。

第五节　变压器监测

天然气行业的供配电系统是指联系地区电源和用户的用于输送和分配电能的中间环节。110kV、66kV 和 35kV 系统包括 110kV、66kV 和 35kV 输电线路及主变压器；10kV、6kV 系统包括 10kV、6kV 输电线路、主变压器和配电变压器。

供配电系统测试计算执行标准 GB/T 16664—1996《企业供配电系统节能监测方法》、SY/T 5268—2012《油气田电网线损率测试和计算方法》。

供配电系统考核评价执行标准 SY/T 6275—2007《油田生产系统节能监测规范》、SY/T 6373—2016《油气田电网经济运行规范》。

一、监测内容

（一）监测检查项目

（1）变压器不得使用国家公布的淘汰产品。

（2）检查被测供配电系统的运行工况是否正常，如有不正常现象应排除。

（3）检查被测供配电系统节能技术应用、节能技术改造情况，采取了何种节能技术措施，了解将来节能改造方向。

（4）应有被测供配电系统运行、检修记录。

（二）监测测试项目

监测测试项目包括线损率；变压器功率因数；变压器负载系数。

二、监测仪器

（1）测试所用仪表应能满足项目测试的要求，仪表应完好，在检定周期以内。

（2）测试仪表的准确度等级要求如下：

① 35kV 及以上变、配电所的电能计量仪表的准确度等级不应低于 1.0 级。

② 10kV 及以下变、配电所电能计量仪表的准确度等级不应低于 2.0 级。

③ 变、配电所配置的电压表和电流表的准确度等级不应低于 1.0 级。

④ 配电变压器负载侧测试仪表的准确度等级不应低于 1.0 级。

三、测试参数及步骤

（一）测试参数

（1）220kV 变压器输入、输出有功电量、无功电量。

（2）110（66）kV 、35kV 供电系统输入、输出有功电量、无功电量。

（3）配电线路有功电量、无功电量、电流、电压。

（4）配电变压器负载侧的有功电量、无功电量、电流、电压。

（二）测试步骤

（1）确定被测系统。

（2）现场装有计量仪表的系统，直接从线路首、末端，变压器的输入、输出端读取数据。

（3）从仪表直接读取数据的时段与次数应保持一致。

（4）对不具备现场直接读表条件的测试系统，在测试期内应逐一测试。

四、技术要求

（1）测试应在用电体系处于正常生产实际运行工况下进行。

（2）测试期为一个代表日（24h）。

（3）所需收集的被测系统参数如下：

① 被测系统接线图及运行方式。

② 被测系统变电所主变压器、配电变压器参数。

③ 被测系统输配电线路的参数。

④ 被测系统电力电容器的参数。

五、计算方法

（一）电网线损率的计算

（1）具备现场直接读表条件的被测系统线损率的测试与计算参数见表 5-12。

表 5-12　具备现场直接读表条件的被测系统测试与计算参数

序号	项目名称	符号	单位	数据来源
1	被测系统名称			现场记录
2	输入有功电量	A	kW·h	统计参数
3	输出有功电量	A_1	kW·h	统计参数

续表

序号	项目名称	符号	单位	数据来源
4	有功电量损耗	ΔA	kW・h	$A-A_1$
5	电网线损率	N	%	$\frac{\Delta A}{A}\times 100\%$

（2）不具备现场直接读表条件的配电系统线损率的计算方法见表 5-13。

表 5-13　不具备现场直接读表条件的配电系统线损率计算

序号	项目名称	符号	单位	数据来源
1	被测配电系统名称			现场记录
2	一般配电线路测试时间	T_x	H	测试数据
3	配电系统输入有功电量	A_p	kW・h	测试数据
4	第 k 条分支线路的首端计算用最大电流	$I_{maxj,k}$	A	$K_\varphi\times I_{max,k}$
5	线路首端的最大电流与各分支线路首端的实测最大电流代数和的比值	K_φ		$I_{max}\Big/\sum_{k=1}^{n}I_{max,k}$
6	分支线路首端的实测最大电流	I_{max}		测试数据
7	第 k 条分支线路首端的实测最大电流	$I_{max,k}$		测试数据
8	分支线路数	n		测试数据
9	电网 10（6）kV 一般配电线路的有功功率损耗	ΔP_x	kW	$3\times\sum_{k=1}^{n}I_{maxj,k}^2\times R_k\times 10^{-3}$
10	第 k 条分支线路的电阻	R_k	Ω	参见表 5-14 和表 5-15
11	电网 10（6）kV 一般配电线路的有功电量损耗	ΔA_{xy}	kW·h	$\Delta P_x\cdot T_x$
12	电网 10（6）kV 一般配电线路测试时间	T_x	H	测试数据
13	电网 10（6）kV 直供配电线路的有功电量损耗	ΔA_{xz}	kW・h	$A_{xs}-A_{xm}$
14	电网 10（6）kV 直供配电线路的首端输入有功电量	A_{xs}	kW・h	测试数据
15	电网 10（6）kV 直供配电线路的末端输出有功电量	A_{xm}	kW・h	测试数据
16	测试区内的电网 10（6）kV 一般配电线路数	M_y		测试数据
17	测试区内的电网 10（6）kV 直供配电线路数	M_z		测试数据
18	测试区内的第 i 条电网 10（6）kV 一般配电线路的有功电量损耗	$\Delta A_{xy,i}$	kW・h	测试数据
19	测试区内的第 j 条电网 10（6）kV 直供配电线路的有功电量损耗	$\Delta A_{xz,j}$	kW・h	测试数据
20	配电线路的有功电量损耗	ΔA_x	kW・h	$\sum_{i=1}^{M_y}\Delta A_{xy,i}+\sum_{j=1}^{M_z}\Delta A_{xz,j}$

续表

序号	项目名称	符号	单位	数据来源
21	配电变压器的有功功率损耗	ΔP_{pb}	kW	$\sum_{k=1}^{m}\Delta P_{k,k}+\sum_{k=1}^{m}\Delta P_{d,k}\times(I_{maxb,k}/I_{e,k})^2$
22	配电线路上配电变压器数	m		测试数据
23	第 k 台配电变压器的空载有功损耗	$\Delta P_{k,k}$	kW	测试数据
24	第 k 台配电变压器的短路有功损耗	$\Delta P_{d,k}$	kW	测试数据
25	第 k 台配电变压器的最大负荷电流	$I_{maxb,k}$	A	测试数据②
26	第 k 台配电变压器的额定电流	$I_{e,k}$	A	现场记录
27	配电变压器有功电量损耗	ΔA_b	kW·h	$\sum_{k=1}^{m}\Delta P_{k,k}\times T_{b,k}+\sum_{k=1}^{m}\Delta P_{d,k}\times\beta_{maxb,k}^2\times\tau_k$
28	第 k 台配电变压器投入运行的时间	$T_{b,k}$	H	测试数据
29	第 k 台配电变压器的运行最大负载率	$\beta_{max\,b,k}$	%	$I_{maxb,k}/I_{e,k}$
30	第 k 台配电变压器的最大负荷损耗时间	τ_k	H	$\frac{I_{j,k}^2}{I_{maxb,k}^2}\times T_{b,k}$
31	第 k 台配电变压器的计算用电流	$I_{j,k}$	A	$\sqrt{\frac{\sum_{i=1}^{24}I_i^2}{24}}$
32	测试期（24 h）内每小时实测记录电流	I_i	A	现场记录
33	电网中投入运行的并联电容器的总容量	Q_c	kvar	统计数据
34	电力电容器的介质损失角正切值	$\tan\delta$		查阅有关电容器产品手册
35	电力电容器运行时间	T_c	H	测试或统计数据
36	电力电容器有功电量损耗	ΔA_c	kW·h	$Q_c\times\tan\delta\times T_c$
37	电网线损率	N_P	%	$\frac{\Delta A_x+\Delta A_b+\Delta A_c}{A_p}\times100\%$

注：（1）对于线路上有的配电变压器没有实测数据的情况，可把线路首端的最大电流减去实测配电变压器计算用的最大电流，剩余电流按各未实测配电变压器的容量和用电情况进行适当分配，求出未实测配电变压器的计算用最大电流。

（2）如果有的配电变压器没有实测的最大负荷电流，可将前述实测电流的配电变压器的计算用最大负荷电流 $I_{max\,b,k}$ 除以 K_ϕ，作为计算配电变压器功率损耗的最大电流值。

（3）计算出每台典型配电变压器的最大负荷损耗时间后，再按用电性质、类型，求出各类配电变压器的最大负荷损耗时间，作为各类配电变压器的最大负荷损耗时间。

表 5-14　LJ 型导线等值电阻（20℃）

导线型号	LJ-16	LJ-25	LJ-35	LJ-50	LJ-70	LJ-95	LJ-120	LJ-150	LJ-185	LJ-240
电阻 Ω/km	1.98	1.28	0.92	0.64	0.46	0.34	0.27	0.21	0.17	0.132

表 5-15　LGJ 型导线等值电阻（20℃）

导线型号	LGJ-16	LGJ-25	LGJ-35	LGJ-50	LGJ-70	LGJ-95	LGJ-120	LGJ-150	LGJ-185	LGJ-240	LGJ-300	LGJ-400
电阻 Ω/km	2.04	1.38	0.85	0.65	0.46	0.33	0.27	0.21	0.17	0.132	0.107	0.082

注：当环境温度不等于 20℃时，导线电阻按 GB/T 16664—1996 的附录 B2 中式（B6）～式（B10）计算。

（二）电网功率因数的计算

电网功率因数的计算见表 5-16。

表 5-16　电网功率因数计算

序号	名称	符号	单位	数据来源
1	被测系统名称			现场记录
2	测试期内，所测试系统的有功电量	A_{Pd}	kW·h	统计或测试数据
3	测试期内，所测试系统的无功电量	A_{Qd}	kvar·h	统计或测试数据
4	电网功率因数	$\cos\phi$		$\frac{A_{Pd}}{\sqrt{(A_{Pd})^2+(A_{Qd})^2}}$

（三）电网变压器负载系数的计算

电网变压器负载系数的计算见表 5-17。

表 5-17　电网变压器负载系数计算

序号	项目名称	符号	单位	数据来源
1	变压器名称			现场记录
2	测试时间	T	h	测试数据
3	变压器额定容量	S_e	kV·A	铭牌参数
4	变压器负载侧的有功电量	A_{bP}	kW·h	统计或现场测试
5	变压器负载侧的无功电量	A_{bQ}	kvar·h	统计或测试数据
6	变压器平均输出视在功率	S_{av}	kV·A	$\frac{\sqrt{A_{bP}^2+A_{bQ}^2}}{T}$
7	电网变压器负载系数	β		$\frac{S_{av}}{S_e}$

（四）电网电力变压器功率损耗的计算

（1）电网双绕组变压器有功功率损耗和无功功率损耗的测试及计算参数见表 5-18。

表 5-18　电网双绕组变压器有功功率损耗和无功功率损耗计算

序号	名称	符号	单位	数据来源
1	变压器名称			现场记录
2	变压器额定容量	S_e	kV·A	铭牌参数
3	变压器额定电压	U_{be}	kV	铭牌参数
4	变压器短路有功功率损耗	ΔP_d	kW	铭牌参数
5	变压器短路电压占额定电压的百分数	$U_d\%$		铭牌参数
6	变压器短路电压有功分量占额定电压的百分数	$U_R\%$		铭牌参数
7	变压器空载有功功率损耗	ΔP_k	kW	铭牌参数
8	变压器空载无功功率损耗	ΔQ_k	kvar	铭牌参数
9	变压器运行电压	U	kV	测试或统计数据
10	变压器计算有功负荷	P_{js}	MW	测试或统计数据
11	变压器计算无功负荷	Q_{js}	Mvar	测试或统计数据
12	变压器的电阻	R	Ω	$\frac{\Delta P_d \times U_{be}^2}{S_e^2} \times 10^3$
13	变压器短路电压无功分量占额定电压的百分数	$U_x\%$		$\sqrt{(U_d\%)^2-(U_R\%)^2}$
14	变压器的电抗	X	Ω	$\frac{U_x\% \times U_{be}^2}{S_e} \times 10$
15	变压器无功功率损耗	ΔQ_b	kvar	$\Delta Q_k + \frac{P_{js}^2+Q_{js}^2}{U^2} X \times 10^3$
16	变压器有功功率损耗	ΔP_b	kW	$\Delta P_k + \frac{P_{js}^2+Q_{js}^2}{U^2} R \times 10^3$

（2）电网三绕组变压器有功功率损耗和无功功率损耗的计算见表 5-19。

表 5-19　电网三绕组变压器有功功率损耗和无功功率损耗测试及计算参数

序号	名称	符号	单位	数据来源
1	变压器名称			现场记录
2	变压器额定容量	S_e	kV·A	铭牌参数
3	变压器额定电压	U_{be}	kV	铭牌参数
4	变压器高-中压绕组短路电压占额定电压的百分数	$U_{d(1-2)}\%$	%	铭牌参数
5	变压器高-低压绕组短路电压占额定电压的百分数	$U_{d(1-3)}\%$	%	铭牌参数
6	变压器中-低压绕组短路电压占额定电压的百分数	$U_{d(2-3)}\%$	%	铭牌参数

续表

序号	名称	符号	单位	数据来源
7	高压绕组计算有功功率	P_{js1}	MW	测试或统计数据
8	中压绕组计算有功功率	P_{js2}	MW	测试或统计数据
9	低压绕组计算有功功率	P_{js3}	MW	测试或统计数据
10	高压绕组计算无功功率	Q_{js1}	Mvar	测试或统计数据
11	中压绕组计算无功功率	Q_{js2}	Mvar	测试或统计数据
12	低压绕组计算无功功率	Q_{js3}	Mvar	测试或统计数据
13	高压绕组运行线电压	U_1	kV	测试或统计数据
14	中压绕组运行线电压	U_2	kV	测试或统计数据
15	低压绕组运行线电压	U_3	kV	测试或统计数据
16	高压绕组电阻	R_1	Ω	$\frac{\Delta P_{d1} \times U_{be1}^2}{S_{e1}^2} \times 10^3$
17	中压绕组电阻	R_2	Ω	$\frac{\Delta P_{d2} \times U_{be2}^2}{S_{e2}^2} \times 10^3$
18	低压绕组电阻	R_3	Ω	$\frac{\Delta P_{d3} \times U_{be3}^2}{S_{e3}^2} \times 10^3$
19	变压器高压绕组短路电压无功分量占额定电压的百分数	$U_{d1}\%$	%	$(U_{d(1-2)}\% + U_{d(1-3)}\% - U_{d(2-3)}\%) / 2$
20	变压器中压绕组短路电压无功分量占额定电压的百分数	$U_{d2}\%$	%	$U_{d(1-2)}\% - U_{d1}\%$
21	变压器低压绕组短路电压无功分量占额定电压的百分数	$U_{d3}\%$	%	$U_{d(1-3)}\% - U_{d1}\%$
22	高压绕组电抗	X_1	Ω	$\frac{U_{d1}\% \times U_{e1}^2}{S_e} \times 10$
23	中压绕组电抗	X_2	Ω	$\frac{U_{d2}\% \times U_{e2}^2}{S_e} \times 10$
24	低压绕组电抗	X_3	Ω	$\frac{U_{d3}\% \times U_{e3}^2}{S_e} \times 10$
25	变压器无功功率损耗	ΔQ_b	kvar	$\Delta Q_k + \frac{P_{js1}^2 + Q_{js1}^2}{U_1^2} X_1 \times 10^3 + \frac{P_{js2}^2 + Q_{js2}^2}{U_2^2} X_2 \times 10^3 + \frac{P_{js3}^2 + Q_{js3}^2}{U_3^2} X_3 \times 10^3$
26	变压器有功功率损耗	ΔP_b	kW	$\Delta P_k + \frac{P_{js1}^2 + Q_{js1}^2}{U_1^2} R_1 \times 10^3 + \frac{P_{js2}^2 + Q_{js2}^2}{U_2^2} R_2 \times 10^3 + \frac{P_{js3}^2 + Q_{js3}^2}{U_3^2} R_3 \times 10^3$

六、评价分析

（一）监测结果评价

（1）线损率指标要求。

电网线损率的节能监测评价指标见表5-20。

表5-20 电网线损率节能监测评价指标

监测项目	110kV、66 kV系统（包括110kV、66 kV输电线路及主变压器）	35 kV系统（包括35kV输电线路及主变压器）	10kV、6 kV系统（包括10kV、6 kV输电线路、主变压器和配电变压器）
线损率，%	≤2	≤4	≤6

（2）变压器负载系数指标要求。

（1）变压器单台运行时，负载系数应满足$\beta_1^2 \leqslant \beta \leqslant 1$。

（2）有两台或两台以上变压器并列运行时，应按设计的经济运行方式运行。

（3）变压器功率因数指标要求。

变压器功率因数节能监测指标见表5-21。

表5-21 变压器功率因数节能监测指标

监测项目	评价指标	110/35kV或35/6（10）kV主变压器	一般生产用配电变压器	电泵井变压器
功率因数	限定值	≥0.95	≥0.90	≥0.72

（4）变压器的功率因数和负载系数同时达到限定值，同时不使用以下淘汰型变压器可视为“节能监测合格变压器”。

（5）供配电系统变压器的功率因数和负载系数、线损率同时达到限定值可视为“节能监测合格供配电系统”。

（二）监测结果分析

1．线损率

电网损耗主要由变压器损耗和线路损耗，其次由电容器损耗构成。有效降低上述损耗可以降低电网的线损率。应分析变压器损耗和线路损耗的所占比例，才能针对性地提出相应的建议。

（1）变压器损耗过大，说明该电网的变压器存在以下问题：变压器容量选择过大，不在经济负载率附近工作，有淘汰型高耗能变压器，变压器空载率较高等。

（2）线路损耗过大，说明该电网的线路存在以下问题：供电半径过大，线路分布不合理，导线未按经济电流密度选择或电网容量持续增加，补偿装置衰减或损坏等。

2．功率因数

电网功率因数的高低取决于用电设备自然功率因数高低和线路无功补偿的效果。

（1）用电设备自然功率因数过低，建议根据资金情况逐步更换为高自然功率因数设备。

（2）线路无功补偿效果不理想，可以用表5-22作为提高功率因数的参考。

表5-22　功率因数无功补偿方式选择方法

补偿方式	高压配电线路补偿	配电变压器低压补偿	用电设备分散补偿
补偿对象	高压配电线路的无功功率	配电变压器的无功功率	用电设备的无功功率
降损范围	高压配电线路及上级供电网络	配电变压器及上级供电网络	整个供电网络
调压效果	较好	较好	最好
单位投资	较大	较大	较大
设备利用率	较高	较高	较低
维护方便性	较方便	较方便	不方便

第六节　燃气发动机压缩机组监测

目前，天然气行业燃气发动机压缩机组从结构上主要分为整体式和分体式两种，以整体式压缩机组为主，本节主要介绍整体式压缩机组节能监测方法，其监测方法按西南油气田企业标准Q/SY XN 0365—2012《整体式压缩机节能监测方法》的规定执行，分体式压缩机组参照此方法执行。机组效率评价指标要求应符合SY/T 6837—2011《油气输送管道系统节能监测规范》的规定，其余指标可参照Q/SY XN 0365—2012的相关规定。

一、监测内容

（一）监测检查项目

（1）压缩机组及相应的配套设备不得使用国家公布和行业规定的淘汰产品。

（2）监测仪表应配备齐全。压缩天然气及燃料气流量计计量仪表应按GB 17167—2006《用能单位能源计量器具配备和管理通则》、GB/T 20901—2007《石油石化行业能源计量器具配备和管理要求》、Q/SY 1212—2009《能源计量器具配备规范实施指南》的规定执行。为满足经济运行需要，应配备有必要的在线仪表，如压缩缸各级间压力和温度变送显示仪表等。

（3）天然气压缩机组应有能源消耗、处理量、设备运行和检修记录等。

（4）工艺系统布置合理，不得有明显破损和泄漏。供气系统必须运行正常和使用合理。

（二）监测测试项目

监测测试项包括过量空气系数；压缩机效率；燃气发动机效率；机组效率。

二、监测仪器

各种测试仪器应经过具有相应资质的计量部门校准或检定合格，并在有效期内。监测仪器的量程应与测试数据相匹配。测试仪器准确度要求应不低于表5-23的要求。

表 5-23　测试仪器准确度要求

序号	参数名称	准确度	序号	参数名称	准确度
1	烟气组分	1.0 级	6	风压风速	0.1m/s，0.1hPa ±0.1hpa
2	压缩天然气进、出各级温度	±0.1℃	7	冷却器、水泵扭矩	±0.5με
3	进气条件下压缩天然气量	1.5 级	8	冷却水管厚度	0.5mm
4	燃气消耗量	1.5 级	9	大气压力	1.5 级
5	动力缸冷却水流量	1.0 级			

三、测试参数及步骤

（一）测试参数

（1）原料气的各级进气温度。

（2）原料气的各级排气温度。

（3）原料气的各级进气压力。

（4）原料气的各级排气压力。

（5）进气条件下压缩天然气量。

（6）燃气消耗量。

（7）烟气组分。

（8）排烟温度。

（9）冷却水冷却燃烧缸前温度。

（10）冷却水冷却燃烧缸后温度。

（11）动力缸冷却水流量。

（12）冷却器扭矩。

（13）冷却器转速。

（14）泵扭矩。

（15）水泵转速。

（二）测点布置

（1）各级进气温度的测点，在进压缩缸进口 0.5m 范围内测试。

（2）各级排气温度在压缩缸出口外 0.5m 范围内测试。

（3）烟气测试点在燃气发动机动力缸弯道处的堵头处或排烟管 1m 范围内测试。

（三）测试步骤

（1）使用红外测温仪测试压缩天然气进排气各级温度以及燃料气进气温度。

（2）采用扭矩仪和转速仪对整体式压缩机组的冷却水泵扭矩、转速进行测试。无法测试时，按照 GB/T 16666—2012《泵类液体输送系统节能监测》规定，测试冷却水流量、扬程等参数后，计算冷却水泵轴功率。

（3）采用扭矩仪和转速仪对整体式压缩机组的冷却风机扭矩、转速进行测试。无法测试时，按照 GB/T 15913—2009《风机机组与管网系统节能监测》规定，测试冷却气体的温度、风速、进风口横截面积等参数后，计算冷却风机轴功率。

（4）用超声波流量计测试动力缸冷却水流量。

（5）现场采集压缩气、燃料气样品，并对气质组分进行分析。

（6）记录人员对监测数据记录完毕后交由复核人员（现场负责人）、设备使用单位现场人员对测试数据进行复核，并签字确认。

（7）关闭仪器电源，将仪器擦拭干净，装入仪器箱。

四、技术要求

（1）所监测的燃气压缩机组应运行正常，工况稳定，运行 1h 以上。检查仪表控制盘显示参数稳定，如压缩机转速、压缩缸各级进排气压力、各级进排气温度、排气流量、冷却水温度等波动在±5%范围内。

（2）压缩天然气进排气压力、压缩天然气量、燃料气消耗量、温度等应同步测试，每个测点的测量次数不得少于三次，每 10～15min 测量一次。以各组读数的平均值作为计算值。

（3）对燃气压缩机组进行常规节能监测时，仅需用反平衡方法测试。对新机组或改造后机组的能效监测，用正、反平衡同时测试。

五、计算方法

燃气发动机压缩机组测试与计算参数见表 5-24。

表 5-24 燃气发动机压缩机组测试与计算参数

序号	名称	符号	单位	数据来源
1	环境温度	t_0	℃	测试数据
2	大气压力	p_0	Pa	测试数据
3	原料气的各级进气温度	T_{inj}	K	测试数据
4	原料气的各级排气温度	T_{outj}	K	测试数据
5	原料气的各级进气压力	$p_{\text{int j}}$	MPa	测试数据
6	原料气的各级排气压力	p_{outj}	MPa	测试数据
7	进气条件下压缩天然气量	q_{jV}	m^3/min	测试数据
8	燃气消耗量	B_r	m^3/min	测试数据
9	排烟处氧气百分数	O_2'	%	测试数据
10	排烟处一氧化碳百分数	CO'	%	测试数据
11	排烟处氢气百分数	H_2'	%	测试数据

续表

序号	名称		符号	单位	数据来源
12	排烟处烷烃百分数		$C_mH'_n$	%	测试数据
13	排烟处二氧化物百分数		RO'_2	%	测试数据
14	排烟温度		t_{py}	℃	测试数据
15	冷却水冷却燃烧缸前温度		t_{wcq}	K	测试数据
16	冷却水冷却燃烧缸后温度		t_{wch}	K	测试数据
17	动力缸冷却水流量		q_{rw}	m^3/h	测试数据
18	冷却器扭矩		T_{cp}	N·m	测试数据
19	冷却器转速		n_{cp}	r/min	测试数据
20	水泵扭矩		T_{pp}	N·m	测试数据
21	水泵转速		n_{pp}	r/min	测试数据
22	压缩天然气组分	收到基甲烷	CH_4	%	化验数据
23		收到基乙烷	C_2H_6	%	化验数据
24		收到基丙烷	C_3H_8	%	化验数据
25		收到基丁烷	C_4H_{10}	%	化验数据
26		收到基戊烷	C_5H_{12}	%	化验数据
27		收到基氢气	H_2	%	化验数据
28		收到基氧气	O_2	%	化验数据
29		收到基氮气	N_2	%	化验数据
30		收到基一氧化碳	CO	%	化验数据
31		收到基二氧化碳	CO_2	%	化验数据
32		收到基硫化氢	H_2S	%	化验数据
33		收到基不饱和烃	ΣC_mH_n	%	化验数据
34		压缩气所带的水分	M_d	%	化验数据
35	燃料气气质组分	收到基甲烷	CH_4	%	化验数据
36		收到基乙烷	C_2H_6	%	化验数据
37		收到基丙烷	C_3H_8	%	化验数据
38		收到基丁烷	C_4H_{10}	%	化验数据
39		收到基戊烷	C_5H_{12}	%	化验数据
40		收到基氢气	H_2	%	化验数据

续表

序号	名称		符号	单位	数据来源
41	燃料气气质组分	收到基氧气	O_2	%	化验数据
42		收到基氮气	N_2	%	化验数据
43		收到基一氧化碳	CO	%	化验数据
44		收到基二氧化碳	CO_2	%	化验数据
45		收到基硫化氢	H_2S	%	化验数据
46		收到基不饱和烃	ΣC_mH_n	%	化验数据
47		燃气所带的水分	M_d	%	化验数据
48	排烟处过量空气系数		α_{py}		$\dfrac{21}{21-79\dfrac{O_2'-(0.5CO'+0.5H'+2C_mH_n')}{100-\left(RO_2'+O_2'+CO'+H_2'+C_mH_n'\right)}}$
49	压缩机效率		η_T	%	$\dfrac{N_P}{N_1}\times 100\%$
50	多级压缩指示功率之和		N_P	kW	$\sum N_{pj}$
51	第j级压缩机指示功率		N_{pj}	kW	$16.745 p_{inj} q_{jV}\dfrac{k_j}{k_j-1}\left[\left(\dfrac{p_{outj}}{p_{inj}}\right)^{\frac{k_j-1}{k_j}}-1\right]\dfrac{Z_{j1}+Z_{j2}}{2Z_{j1}}$
52	吸气条件下的压缩天然气压缩因子		Z_{j1}		计算方法执行 GB/T 17747.1～17747.3—2011
53	排气条件下的压缩天然气压缩因子		Z_{j2}		计算方法执行 GB/T 17747.1～17747.3—2011
54	第j级压缩天然气绝热指数		k_j		c_p/c_V
55	压缩天然气比定压热容		c_p	kJ/（kg·℃）	$\Delta c_p+c_p^0$
56	压缩天然气比定容热容		c_V	kJ/（kg·℃）	$c_p-\Delta c$
57	压缩天然气基准压力下比定压热容		c_p^0	kJ/（kg·℃）	$c_p^0=\dfrac{1.687(1+0.001T_{outj})}{\sqrt{S_G}}$
58	压缩天然气相对密度		S_G		计算方法执行 GB/T 11062—2014
59	真实气体比热容校正值		Δc_p		见《泵和压缩机》250 页（钱锡俊，陈弘主编.中国石油大学出版社，2007）
60	校正值		Δc		见《泵和压缩机》251 页（钱锡俊，陈弘主编.中国石油大学出版社，2007）
61	压缩天然气当量对比压力		p_r'		p_{outj}/p_c'
62	压缩天然气当量临界压力		p_c'	MPa	$\sum X_i\cdot p_{ci}$

续表

序号	名称	符号	单位	数据来源
63	当量对比温度	T_r'	K	T_{outj}/T_c'
64	压缩天然气当量临界温度	T_c'	K	$\sum X_i \cdot T_{ci}$
65	压缩天然气各组分临界温度	T_{ci}	K	由 SY/T 6637—2012 查取
66	压缩机轴功率	N_I	kW	$\sum N_{ij}$
67	第 j 级压缩机轴功率	N_{ij}	kW	$\dfrac{N_{pj}}{\eta_j}$
68	压缩机第 j 级效率	η_j	%	$\dfrac{T_{inj}}{T_{outj}-T_{inj}}\left[\left(\dfrac{p_{outj}}{p_{inj}}\right)^{\frac{k_j-1}{k_j}}-1\right]\times 100\%$
69	发动机正平衡效率	η_{RP}	%	$\dfrac{N_I+N_{cp}+N_{pp}}{Q_{dw}^y}\times 100\%$
70	冷却器轴功率	N_{cp}	kW	$\dfrac{T_{cp}\cdot n_{cp}}{9550}$
71	水泵轴功率	N_{pp}	kW	$\dfrac{T_{pp}\cdot n_{pp}}{9550}$
72	单位时间消耗燃气热值	Q_{dw}^y	kJ/m^3	执行 GB/T 11062—2014
73	发动机反平衡效率	η_{RC}	%	$100\%-\left(\dfrac{Q_{py}+Q_{lr}}{Q_{dw}^y}\times 100\%+\eta_{js}\right)$
74	机械损耗	η_{js}	%	取 2%～5%
75	机组效率	η_S	%	$\dfrac{N_P\times 3600}{Q_{dw}^y}\times 100\%$
76	冷却燃烧缸热量	Q_{lr}	kJ/m^3	$c_w\rho_w q_{rw}\Delta t_{wc}$
77	冷却水比热容	c_w	kJ/（kg・℃）	查表
78	冷却水密度	ρ_w	kg/m^3	查表
79	冷却水冷却燃烧缸前后温度差	Δt_{wc}	℃	测试数据
80	烟气热量	Q_{py}	kJ/m^3	$B_r V_{py}(C_{py}t_{py}-27.18)$
81	烟气体积	V_{py}	m^3/m^3	见式（5-17）
82	每立方米干燃气燃烧理论空气量	V_{O_2}	m^3/m^3	见式（5-18）

烟气体积系数按式（5-17）计算：

$$V_{py}=0.01\times\left[\begin{array}{l}CO_2'+CO'+H_2'+N_2'+2H_2S'\\+\sum(m+0.5n)C_mH_n'+0.124d_s\end{array}\right]+(1.016\alpha_{py}-0.21)V_{O_2} \qquad (5-17)$$

式中 d_s——每立方米干燃气所带水量，g/m^3；

V_{O_2}——每立方米干燃气燃烧理论空气量，m^3/m^3。

燃气燃烧理论空气量计算按式（5-18）计算：

$$V_{O_2}=0.0476\times\left[\begin{array}{l}0.5\varphi(CO)+0.5\varphi(H_2)+1.5\varphi(H_2S)+2\varphi(CH_4)\\+\sum(m+0.25n)\varphi(C_mH_n)-\varphi(O_2)\end{array}\right] \qquad (5-18)$$

式中 $\varphi(CH_4)$——燃料收到基甲烷体积分数；

$\varphi(CO)$——燃料收到基一氧化碳体积分数；

$\varphi(H_2)$——燃料收到基氢气体积分数；

$\varphi(H_2S)$——燃料收到基硫化氢体积分数；

$\varphi(C_mH_n)$——燃料收到基各种碳氢化合物体积分数；

$\varphi(O_2)$——燃料收到基氧气体积分数。

六、评价分析

（一）监测结果评价

燃气发动机压缩机节能监测评价指标见表 5-25。

表 5-25 燃气发动机机组节能监测评价指标

序号	监测项目	评价指标	
1	过量空气系数	限定值	≤5
2	压缩机效率，%	限定值	≥85
3	燃气发动机效率，%	限定值	≥25
4	机组效率，%	限定值	≥22

监测项目中任何一项结果低于限定值，该机组评价为“不合格”；过量空气系数、压缩机效率、燃气发动机效率和机组效率四项指标均达到限定值，该机组评价为“合格”。

（二）监测结果分析

（1）压缩机效率、燃气发动机效率、机组效率不合格，查找影响机组能效的各参数的监控数据，如机组余隙、转速、空燃比、点火提前角等参数的控制管理；对严重偏离设计压力、负荷率及运行效率较低的机组，建议进行适应性改造。通过实施改缸、机组间调配运行，满足现有运行条件，提高机组效率。对目前产量过低，燃料气消耗量过高的机组，建议使用单位对生产运行成本及产量进行经济论证，可适当停用此类机组。

（2）对过量空气系数偏高的现象，建议开展技术分析，调整进风量，减小过量空气系数，减小因烟气带走的热量，减小燃料气消耗量。

第七节　电动机压缩机组监测

电动机压缩机组在天然气行业主要应用于 CNG 加气站和生产增压，其测试方法按 SY/T 6637—2012《天然气输送管道系统能耗测试和计算方法》的规定执行。节能监测项目与指标要求应符合 SY/T 6837—2011《油气输送管道系统节能监测规范》的规定。

一、监测内容

（一）监测检查项目

（1）压缩机组不得使用国家公布和行业规定的淘汰产品，所配电动机额定效率应满足国家标准规定的能效限定值指标。

（2）配备有监测压缩气量和各级压力的仪表，在线能源计量器具应按 GB 17167—2006、GB/T 20901—2007、SY/T 1212 的规定执行，且经过检定合格，并满足精度要求。配备必要的在线仪表，如压缩缸各级间压力和温度变送显示仪表、压缩天然气计量仪表等。

（3）压缩机组应有设备运行记录、检修记录。

（4）供气系统和工艺设备必须运行正常和使用合理。

（5）工艺系统布置合理，不得有明显破损和泄漏。

（二）监测测试项目

监测测试项目包括压缩机机组效率；天然气损耗率；用电单耗。

用于生产增压的电动压缩机仅测试第一个项目，CNG 加气站三个指标均需要测试。

二、监测仪器

各种监测仪器应经过具有相应资质的计量部门校准或检定合格，并在有效期内。监测仪器的量程应与测试数据相匹配。测试仪器准确度要求应不低于表 5-26 的要求。

表 5-26　测试仪器准确度要求

序号	参数名称	准确度	序号	参数名称	准确度
1	电动机电压	1.0 级	5	天然气进站气量	1.5 级
2	电动机电流	1.0 级	6	天然气加气量	1.5 级
3	电动机功率因数	1.0 级	7	CNG 加气站运行过程中的电消耗量	1.5 级
4	电动机输入功率	1.0 级			

三、测试参数及步骤

（一）测试参数

（1）电动机电压。

（2）电动机电流。

（3）电动机功率因数。

（4）电动机输入功率。

（5）天然气进站气量。

（6）天然气加气量。

（7）CNG 加气站在运行过程中的电消耗量。

（二）测点布置

在配电柜出线端变频器的前端测试电参数。

（三）测试步骤

（1）电参数测试：在配电柜出线端变频器的前端，每隔 5～15min 读取一组数据，测量数据不得少于三组。

（2）测试各温度和电参数的同时，通过现场计量仪表读取压缩气量。

（3）通过电度表记录电动压缩机站在运行过程中的电消耗量。

（4）记录人员对监测数据记录完毕后交由复核人员（现场负责人）、设备使用单位现场人员对测试数据进行复核，并签字确认。

（5）关闭仪器电源，将仪器擦拭干净，装入仪器箱。

四、技术要求

（1）现场测试应在压缩机机组运行工况稳定至少 15min 后进行。

（2）测试期间输气量波动在±5%以内，干线压力波动在±5%以内。

（3）测试过程中主要测试参数应同步测试，重复读取三次以上，每 10～15min 读数一次。测取的各项参数取算术平均值进行计算。

五、计算方法

电动压缩机组的测试与计算参数见表 5-27。

表 5-27　电动压缩机测试与计算参数

序号	名称	符号	单位	数据来源
1	环境温度	t_0		测试数据
2	大气压力	p_0		测试数据
3	电动机电压	U	V	测试数据
4	电动机电流	I	A	测试数据
5	电动机功率因数	$\cos\phi$		测试数据
6	电动机输入功率	P_d	kW	测试数据
7	天然气进站气量	Q_i	m³/d	测试数据
8	天然气加气量	Q_x	m³/d	测试数据

续表

序号	名称	符号	单位	数据来源
9	CNG 加气站在运行过程中的电消耗量	E	kW·h/m^3	测试数据
10	机组效率	η_{dl}	%	$\eta_d \cdot \eta_T$
11	电动机效率	η_d	%	$H_d / P_d \times 100\%$
12	电动机轴功率	H_d	kW	$\beta \cdot P_e$
13	电动机负载率	β	%	$\dfrac{-P_e/2+\sqrt{P_e^2/4+(\Delta P_e-\Delta P_0)(P_d-\Delta P_0)}}{\Delta P_e-\Delta P_0}$
14	电动机额定负载时的有功损耗	ΔP_e	kW	$\left(\dfrac{1}{\eta_e}-1\right)P_e$
15	电动机空载有功损耗	P_e	kW	从出厂资料获得
16	电动机额定效率	η_e	%	从出厂资料获得
17	天然气损耗率	N	%	$\dfrac{Q_i-Q_x}{Q_i}\times 100\%$
18	CNG 加气站用电单耗	D	%	E/Q_x

六、评价分析

（一）监测结果评价

电动压缩机节能监测评价指标见表 5-28。

表 5-28　电动压缩机节能监测评价指标

指标名称		指标值	评价结论
机组效率，%		≥65	经济
		≥60	合格
CNG 加气站天然气损耗率，%		≤2.5	经济
CNG 加气站天然气损耗率，%		≤3.0	合格
CNG 加气站用电单耗 kW·h/m^3	天然气进站压力 p（p≤1MPa）	≤0.2	经济
		≤0.3	合格
	天然气进站压力 p（1MPa＜p≤3MPa）	≤0.15	经济
		≤0.2	合格

（1）电动压缩机机组效率不小于 60%时，评价为合格，当机组效率不小于 65%时，评价机组运行经济。

（2）CNG 压缩机的机组效率、天然气损耗率、CNG 加气站用电单耗三项指标均达到合格指标值时，则认定 CNG 加气站整体运行合格；当压缩机机组效率、天然气损耗率、

CNG 加气站用电单耗三项指标均达到经济运行指标值时，则认定 CNG 加气站运行经济。

（二）监测结果分析

（1）一般 CNG 站进站压力不稳定，建议加装变频装置，根据负荷大小调整频率，达到节能降耗的目的。

（2）在低负荷下运行机组，有旁通阀门打开，是造成机组效率和用电单耗高的原因。

（3）场站内阀门、管路泄漏是造成天然气损耗率高的主要原因。

第八节　空气压缩机监测

空气压缩机测试方法按 GB/T 16665《空气压缩机及供气系统节能监测方法》的规定执行。节能监测项目与指标要求应符合 GB/T 16665—2017《空气压缩机及供气系统节能监测》（即将实施）的规定。

一、监测内容

（一）监测检查项目

（1）空气压缩机不得使用国家公布和行业规定的淘汰产品，所配电动机应满足国家标准规定的能效限定值指标。

（2）检测仪表配备齐全。供气系统布置合理，不得有明显破损和泄漏。压缩机吸气口应安装在背阳、无热源的场所。

（3）空气压缩机组应有设备运行记录、检修记录。

（4）供气系统和用气设备必须运行正常和使用合理。

（5）工艺系统布置合理，不得有明显破损和泄漏。

（二）监测测试项目

监测测试项目包括机组用电单耗；压缩机排气温度；压缩机冷却水进水温度；压缩机冷却水进出水温差。

二、监测仪器

各种检测仪器应经过具有相应资质的计量部门校准或检定合格，并在有效期内。监测仪器的量程应与测试数据相匹配。测试仪器准确度要求应不低于表 5-29 的要求。

表 5-29　测试仪器准确度要求

序号	参数名称	准确度	序号	参数名称	准确度
1	电压	1.0 级	4	输入电功率	1.0 级
2	电流	1.0 级	5	冷却水进水温度	0.1℃
3	功率因数	1.0 级	6	压缩机吸气温度	0.1℃

续表

序号	参数名称	准确度	序号	参数名称	准确度
7	压缩机排气温度	0.1℃	10	空气压缩机排气端气量	1.5 级
8	压缩机吸气压力	1.5 级	11	环境温度	0.1℃
9	压缩机排气压力	1.5 级			

三、测试参数及步骤

（一）测试参数

（1）电压。

（2）电流。

（3）功率因数。

（4）输入电功率。

（5）冷却水进水温度。

（6）压缩机吸气温度。

（7）压缩机排气温度。

（8）压缩机吸气压力。

（9）压缩机排气压力。

（10）空气压缩机排气端气量。

（11）环境温度。

（二）测点布置

（1）在离压缩机吸气口 1m 处测试环境温度、大气压力。

（2）在电动机配电装置的进线处测试电流、电压、功率因数及电动机输入功率。

（3）在压缩机标准吸气位置（距吸气法兰前的距离为两倍管直径）测试压缩机吸气温度。

（4）在压缩机标准排气位置（距排气法兰前的距离为两倍管直径）测试压缩机排气温度。

（5）在压缩机冷却水进口处测试冷却水进水温度。

（三）测试步骤

（1）用玻璃温度计测试环境温度、用大气压力表测试大气压力。

（2）用电参数测试仪器测试电流、电压、功率因数及电动机输入功率。

（3）用红外测温仪测试压缩机吸气温度、排气温度和冷却水进水温度。

（4）通过现场安装的压力表记录压缩机的吸气、排气压力。

（5）通过现场安装的流量计记录压缩机排气端气量。

（6）记录人员对监测数据记录完毕后交由复核人员（现场负责人）、设备使用单位现场人员对测试数据进行复核，并签字确认。

（7）关闭仪器电源，将仪器擦拭干净，装入仪器箱。

四、技术要求

（1）监测必须在空气压缩机组及供气系统正常运行工况下进行，且该工况应具有统计值的代表性。

（2）对稳定负荷的空气压缩机组，以2h为一个检测周期，对不稳定负荷的空气压缩机组，以一个或几个负荷变化周期为一个检测周期。

（3）检测周期内，同一工况下的各被测参数应同时进行采集，被测参数应重复采样三次以上；采样间隔时间为10～20min；以各组读数值的平均值作为计算值。

五、计算方法

空气压缩机测试与计算参数见表5-30。

表 5-30　空气压缩机测试与计算参数

序号	名称	符号	单位	数据来源
1	电压	U	V	测试数据
2	电流	I	A	测试数据
3	功率因数	$\cos\phi$		测试数据
4	输入电功率	P_t	kW	测试数据
5	大气压力	p_0	Pa	测试数据
6	冷却水进水温度	T_1	℃	测试数据
7	压缩机吸气温度	T_X	℃	测试数据
8	压缩机排气温度	T_p	℃	测试数据
9	压缩机吸气压力	P_x	Pa	测试数据
10	压缩机排气压力	p_P	Pa	测试数据
11	空气压缩机排气端气量	G_X	m³/h	测试数据
12	空气压缩机用电单耗	D	kW·h/m³	$\frac{E}{G_X}\cdot K_1\cdot K_2$
13	空气压缩机组输入电能	E	kW·h	$P_t\cdot t$
14	空气压缩机进气端气量	G_X	m³	$G_P\frac{T_X\cdot p_p}{T_P\cdot p_x}$
15	冷却水修正系数	K_1		水冷 K_1=1，风冷 K_1=0.88
16	压力修正系数	K_2		排气压力≤0.7MPa，K_2=1 其他工作压力和冷却方式 单级：$\frac{0.8114}{(p_P/p_X)^{0.2857}-1}$ 双吸：$\frac{0.3459}{(p_P/p_X)^{0.1429}-1}$

六、评价分析

（一）监测结果评价

空气压缩机节能监测评价指标见表 5-31。

表 5-31　空气压缩机节能监测评价指标

电动机容量，kW	机组用电单耗，kW·h/m³	压缩机排气温度，℃	冷却水进水温度，℃	电动机负载率，%
≤45	0.129	风冷≤180 水冷≤160	≤35	＞40
55-160	0.115			
≥200	0.112			

表 5-31 所列指标是监测合格的最低标准，监测单位应以此进行合格与不合格的评价。全部监测指标同时合格方可视为“节能监测合格的空气压缩机组及供气系统”。对于监测不合格者，监测单位应做出能源浪费程度的评价报告和提出改进建议。

（二）监测结果分析

（1）查找空气压缩机及相应配套电动机是否使用国家公布和行业规定的淘汰产品，所配电动机应满足国家标准规定的能效限定值指标。

（2）空气压缩机出口流量和压力如果是变动的，或通过调节阀门大小调节流量时，建议加装变频装置，根据负荷大小调整频率，达到节能降耗的目的。

（3）在低负荷下运行空气压缩机，有旁通阀门打开，造成用电单耗高。

（4）空气压缩机冷却系统冷却效果不佳，造成排气温度升高，查找冷却管网是否有故障。

第九节　风机监测

风机测试方法按 GB/T 15913—2009《风机机组与管网系统节能监测》的规定执行。节能监测项目与指标要求应符合 GB/T 15913—2009《风机机组与管网系统节能监测》的规定。

一、监测内容

（一）监测检查项目

（1）风机机组运行状态正常，系统配置合理。具体检查项目如下：

① 查看风机本体、驱动电动机、连接器等是否完好、清洁；是否是国家明令的淘汰产品。

② 支撑部分润滑脂是否正常，各部位轴承温度是否符合温升标准。

③ 平皮带与三角带松紧度是否符合要求；平皮带压轮压力是否符合要求，三角带是否

配齐，是否全部工作正常。

（2）管网走向合理，布置应符合基本流体力学原理以减少阻力损失。

（3）系统连接部位无明显泄漏，送、排风系统设计漏损率不超过10%，除尘系统不超过15%，对管网系统应做如下检查：

① 通过听声、手感、涂肥皂水等办法，判断漏风位置和漏风程度。

② 自身循环的空气调节系统，要检查是否在设计条件下运行。

（4）功率为50kW及以上的电动机应配备电流表、电压表和功率表，并应在安全允许条件下，采取就地无功补偿等节电措施；控制装置完好无损。

（5）配备有监测风机供风量和各级压力仪表，且经过检定合格，并满足准确度要求。

（6）流量经常变化的风机应采取调速运行。

（二）监测测试项目

监测测试项目包括风机机组电能利用率；电动机负载率。

二、监测仪器

各种监测仪器应经过具有相应资质的计量部门校准或检定合格，并在有效期内。监测仪器的量程应与测试数据相匹配。测试仪器准确度要求应不低于表5-32的要求。

表5-32　测试仪器准确度要求

序号	参数名称	准确度	序号	参数名称	准确度
1	电压	1.0级	6	风机出口静压	10Pa
2	电流	1.0级	7	风机入口动压	10Pa
3	功率因数	1.0级	8	风机入口静压	10Pa
4	电动机输入功率	1.0级	9	测点截面处的气体温度	±0.1℃
5	风机出口动压	0.1hPa			

三、测试参数及步骤

（一）测试参数

（1）电动机电压。

（2）电动机电流。

（3）电动机功率因数。

（4）电动机功率。

（5）风机出口动压。

（6）风机出口静压。

（7）风机入口动压。

（8）风机入口静压。

（9）测点截面处的气体温度。

（10）流量测点处的截面积。

（二）测点布置

（1）测点截面应分别选择在距风机进口不少于 5 倍、出口不少于 10 倍管径（当量管径）的直管段上。矩形管道以截面长边的倍数计算。如风机无进口管路，出口管路又没有平直长管段时，可在风机进口安装一段直管进行测量。

（2）若动压测量截面与静压测量截面不在同一截面时，动压测量值必须按静压测量截面的条件进行折算。

（3）对于矩形管道，应将测点截面划分为若干相等的小截面，再在每个小截面的中心测量，每一小截面的面积不得大于 $0.05m^2$，每个测量截面所划分的小截面不得小于 9 个。对于圆形管道，可将管道截面划分为若干个等面积的同心环，再分别在圆环与管道水平轴与垂直轴的交点上测量。

（4）在配电柜出线端、变频器的前端测试电参数。

（三）测试步骤

（1）用毕托管测量风机入口动压、静压，出口动压、静压，测点截面动压、静压。

（2）电参数测试：测点选在配电柜出线端变频器的前端，需每隔 10min 读取一组数据，测量数据不得少于三组。

（3）记录人员对监测数据记录完毕后交由复核人员（现场负责人）、设备使用单位现场人员对测试数据进行复核，并签字确认。

（4）关闭仪器电源，将仪器擦拭干净，装入仪器箱。

四、技术要求

（1）现场测试应在风机运行工况稳定下进行。

（2）连续测试时间不少于 30min，每一被测参数的测量次数不少于三次，每 10min 记录一次读数，以各组读数的平均值作为计算值。

五、计算方法

风机测试与计算参数见表 5-33。

表 5-33　风机测试与计算参数

序号	名称	符号	单位	数据来源
1	电压	U	V	测试数据
2	电流	U	A	测试数据
3	功率因数	$\cos\phi$		测试数据
4	电动机输入功率	P_1	kW	测试数据
5	风机出口动压	p_2	Pa	测试数据
6	风机出口静压	p_{2p}	Pa	测试数据

续表

序号	名称	符号	单位	数据来源
7	风机入口动压	p_1	Pa	测试数据
8	风机入口静压	p_{1p}	Pa	测试数据
9	测点截面处的气体温度	T	℃	测试数据
10	流量测点处测量的截面积	F	m²	测试数据
11	测量截面的平均静压	P_j	Pa	$\frac{1}{m}\sum_{i=1}^{m}P_{ji}$
12	测量截面的平均动压	P_d	Pa	$\sqrt{\frac{1}{m}\sum_{i=1}^{m}P_{di}}$
13	风机全压	P	Pa	$(P_{j2}+P_{d2})-(P_{j1}+P_{d2})$
14	流量测试点处气体密度	ρ	kg/m³	$\rho_0\frac{273}{273+t}\cdot\frac{P_h+P_1}{101325}$
15	标准状态下的气体密度	ρ_0	kg/m³	空气取 1.29；烟气取=1.3
16	毕托管测压修正值	μ		标准毕托管 μ=1
17	风机实际流量	Q	m³/s	$\mu F\sqrt{\frac{2P_d}{\rho}}$
18	电动机负载率	β	%	$\frac{P_2}{P_N}\times100\%$
19	风机机组电能利用率	H_J	%	$\frac{P_{YP}}{P_1}\times100\%$
20	风机有效输出功率	P_{YP}	kW	$\frac{Q\cdot P}{1000}$

六、评价分析

（一）监测结果评价

风机节能监测评价指标见表 5-34。

表 5-34　风机节能监测评价指标

电动机容量，kW	风机机组电能利用率，%	电动机负载率，%
＞45	55	＞45
≤45	65	

表 5-34 中所列指标是监测合格的最低标准，监测单位应以此进行合格与不合格的评价。全部监测指标同时合格方可视为“节能监测合格的风机机组与管网系统”。对于监测不合格者，监测单位应做出能源浪费程度的评价报告和提出改进建议。

（二）监测结果分析

（1）查找风机及相应配套电动机是否使用国家公布和行业规定的淘汰产品，所配电动机应满足国家标准规定的能效限定值指标。

（2）风机出口流量和压力如果是变动的，或通过调节阀门大小调节流量时，建议加装变频装置，根据负荷大小调整频率，达到节能降耗的目的。

（3）在低负荷下运行风机，旁通阀门打开，是造成机组电能利用率低的原因。

第十节　照明监测

照明测试主要针对气田办公照明、装置照明、场站照明等进行测试，监测的测试方法按 GB/T 5700—2008《照明测量方法》执行，节能监测项目与指标要求参考 GB/T 50034—2013《建筑照明设计标准》执行。

一、监测内容

（一）主要检查项目

（1）被测光源正常燃点，在正常电压范围内工作。

（2）现场光源使用合理，照明方式、照明种类、照明灯具选择应符合 GB/T 50034—2013《建筑照明设计标准》。

（3）合理利用自然光源。

（二）测试项目

（1）室内照明测试项目包括：有关面上的照度；照度均匀度；各表面上的反射比；各表面和设备的亮度；照明现场的色温、相关色温和显色指数；照明功率密度值。

（2）室外照明测试项目包括：地面或作业面上的照度；照度均匀度；地面或作业面和构筑物表面的反射比；地面或作业面和构筑物表面的照明的亮度；照明现场的色温、相关色温和显色指数；照明功率密度值。

二、监测仪器

（1）各种监测仪器应经过具有相应资质的计量部门校准或检定合格，并在有效期内。

（2）监测仪器的量程选取应在仪器规定的使用范围内，且与现场工况相匹配。

（3）主要监测仪器、仪表的精度应不低于表 5-35 中的规定。

表 5-35　主要监测仪器、仪表精度要求

序号	仪器名称	精　度	序号	仪器名称	精　度
1	光照度计	0. 1lx	3	空盒气压表	+0.1℃/10Pa
2	电能质量分析仪	1.0 级	4	便携式反射比测量仪	1.0 级

续表

序号	仪器名称	精　度	序号	仪器名称	精　度
5	光亮度计	0.001cd/m^2	7	皮尺	1cm
6	光谱辐射计	1.0 级			

三、测试参数及步骤

（一）测试参数

照明主要测试参数及相应仪器见表 5-36。

表 5-36　照明主要测试参数及相应仪器

序号	测试参数	符号	单位	监测用仪器
1	照度	E	Lx	光照度计
2	亮度	L	cd/m^2	光亮度计
3	反射比	ρ	%	便携式反射比测量仪
4	色温	Tc	K	光谱辐射计
5	显色指数	Ra	—	
6	照明电路电源电压	U	V	电能质量分析仪
7	照明电路工作电流	I	A	
8	照明电路线路压降	ΔU	V	
9	照明电路系统功率	P	kW	
10	照明电路功率因数	$\cos\varphi$	—	
11	照明电路谐波含量	HR	%	

（二）照明测试布点

1）中心布点法

将测量区域划分为矩形网格，网格宜为正方形，在网格中心点测量照度，如图 5-11 所示。该布点法适用于水平照度、垂直照度或摄像机方向的垂直照度的测量，垂直照度应标明照度的测量面的法线方向。

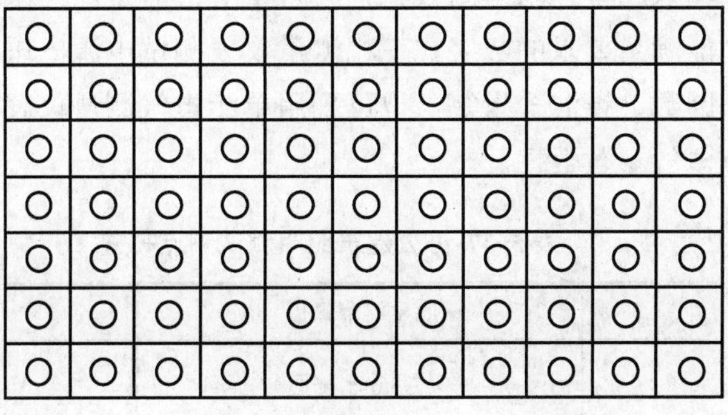

图 5-11　在网格中心布点示意图

○ 一测点

2）四角布点法

将测量区域划分为矩形网格，网格宜为正方形，在网格 4 个角点上测量照度，如图 5-12 所示。该布点方法适用于水平照度、垂直照度或摄像机方向的垂直照度的测量，垂直照度应标明照度测量面的法线方向。

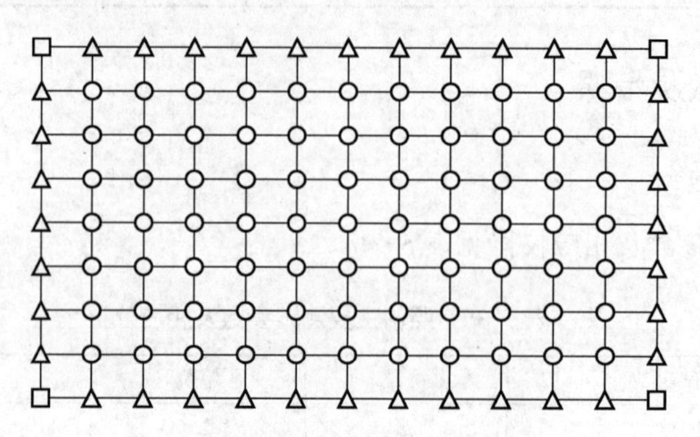

图 5-12　在网格四角布点示意图

○—场内点；△—边线点；□—四角点

（三）测试步骤

（1）照度测试各测点高度及间距见表 5-37、表 5-38 和表 5-39。

测量时，照度计先用大量程挡数，然后根据指示值的大小逐渐找到合适的挡数，原则上不允许指示值在最大量程 1/10 范围内读数，待照度示值稳定后再读数。

（2）亮度测试：将亮度计放置在与观察者的眼睛同一高度，通常站姿为 1.5m，坐姿为 1.2m，特殊场合应按实际要求确定。室内工作区亮度测量应选择工作面或主要视野面，选择有代表性的点，同一代表面上的测点不得少于 3 点。

（3）反射比测试：反射比可采用便携式反射比测量仪器直接测量，也可采用亮度计测出的亮度和照度测出的照度间接计算出现场反射比。

（4）色温和显色指数测试：现场的色温和显色指数采用光谱辐射计进行测试，每个场地测量点的数量不少于 9 个测点，住宅单个房间不少于 3 个即可，取算术平均值。

（5）电参数测试：对于单个照明灯具，采用量程适宜、功能满足要求的单相电气测量仪表测试工作电流、输入功率、功率因数、谐波含量等；对于照明系统，可采用具有记忆功能且量程适宜、功能满足要求的数字式三相测量仪表测试电源电压、工作电流、线路压降、系统功率、功率因数、谐波含量等，也可采用单相电气测量仪表分别测量，计算出总的数值作为照明系统电气参数数据。

表 5-37　办公建筑照明测试测点布置

房间或场所	照度测点高度	照度测点间距
办公室	0.75m 水平面	2.0m×2.0m 4.0m×4.0m
会议室	0.75m 水平面	2.0m×2.0m

续表

房间或场所	照度测点高度	照度测点间距
文件整理复印发行室	0.75m 水平面	2.0m×2.0m
资料档案室	0.75m 水平面	2.0m×2.0m

注：大会议室的主席台水平照度测量高度 0.75m，垂直照度测量高度 1.2m。

表 5-38　室外作业区照明测试测点布置

<table>
<tr><th>房间或场所</th><th>照度测点高度</th><th>照度测点间距</th><th>显色指数和色温</th><th>照明电参数</th><th>反射比</th></tr>
<tr><td>一般工业加工区域</td><td rowspan="3">地面</td><td rowspan="6">5.0m×5.0m
10.0m×10.0m</td><td rowspan="6">每区域测量点不宜少于 3 个点</td><td rowspan="6">一般采用功能区域分别测量，最后计算出总量</td><td rowspan="6">每种主要材料测量点不宜少于 3 个点</td></tr>
<tr><td>物品存放区</td></tr>
<tr><td>车辆停放区</td></tr>
<tr><td>建筑工地</td><td rowspan="3">地面和设计要求的工作面</td></tr>
<tr><td>井站室外作业区</td></tr>
<tr><td>石化工业和其他危险工业</td></tr>
</table>

注：照度测量时，测点间隔应根据面积的大小选择，对于有工艺要求的作业区按工艺设计要求选择测点和间隔；照明功率密度的测量与照度测量区域相对应。

表 5-39　工业建筑照明测试测点布置

<table>
<tr><th colspan="2">房间或场所</th><th>照度测点高度</th><th>照度测点间距</th></tr>
<tr><td rowspan="2">工业厂房</td><td>局部照明</td><td>工作面</td><td>按工艺要求确定</td></tr>
<tr><td>一般照明</td><td>地面</td><td rowspan="2">2.0m×2.0m
5.0m×5.0m
10.0m×10.0m</td></tr>
<tr><td colspan="2">通道、连接区、动力站、加油站</td><td>地面</td></tr>
<tr><td rowspan="2">控制室、配电装置室</td><td>控制柜
仪表盘</td><td>柜面、盘面的立面</td><td>0.5m×0.5m
2.0m×2.0m</td></tr>
<tr><td>一般照明</td><td>0.75m 水平面</td><td>2.0m×2.0m
4.0m×4.0m</td></tr>
<tr><td colspan="2">试验室、检验室、计量室、电话站、网络中心、计算站</td><td>0.75m 水平面</td><td>2.0m×2.0m
4.0m×4.0m</td></tr>
<tr><td colspan="2">仓库</td><td>1.00m 水平面</td><td>5.0m×5.0m
10.0m×10.0m</td></tr>
</table>

四、技术要求

（1）测量时应待光源的光输出稳定后再进行测量：当被测光源为白炽灯或卤钨灯时，要求其累计燃点时间在 50h 以上，现场照明测量应燃点 15min 后进行；当被测光源为气体放电灯类时，要求其累计燃点时间在 100h 以上，现场照明测量应燃点 40min 后进行。

（2）照明测量宜在额定电压下进行。测量时，应监测电源电压，若实测电压偏差超过相关标准规定的范围，应对测量结果做相应的修正。

（3）室内照明测量应在没有天然光和其他非被测光源影响下进行，不宜在明月和测量场地有积水或积雪时进行。室外照明测量应确保路面、场地清洁和干燥。

（4）根据需要，点燃必要的光源，排除其他无关光源的影响，并防止各类人员和物体对光接收器造成遮挡、反射。

五、计算方法

（一）平均照度的计算

（1）心布点法的平均照度计算：

$$E_{av}=\frac{1}{M\times N}\sum E_i \tag{5-19}$$

式中 E_{av}——平均照度，lx；

E_i——在第 i 个测点上的照度，lx；

M——纵向测点数；

N——横向测点数。

（2）四角布点法的平均照度计算：

$$E_{av}=\frac{1}{4MN}(\sum E_\vartheta+2\sum E_0+4\sum E) \tag{5-20}$$

式中 E_{av}——平均照度，单位为勒克斯，lx；

M——纵向网格数；

N——横向网格数；

E_ϑ——测量区域四个角处的测点照度，lx；

E_0——四条边以内的测点照度，lx。

（二）照度均匀度的计算

$$U_1=E_{min}/E_{max} \tag{5-21}$$

式中 U_1——照度均匀度（极差）；

E_{min}——小照度，lx；

E_{max}——最大照度，lx。

$$U_2=E_{min}/E_{av} \tag{5-22}$$

式中 U_2——照度均匀度（均差）；

E_{min}——最小照度，lx；

E_{av}——平均照度，lx。

（三）平均亮度的计算

$$L_{av}=\frac{\sum_{i=1}^{i=n}L_i}{n} \tag{5-23}$$

式中　L_{av}——平均亮度，cd/m^2；

L_i——各测点的亮度，cd/m^2；

n——测点数。

（四）反射比的计算

$$\rho = \frac{\pi L}{E} \tag{5-24}$$

式中　ρ——反射比；

L——被测表面的亮度，cd/m^2；

E——被测表面的照度，lx。

（五）照明功率密度的计算

$$LPD = \frac{\sum P_i}{S} \tag{5-25}$$

式中　LPD——照明功率密度，W/m^2；

P_i——被测量照明场所中的第 i 单个照明灯具的输入功率，W；

S——被测量照明场所的面积，m^2。

六、评价分析

（一）照度、显色指数、照明功率密度

（1）对于相关工作场所工作面上的照度值，应不低于表 5-40 的照度值，对表中未列入的工作场所，其照度值可参照表内近似情况选用。

（2）对于长期工作或停留的房间或场所，照明光源的显色指数（Ra）不宜小于 80。在灯具安装高度大于 6m 的工业建筑场所，显色指数可低于 80，但必须能够辨别安全色，相关工作场所显色指数应不低于表 5-40 所示。

（3）照明功率密度值不应大于表 5-40 的规定，当房间或场所的照度值高于或低于表 5-40 中对应的照度值时，其照明功率密度值应按比例提高或折减。

（二）照度均匀度

（1）公共建筑的工作房间和工业建筑作业区域内的一般照明照度均匀度不应小于 0.7，而作业面邻近周围的照度均匀度不应小于 0.5。

（2）房间或场所内的通道和其他非作业区域的一般照明的照度值不宜低于作业区域一般照明照度值的 1/3。

表 5-40　相关工作场所的照度、显色指数和照明功率密度值

房间或场所	参考平面及其高度	照度标准值 lx	显色指数	照明功率密度 W/m^2	备注
办公室、会议室、文件整理复印发行室	0.75m 水平面	300	80	11	

续表

房间或场所		参考平面及其高度	照度标准值 lx	显色指数	照明功率密度 W/m²	备注
档案室		0.75m 水平面	200	80	8	
试验室	一般	0.75m 水平面	300	80	11	可另加局部照明
	精细	0.75m 水平面	500	80	18	可另加局部照明
检验	一般	0.75m 水平面	300	80	11	可另加局部照明
	精细、有颜色要求	0.75m 水平面	750	80	27	可另加局部照明
计量室、测量室		0.75m 水平面	500	80	18	可另加局部照明
变、配电站	变电装置室	0.75m 水平面	200	60	8	
	变压器室	地面	100	20	5	
电源设备室、发电机室		地面	200	60	8	
控制室	一般控制室	0.75m 水平面	300	80	11	
	主控制室	0.75m 水平面	500	80	18	
电话站、网络中心		0.75m 水平面	500	80	18	
计算机站		0.75m 水平面	500	80	18	防光幕反射
动力站	风机房、空调机房	地面	100	60	5	
	泵房	地面	100	60	5	
	冷冻站	地面	150	60	8	
	压缩空气站	地面	150	60	8	
	锅炉房、天然气站操作层	地面	100	60	6	锅炉水位表照度不小于 50lx
仓库	大件库	1.0m 水平面	50	20	3	
	一般件库	1.0m 水平面	100	60	5	
	精细件库	1.0m 水平面	200	60	8	货架垂直照度不小于 50lx
车辆加油站		地面	100	60	6	油表照度不小于 50lx

第六章 质量控制

实验室质量控制的目的在于控制监测分析人员的试验误差，使之达到规定的范围，以保证测试结果的精密度和准确度能在给定的置信水平下，达到容许限规定的质量要求。其主要内容包括：实验室监测质量保证管理机构和职责；实验室质量保证；监测数据数理统计处理；标准分析方法和分析方法标准化；标准物质等。本章着重介绍了在工作中采取的质量控制措施和方法，并介绍了计量认证知识，指导监测工作的具体应用。

第一节 实验室监测质量保证管理

监测质量保证是环境监测全过程的全面的质量管理。它包含了保证监测数据正确可靠的全部活动和措施。其主要内容是制定良好的监测工作计划，根据需要和可能、经济成本和效益，确定对监测数据的质量要求，规定相应的分析测量系统等。诸如采样方法，样品处理和保存，实验室供应，仪器设备、器皿的选择和校准，试剂，基准物质的选用，分析测量方法，质量控制程序，数据的记录和整理，技术培训以及编写有关的文件、指南、手册等。

一、监测质量保证体系

监测质量保证体系包括机构的基础工作质量保证体系、监测过程的质量保证体系和质量申诉程序三部分。

（一）基础工作质量保证体系

基础工作质量保证体系应该是：

（1）组织机构适应监测工作的需要。

（2）监测人员经培训考核，持证上岗。

（3）仪器设备的数量和性能符合测试项目的要求。

（4）环境条件必须满足测试工作的要求。

（5）技术资料应反映国内的技术发展和动态，相关的标准、规范、方法等资料齐全有效。

（6）管理制度能保证监测工作的有序开展。

（二）监测过程质量保证体系

监测过程质量保证体系包栝：监测项目的实施细则，监测过程事故处理，监测报告编制、审批、归档以及内部质量控制和外部质量保证措施。

（三）质量申诉程序

质量申诉程序应制度化，对各项内容应明确规定，处理过程应记录存档。

二、质量保证工作实行分级管理

国家和省、自治区、直辖市环境保护行政主管部门分别负责组织国家和省质量保证管理小组，各地、市环境保护行政主管部门可根据情况组织质量保证管理小组。

三、质量保证工作内容

质量保证工作内容主要包括以下几个方面：

（1）监测点位的布设应根据监测对象、污染物性质、分析方法和具体条件，按国家相关部门颁布的有关技术规范、规定执行，根据优化确定后原则上不变。

（2）采样频次、时间和方法应根据监测对象和分析方法的要求，按国家相关部门颁布的有关技术规范、规定执行。样品的时空分布应能正确反映监测地区主要污染物的浓度水平、波动范围及变化规律。

（3）采样人员必须严格遵守操作规程，认真填写采样记录，采样后按规定的方法进行保存，尽快运至实验室分析，途中防止破损、沾污和变质，每一环节应有明确的交接手续，经质控人员核查无误后再行签收。

（4）分析测试时应优先选用国家标准方法和最新版本的分析方法，采用其他方法时，必须进行等效性试验，并报省级以上（包括省级）监测站批准备案。分析人员在开展新项目（包括本人未做过的项目）监测之前，要向质控人员提交基础试验报告。

（5）实验室内部质量控制采用自控和他控两种方式：

① 分析人员可根据情况用绘制质控图、插入明码质控样或做加标回收试验等方法进行自控。

② 凡能做平行样、质控样的分析样品，质控人员在采样或样品加工分装时应编入10%～15%的密码平行样或质控样。样品数不足 10 个时，应做 50%～100%密码平行样或质控样。

（6）实验室之间质量控制采取下列方式：

① 各实验室配制的标准品应与国家的标准物质进行对比试验。

② 上级站经常对下级站进行抽查考核。

③ 上级站组织下级站对某些样品的部分监测项目进行室间互查。

（7）监测数据的计算、检验、异常值剔除等按国家标准、《环境监测技术规范》和监测分析质量保证手册中规定的方法进行。

（8）各实验室在报出分析数据的同时，应向质控室提交相应的质控数据，待质控负责人审核无误后，全部数据方能认为有效，经三级审核，业务站长签字后数据生效。

第二节 实验室质量保证

监测质量保证包括监测全过程的质量管理和措施，实验室质量控制是监测质量保证的重要组成部分。

当采集到具有代表性和有效性的样品送到实验室进行分析测试时，为获得符合质量要求的数据，必须对分析过程的各个环节实施各项质控技术，如质量控制的程序和管理规定等。

实验室质量控制包括实验室内的质量控制（内部质量控制）和实验室间的质量控制（外部质量控制）。

一、基本概念

（一）监测数据的“五性”

从质量保证和质量控制的角度出发，为了使监测数据能够准确地反映水环境质量的现状，预测污染的发展趋势，要求监测数据具有代表性、准确性、精密性、可比性和完整性。监测结果的“五性”反映了对监测工作的质量要求。

1．代表性

代表性是指在具有代表性的时间、地点，并按规定的采样要求采集有效样品。所采集的样品必须能反映环境总体的真实状况，监测数据能真实代表某污染物在环境的存在状态和质量状况。

任何污染物在水中的分布不可能是十分均匀的，因此要使监测数据如实反映环境质量现状和污染源的排放情况，必须充分考虑到所测污染物的时空分布。首先要优化布设采样点位，使所采集的样品具有代表性。

2．准确性

准确性是指测定值与真实值的符合程度，监测数据的准确性受从试样的现场固定、保存、传输到实验室分析等环节影响。一般以监测数据的准确度来表征。

准确度常用以度量一个特定分析程序所获得的分析结果（单次测定值或重复测定值的均值）与假定的或公认的真值之间的符合程度。一个分析方法或分析系统的准确度是反映该方法或该测量系统存在的系统误差或随机误差的综合指标，它决定着这个分析结果的可靠性。

准确度用绝对误差或相对误差表示。

可用测量标准样品或以标准样品做回收率测定的办法评价分析方法和测量系统的准确度。

（1）标准样品分析通过分析标准样品，由所得结果了解分析的准确度。

（2）回收率测定在样品中加入一定量标准物质测其回收率，这是目前实验室中常用的确定准确度的方法，从多次回收试验的结果中，还可以发现方法的系统误差。

（3）不同方法的比较通常认为，不同原理的分析方法具有相同的准确性的可能性极小，当对同一样品用不同原理的分析方法测定，并获得一致的测定结果时，可将其作为真值的最佳估计。

当用不同分析方法对同一样品进行重复测定时，若所得结果一致，或经统计检验表明其差异不显著时，则可认为这些方法都具有较好的准确度，若所得结果呈现显著性差异，则应以被公认的可靠方法为准。

3．精密性

精密性和准确性是监测分析结果的固有属性，必须按照所用方法的特性使之正确实现。数据的准确性是指测定值与真值的符合程度，而其精密性则表现为测定值有无良好的重复性和再现性。

精密性以监测数据的精密度表征，是使用特定的分析程序在受控条件下重复分析均一样品所得测定值之间的一致程度。它反映了分析方法或测量系统存在的随机误差的大小。测试结果的随机误差越小，测试的精密度越高。

精密度通常用极差、平均偏差和相对平均偏差、标准偏差和相对标准偏差表示。标准偏差在数理统计中属于无偏估计量而常被采用。

为满足某些特殊需要，引用下述三个精密度的专用术语。

（1）平行性。在同一实验室中，当分析人员、分析设备和分析时间都相同时，用同一分析方法对同一样品进行双份或多份平行样测定结果之间的符合程度称为平行性。

（2）重复性。在同一实验室中，当分析人员、分析设备和分析时间中的任一项不相同时，用同一分析方法对同一样品进行双份或多份平行样测定结果之间的符合程度称为重复性。

（3）再现性。用相同的方法，对同一样品在不同条件下获得的单个结果之间的一致程度称为再现性。不同条件是指不同实验室、不同分析人员、不同设备、不同（或相同）时间。

（4）在考查精密性时还应注意以下几个问题：

① 分析结果的精密度与样品中待测物质的浓度水平有关，因此，必要时应取两个或两个以上不同浓度水平的样品进行分析方法精密度的检查。

② 精密度可因与测定有关的试验条件的改变而变动，通常由一整批分析结果得到的精密度，往往高于分散在一段较长时间里的结果的精密度，如可能，最好将组成固定的样品分为若干批分散在适当长的时期内进行分析。

③ 标准偏差的可靠程度受测量次数的影响，因此，对标准偏差做较好估计时（如确定某种方法的精密度）需要足够多的测量次数。

④ 通常以分析标准溶液的办法了解方法的精密度，这与分析实际样品的精密度可能存在一定的差异。

⑤ 准确度良好的数据必须具有良好的精密度，精密度差的数据则难以判别其准确程度。

4．可比性

可比性是指用不同测定方法测量同一水样的某污染物时，所得出结果的吻合程度。在环境标准样品的定值时，使用不同标准分析方法得出的数据应具有良好的可比性。可比性不仅要求各实验室之间对同一样品的监测结果应相互可比，也要求每个实验室对同一样品的监测结果应该达到相关项目之间的数据可比，相同项目在没有特殊情况时，历年同期的数据也是可比的。在此基础上，还应通过标准物质的量值传递与溯源，以实现国际间、行业间的数据一致、可比，以及大的环境区域之间、不同时间之间监测数据的可比。

5．完整性

完整性强调工作总体规划的切实完成，即保证按预期计划取得有系统性和连续性的有效样品，而且无缺漏地获得这些样品的监测结果及有关信息。

只有达到这“五性”质量指标的监测结果，才是真正正确可靠的，也才能在使用中具有权威性和法律性。

人们常说：“错误的数据比没有数据更可怕。”为获得质量可靠的监测结果，世界各国都在积极制定和推行质量保证计划，正如工业产品的质量必须达到质量要求才能取得客观的承认一样，环境监测结果的良好质量，必然是在切实执行质量保证计划的基础上方能达到。只有取得合乎质量要求的监测结果，才能正确地指导人们认识环境、评价环境、管理环境、治理环境的行动，摆脱因对环境状况的盲目性所造成的不良后果，这就是实施环境监测质量保证的意义。

（二）灵敏度

灵敏度是指某方法对单位浓度或单位量待测物质变化所产生的响应量的程度。它可以用仪器的响应量或其他指示量与对应的待测物质的浓度或量之比来描述。如分光光度法常以校准曲线的斜率度量灵敏度。一个方法的灵敏度可因试验条件的变化而改变，在一定的试验条件下，灵敏度具有相对的稳定性。

灵敏度的表示方法如下：

（1）校准曲线。通过校准曲线可以把仪器响应量与待测物质的浓度或量定量地联系起来，用下式表示它的直线部分：

$$S=kc+a \tag{6-1}$$

式中　S——仪器响应值；

c——待测物质的浓度；

a——校准曲线的截距；

k——方法灵敏度，即校准曲线的斜率。

（2）特征浓度和特征含量。1975 年，国际纯粹和应用化学会（IUPAC）通过的光谱化学中的名词、符号、单位及其用法的规定，把能产生 1%吸收的被测元素浓度或含量定义为特征浓度和特征含量，它们可用来比较低浓度或低含量区域校准曲线的斜率。

（3）摩尔吸光系数 ε。分光光度法中常用的摩尔吸光系数 ε 是指当测量光程为 1cm，待测物质浓度为 1mol/L 时，相对应的待测物质的吸光度数。ε 越大，方法的灵敏度越高。

（4）1%（即 0.0044 吸光度）吸收值。原子吸收中，以产生 1%（即 0.0044 吸光度）吸收值相对应的浓度作为灵敏度。

（5）物质响应值的变化率。气相色谱中，灵敏度是指通过检测器物质的量变化时，该物质响应值的变化率。

（三）检出限

1．定义

检出限是指某特定分析方法在给定的置信度内可从样品中检出待测物质的最小浓度或最小量。所谓“检出”是指定性检出，即判定样品中存有浓度高于空白的待测物质。

检出限除了与分析中所用试剂和水的空白有关，还与仪器的稳定性及噪声水平有关。在灵敏度计算中没有明确噪声，因而操作者将检测器的输出信号通过放大器放到足够大，从而使灵敏度提高，显然这是不妥的，必须考虑噪声这一参数，一般将产生调倍噪声信号时，单位体积的载气或单位时间内进入检测器的组分量称为检出限。则：

$$D=2N/S \tag{6-2}$$

式中，N——噪声，mV 或 A；

S——检测器灵敏度；

D——检出限。

有时也用最小检测量（MDA）或最小检测浓度（MDC）作为检出限。它们分别是产生两倍噪声信号时，进入检测器的物质的质量（g）或浓度（mg/ml）。

不少高灵敏度检测器，如 FID、MPD、ECD 等往往用检出限表示检测器的性能。

灵敏度和检出限是两个从不同角度表示检测器对测定物质敏感程度的指标，前者越高、后者越低，说明检测器性能越好。

2．检出限的计算方法

在《全球环境监测系统水监测操作指南》中规定：给定置信水平为 95%时，样品测定值与零度样品的测定值有显著性差异，即为检出限（D.L.）。这里的零浓度样品是不含待测物质的样品：

$$D.L.=4.6\delta \tag{6-3}$$

式中 δ——空白平行测定（批内）标准偏差（重复测定 20 次以上）。

国际纯粹和应用化学联合会对检出限 D.L.做了如下规定，对各种化学分析方，可测量的最小分析信号 x_L 用下式确定：

$$x_L = x_b + K'S_b \tag{6-4}$$

式中 x_b——空白多次测得信号的平均值；

S_b——空白多次测得信号的标准偏差；

K'——根据一定置信水平确定的系数。

与 $x_L - x_b$（即 $K'S_b$）相应的浓度或量即为检出限：

$$D.L. = (x_L - x_b) / S = K'S_b / S \tag{6-5}$$

式中 S——方法的灵敏度（即校准曲线的斜率），为了评估 x_b 和 S_b，试验次数必须不少于20次。

在某些分光光度法中，以扣除空白值后的与0.01吸光度相对应的浓度值为检出限。

气相色谱分析的最小检测量是指检测器恰能产生与噪声相区别的响应信号时所需进入色谱柱的物质的最小量，一般认为恰能辨别的响应信号最小应为噪声的两倍。最小检测浓度是指最小检测量与进样量（体积）之比。

某些离子选择电极法规定：当校准曲线的直线部分外延的延长线与通过空白电位且平行于浓度轴的直线相交时，其交点所对应的浓度值即为该离子选择电极法的检出限。

目前，容量法和分光光度法在实际应用过程中普遍采用连续5d测定平行空白进行计算而得，见表6-1。

表6-1 检出限数据采集表

次数 n / 批数 m		1	2	3	4	5	项目
空白值	X_1						
	X_2						
$\sum X_i$							
$(\sum X_i)^2$							$\sum[(\sum X_i)^2]=$
$\sum X_i^2$							$\sum[\sum X_i^2]=$
批内标准偏差 $S=\sqrt{\frac{1}{n-1}\left[\sum_{i=1}^{n}x_i^2-\frac{1}{n}\left(\sum_{i=1}^{n}x_i\right)^2\right]}$				检出限＝2.015*S			

（四）测定限

测定限为定量范围的两端，分别为测定下限与测定上限。

1. 测定下限

在测定误差能满足预定要求的前提下，用特定方法能准确地定量测定待测物质的最小浓度或量，称为该方法的测定下限。

测定下限反映出分析方法能准确地定量测定低浓度水平待测物质的极限可能性。在没有（或消除了）系统误差的前提下，它受精密度要求的限制，精密度通常以相对标准偏差表示，分析方法的精密度要求越高，测定下限高于检出限越多。

2. 测定上限

在限定误差能满足预定要求的前提下，用特定方法能够准确地定量测量待测物质的最大浓度或量，称为该方法的测定上限。

对没有（或消除了）系统误差的特定分析方法的精密度要求不同，测定上限也将不同。

（五）最佳测定范围

最佳测定范围也称有效测定范围，是指在限定误差能满足预定要求的前提下，特定方法的测定下限至测定上限之间的浓度范围。在此范围内能够准确地定量测定待测物质的浓度或量。

最佳测定范围应小于方法的适用范围。对测量结果的精密度（通常以相对标准偏差表示）要求越高，相应的最佳测定范围越小。

分析方法特性关系如图 6-1 所示。

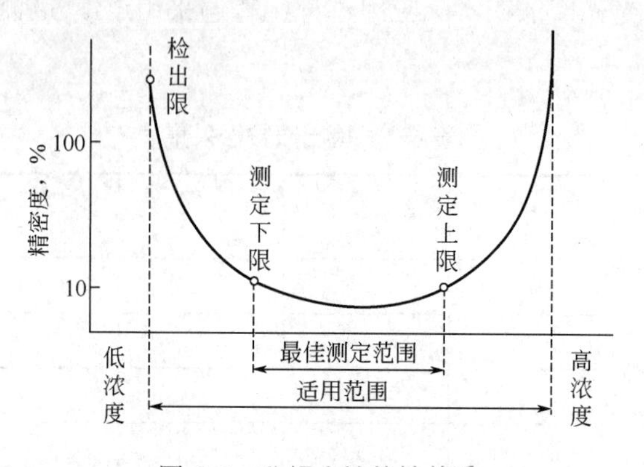

图 6-1　分析方法特性关系

（六）校准曲线

校准曲线包括标准曲线和工作曲线，前者用标准溶液系列直接测量，没有经过样品的预处理过程，这对于工业废物或基体复杂的样品往往造成产生误差；而后者所使用的标准溶液经过了与样品相同的消解、净化、测量等全过程。

凡应用校准曲线的分析方法，都是在样品测得信号值后，从校准曲线上查得其含量（或浓度），因此，绘制准确的校准曲线，直接影响到样品分析结果的准确与否。此外，校准曲线也确定了方法的测定范围。

1. 校准曲线的绘制

（1）对标准系列，溶液以纯溶剂为参比进行测量后，应先做空白校正，然后绘制标准曲线。

（2）标准溶液一般可直接测定，但如试样的预处理较复杂致使污染或损失不可忽略时，应和试样同样处理后再测定，在废物测定或基体复杂的样品测定中十分重要，此时应做工作曲线。

（3）校准曲线的斜率常随环境温度、试剂批号和储存时间等试验条件的改变而变动。因此，在测定试样的同时，绘制校准曲线最为理想，否则应在测定试样的同时，平行测定零浓度和中等浓度标准溶液各两份，取均值相减后与原校准曲线上的相应点核对，其相对差值根据方法精密度不得大于 5%～10%，否则应重新绘制校准曲线。

2．校准曲线的检验

1）线性检验

线性检验即检验校准曲线的精密度。对于以4～6个浓度单位所获得的测量信号值绘制的校准曲线，分光光度法一般要求其相关系数$|r|\geq 0.9990$，否则应找出原因并加以纠正，重新绘制合格的校准曲线。

2）截距检验

截距检验即检验校准曲线的准确度，在线性检验合格的基础上，对其进行线性回归，得出回归方程$y=a+bx$，然后将所得截距a与0做t检验，当取95%置信水平，经检验无显著性差异时，a可做0处理，方程简化为$y = bx$，移项得$x =y/b$。在线性范围内，可代替查阅校准曲线，直接将样品测量信号值经空白校正后，计算出试样浓度。

当a与0有显著性差异时，表示校准曲线的回归方程计算结果准确度不高，应找出原因并予以校正后，重新绘制校准曲线并经线性检验合格，再计算回归方程，经截距检验合格后投入使用。

回归方程如不经上述检验和处理就直接投入使用，必将给测定结果引入差值相当于截距a的系统误差。

3）斜率检验

斜率检验即是检验分析方法的灵敏度，方法灵敏度是随试验条件的变化而改变的。在完全相同的分析条件下，仅由于操作中的随机误差所导致的斜率变化不应超出一定的允许范围，此范围因分析方法的精度不同而异。例如，一般而言，分子吸收分光光度法要求其相对差值小于5%，而原子吸收分光光度法则要求其相对差值小于10%等。

（七）加标回收

1．回收率的计算

回收率的计算见下式：

$$\text{回收率}P(\%)=\frac{\text{加标试样测试定值-试样测定值}}{\text{加标量}}\times 100\% \qquad (6\text{-}6)$$

加标回收率的测定可以反映测试结果的准确度。当按照平行加标进行回收率测定时，所得结果既可以反映测试结果的准确度，也可以判断其精密度。

在实际测定过程中，有的将标准溶液加入经过处理后的待测水样中，这不够合理，尤其是测定有机污染成分而试样需经净化处理时，或者测定挥发酚、氨氮、硫化物等需要蒸馏预处理的污染成分时，不能反映预处理过程中的沾污或损失情况，虽然回收率较好，但不能完全说明数据准确。

2．进行加标回收率测定时的注意事项

（1）加标物的形态应该和待测物的形态相同。

（2）加标量应和样品中所含待测物的测量精密度控制在相同的范围内，一般情况下做如下规定：

① 加标量应尽量与样品中待测物含量相等或相近，并应注意对样品容积的影响。

② 当样品中待测物含量接近方法检出限时，加标量应控制在校准曲线的低浓度范围。

③ 在任何情况下，加标量均不得大于待测物含量的 3 倍。

④ 加标后的测定值不应超出方法的量上限的 90%。

⑤ 当样品中待测物浓度高于校准曲线的中间浓度时，加标量应控制在待测物浓度的一半。

由于加标样和样品的分析条件完全相同，其中干扰物质和不正确操作等因素所导致的效果相等。当以其测定结果的减差计算回收率时，常不能确切反映样品测定结果的实际差错。

二、实验室内质量控制

（一）实验室内质量控制的目的和意义

实验室内质量控制的目的在于控制监测分析人员的试验误差，使之达到规定的范围，以保证测试结果的精密度和准确度能在给定的置信水平下，达到容许限规定的质量要求。

1．误差的概念、分类及表示方法

1）概念

由于人们认识能力的不足和科学技术水平的限制，测量值与真值（某量的响应体现出的客观值或真值）之间总是存在差异，这个差异叫作误差化。任何测量结果都具有误差，误差存在于一切测量的全过程。

2）分类

（1）系统误差。系统误差又称恒定误差、可测误差或偏倚，是指在多次测量同一量时，某测量值与真值之间的误差的绝对值。系统误差可以修正或消除。

（2）随机误差。随机误差是由测量过程中各种随机因素的共同作用造成的。在实际测量条件下，多次测量同一量时，误差的绝对值和符号的变化时大时小、时正时负，但是主要服从正态分布，具有下列特点：

① 有界性。在一定条件下，对同一量进行有限次测量的结果，其误差的绝对值不会超过一定界限。

② 单峰性。绝对值小的误差出现次数比绝对值大的误差出现次数多。

③ 对称性。在测量次数足够多时，绝对值相等的正误差与负误差出现次数大致相等。

④ 抵偿性。在一定条件下，对同一量进行测量，随机误差的代数和随着测量次数的无限增加而趋于零。

随机误差产生的原因是由许多不可控制或未加控制的因素的微小波动引起的。如环境温度变化、电源电压微小波动、仪器噪声的变化、分析人员判断能力和操作技术的差异等。它可以减小，但不能消除，减小的方法是增加测量次数。

（3）过失误差。过失误差是由测量过程中发生不应有的错误造成的，如错用样品、错加试剂、仪器故障、记录错误或计算错误等。过失错误一经发现必须立即纠正。

3）表示方法

（1）绝对误差。测量值和真值之差称为绝对误差。

$$绝对误差=测量值-真值 \tag{6-7}$$

（2）相对误差。绝对误差与真值的比值称为相对误差。

$$相对误差（\%）=\frac{绝对误差}{真值}\times 100\% \tag{6-8}$$

由于真值一般是不知道的，所以绝对误差常以绝对偏差表示。

（3）绝对偏差。某一测量值与多次测量值的均值之差称为绝对偏差，用 d_i 表示。

（4）相对偏差。绝对偏差与均值的比值称为相对偏差。

$$相对偏差（\%）=\frac{d_i}{\bar{x}}\times 100\% \tag{6-9}$$

（5）平均偏差。绝对偏差的绝对值之和的平均值称为平均偏差，用 $\bar{d}$ 表示。

$$\bar{d}=\frac{1}{n}\sum_{i=1}^{n}|d_i| \tag{6-10}$$

（6）相对平均偏差。相对平均偏差是平均差与均值的比值。

$$相对平均偏差（\%）=\frac{\bar{d}}{\bar{x}}\times 100\% \tag{6-11}$$

（7）极差。一组测量值内最大值与最小值之差，称为极差，用 R 表示。

$$R=X_{\max}-X_{\min} \tag{6-12}$$

（8）差方和 s、方差 S^2、标准偏差 S、相对标准偏差 RSD（%）或变异系数 CV（%）。

$$s=\sum_{i=1}^{n}x_i^2-\frac{1}{n}\left(\sum_{i=1}^{n}x_i\right)^2 \tag{6-13}$$

$$S^2=\frac{1}{n-1}\left[\sum_{i=1}^{n}x_i^2-\frac{1}{n}\left(\sum_{i=1}^{n}x_i\right)^2\right] \tag{6-14}$$

$$S=\sqrt{\frac{1}{n-1}\left[\sum_{i=1}^{n}x_i^2-\frac{1}{n}\left(\sum_{i=1}^{n}x_i\right)^2\right]} \tag{6-15}$$

$$RSD(\%)=\frac{s}{\bar{x}}\times 100\% \tag{6-16}$$

4）准确度和精密度

某单次重复测定值的总体均值与真值之间的符合程度称为准确度。准确度 RE（%）一般用相对误差来表示。

$$RE(\%)=\frac{\bar{x}-\mu}{\mu}\times 100\% \tag{6-17}$$

在特定分析程序和受控条件下，重复分析均一样品测定值之间的一致程度称为精密度。它可以用标准偏差、相对标准偏差、平均偏差或相对平均偏差来表示。

（二）实验室内的质量控制程序

1．方法选定

分析方法是分析测试的核心。每个分析方法各有其特定的适用范围，应首先选用国家标准分析方法。这些方法是通过统一验证和标准化程序上升为国家标准的，是最可靠的分析方法。

如果没有相应的标准方法时，应优先采用统一方法，这种方法也是经过验证的，是比较成熟和完善的分析方法，在经过全面的标准化程序经有关机构批准后可以上升为标准方法。

如果在既无标准方法也无统一方法时，可选用试行方法或新方法，但必须做等效试验，报送上级经批准后才能使用。

2．基础试验

（1）对选定的方法要了解其特性，正确掌握试验条件，必要时，应带已知样品（明码样）进行方法操作练习，直到熟悉和掌握为止。

（2）做空白试验。

① 空白值的大小和它的分散程度影响着方法的检测限和测试结果的精密度。

② 影响空白值的因素有纯水质量、试剂纯度、试液配制质量、玻璃器皿的洁净度、精密仪器的灵敏度和精确度、实验室的清洁度、分析人员的操作水平和经验等。

③ 空白试验值的要求。空白试验的重复结果应控制在一定的范围内，一般要求平行双份测定值的相对差值不大于50%。

（3）检测（出）限的估算。检测（出）限是指所用方法在给定的可靠程序内可以从零浓度检测到（检出）待测物的最小量（或浓度），检出是指定性检出，即判定样品中有浓度高于空白的待测物质。

当计算值不大于方法规定值时为合格，可进行下一步试验。当计算值大于方法规定值时，应检查原因，直至计算值合格为止，若经重复试验，检测（出）限仍大于或低于方法检测限时，经有关技术部门批准，可采用本实验室的检出限。

（三）校准曲线的绘制

（1）至少应包括5个浓度点的信号值。

（2）校准曲线分为工作曲线和标准曲线，根据具体方法选用。

（3）测定信号值后，在坐标纸上绘制散点分布图。

（4）若散点分布图的点阵分布满足要求后，再进行线性回归处理，根据回归结果建立回归方程$y=a+bx$。否则应查找原因后再进行回归。

（四）常规监测的质量控制措施

常规监测质量控制程序的主要目的是控制测试数据的准确度和精密度，常用的程序包括以下几种：

（1）平行样分析。同一样品的两份或多份子样在完全相同的条件下进行同步分析，一般做平行双样，它反映测试的精密度（抽取样品数的 10%～20%）。

（2）加标回收分析。在测定样品时，于同一样品中加入一定量的标准物质进行测定，将测定结果扣除样品的测定值，计算回收率，一般应为样品数量的 10%～20%。

（3）密码样分析。密码平行样的密码加标样分析，它是由专职质控人员，在所需分析的样品中，随机抽取 10%～20%的样品，编为密码平行样或加标样，这些样品对分析者本人均是未知样品。

（4）标准物质（或质控样）对比分析。标准物质（或质控样）可以是明码样，也可以是密码样，它的结果是经权威部门（或一定范围的实验室）定值，有准确测定值的样品，它可以检查分析测试的准确性。

（5）室内互检。在同一实验室内的不同分析人员之间的相互检查和比对分析。

（6）室间外检。将同一样品的子样分别交付不同实验室进行分析，以检验分析的系统误差。

（7）方法比较分析。对同一样品分别使用具有可比性的不同方法进行测定，并将结果进行比较。

（8）仪器比对。同一人员依据同一标准，使用不同设备对同一样品实施检验，检验的误差或不确定度应在允许范围之内。

（9）质量控制图的绘制。为了能直观地描绘数据质量的变化情况，以便及时发现分析误差的异常变化或变化趋势所采取的一种统计方式。一般应由专职质控人员来执行。

（五）质量控制图

1. 质量控制样的分析与数据积累

质量控制样是为控制分析质量配制的，常随环境样品一起用相同的方法同时进行分析，以检查分析质量是否稳定。

1）质量控制样的选用

质量控制样的选用要注意以下几点：

（1）质量控制样的组成应尽可能与所要求分析的样品相似。

（2）质量控制样中待测组分的浓度应尽可能与样品相近。当待测组分的含量很小时，其浓度极不稳定，故常将质量控制样先配制成较高浓度的溶液，临用时再按规定的方法稀释至要求的浓度。

（3）如样品中待测组分的浓度波动不大，则可采用一个位于其间的中等浓度的质量控制样，否则，应根据浓度波动幅度采用两种以上浓度水平的质量控制样。

2）分析质量控制样的要求

分析质量控制样的要求有以下几点：

（1）分析方法与分析样品相同。

（2）与样品同时进行分析。

（3）每次至少平行分析两份，分析结果的相对偏差不得大于标准分析方法中所规定相对标准偏差（变异系数）的两倍，否则应重做。

（4）为建立质量控制图，至少需要积累质量控制样重复试验的20个数据，因此重复分析应在短期内陆续进行，例如，每天分析平行质量控制样一次，而不应将20个重复试验的分析同时进行，一次完成。

（5）如果各次分析的时间间隔较长，在此期间可能由于气温波动较大而影响测定结果，必要时可对质量控制样的测定进行温度校正。

3）分析数据的积累与运算

当质量控制样的分析数据积累至少20个以上时，即可按下列公式计算出总均值$\overline{x}$、标准偏差S（此值不得大于标准分析方法中规定的相应浓度水平的标准偏差）、平均极差（或差距）$\overline{R}$等。

$$\overline{x}_i=\frac{x_i+x_i'}{2}$$

$$\overline{x}=\frac{\sum\overline{x}_i}{n}$$

$$S=\sqrt{\frac{\sum\overline{x}_i^2-\frac{\sum x_i^{\ 2}}{n}}{n-1}} \tag{6-18}$$

$$R_i=|x_i+x_i'|$$

$$\overline{R}=\frac{\sum R_i}{n}$$

式中，x_i和x_i'为平行分析质量控制样的测定值。

2．质量控制图的绘制

1）质量控制图的基本组成

质量控制图的基本组成如图6-2所示。

（1）预期值，即图中的中心线。

（2）目标值，即图中的上、下警告限之间的区域（有95.46%置信度）。

（3）实测值的可接受范围，即图中的上、下控制限之间的区域（有99.7%置信度）。

（4）辅助线，上、下各一线，在中心线两侧与上、下警告限之间各一半处（有68.26%）置信度）。

2）质量控制图的绘制

根据分析质量控制样积累数据计算的$\overline{x}$与S或$\overline{R}$，绘制成所需的质量控制图。随后将制图所依据的各原始数据，顺序点在图的相应位置上。如果其中有超出控制限者应剔除，如剔除的数据较多（使其总数少于20个）时，需补充新的分析数据，重新计算各参数并绘图，再同样点上各数据，如此反复进行。直至落在控制限内的数据不少于20个为止。

质量图绘成后，应标明绘制该图的有关内容和条件，如测定项目、溶液浓度、分析方法、试验温度、控制指标、操作人员和绘制日期等。

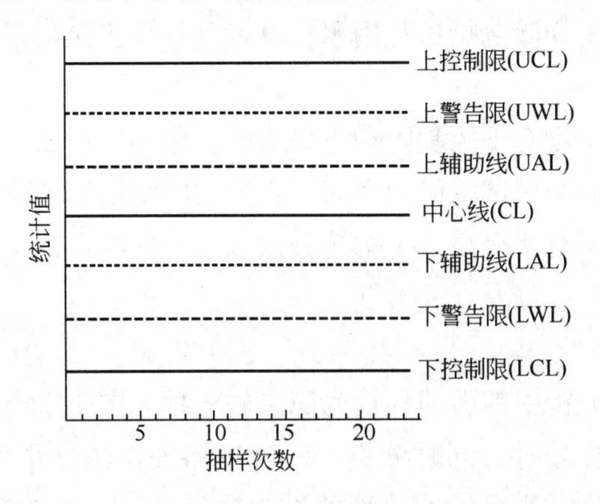

图 6-2 质量控制图的基本组成

用以绘制质量控制图的合格数据（即“处于控制状态”的数据）越多，该图的可靠性越大。因此，在质量控制图的使用过程中，还应通过积累更多的合格数据，如此每增加 20 个数据为一单元，逐次计算新的 $\bar{x}$ 值来调整中心线的位置以不断提高其准确度，逐次计算新的控制限来调整上、下控制限的位置，以不断提高其灵敏度，直到中心线和控制限的位置基本稳定为止。

3）质量控制图的基本类型及其应用

分析质量控制图主要分为精密度控制图和准确度控制图。精密度控制图多采用均数控制图、均数—极差图、标准差控制图和临界极差值控制图；准确度控制图采用加标回收率控制图。

（1）精密度控制图。

① 均数控制图。

均数控制图（$\bar{x}$）的组成形式如图 6-3 所示。组成内容包括中心线，以总均数 $\bar{x}$ 估计 μ 上、下控制限，按 $\bar{x}\pm 3S$ 值绘制；上、下警告限，按 $\bar{x}\pm 2S$ 值绘制；上、下辅助线分别位于中心线与上、下警告限之间的一半处（即 $\bar{x}\pm S$）。

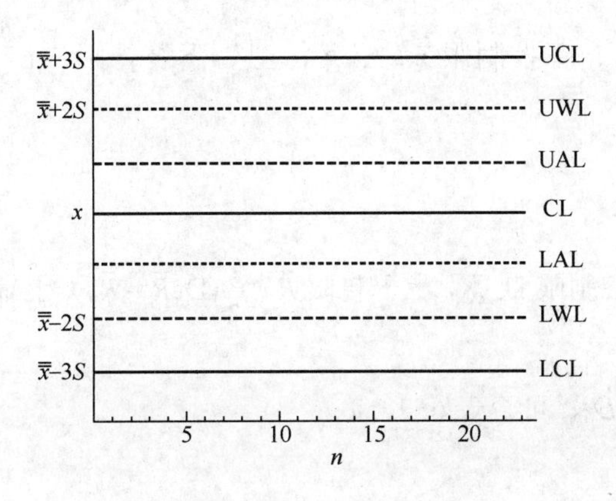

图 6-3 均数控制图

a．空白试验值控制图。

空白试验的质量控制样除包括试验用水、试剂外，还应包括采样时所加入的保存剂，如硝酸等。

空白试验值控制图中没有下控制限和下警告限，因为空白试验值越小越好。但在图中仍应留有标示小于$\bar{x}b$ 的空白试验值的空间。当实测的空白试验值低于控制基线且逐渐稳步下降时，说明试验水平有所提高，可酌情分次以较小的空白试验值取代较大的空白试验值，重新计算和绘图。

b．标准差控制图。

这种控制图是化学分析中常用的且较为简单的一种。实验室内在分析过程中保存一份标准溶液，在测定常规样品时，同时分析一份标准溶液，浓度最好与常规样品相似，把不同批（至少 20 批）分析所得标准溶液的结果进行统计，计算其均值和标准差，绘制控制图。

c．多样控制图。

为适应环境样品浓度多变的情况，避免分析人员对单一浓度质量控制样品的测定值产生成见而导致习惯性误差，可采用多样控制图。

当对几个浓度高低不等但相差不太大的质量控制水样分别进行测定时，所得标准偏差值很相近而可被视为一个常数。绘制多样控制图时，应每次取一份某种浓度的质量控制样进行分析，在对不同浓度的质量控制样共进行至少 20 次测定后，计算出它们的平均浓度和标准偏差，按照下列各参数绘图；以 0 作中心线，以±2 倍标准偏差作为上、下警告限，以±3 倍标准偏差作为上、下控制限。

使用此图时，应在环境样品测定的同时，随机取用某种浓度的质量控制样，穿插在环境样品中进行分析。然后计算其测定结果所用质量控制样标准浓度产生的偏差，并点入控制图中进行检验。

② 均数—极差控制图（$\bar{x}$—R 图）．$\bar{x}$—R 图是由均数部分和极差部分组成的控制图，能同时观察到均数和极差的变化情况和变化趋势。$\bar{x}$—R 图的组成形式如图 6-4 所示。

a．均数控制图部分。

包括中心线$\bar{x}$，上、下控制限$\bar{x}\pm A_2\bar{R}$，上、下警告限$\bar{x}\pm\frac{2}{3}A_2\bar{R}$，上、下辅助线$\bar{x}\pm\frac{1}{3}A_2\bar{R}$。

b．极差控制图部分。

包括中心线$\bar{R}$、上控制限$D_4\bar{R}$，上警告限$\bar{R}\pm\frac{2}{3}(D_4\bar{R}-\bar{R})$、上辅助线$\bar{R}\pm\frac{1}{3}(D_4\bar{R}-\bar{R})$、下控制限$D_3\bar{R}$。

上述系数A_2、D_3、D_4、可查表 6-2。

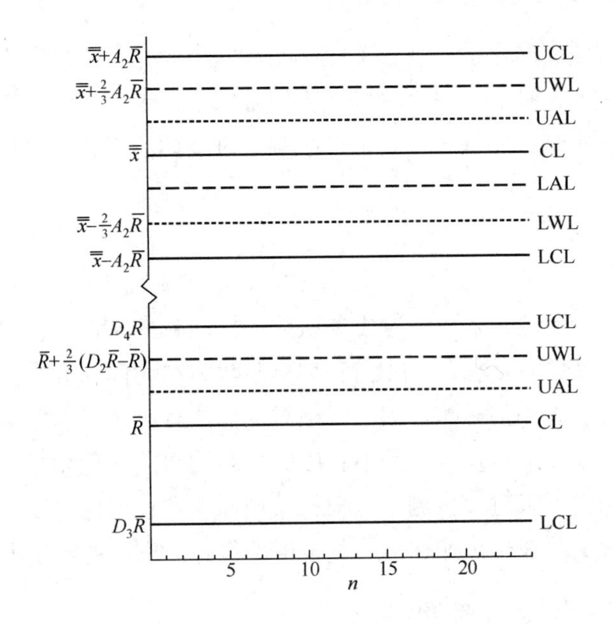

图 6-4 均数极差控制图

表 6-2 控制图系数表（重复测定次数）

系数	2	3	4	5	6	7	8
A_2	1.88	1.88	1.02	0.73	0.48	0.42	0.37
D_3	0	0	0	0	0	0.076	0.136
D_4	3.27	20.58	2.28	2.12	2.00	1.92	1.86

极差越小越好，故极差控制图都没有下警告限，但仍有下控制限。在使用此控制图的过程中，如 R 值稳步下降逐次变小，以至于 $R \approx D_3\bar{R}$，即接近下控制限，则表明测定的精密度已有所提高，原质量控制图已失去作用。此时应使用新的测定值重新计算 $\bar{x}$、$\bar{R}$ 和各相应的统计量，并改绘新的 $\bar{x}—\bar{R}$ 图。

使用 $\bar{x}—\bar{R}$ 图时，只要两者中有一个超出控制限（不包括 R 图部分的下控制限），即认为是“失控”，故其灵敏度较单纯的 $\bar{x}$ 图或 R 图更高。

$\bar{x}—\bar{R}$ 图虽属于比较严格的控制方法，由于它是使用两份重复样的极差值来估计分析的精密度，如果某一分析方法的批内误差很小，也就是有了很好的可重复性，由于分析步骤比较简单，往往出现重复结果相差很小，甚至经常出现相同的数据，于是 R 值将很小或等于零，这种分析方法绘制的 $\bar{x}—\bar{R}$ 图的上、下控制限将会变得很窄而不适用。当处于这种情况时，可采用标准差控制图。

$\bar{x}—\bar{R}$ 控制图绘制之后，将逐批分析结果标到控制图上，如测定结果在 $\bar{x}$ 图或 $\bar{R}$ 图上有一项超过控制范围，说明试验精密度已失去控制，必须停止工作并检查造成误差的原因，予以纠正后再继续工作。

标准差和控制图是控制实验室分析精密度的较好方法，但是使用的控制样品是一个浓度，控制的方法是把控制样品和被分析的样品以平行的方式进行测定，在实际样品中被测物的浓度是各不相同的，不同类型样品的基本组成也不可能相同，对于这些因素引起的偏差，用间接的控制方法有时不能发现，若收集实验室常规分析中各种不同浓度范围样品的测定极差值并进行统计，使$\bar{x}-\bar{R}$图中 R 图的控制范围增大，同时将已知浓度的标准样加入样品中，通过对测定结果的评价，发现样品测定时基体的干扰。这样可以使控制图发挥更全面的作用。

（2）准确度控制图。

准确度控制图是直接以样品的加标回收率测定值绘制而成的。为此，在完成至少 20 份样品和加标样品的测定之后，先计算出各次的加标回收率 P，再计算出全体的平均加标回收率$\bar{P}$和加标回收率的标准偏差 SP。由于加标回收率在相同的分析方法和相同的分析操作中，还直接受加标量大小的影响，因此必须对加标量有所规定。

一般情况下，加标量应尽量与样品中相应的待测物质的含量相等或相近，当样品中待测物质的含量小于测定下限时，按测定下限的量加标，在任何情况下，加标量不得大于样品中相同待测物质含量的 3 倍，加标后的测定值不得超出方法的测定上限。

三、检验检测机构认证管理

根据《检验检测机构资质认定管理办法》《检验检测机构资质认定评审准则》规定：

（一）资质认定

国家认证认可监督管理委员会和省级质量技术监督部门依据有关法律法规和标准、技术规范的规定，对检验检测机构的基本条件和技术能力是否符合法定要求实施的评价许可。

（二）检验检测机构

依法成立，依据相关标准或者技术规范，利用仪器设备、环境设施等技术条件和专业技能，对产品或者法律法规规定的特定对象进行检验检测的专业技术组织。检验检测机构，应当在资质认定范围内正确使用证书和标志。

（三）资质认定评审

国家认证认可监督管理委员会和省级质量技术监督部门依据《中华人民共和国行政许可法》的有关规定，自行或者委托专业技术评价机构，组织评审人员，对检验检测机构的基本条件和技术能力是否符合《检验检测机构资质认定评审准则》和评审补充要求所进行的审查和考核。

（四）从事下列活动的机构应当通过资质认定：

（1）为行政机关做出的行政决定提供具有证明作用的数据和结果的。

（2）为司法机关做出的裁决提供具有证明作用的数据和结果的。

（3）为仲裁机构做出的仲裁决定提供具有证明作用的数据和结果的。

（4）为社会公益活动提供具有证明作用的数据和结果的。

（5）为经济或者贸易关系人提供具有证明作用的数据和结果的。

（6）其他法定需要通过资质认定的。

（五）检验检测机构的基本条件与能力

（1）检验检测机构应当依法设立，保证客观、公正和独立地从事检测、校准和检查活动，并承担相应的法律责任。

（2）检验检测机构应当具有与其从事检测、校准和检查活动相适应的专业技术人员和管理人员。从事特殊产品的检测、校准和检查活动的实验室和检查机构，其专业技术人员和管理人员还应当符合相关法律、行政法规的规定要求。

（3）检验检测机构应当具备固定的工作场所，其工作环境应当保证检测、校准和检查数据和结果的真实、准确。

（4）检验检测机构应当具备正确进行检测、校准和检查活动所需要的并且能够独立调配使用的固定的和可移动的检测、校准和检查设备设施。

（5）检验检测机构应当建立能够保证其公正性、独立性和与其承担的检测、校准和检查活动范围相适应的质量体系，按照认定基本规范或者标准制定相应的质量体系文件并有效实施。

（六）资质认定程序

（1）国家级实验室和检查机构的资质认定，由国家认监委负责实施；地方级实验室和检查机构的资质认定，由地方质检部门负责实施。

（2）国家认监委依据相关国家标准和技术规范，制定计量认证和审查认可基本规范、评审准则、证书和标志，并公布实施。

（3）计量认证和审查认可程序：

① 申请的检验检测机构（以下简称申请人），应当根据需要向国家认监委或者地方质检部门（以下简称受理人）提出书面申请，并提交符合本办法第三章规定的相关证明材料。

② 受理人应当对申请人提交的申请材料进行初步审查，并自收到申请材料之日起 5 日内做出受理或者不予受理的书面决定。

③ 受理人应当自受理申请之日起，根据需要对申请人进行技术评审，并书面告知申请人，技术评审时间不计算在做出批准的期限内。

④ 受理人应当自技术评审完结之日起 20 日内，根据技术评审结果做出是否批准的决定。决定批准的，向申请人出具资质认定证书，并准许其使用资质认定标志；不予批准的，应当书面通知申请人，并说明理由。

⑤ 国家认监委和地方质检部门应当定期公布取得资质认定的实验室和检查机构名录，以及计量认证项目、授权检验的产品等。

（4）资质认定证书。

有效期为 6 年。

申请人应当在资质认定证书有效期届满前 3 个月提出复查、验收申请，逾期不提出申请的，由发证单位注销资质认定证书，并停止其使用标志。

（5）扩项。

已经取得资质认定证书的实验室和检查机构，需新增检查检验检测项目时，应当按照本办法规定的程序，申请资质认定扩项。

（一）管理体系的建立

1．构成

管理体系主要由组织机构、职责、程序、过程、资源构成。

2．特点

管理体系的特点包括系统性、全面性、有效性、适应性。

3．要素

根据《实验室资质认定评审准则》要求，管理体系的要素包括两大部分：管理要素和技术要素，共19个要素，见表6-3。

表6-3 管理体系要素一览表

管理要素		技术要素	
4.1	组织	5.1	人员
4.2	管理体系	5.2	设施和环境条件
4.3	文件控制	5.3	检测和校准方法
4.4	检测或校准分包	5.4	设备和标准物质
4.5	服务和供应品采购	5.5	量值溯源
4.6	合同评审	5.6	抽样和样品处置
4.7	申诉和投诉	5.7	结果质量控制
4.8	纠正措施、预防措施及改进	5.8	结果报告
4.9	记录		
4.10	内部审核		
4.11	管理评审		

4．管理体系文件层次结构

1）结构的分类（呈宝塔形，自上而下分类层次）

（1）分为三层：即管理手册（A层次）、程序文件（B层次）、作业文件（C层次）。

（2）分为四层：即管理手册、程序文件、作业文件、记录。

2）各层次文件内容

管理体系各层次文件内容如图6-5所示。

质量手册：第一层次，是管理体系的主体文件，是阐述本中心质量方针、目标，描述管理体系并实施质量管理，促进质量改进的文件，同时是向客户及监督机构展示本中心管理体系并向他们提供质量保证的纲领性文件。

程序文件：第二层次，根据本中心实际情况，为满足质量方针、目标和承诺而编制的一套与《实验室资质认定评审准则》相适应的程序文件，是质量手册的支持性文件。同时包括各程序文件的质量记录，是中心质量管理、质量活动进行控制的证据。

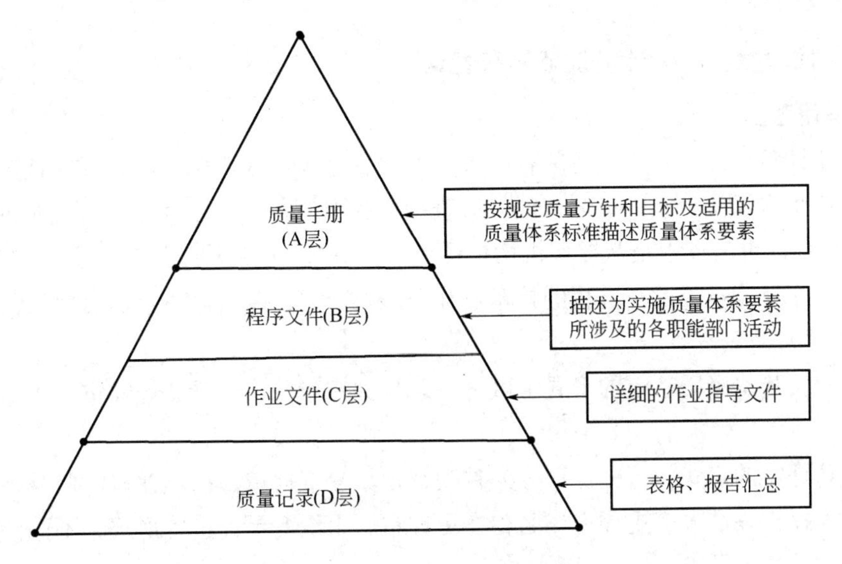

图 6-5　管理体系各层次文件

作业文件：第三层次，是本中心为保证质量活动有效实施，建立的一系列管理性文件和技术性文件，是技术活动和质量活动动作的依据，是程序文件的细化，由具体的操作执行人员使用。包括作业指导书、设备操作及维护保养规程、仪器设备期间核查规程、自校方法、比对、监测实施细则、“受控卡”等。同时包括各作业文件控制产生的质量记录，它是管理体系运行和技术动作的证据。

质量记录：第四层次，包括各种质量记录和技术记录。如表格、签名、原始记录报告等，这些文件是质量手册和程序文件有效实施的基础文件，是管理体系运行和技术动作的证据。

（二）体系运行

质量管理体系的有效性是指所建立的质量管理体系运行结果实现预定目标的程度。有效性至少应体现以下几个方面内容：

（1）内部质量审核、外部质量审核。

（2）机构和人员运行过程管理：人员安全技术培训、持证情况、机构变动情况、人员变动情况。

（3）生产和安全运行过程管理：HSE 管理、生产过程受控情况、各部门目标指标完成情况。

（4）技术运行过程管理：比对试验结果、设备变动情况、新增扩监测项目情况。

（5）客户投诉或评议。

（6）监督情况。

（7）法律、法规、标准方法等对管理体系影响分析。

（8）评审结论。

（9）持续改进。

（三）检验检测机构计量认证和审查认可

1．适用范围

实验室计量认证、审查认可的行政许可办事程序中已经明确指出，国家认监委和地方质检部门在受理了实验室的计量认证、审查认可的申请之后，要委托评审机构进行现场技术评审。现场评审的过程是从评审机构接受评审任务起，直到整改结束上交评审材料为止，技术评审程序就是规范这一过程的技术操作。技术评审程序由评审机构在现场评审时实施。

1）技术评审的种类

（1）从实验室资质认定的形式上区分，现场评审可分为计量认证评审、审查认可（验收）评审。

（2）从评审的形式上区分，可分为首次评审、复查评审、扩项评审、监督评审、标准变更评审、授权签字人变更评审、名称变更评审、组织变更评审等形式。不同的评审形式适用于不同的认定需求。

以下对技术评审分别介绍：

计量认证评审：评审组接受委托对为社会提供公证数据的产品质量检验机构现场评审。

审查认可（授权）评审：评审组接受委托对依法授权的承担产品是否符合标准的检验任务和承担其他标准实施监督检验任务的检验机构现场评审。

首次评审：对未获得计量认证、审查认可证书的实验室，在建立和运行管理体系后的评审。

复查评审：已获得计量认证、审查认可证书的实验室，在证书有效期前 6 个月申请办理复查评审。

监督评审：对已获得计量认证、审查认可证书的实验室，在证书有效期内，按发证机关规定的计划和指定的内容，对其是否持续符合发证条件的检查性评审。

扩项评审：对已获得计量认证、审查认可证书的实验室，在证书有效期内增加检测能力的，办理扩项评审。

标准变更评审：对已获得计量认证、审查认可证书的实验室，在证书有效期内，已经批准获证的检测标准发生变更时的评审。

授权签字人变更评审：对已获得计量认证、审查认可证书的实验室，在证书有效期内检测能力无变化，发生授权签字人变更的评审。

名称变更评审：对已获得计量认证、审查认可证书的实验室，在证书有效期内检测能力无变化，只有实验室名称变更的评审。

组织变更评审：对已获得计量认证、审查认可证书的实验室，在证书有效期内检测能力无变化，只有实验室法律地位、管理体制、隶属关系、法人代表、技术主管变更的评审。

2）技术评审的时限

资质认定部门自受理之日起 45 个工作日内完成。

2．首次评审、复查评审的现场评审

1）评审准备

发证机关受理实验室的计量认证、审查认可的申请后，10 日内评审机构下达《计量认证评审组成员建议/批准名单》，向评审组长递交《申请书》及相应的附件（《质量手册》《程序文件》《管理体系内部审核记录》《管理评审记录》等管理体系运行记录）；评审组长10日内完成实验室体系文件的评审。将审查意见返回发证机关资质认定负责人，说明文件审查的结果，做出是否可以实施现场评审的建议。发证机关在文件评审合格后，向实验室下发《现场评审通知书》，责成评审组对申请人实施现场评审。评审组长接到《现场评审通知书》后，编写《计量认证现场评审日程计划表》。对评审的日期、时间、工作内容、评审组分工等进行策划安排。并就以下问题与被评审的实验室进行沟通：确定评审的日程；确定现场操作考核的项目；商定交通、住宿等安排。

2）现场评审

（1）首次会议。

参加会议成员：评审组长主持召开首次会议；评审组全体成员，实验室最高管理者、技术负责人、质量负责人、部门负责人及相关人员参加首次会议。

首次会议内容：组长宣布开会，介绍评审组成员；实验室介绍与会人员；评审组长宣读国家认监委或地方质检部门的评审通知，说明评审的目的、依据和范围，明确评审将涉及的部门、人员；确认评审日程表；宣布评审组成员分工；强调评审的判定原则及评审采用的方法和程序；强调公正客观原则，说明评审是一个抽样过程，有一定局限性，但评审将尽可能抽取有代表性的样本，并以事实、数据为依据，使评审结论客观；向实验室做出保密的承诺；澄清有关问题，明确限制条件（如洁净区、危险区、限制交谈人员等）；实验室为评审组配备陪同人员，确定评审组的工作场所及评审工作所需资源；实验室负责人介绍实验室概况，介绍实验室评审准备工作情况和最近一次自查情况及其他需要说明的情况；会议结束。

（2）考察实验室。

首次会议结束后，由陪同人员带领评审组进行现场参观，实地考察实验室相关的办公、检测/校准场地、场所。现场参观的过程是观察、考核的过程。有的场地、场所通过一次性的参观之后可能不再重复检查，要利用有限的时间收集最大量的信息。在现场参观的同时要及时进行有关的提问，有目的地观察环境条件、仪器设备、检测/校准设施是否符合检测/校准要求并一一做好记录。评审组在现场观察时所提的问题（由现场检验人员回答，不应由管理层统一代答）应作为素质考核的内容。

现场参观应在评审日程表规定的时间内完成，防止由于实验室陪同人员过细的介绍，拖延了观察时间，而影响后面的评审工作进程。也不要因个别评审员对某个问题的深入核查而耽误了其他评审员的时间。一般情况下，评审员应将发现的情况记录下来，观察结束后再继续审查。特殊情况下，评审组长可以派一名评审员及时追踪审核，其他人员继续现场观察。

（3）现场操作考核。

实验室是否使用合适的方法和程序来进行所有检测/校准（包括抽样、样品接收和准备样品处理、设备操作、数据处理、结果报告，乃至于测量不确定度的评定、检测数据的分析和统计），应通过现场操作予以考核。通过现场试验，考核人员的操作能力以及环境、设备等保证能力。

① 考核项目的选择。

现场考核项目必须覆盖被评审方申请范围内每个领域（如建材、食品等）和重要的产品分类。现场考核试验项目所覆盖的参数应占申请总数量的10%～50%。参考比例为：申请参数100个以下为30%～50%；申请参数100～300个约25%；申请参数301～500个约15%；申请参数500个以上约10%。但检测检验人员的覆盖率在80%以上。

② 现场操作考核的方式。

对实验室的现场操作考核，可采取样品复测、人员比对、仪器比对、见证试验和证书验证的方式进行。

样品复测：由评审组评审员携带有数据的样品，或实验室留样的样品由被评审实验室再行检测和赋值，其误差或不确定度应在允许范围之内。

人员比对：不同的人员依据同一标准，使用同一设备对同一样品实施检验，检验的误差或不确定度应在允许范围之内。

仪器比对：同一人员依据同一标准，使用不同设备对同一样品实施检验，检验的误差或不确定度应在允许范围之内。

见证试验：对那些不宜做样品复测试验、人员比对、仪器比对的检测项目，可采取过程考核的方式，考核检验人员操作的熟练、正确程度。过程考核可分为全过程考核、部分过程考核、加速过程考核。对于那些持续时间较长、不能在评审期间完成的检验项目，可采取加速过程考核。

证书验证：对于复评审的项目，如果已对外出具过正式检测报告，在评审期间又无样品时，可以提供已出具的检测报告，在评审员的观察下，做设备的操作演示。

（4）现场试验结果的应用。

样品复测、人员比对、仪器比对、见证试验应出具检测报告；证书验证可不出具检测报告。

（5）现场试验的评价。

现场试验结束后，评审员应对试验的结果进行评价，评价的内容如下：采用的检验标准是否正确；检测结果的表述是否准确、清晰、明了；检验人员是否有相应的检测经验；检测操作的熟练程度如何；环境设施和适宜程度如何；样品的接收、登记、描述、放置、样品制备及处置是否规范；检测设备、测试系统的调试、使用是否正确；检验记录是否规范。

（6）现场提问。

现场提问是现场评审工作的一部分，是评价实验室工作人员是否经过相应的教育、培训，是否具有相应的经验和技能而进行资格确认的形式。对实验室主要领导人、技术负责人、质量负责人、各质量管理岗位人员以及所有从事抽样、检测/校准、报告签发和设备操作等的技术人员均应进行现场提问。

现场提问可与现场参观、操作考核、查阅记录等活动结合进行，也可以在座谈会、考核会等场合进行。

现场提问的内容可以是基础性的问题：如就法律法规、评审准则、体系文件，检测标准、检验技术等方面的提问；也可以就评审中发现的问题、尚不清楚的问题做跟踪性或澄清性提问。对所有的提问应有相应的记录，以便做出合理的评审结论。

（7）查阅质量记录。

管理体系过程中产生的管理记录，以及检测/校准过程中产生的技术记录是复现管理过程和检测过程的有力证据和有效工具。评审组要通过对质量记录的查证，评价管理体系运行的有效性以及技术操作的正确性。对质量记录的查阅应注重以下问题：文件资料的控制以及档案管理是否适用、有效并符合受控的要求，同时有相应的资源保证；实验室管理体系运行记录是否齐全、科学，能否有效反映管理体系运行状况；原始记录、报告或证书格式内容应合理并包含足够的信息；记录做到清晰、准确，应包括影响检测结果的全部信息，如图、表、全过程等；记录的形成、修改、保管应符合体系文件的有关规定。

对原始记录、检验报告的评价结论填写在《计量认证现场抽查原始记录、检测报告情况记录表》中。

（8）填写现场评审记录。

对实验室现场评审的过程要记录在《计量认证/审查认可（验收）评审报告》的《计量认证/审查认可（验收）评审表》（以下称评审表）中。评审员在依据《评审准则》对实验室进行逐条评审的同时，要在《评审表》中逐条记录评审状况。

评审意见分为“符合”“基本符合”“不符合”“缺此项”“不适用”几种，其意义如下：

符合：体系文件中有正确的描述，并能提供有效实施证明材料。

基本符合：体系文件中有正确的描述，但不能准确、规范予以实施。

不符合：体系文件中有正确的描述，但尚未实施。

缺此项：《实验室资质认定评审准则》中对实验室适用的条款，但体系文件中无此条款的描述，亦未实施。

不适用：实验室实际运作不涉及该条款。

当评审意见出现“基本符合”“不符合”时，应在“说明”栏内注明具体的事实。对事实的描述应该客观具体，不能以“不规范”“不完善”等模糊、笼统地语句进行说明。应严格引用客观证据，并可追溯。例如，观察到的事实、地点、当事人，涉及的文件号、证书或报告编号，有关文件内容，有关人员的陈述等；描述应尽量简单明了、事实确凿、不加修饰。

（9）现场座谈会。

① 参加座谈会的人员。

座谈会一般由以下人员参加：各级管理干部和管理岗位人员、内审人员、监督人员、主要抽样人员、检验人员、实验室新增人员。

② 座谈会的内容。

座谈会中应该针对以下问题进行提问和讨论：对《评审准则》的理解；对实验室体系文件的理解；《评审准则》和体系文件在实际工作中的应用情况；各岗位人员对其职责的理解；各类人员应具备的专业知识；评审过程中发现的一些问题，以及需要与被评审方澄清的问题。

（10）评审结论。

评审结论分为“符合”“基本符合”“基本符合需现场复核”“不符合”四种。

“符合”是指体系文件适应质量方针目标，管理体系运作符合体系文件的规定，各要素条款不存在“不符合”“基本符合”“缺此项”。

“不符合”是指管理体系运行中，存在着区域性不符合或系统性不符合，或实验室工作存在严重的违反国家有关法律、法规规定的事实。

“基本符合”是指管理体系尚未构成区域性不符合或系统性不符合，存在的不符合内容的整改可以通过书面的形式见证。

“基本符合需现场复核”是指当要素条款中的“不符合”项、“基本符合”项的整改的有效性，不能通过文件的方式予以证明，必须通过现场的观察才能证实整改的完成。例如，整改项为“检测人员不能熟练操作检测设备”，这样的整改项的整改效果需要现场复核才能确定。

（11）评审报告。

评审组长现场出具评审报告。

（12）末次会议。

末次会议由评审组长主持，评审组成员全部参加，被评审单位的主要领导必须参加。

末次会议内容：重申评审的目的、范围、依据；说明评审的局限性、时限性以及抽样评审存在的风险性；评审情况和评审中发现的问题；宣读评审意见和评审结论；对“不符合项、基本符合项、缺此项”提出整改要求；被评审实验室领导对评审结论发表意见并讲话；宣布现场评审工作结束。

（13）整改的跟踪验证。

现场评审结束后，实验室在商定的时间内对评审组提出的不符合内容采取纠正措施进行整改，形成完整整改文件报评审组长确认。

对评审结论为“基本符合”的实验室，应采取文件评审的方式进行跟踪验证。

实验室提交整改报告和相应见证材料；评审组长根据见证材料确认整改是否有效并符合要整改符合要求的，由评审组长填写《评审报告》，上报审批。

对评审结论为“基本符合需现场复核”的实验室，应采取现场检查的方式进行跟踪验证。

实验室提交整改报告和相关见证材料；评审组长组织相关评审人员，对需整改的不符合内容进行现场检查，确认整改是否有效；整改有效、符合要求的，由评审组长填写《评审报告》，上报审批。

评审组长在收到实验室的整改材料后，应在 5 个工作日内完成跟踪验证，向委托其评审的机关上报评审相关材料。

（四）认证认可标识

1. 常见的认证认可标识

常见的认证认可标识有 CMA、CNAS、CNAL、CAL 等。

2．含义

（1）CMA："中国计量认证"，表明该机构已经通过了国家认证认可监督管理委员会或各省、自治区、直辖市人民政府质量技术监督部门的计量认证。

（2）CNAS：中国合格评定国家认可委员会的英文缩写，于2006年3月31日正式成立，表明该机构已经通过了中国合格评定国家认可委员会的认可。

（3）CNAL：中国实验室国家认可委员会的英文缩写，是经中国国家认证认可监督管理委员会批准设立并授权，统一负责实验室和检查机构认可及相关工作的国家认可机构，成立于2002年7月。由中国合格评定认可委员会实施的认可活动，是一种自愿行为，任何第一方、第二方和第三方实验室均可申请认可。

（4）CAL：是质量监督检验机构认证符号，国家授予的权威性标志。表明该机构获得了国家认证认可监督管理委员会或各省、自治区、直辖市人民政府质量技术监督部门的审查认可（验收）的授权证书。

（五）法定计量单位

1．概念

法定计量单位，是国家以法令的形式，明确规定并且允许在全国范围内统一实行的计量单位。凡属于一个国家的法定计量单位，在这个国家的任何地区、任何领域及所有人员都应按规定要求严格加以采用。

2．我国法定计量单位的构成

我国的法定计量单位是以国际单位制单位为基础，并根据我国的实际情况，适当地选用一些非国际单位制单位构成的。1984年2月27日，我国颁布的《中华人民共和国法定计量单位》，其内容包括：

国际单位制单位（基本单位、具有专门名称的导出单位和辅助单位）；

国家选定的非国际单位制单位；

由以上单位构成的组合形式的单位。

（1）国际单位制单位。

国际单位制单位是由SI单位（包括SI基本单位、SI导出单位）、SI词头和SI单位的十进倍数和分数单位三部分构成的。

① SI基本单位及其定义。

国际单位制的SI基本单位为米、千克、秒、安培、开尔文、摩尔和坎德拉。

② 具有专门名称的SI导出单位。

SI导出单位是由SI基本单位按定义方程式导出的，具有专门名称的SI导出单位共有21个。

③ SI词头。

为了表示某种量的不同值，只有一个主单位显然是不行的，SI词头的功能就是与SI单位组合在一起，构成十进制的倍数单位和分数单位。在国际单位制中，共有20个SI词头。

表 6-4　SI 基本单位

量的名称	单位名称	单位符合	定　义
长 度	米	m	米是光在真空中于 1/299792458s 时间间隔内所经路径的长度
质 量	千克（公斤）	kg	千克是质量单位，等于国际千克原器的质量
时 间	秒	s	秒是与铯－133 原子基态的两个超精细能级间跃迁所对应的幅射的 9 192 631 770 个周期的持续时间
电 流	安［培］	A	安培是电流单位。在真空中，截面积可忽略的两根相距 1m 的无限长等圆直导线内通以等量恒定电流时，若导线间相互作用力在每米长度上为 2×10^{-7}N，则每根导线中的电流为 1A
热力学温度	开［尔文］	K	开尔文是热力学温度单位，等于水的三相点热力学温度的 1/273.16
物质的量	摩［尔］	mol	摩尔是一系统的物质的量，该系统中所包含的基本单元数与 0.012kg 碳 12 的原子数目相等。使用摩尔时，基本单元应予指明，可以是原子、分子、离子、电子及其他粒子，或是这些粒子的特定组合
发光强度	坎［德拉］	cd	坎德拉是一光源在给定方向上的发光强度，该光源发出频率为 540×10^{12}Hz 的单色幅射，且在此方向上的辐射强度为 1/683W/sr

表 6-5　具有专门名称的 SI 导出单位

量的名称	SI 导出单位		
	名称	符号	用 SI 基本单位和 SI 导出单位表示
［平面］角	弧度	rad	1rad=1m/m=1
立体角	球面度	sr	$1sr=1m^2/m^2=1$
频率	赫［兹］	Hz	1Hz=1s−1
力	牛［顿］	N	$1N=1kg\cdot m/s^2$
压力	帕［斯卡］	Pa	$1Pa=1N/m^2$
能［量］，功，热量	焦［耳］	J	1J=1N/ m
功率	瓦［特］	W	1W=1J/s
电荷［量］	库［仑］	C	1C=1A/ s
电压	伏［特］	V	1V=1W/A
电容	法［拉］	F	1F=1C/V
电阻	欧［姆］	Ω	1Ω=1V/A
电导	西［门子］	S	$1S=\Omega^{-1}$
磁通［量］	韦［伯］	Wb	1Wb=1V/ s
磁感应强度	特［斯拉］	T	$1T=1Wb/m^2$
电感	亨［利］	H	1H=11Wb/A
摄氏温度	摄氏度	℃	1℃=1K
光通量	流［明］	lm	1lm=1cd/ sr
［光］照度	勒［克斯］	lx	$1lx=1lm/m^2$
［放射性］活度	贝可［勒尔］	Bq	$1Bq=1s^{-1}$
吸收剂量	戈［瑞］	Gy	1Gy=1J/kg
剂量当量	希［沃特］	Sv	1Sv=1J/kg

表 6-6　SI 词头

因素	词头名称		符合
	英文	中文	
10^{24}	yotta	尧［它］	Y
10_{21}	zetta	泽［它］	Z
10_{18}	exa	艾［可萨］	E
10_{15}	peta	拍［它］	P
10^{12}	tera	太［拉］	T
10^{9}	giga	吉［咖］	G
10^{6}	mega	兆	M
10^{3}	kilo	千	k
10^{2}	hecto	百	h
101	deca	十	da
10^{-1}	deci	分	d
10^{-2}	centi	厘	c
10^{-3}	milli	毫	m
10^{-6}	micro	微	μ
10^{-9}	nano	纳［诺］	n
10^{-12}	pico	皮［可］	p
10^{-15}	femto	飞［母托］	f
10^{-18}	atto	阿［托］	a
10^{-21}	zepto	仄［普托］	z
10^{-24}	yocto	幺［科托］	y

（2）国家选定的非国际单位制单位。

国家选定的非国际单位制单位共有 16 个。这 16 个单位中既有国际计量委员会允许的、在国际上保留的单位，也有我国根据本国具体情况自行选定的非国际单位制单位。

表 6-7　可与国际单位制单位并用的我国法定计量单位

量的名称	单位名称	单位符号	与 SI 单位的关系
时间	分	min	1min=60s
	[小]时	h	1h=60min=3600s
	日（天）	d	1d=24h=86 400s
[平面]角	度	o	1o=(π/180)rad
	[角]分	′	1′=(1/60)o=(π/10 800)rad
	[角]秒	"	1"=(1/60)′=(π/648 000)rad
体积	升	l，L	$1l=1dm^3=10^{-3}\ m^3$
	吨 原子质量单位	t u	$1t=10^3kg$ $1u≈1.660\ 540×10^{-27}\ kg$
旋转速度	转每分	r/min	$1r/min=(1/60)s^{-1}$
长度 速度	海里 节	n mile kn	1n mile=1852m（只用于航行） 1kn=1n mile/h=(1852/3600)m/s（只用于航行）
能	电子伏	eV	$1eV≈1.602\ 177×10^{-19}J$
级差	分贝	dB	
线密度	特[克斯]	tex	$1tex=10^{-6}kg/m$
面积	公顷	hm^2	$1hm^2=10^4m^2$

（3）组合形式的单位。

我国的法定计量单位除国际单位制单位和国家选定的非国际单位制单位以外，还包括组合形式的单位。组合单位是指两个或两个以上的单位，用乘除形式组合而成的新单位。构成组合单位可以是国际单位制的基本单位，具有专门名称的导出单位，国家选定的非国际单位制单位，也可以是它们的十进倍数和分数。

第三节　监测数据数理统计处理

在监测或质控工作中，常需处理各种复杂的监测数据。这些数据经常表现出波动，甚至在相同条件下获得的试验数据也会有不同的取值。对此，可用数理统计的方法处理获得一批有代表性的数据，以判别数据的取舍。

一、数据处理的程序

按照有效数字的规定，进行有效数字的修约、数值计算和检验，然后将数据列表。

（一）有效数字的意义

0、1、2、3、4、…、9 称为数字，由单一数字或多个数字可以组成数值，一个数值中，各个数字所有的位置称为数位。

测量结果的记录、运算和报告，必须用有效数字。有效数字用于表示测量结果，指测量中实际能测得的数值，即表示数字的有效意义。一个由有效数字构成的数值，其倒数第二位以上的数字应该是可靠的，只有末位数字是可疑的或为不确定的。所以，有效数字是由全部数字和一位不确定数字构成的，由有效数字构成的测量结果，只应包含有效数字，对有效数字的位数不能任意增删。

数字“0”，当它用于指示小数点的位置而与测量的准确度无关时，不是有效数字，这与“0”在数值中的位置有关。

（1）第一个非零数字前的“0”不是有效数字。0.0496 是三位有效数字；0.005 是一位有效数字。

（2）非零数字中的“0”是有效数字。5.0015 是五位有效数字；8603 是四位有效数字。

（3）小数中最后一个非零数字后的“0”是有效数字。6.7500 是五位有效数字；0.280% 是三位有效数字。

（4）以“0”结尾的整数，有效数字的位数很难判断，如 65700 可能为三位、四位或五位有效数字，在此情况下，应根据测定值的准确度数字及指数形式确定。6.57×10^4 是三位有效数字；6.5700×10^4 是五位有效数字。

（二）数值修约规则

推荐数值修约规则按 GB/T 8170—2008《数值修约规则与极限数值的表示和判定》进行数值修约。确定修约位数的表达方式如下：

（1）指定位数。指定修约间隔为 10_n（n 为正整数），或指明将数值修约到几位小数。

（2）指定修约间隔为 1，或指明将数值修约到个位数。

（3）指定修约间隔为 10_n 指明将数值修约到 10_n 位数（n 为正整数），或指明将数值修约到“十”“百”“千”等位数。

（4）指定将数值修约到 n 位数。

（三）进舍规则

进舍规则应按照“四舍六入五单双”的原则取舍。

（1）拟舍弃数字的最左一位数字小于 5 时，则舍去，即保留的各位数字不变。例如，将 13.1457 修约到一位小数，得 13.1；将 13.1457 修约到两位有效位数，得 13。

（2）拟舍弃数字的最左一位数字大于 5 或虽等于 5 时，而其后并非全部为 0 的数字时，则进 1，即保留的末位数字加 1。如：将 1268 修约到“百”位数，得 13×10^2（特定时可写为 1300）；将 1268 修约到三位有效数，得 127×10（特定时可写为 1270）；将 10.502 修约到个位数，得 11。

（3）拟舍弃数字的最左一位数字为 5，而后面无数字或皆为 0 时，若所保留的末位数字为奇数（1、3、5、7、9），则进 1，为偶数（2、4、6、8、0），则舍弃。

例如，修约间隔为 0.1（或 10^{-1}）：

拟修约数值	修约值
1.050	1.0
0.350	0.4

修约间隔为 1000（或 10^3）：

拟修约数值	修约值
2500	2×10^3（特定时可写为 2000）
3500	4×10^3（特定时可写为 4000）

将下列数字修约成两位有效位数：

拟修约数值	修约值
0.0325	0.032（特定时可写为 $32*10^{-2}$）
3500	32×10^3（特定时可写为 32000）

（4）负数修约时，先将它的绝对值按上述（1）～（3）规定进行修约，然后在修约值前面加上负号。

拟修约数值	修约值
−355	−36×10（特定时可写为-360）
−325	−32×10（特定时可写为-320）
−0.0365	−0.036

（四）不得连续修约

（1）拟修约数字应在确定修约位数后一次修约获得结果，而不得多次连续修约。

例如，15.4546 修约间隔为 1。正确：15.4546→15。不正确：15.4546→15.455→15.46→

15.5→16。

（2）在具体实施中，有时测试与计算部门先将获得的数值按指定的修约位数多一位或几位报出，而后由其他部门判定。为避免产生连续修约的错误，应按下述步骤进行：

报出数值最右的非零数字为 5 时，应在数值后面加“+”或“-”或不加符号，以分别表明已进行过舍、进或未舍未进。

例如，16.50（+）表示实际值大于 16.5，经修约舍弃成为 16.50；16.50（-）表示实际值小于 16.50，经修约进 1 成为 16.50。

如果判定报出值需要进行修约，当拟舍弃数字的最左一位数字为 5，而后面皆为 0 时，数值后面有（+）号者进 1，数值后面有（-）号者舍去，其他仍按修约规则进行。

不连续修约报出值规则见表 6-8。

表 6-8　不连续修约报出值规则表

实测值	报出值	修约值
15.45146	15.5（-）	15
16.5203	16.5（+）	17
-17.5000	-17.5（+）	18
-15.4546	-15.5（-）	-15

（五）记数规则

（1）记录数据时，只保留一位可疑数字。例如，用最小分度值为 0.1mg 的分析天平称量时，有效数字可以记录到小数点后第 4 位。用分度标记的吸管或滴定管量取溶液时，读数的有效位数可达其最小分度后一位，保留一位不确定数字。

（2）表示精密度通常只取一位有效数字。测定次数很多时，可取两位有效数字，且最多只取两位。

（3）在计算中，当有效数字位数确定后，其余数字应按修约规则一律舍去。

（4）在计算中某些倍数、分数、不连续物理量的数目，以及不经测量而完全根据理论计算或定义得到的数值，其有效数字的位数可视为无限。这类数值在计算中需要几位就可以写几位。

例如，数字中的 x、e；三角形面积 $S=(1/2)ah$ 中的 1/2、1m=100cm 中的 100、测定次数 n、方差的自由度 f 等。

⑤ 测量结果的有效数字所能达到的位数，不能低于方法检出限的有效数字所能达到的数位。

（六）近似计算规则

（1）加减法。几个近似值相加减时，其和或差的有效数字位数，与小数点后位数最少者相同。在运算过程中，可以多保留一位小数。计算结果则按数值修约规则处理。

（2）乘法和除法。几个数值相乘除时，所得积或商的有效数字位数取决于各种值中有效数字位数最少者。在实际运算时，先将各近似值修约至比有效数字位数最少者多保留一位有效数字，再将计算结果按上述规则处理。

（3）乘方和开方。几个数值相乘或开方，原近似值有几位有效数字，计算结果就可以保留几位有效数字。

（4）对数和反对数。在计算中，所取对数的小数点后的位数（不包括首数）应与真数的有效数字位数相同。

（5）平均值。求四个或四个以上准确度接近的近似值的平均值时，其有效数字可增加一位。

二、离群值的取舍

在一组监测数据中，往往会遇到有一两个“越规”的数值，它比其他的测定数据明显小或大，我们称这种明显偏离的数据为离群值。对于离群值的处理一定要采用科学而慎重的态度，切不可凭主观意志。因为离群值可能是测定过程中随机误差波动偏大的表现，亦即虽然该值明显地偏离于其他数据，但仍然处在统计上所允许的合理误差范围以内，该值与其余数据仍属同一总体，这种情况就不能将离群值舍弃，当然，离群值也可能就是与其他数据分属不同的总体，这时就应该将该值舍弃。因此，问题在于如何区分离群值与其他数据是否属于同一总体。

对于离群值，必须首先查明其全部测定过程，判断有无过失误差产生的可能，如果发现该离群值确系过失误差引起，那么不必再经过其他的检验而加以舍弃。可是某些情况下，由于种种原因未能发现任何不正常的因素，此时就必须通过统计检验来加以判别。

（一）4*d* 检验法

4*d* 检验法是一种较早的评价可疑数据的方法，其检验步骤为：

（1）除去可疑数据，将其余数据求平均值 $(\overline{x}_{n-1})$。

（2）除可疑数据外，将其余数据与平均值的偏差求平均值 $(\overline{d}_{n-1})$。

（3）求出可疑数据与其余数据平均值之差的绝对值 $(|x_d-\overline{x}_{n-1}|)$。

（4）求 $|x_d-\overline{x}_{n-1}|/\overline{d}_{n-1}$ 的比值。

（5）如比值 $|x_d-\overline{x}_{n-1}|/\overline{d}_{n-1}>4$，则舍弃此可疑数据，如比值≤4，则应保留此可疑数据。

例如，测定某工业废水样品的 Pb（mg/L），共测定 6 个数据，其值为 20.06、20.09、20.10、20.08、20.09、20.01，试检验其中有无应舍去的数据？

先将数据按大小排列：20.01、20.06、20.08、20.09、20.09、20.10。

其中第一个数据可疑，则将其除去后求其余数据的平均值：

$$\overline{x}_{n-1}=\left[\left(\sum_{k=1}^{5}x_k\right)-x_d\right]/(n-1)=20.085(\,x_d\text{表示可疑值}\,)$$

$$\overline{d}_{n-1}=\sum_{k=1}^{5}|(x_k-\overline{x}_{n-1})|/(n-1)=0.011$$

$$\frac{|x_d-\overline{x}_{n-1}|}{\overline{d}_{n-1}}=\frac{|20.085-20.01|}{0.011}=6.82>4$$

判断：20.01 应该舍弃。

用 $4d$ 检验法来检验可疑数据，不用进行烦琐的计算，而且直观容易理解，但该法不够严格。首先，检验与测定次数之间没有联系，缺少测量精度与判断之间的约束规则，另外，其理论分布与概率的概念也很模糊，因此使 $4d$ 检验法的应用受到较大限制，当数据总数为 4～8 次时才比较准确。

（二）3*S* 检验法

$3S$ 检验法又称为拉依达检验法，在一般情况下，当误差具有正态分布规律，并且测定次数较多时可应用该法，其检验步骤为，先求出整个数据组的平均值 $\overline{x}$ 和标准偏差 S，然后再求出数据组平均值 $\overline{x}$ 与可疑值 x_d 之间的差，当平均值与可疑值之差的绝对值大于 3 倍标准差，即：

$$|x_d-\overline{x}|>3S \tag{6-19}$$

则可认为 x_d 为异常值，应将该值舍弃。

例如，用原子吸收分光光度法测定某水样中的铁含量，14 次测定值分别为 2.60、2.47、2.61、2.62、2.60、2.59、2.61、2.60、2.58、2.59、2.57、2.60、2.58、2.59，试用 $3S$ 检验法检验 2.47 这一测定值是否为异常值？

$$\overline{x}=\frac{1}{n}\sum_{i=1}^{n}x=2.586;\ S=0.036,\ 3S=0.108$$

$$|x_d-\overline{x}|=|2.47-2.586|=0.116>3S=0.108$$

所以 2.47 测定值应予以去除。

此法不用查表，计算也比较简便，在测定数据较多或要求不高时可以应用，但当测定次数较少（$n<10$）时，就无法应用 $3S$ 检验法。

三、回归处理与相关分析

研究变量之间关系的统计方法称为回归分析和相关分析，回归分析是研究变量间相关关系的数学工具，相关分析则用于度量变量间关系的密切程度。回归分析的主要用途为：

（1）确定变量之间是否存在相关关系和是怎样的相关关系。

（2）评价变量之间的意义。

（3）通过一个变量值去预测另一个变量值，并估计预测值的精度。

（4）评价检验回归方程参数。

在环境监测中应用最广的是一元线性回归分析。它可以用于建立某种方法的工作曲线，研究不同污染指标之间的相互关系，比较不同方法之间的差别，评价不同实验室测定多种浓度水平样品的结果等。

（一）一元线性回归分析

在实际工作中，当自变量 x 取一系列值 x_1、x_2、…、x_n 时，测得因变量 y 的对应值为 y_1、y_2、…、y_n，如果 x 与 y 之间具有直线趋势，则可用一直线方程来描述这两者的关系：

$$\hat{y}=a+bx$$

$$b=\frac{S_{(xy)}}{S_{(xx)}}$$

$$a=\overline{y}-b\overline{x}$$

$$\overline{x}=\frac{1}{n}\sum_{i=1}^{n}x_i$$

$$\overline{y}=\frac{1}{n}\sum_{i=1}^{n}yi$$

$$S_{(xx)}=\sum_{i=1}^{n}(x_i-\overline{x})^2$$

$$S_{(xx)}=\sum_{i=1}^{n}(x_i-\overline{x})(y_i-\overline{y})$$

在一元线性回归方程中，b 称为回归系数，a 称为截距。

有了回归直线方程就可以由一个变量去估计另一个变量，但需注意的是，因变量的取值应在求取回归方程的点群范围之内，如无充分的依据，不可随意外推。

（二）回归方程的检验

1．相同关系数检验法

对于无论多么没有规律的一组数据，都可以根据最小二乘法的原则求出“回归方程”，配成唯一的一条直线，但这样求得的回归方程和配出的直线是毫无意义的。如何判定所配出的直线方程是否具有实际意义。在统计中有多种检验方法，这里介绍相关系数检验法：

$$\gamma=\frac{S_{(sy)}}{S_{yy}S_{xx}} \tag{6-20}$$

$$0\leqslant|\gamma|\leqslant1$$

$|\gamma|$ 越大，y 与 x 之间的线性关系越明显；$|\gamma|$ 越小，y 与 x 之间线性关系越不明显。由于 $|\gamma|$ 的大小可以反映 y 与 x 之间线性相关好坏的程度，因此，可以用 $|\gamma|$ 作为判别线性相关的统计量，把 $|\gamma|$ 称为相关系数。

2．γ 取值情况

$\gamma=0$，y 与 x 毫无线性关系；$\gamma=1$，y 与 x 为完全线性相关；$0<|\gamma|<1$，y 与 x 之间存在着一定的线性相关关系，$\gamma>0$ 称正相关，$\gamma<0$ 称负相关。

表 6-9 给出了不同显著性水平 α 下的相关系数的显著性检验表，表中数值是相关系数临界值 $\gamma\alpha(n-2)$。其值与测定次数 n 和给定的显著性水平 α 有关。

表 6-9 相关系数临界值

n-2	显著性水平 α		n-2	显著性水平 α		n-2	显著性水平 α	
	0.05	0.01		0.05	0.01		0.05	0.01
1	0.997	1.000	11	0.553	0.684	21	0.413	0.526
2	0.950	0.990	12	0.532	0.661	22	0.404	0.515
3	0.878	0.959	13	0.514	0.641	23	0.396	0.505
4	0.811	0.917	14	0.497	0.623	24	0.388	0.496
5	0.754	0.874	15	0.482	0.606	25	0.381	0.487
6	0.707	0.834	16	0.468	0.590	26	0.374	0.478
7	0.666	0.798	17	0.456	0.575	27	0.367	0.470
8	0.632	0.765	18	0.444	0.561	28	0.361	0.463
9	0.602	0.735	19	0.433	0.549	29	0.355	0.456
10	0.576	0.708	20	0.423	0.537	30	0.349	0.449

由实测值（x_i, y_i）（i=1,2,…,n）可算出相关系数 γ，当 $|\gamma| < \gamma_{0.05(n-2)}$，则表明 y 与 x 之间的线性相关关系不显著；当 $\gamma_{0.05(n-2)} < |\gamma| \leqslant \gamma_{0.01(n-2)}$，则表明 y 与 x 之间线性相关关系显著；如果 $|\gamma| > \gamma_{0.01(n-2)}$，则可表明 y 与 x 之间的线性相关关系高度显著。

上面定义的 $S_{(xx)}$，$S_{(xy)}$，$S'_{(yy)}$的形式不便于计算，下面列出这几个量的另一种计算形式：

$$S_{(xx)} = \sum_{i=1}^{n} x_i^2 - \frac{1}{n}(\sum_{i}^{n} xi)^2$$

$$S_{(yy)} = \sum_{i=1}^{n} y_i^2 - \frac{1}{n}(\sum_{i}^{n} yi)^2 \qquad (6\text{-}21)$$

$$S_{(xy)} = \sum_{i=1}^{n} xiyi - \frac{1}{n}(\sum_{i}^{n} xi)(\sum_{i=1}^{n} yi)$$

第四节 标准分析方法和分析方法标准化

一、我国标准化管理体制

中华人民共和国国家质量监督检验检疫总局（以下简称国家质检总局）是国务院主管全国质量、计量、出入境商品检验、出入境卫生检疫、出入境动植物检疫、进出口食品安全和认证认可、标准化等工作，并行使行政执法职能的直属机构。

我国标准化工作实行统一管理与分工负责相结合的管理体制。

按照国务院授权，在国家质检总局管理下，国家标准化管理委员会统一管理全国标准化工作。国务院有关行政主管部门和国务院授权的有关行业协会分工管理本部门、本行业的标准化工作。

省、自治区、直辖市标准化行政主管部门统一管理本行政区域的标准化工作。省、自治区、直辖市政府有关行政主管部门分工管理本行政区域内本部门、本行业的标准化工作。

市、县标准化行政主管部门和有关行政部门，按照省、自治区、直辖市政府规定的各自的职责，管理本行政区域内的标准化工作。

（一）国家标准化管理委员会

国家标准化管理委员会（SAC）是国务院授权履行行政管理职能，统一管理全国标准化工作的主管机构。国务院有关行政主管部门和有关行业协会也设有标准化管理机构，分工管理本部门、本行业的标准化工作。各省、自治区、直辖市及市、县质量技术监督局统一管理本行政区域的标准化工作。各省、自治区、直辖市和市、县政府部门也设有标准化管理机构。国家标准化管理委员会对省、自治区、直辖市质量技术监督局的标准化工作实行业务领导。

（二）标准化管理

依据《标准化法》及其实施条例，SAC负责起草、修订国家标准化法律法规的工作，拟定和贯彻执行国家标准化工作的方针和政策，拟定全国标准化管理规章，制定相关制度，组织实施标准化法律法规和规章制度；负责制定国家标准化事业发展规划，负责组织、协调和编制国家标准的制定和修订计划；负责组织国家标准的制定和修订工作，负责国家标准的统一审查、批准、编号和发布；负责协调和管理全国标准化技术委员会的有关工作，协调和指导行业、地方标准化工作，负责行业标准和地方标准的备案工作；参加国际标准化组织（ISO）、国际电工委员会（IEC）和其他国际或区域性标准化组织的活动，负责组织ISO、IEC中国国家委员会的工作；负责管理国内各部门、各地区参与国际或区域性标准化组织活动的工作，负责签订并执行标准化国际合作协议；管理全国组织机构代码和商品条码工作。

二、我国标准体制

我国标准分为国家标准、行业标准、地方标准和企业标准四级。

（一）国家标准

对需要在全国范畴内统一的技术要求，应当制定国家标准。

（二）行业标准

对没有国家标准而又需要在全国某个行业范围内统一的技术要求，可以制定行业标准。

（三）地方标准

对没有国家标准和行业标准而又需要在省、自治区、直辖市范围内统一的工业产品的安全、卫生要求，可以制定地方标准。

（四）企业标准

企业生产的产品没有国家标准、行业标准和地方标准的，应当制定相应的企业标准。对已有国家标准、行业标准或地方标准的，鼓励企业制定严于国家标准、行业标准或地方标准要求的企业标准。

另外，对于技术尚在发展中，需要有相应的标准文件引导其发展或具有标准化价值，尚不能制定为标准的项目，以及采用 ISO、IEC 及其他国际组织的技术报告的项目，可以制定国家标准化指导性技术文件。

三、我国标准性质

我国标准分为强制性标准和推荐性标准两类性质的标准。保障人体健康，人身、财产安全的标准和法律、行政法规规定强制执行的标准是强制性标准，其他标准是推荐性标准。

四、我国标准代号

（一）国家标准代号

国家标准代号、含义和管理部门见表 6-10。

表 6-10　国家标准代号、含义和管理部门

代号	含义	管理部门
GB	中华人民共和国强制性地方标准代号	国家标准化管理委员会
GB/T	中华人民共和国推荐性地方标准代号	国家标准化管理委员会
GB/Z	中华人民共和国国家标准化指导性技术文件	国家标准化管理委员会

（二）行业标准代号

环境保护的标准代号为 HJ，管理部门是国家环境保护总局科技标准司。

（三）地方标准代号

地方标准代号、含义和管理部门见表 6-11。

表 6-11　地方标准代号、含义和管理部门

代号	含义	管理部门
DB+*	中华人民共和国强制性地方标准代号	省级质量技术监督局
DB+*/T	中华人民共和国推荐性地方标准代号	省级质量技术监督局

注：*表示省级行政区划代码前两位。

（四）企业标准代号

企业标准代号、含义和管理部门见表 6-12。

表 6-12 企业标准代号、含义和管理部门

代号	含义	管理部门
Q+*	中华人民共和国企业产品标准	企业

注：*表示企业代号。

五、标准分析方法

一个项目的测定往往有多种可供选择的分析方法，这些方法的灵敏度不同，对仪器和操作的要求不同；而且由于方法的原理不同，干扰因素也不同，甚至其结果的表示含义也不尽相同。当采用不同方法测定同一项目时就会产生结果不可比的问题，因此有必要进行分析方法标准化活动。标准方法的选定首先要达到所要求的检出限度，其次能提供足够小的随机和系统误差，同时对各种环境样品能得到相近的准确度和精密度，当然也要考虑技术、仪器的现实条件和推广的可能性。

标准分析方法又称分析方法标准，是技术标准中的一种，它是一项文件，是权威机构对某项分析所做的统一规定的技术准则和各方面共同遵守的技术依据，它必须满足以下条件：

（1）按照规定的程序编制。

（2）按照规定的格式编写。

（3）方法的成熟性得到公认。

（4）由权威机构审批和发布。

编制和推行标准分析方法的目的是保证分析结果的重复性、再现性和准确性，不但要求同一实验室的分析人员分析同一样品的结果要一致，而且要求不同实验室的分析人员分析同一样品的结果也要一致。

第五节 标准物质

标准物质是指具有一种或多种足够均匀并充分确定了特性量值、通过技术评审且附有使用证书的环境样品或材料，主要用于校准和检定监测分析仪器、评价和验证监测分析方法、确定其他样品的特性量值。目前，生产标准物质的单位各行业均有，但必须通过计量认证。

标准样品主要应用于实验室的认证认可、质控考核、方法验证、技术仲裁等工作中。

一、标准物质及其分类

（一）计量与标准物质

针对石油行业分析对象特点，目前采样的标准物质多为环境标准物质，这里重点介绍环境标准物质。

1．计量

计量是定量地描述有害物质或物理量在不同介质中的分布及浓度（或强度）的一种计

量系统。因此，计量包括化学计量和物理计量两大类。

化学计量是指以测定大气、水体、土壤以及人和生物中的有害物质为中心的化学物质测量系统。物理计量是指以测定噪声、振动、电磁波、放射性、热污染等为中心的物理量的计量系统。目前，在我国的有关标准和规范中，包括有机标准样品（物质）、有机标准溶液、水质标准样品（物质）、水质标准溶液、气体标准样品（物质）、固体标准样品和能力验证标准样品等。关于水的环境化学计量项目有重金属（如汞、铅、铬等）、非金属（如砷、硫等）、各种有机农药、悬浮物、色度、嗅、味、pH 值、溶解氧、五日生化需氧量（BOD_5）、化学需氧量（COD）、大肠杆菌菌群数、细菌总数等。

2．标准物质

钢铁、有色冶金、采矿、核材料、陶瓷、玻璃、医药、食品等方面较早地使用了标准物质，对生产和科学研究的发展起到了促进作用。20 世纪 70 年代开始，美国、日本等国家相继研制了各种环境标准物质。由于样品具有与一般样品不同的性质，所以，环境标准物质与一般标准物质也有所不同。

1）样品的特性

样品从其化学计量来看具有如下特性：

（1）样品的种类和形态具有多样性，有固体、液体和气体等。

（2）样品的基体组成极其复杂，而且样品的种类、来源、采样地点和采样时间不同，其组成也大不相同。

（3）样品中待测组分的浓度范围很广，而且很多污染物即使在低浓度下仍具有很强的毒性，因此，对浓度极低的样品也不能忽视。

（4）样品容易受物理、化学以及生物等因素的影响而变质，不易保存。

2）基体和基体效应

在样品中，各种污染物的浓度一般都在 10^{-6} 或 10^{-9} 级水平，而大量存在的其他物质则称为基体。然而，目前在监测中所用的分析测定方法绝大多数都是相对分析法。相对分析法是将基准试剂或标准溶液与待测样品在相同条件下进行比较测定的方法。由于单一组分的标准溶液与实际样品间的基体差异很大，因而把标准溶液作为“标准”来测定实际样品时，常会产生很大的误差。这种由于基体因素给测定结果带来的影响，称为基体效应。

3）标准物质

为了避免基体效应所产生的误差，通常把在组成和性质与待测样品相似，而且组分含量已知的物质作为分析测定的标准，称为标准物质。因此，标准物质可定义为：按规定的准确度和精密度确定了某些物理特性值或组分含量值，在相当长时间内具有可被接受的均匀性和稳定性，并在组成和性质上接近于环境样品的物质。

我国国家标准局规定，我国的标准物质以 BW 为代号[B 为 Biao（标）的缩写，W 为 Wu（物）的缩写]。因此，BW 与 CRM 应属同一级别。

4）标准物质的特性

环境监测的对象包括大气、水、土壤、沉积物、废物、人和生物等。环境标准物质与其他标准物质相比，具有如下几个特性：

（1）标准物质是直接用环境样品或模拟样品制得的一种混合物。

（2）标准物质的基体组成很复杂，在水质监测中可模拟配制具有一定代表性的环境标准水样。

（3）标准物质应具有良好的均匀性，这是标准物质成为测量标准的基本条件，也是传递准确度的必要条件。当某些元素或化合物在样品中天然分布不均匀时，就不能直接从样品获得各该元素或化合物的标准物质。如土壤中的铝就是如此。

（4）待测组分或元素浓度不能过低，以免测定结果受测定方法的检测限和精密度的影响。

（5）应具有良好的稳定性和长期保存性，方能满足用户的需要，又可避免频繁制备而造成人力和材料的浪费。

（6）标准物质是一种消耗性的物质，因此，每次的制备量要大些。

我国国家计量局对国家一级标准物质应具备的基本条件规定如下：①用绝对测量法或两种以上不同原理的准确可靠的测量方法进行定值，此外，也可在多个实验室中分别使用准确可靠的方法进行协作定值；②定值的准确度应具有国内最高水平；③应具有国家统一编号的标准物质证书；④稳定时间应在一年以上；⑤应保证其均匀度在定值的精度范围内；⑥应具有规定的合格包装形式。

（二）标准物质的分类方法

目前，世界各国已研制出来的各种标准物质有上千种，但在分类和等级问题上尚未做统一规定。这里介绍按审批者的权限水平分类法。

1. 国际标准物质

国际标准物质是由各国专家共同审定并在国际上通用的标准物质，如国际单位制系统的千克（kg）等。

2. 国家一级标准物质

国家一级标准物质是由各国政府中的权威机构审定的标准物质。

3. 地方标准物质

地方标准物质是由某一地区、某一学会或某一科学团体制定的标准物质。

（三）我国的标准物质

1. 标准物质的等级

我国的标准物质等级按照从国际制单位传递下来的准确度等级分为两级，即国家一级标准物质和二级标准物质（部颁标准物质）。

1）一级标准物质

一级标准物质是指用绝对测量法或其他准确可靠的方法确定物质特性量，准确度达到国内最高水平并相当于国际水平，经中国计量测试学会标准物质专业委员会技术审查和国家计量局批准而颁布的，附有证书的标准物质。

2）二级标准物质

二级标准物质是指各工业部门或科研单位为满足本部门及有关使用单位的需要而研制出来的工作标准物质。它的特性量值通过与一级标准物质直接比对或用其他准确可靠的分析方法测试而获得，并经有关主管部门审查批准，报国家计量局备案。其中性能良好、准确度高、具备批量制备条件的二级标准物质，经国家计量部门审批后亦可上升为一级标准物质。

划分标准物质的关键在于定值的准确度水平。因此，对一级标准物质和二级标准物质的定值的准确度要求有所不同。一般说来，一级标准物质应具有 0.3%～1%的准确度，而二级标准物质则应具有 1%～3%的准确度。但环境标准物质因基体复杂，待测组分含量低，所以其准确度要求并不完全相同，而可适当修正。

2．我国已有的标准物质

1）液体标准样品

液体标准样品包括水质监测标样、空气监测标样和有机物监测标样，其标准值和不确定度由多个具有资质的实验室采用一种或多种准确可靠的分析方法共同测定后确定，主要用于监测及分析测试中的质量保证和质量控制，亦可用于仪器校准、方法验证和技术仲裁。

（1）水质监测标样，如水质化学需氧量（GSBZ 50001）、水质生化需氧量（GSBZ 50002）、水质铜（GSB 07-1182）等 62 种。

（2）空气监测标样，如二氧化硫（甲醛法）（水剂）（GSBZ 50037）、氮氧化物（水剂）（GSBZ 50036）等 4 种。

（3）有机物监测标样，如四氯化碳中石油类（红外法）（GSB 07-1198—200）、甲醇中苯（GSB 07-1021）等 64 种。

2）气体标准样品

气体标准样品又称标准气体，其标准值为称量配制值，不确定度为配制扩展不确定度，主要用于配制气体工作标准，校准气体监测分析仪器。如氮气中二氧化硫（GSB 07-1405）、氮气中一氧化碳（GSB 07-1407）等 14 种。

3）固体标准样品

固体标准样品包括土壤监测标样、生物监测标样和工业固体废物监测标样，其标准值和不确定度由多个具有资质的实验室采用一种或多种准确可靠的分析方法共同测定后确定，主要用于环境监测及分析测试中的质量保证和质量控制，亦可用于仪器校准、方法验证和技术仲裁。

（1）土壤监测标样。

（2）生物监测标样。

（3）工业固体废物监测标样。

4）能力验证样品

能力验证样品是以往中国实验室国家认可委员会开展检测实验室能力验证计划的特制样品。每套能力验证样品一般由浓度相近的一对样品组成，并附有当时开展该项能力验证计划的结果报告，可用于查找实验室系统误差和随机误差，评价实验室的检测能力状况。

5）标准溶液

标准溶液为标准样品的另一种表述形式，其标准值为配制值，不确定度为配制扩展不确定度，主要用于制备实验室工作标准和校准分析仪器。

（1）无机标液。

（2）有机标液。

（3）配套试剂。

二、质量控制样

为了控制实验室内监测分析的精密度而使用的样叫作质量控制样。

（一）质量控制样的设计

质量控制样因监测项目和分析样品的类型不同，其组分和浓度范围也不相同。通常可按下述原则设计质量控制样。

（1）适用于某种分析方法的质量控制样，可以在该方法的线性范围内选择几种适当浓度（如方法线性范围内上、下限浓度的10%及90%以及中点附近的浓度等）配制。

（2）适用于某种样品监测的质量控制样，可以在该样浓度的变化范围内选择几种浓度配制。

（3）根据各种质量标准中规定的浓度设计质量控制样。如按饮用水标准设计的质量控制水样，可用于饮用水监测的质量控制，按地表水水质标准设计的质量控制水样，可用于地表水的质量控制。

（4）质量控制样可以是只含单一组分的溶液，仅用于单项测定；也可以是含多种组分的溶液，可用于多种项目的测定。

（5）质量控制样中可以含有某种类型的基体，尤其是一般的污染物或工业废物的监测，由于样品组成复杂，使用的质量控制样都应含有基体。对基体变化范围很大的环境样或基体简单的清洁样的监测也常使用各种不含基体的质量控制样。

（6）为了满足各种不同浓度水平测定的需要，质量控制样常配制成各种不同浓度水平。

（7）为能延长质量控制样的稳定时间，并减小其发放体积，质量控制样多配制成浓度大或含量高的控制样，由使用者在临用前按照规定的方法进行稀释。对质量控制水样，为减少稀释误差，稀释倍数不应超过200倍，一般以100倍为宜。

（二）质量控制水样的制备

1．制备质量控制水样用的水和试剂

水质监测中使用的质量控制水样是将适当的试剂溶于某种溶剂中配制而成的一种具有确定浓度值的稳定的溶液。配制质量控制水样的主要溶剂是水，测定某些有机项目使用的质量控制水样则用甲醇、丙酮等有机溶剂配制。水的纯度应不低于GB/T 6682—2008《分析实验室用水规格和试验方法》中的二级。分析实验室用水规格见表6-13。

表6-13　分析实验室用水规格一览表

名称	一级	二级	三级
pH值（25℃）	—	—	5.0～7.5
电导率（25℃），μS/cm	≤0.01	≤0.1	≤0.50

续表

名称	一级	二级	三级
可氧化含量（以O计），mg/L	—	≤0.08	≤0.4
吸光度（254nm，lcm光程）	≤0.001	≤0.01	—
蒸发残渣（105℃±2℃）含量，mg/L	—	≤1.0	≤2.0
可溶性物质硅（S_iO_2）含量，mg/L	≤0.01	≤0.02	—

注：（1）由于在一级水、二级水的纯度下，难以测定其真实的pH值，因此，对一级水、二级水的pH值范围不做规定。

（2）由于在一级水的纯度下，难以测定可氧化物质和蒸发残渣，对其限量不做规定，可用其他条件和制备方法来保证一级水的质量。

质量控制水样浓度值的确定通常是根据制备时所用试剂的用量定值，并用准确可靠的方法加以核对。因此，对试剂的要求应与配制标准水样时相同。

2．制备质量控制水样的基本要求

制备质量控制水样应按下列要求进行：

（1）各种溶液必须使用平衡到20℃的超纯水或试剂配制。

（2）必须使用经过预先校准的A级量器（如A级移液管、A级量瓶等）量取各种试剂。

（3）各种试剂必须使用经过校准的、感量不低于万分之一克的分析天平准确称量。

（4）所有制备和储存质量控制水样的容器，都必须严格清洗和干燥。

（5）同一批质量控制水样必须在同一个工作日灌装和封口，并在同一个工作日进行灭菌。

（6）制备、分装必须在超净间和洁净度达到100级的实验室内进行。

（7）分装后应立即贴上标签，其内容包括质量控制水样的类型、浓度水平、制备时间、批号、有效期以及制备者。

3．质量控制水样的稳定性及其检验

水质质量控制水样的均匀性易于实现，但要达到长期稳定则存在很多问题，液体样品的稳定性通常受下列因素的影响：

（1）溶液中各组分之间的相互作用，如生成沉淀、某些组分的价态变化以及溶液中微生物的作用。

（2）溶液与容器之间的物质交换，如容器壁对溶液组分的吸附，溶液对容器壁组分的溶出。

（3）某些易挥发性组分，如水蒸气、有机物蒸气通过容器壁和封口处向外逸出等。

到目前为止，还没有一种材料能制成适于长期储存各种质量控制水样的容器。现在使用最多的是硬质玻璃和低密度聚乙烯材料的容器。

提高质量控制水样的浓度，改变储存条件，如调节溶液的pH值、加入某种稳定剂等，常常可以延长质量控制水样的稳定时间。

样品分装后必须进行稳定性检验。检验的方法是：定期抽取一定数量的样品，按照事先规定的方法对待测项目进行测定。如果测定结果都在规定的允许限内，或者不同时间测定结果的方差分析表明质量控制水样的浓度不随时间改变，则说明它是稳定的。一般来说，供水质监测用的质量控制水样应具有半年以上的稳定时间。

4．质量控制水样浓度值的确定

质量控制水样在监测中主要用于精密度的管理，而不是用于准确度的管理。因此，质量控制水样浓度值多采用制备定值，但仍需要以准确可靠的方法对制备值进行核对。

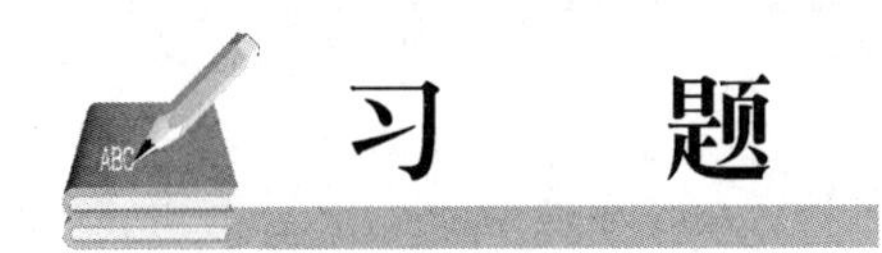

习　题

一、填空题

1．实验室质量控制包括________质量控制和__________质量控制两部分。

2．衡量分析结果的主要质量指标是_______和_______。

3．加标回收率分析时，加标量均不得大于待测物含量的_____倍。加标后的测定值不应超出方法测定上限的_______%。

4．在日常工作中，至少按同批测试的样品数，随机抽取_________样品进行平行双样测定，一般随机抽取_____________的样品量做加标回收率分析。

5．有效数字是指________，它是由准确数字加________位可疑数字组成。

二、单选题

1．将拟修约数字修约成三位有效位数，则下列修约中_______是正确的。

A．15.550 → 15.5　　B．4.34501 → 4.35

C．12.149 → 12.2　　D．3.28562 → 3.28

2．校准曲线的相关系数___________，0.999999 最后保留成__________。答案选择：

A．只舍不入　1　　B．四舍五入　0.99999

C．五舍六入 0.9999　　D．只舍不入 0.9999

3. 加标回收测定时，理论加标量为2.00μg，实测加标量为1.96μg，则其回收率为______。

A．96%　　B．98%

C．102%　　D．100%

三、简答题

1．系统误差消除的方法有哪些？

2．实验室内监测分析中常用的质量控制技术有哪些？

四、计算题

用光度法测得水中某物质的校准曲线数据如下表，求其校准曲线回归方程。

含量，μg	0	0.20	0.50	1.00	2.00	4.00	6.00	8.00	10.00
吸光度 A	0.007	0.017	0.027	0.050	0.097	0.190	0.275	0.358	0.448

第七章 实验室安全管理

实验室安全管理包括：防火、防爆、防毒、防腐蚀、保证压力容器和气瓶安全、电气安全和防止环境污染等方面。

第一节　安全知识

一、实验室安全环保风险分析

实验室安全环保风险主要有危险物质的采购、储存、使用风险，实验室“三废”（废气、废液、废料）处置风险等。

（一）危险物质的采购、储存、使用风险

1．采购

从未取得危险化学品经营许可证的企业和公司采购危险化学品；采购危险化学品（含剧毒）、易制毒品前，使用单位未向所在地公安局申请领取准购证就进行采购。

2．储存

（1）剧毒药品未锁在专门的保险柜中，领用时未严格执行申请、审批、双人保管、登记签字的制度，导致剧毒品流失造成社会公共危害和人员伤害。

（2）易爆炸类药品，如过氧化氢、高氯酸等未在低温处保存，和其他易燃物放在一起，可能发生燃烧事故。

（3）易燃易爆试剂未储存于铁柜（壁厚 1mm 以上）中，柜的顶部没有通风口，可能发生易燃易爆药品爆炸、燃烧事故。

3．使用

（1）样品分析过程中未在通风橱中进行，产生的有毒气体及有毒有机溶剂（如硫化氢、溴、氯、氮氧化物、汞等）逸出，不佩戴防护用品，造成呼吸道和皮肤损害。

（2）使用腐蚀性药品，如强酸、强碱、浓氨水、过氧化氢、冰乙酸、溴水等，未采取安全防护措施（戴上防护眼镜和手套）可能导致呼吸道和皮肤损害。

（二）实验室“三废”处置风险

（1）直接排放：未对废液进行分类收集、储存，为图方便，将废液直接倒入下水道，

造成水体污染。易燃液体的废液未设置专用储器收集，倒入下水道后，一旦达到爆炸极限，很可能发生爆炸。

（2）处置方式不合法：擅自处置、销毁危险化学品或剧毒等危险性大的危险化学品，未委托持有危险废物经营许可证的单位进行处置，造成环境污染或意外导致人员伤害。

（3）废气未治理排放：实验室产生的废气未采用吸附、吸收、氧化、分解等方法处理后排放，造成环境空气污染，可能引起民事纠纷。

二、常见化学品理化性质及应急处置措施

（一）常见化学品理化性质

常见化学品理化性质见表 7-1。

表 7-1　常见化学品理化性质

名称	外观与性状	危险性类别	侵入途径	健康危害	燃爆危险	溶解性	禁配物
硫化氢	无色、有恶臭的气体	第 2.1 类易燃气体	吸入	强烈的神经毒物，对黏膜有强烈刺激作用	易燃，具强刺激性	溶于水、乙醇	
乙炔	无色无臭气体，工业品有使人不愉快的大蒜气味	第 2.1 类易燃气体	吸入	具有弱麻醉作用。高浓度吸入可引起单纯窒息	易燃，具窒息性	微溶于水、乙醇，溶于丙酮、氯仿、苯	强氧化剂、强酸、卤素
硫酸	纯品为无色透明油状液体，无臭	第 8.1 类酸性腐蚀品	吸入、食入	对皮肤、黏膜等组织有强烈的刺激和腐蚀作用	助燃，具强腐蚀性、强刺激性，可致人体灼伤	与水混溶	碱类、碱金属、水、强还原剂、易燃或可燃物
盐酸	无色或微黄色发烟液体，有刺鼻的酸味	第 8.1 类酸性腐蚀品	吸入、食入	接触其蒸气或烟雾，可引起急性中毒，误服可引起消化道灼伤、溃疡形成，眼和皮肤接触可致灼伤	不燃，具强腐蚀性、强刺激性，可致人体灼伤	与水混溶，溶于碱液	碱类、胺类、碱金属、易燃或可燃物
硝酸	纯品为无色透明发烟液体，有酸味	第 8.1 类酸性腐蚀品	吸入、食入	其蒸气有刺激作用，引起眼和上呼吸道刺激症状，皮肤接触引起灼伤	助燃，具强腐蚀性、强刺激性，可致人体灼伤	与水混溶	还原剂、碱类、醇类、碱金属、铜、胺类
过氧化氢	无色透明液体，有微弱的特殊气味	第 5.1 类氧化剂	吸入、食入	吸入本品蒸气或雾对呼吸道有强烈刺激性。眼直接接触液体可致不可逆损伤甚至失明	助燃，具强刺激性	溶于水、醇、醚，不溶于苯、石油醚	易燃或可燃物、强还原剂、铜、铁、铁盐、锌、活性金属粉末
硝酸银	无色透明的斜方结晶或白色的结晶，有苦味	第 5.1 类氧化剂	吸入、食入	误服硝酸银可引起剧烈腹痛、呕吐、血便，甚至发生胃肠道穿孔。可造成皮肤和眼灼伤	助燃，高毒	易溶于水、碱，微溶于乙醚	强还原剂、强碱、氨、醇类、镁、易燃或可燃物
氢氧化钠	白色不透明固体，易潮解	第 8.2 类碱性腐蚀品	吸入、食入	有强烈刺激和腐蚀性。粉尘刺激眼和呼吸道，腐蚀鼻中隔；皮肤和眼直接接触可引起灼伤；误服可造成消化道灼伤，黏膜糜烂，出血和休克	不燃，具强腐蚀性、强刺激性，可致人体灼伤	易溶于水、乙醇、甘油，不溶于丙酮	强酸、易燃或可燃物、二氧化碳、过氧化物、水

续表

名称	外观与性状	危险性类别	侵入途径	健康危害	燃爆危险	溶解性	禁配物
重铬酸钾	桔红色结晶	第5.1类氧化剂	吸入、食入、经皮吸收	急性中毒：吸入后可引起急性呼吸道刺激症状、鼻出血、声音嘶哑、鼻黏膜萎缩，有时出现哮喘和发绀，重者可发生化学性肺炎	助燃，为致癌物，具强腐蚀性、刺激性，可致人体灼伤	溶于水，不溶于乙醇	强还原剂、易燃或可燃物、酸类、活性金属粉末、硫、磷
亚硝酸钠	白色或淡黄色细结晶，无臭，略有咸味，易潮解	第5.1类氧化剂	吸入、食入、经皮吸收	毒作用为麻痹血管运动中枢、呼吸中枢及周围血管；形成高铁血红蛋白。急性中毒表现为全身无力、头痛、头晕、恶心、呕吐、腹泻、胸部紧迫感以及呼吸困难；检查见皮肤黏膜明显发绀。严重者血压下降、昏迷、死亡	助燃	易溶于水，微溶于乙醇、甲醇、乙醚	强还原剂、活性金属粉末、强酸
氨水	无色透明液体，有强烈的刺激性臭味	第8.2类碱性腐蚀品	吸入、食入	吸入后对鼻、喉和肺有刺激性，引起咳嗽、气短和哮喘等；重者发生喉头水肿、肺水肿及心、肝、肾损害。溅入眼内可造成灼伤。皮肤接触可致灼伤。口服灼伤消化道	不燃，具腐蚀性、刺激性，可致人体灼伤	溶于水、醇	酸类、铝、铜
高锰酸钾	深紫色细长斜方柱状结晶，有金属光泽	第5.1类氧化剂	吸入、食入	吸入后可引起呼吸道损害。溅落眼睛内，刺激结膜，重者致灼伤。刺激皮肤。浓溶液或结晶对皮肤有腐蚀性	助燃，具腐蚀性、刺激性，可致人体灼伤	溶于水、碱液，微溶于甲醇、丙酮、硫酸	强还原剂、活性金属粉末、硫、铝、锌、铜及其合金、易燃或可燃物
乙醇	无色液体，有酒香	第3.2类中闪点易燃液体	吸入、食入、经皮吸收	急性中毒多发生于口服。一般可分为兴奋、催眠、麻醉、窒息四个阶段。患者进入第三或第四阶段，出现意识丧失、瞳孔扩大、呼吸不规律、休克、心力循环衰竭及呼吸停止	易燃，具刺激性	与水混溶，可混溶于醚、氯仿、甘油等多数有机溶剂	强氧化剂、酸类、酸酐、碱金属、胺类
三氯甲烷	无色透明重质液体，极易挥发，有特殊气味	第6.1类毒害品	吸入、食入、经皮吸收	主要作用于中枢神经系统，具有麻醉作用，对心、肝、肾有损害	不燃，有毒，为可疑致癌物，具刺激性	不溶于水，溶于醇、醚、苯	碱类、铝
四氯化碳	无色透明液体，极易挥发	第6.1类毒害品	吸入、食入、经皮吸收	高浓度本品蒸气对黏膜有轻度刺激作用，对中枢神经系统有麻醉作用，对肝、肾有严重损害	不燃，有毒	微溶于水，易溶于多数有机溶剂	活性金属粉末、强氧化剂
丙酮	无色透明易流动液体，有芳香气味，极易挥发	第3.1类低闪点易燃液体	吸入、食入、经皮吸收	急性中毒主要表现为对中枢神经系统的麻醉作用，出现乏力、恶心、头痛、头晕、易激动	极度易燃，具刺激性	与水混溶，可混溶于乙醇、乙醚、氯仿、油类、烃类等多数有机溶剂	强氧化剂、强还原剂、碱

续表

名称	外观与性状	危险性类别	侵入途径	健康危害	燃爆危险	溶解性	禁配物
苯酚	白色结晶，有特殊气味	第6.1类毒害品	吸入、食入、经皮吸收	苯酚对皮肤、黏膜有强烈的腐蚀作用，可抑制中枢神经或损害肝、肾功能	可燃，高毒，具强腐蚀性，可致人体灼伤	可混溶于乙醇、醚、氯仿、甘油	强氧化剂、强酸、强碱
硫脲	白色光亮苦味晶体	第6.1类毒害品	吸入、食入、经皮吸收	一次作用时毒性小，反复作用时可抑制甲状腺和造血器官的机能。可引起变态反应。本品粉尘对眼和上呼吸道有刺激性，吸入后引起咳嗽、胸部不适。口服刺激胃肠道	可燃，有毒，具刺激性	溶于冷水、乙醇，微溶于乙醚	强氧化剂、强酸

（二）预防措施

（1）改进实验设备与实验方法，尽量采用低毒品替代高毒品。

（2）有符合要求的通风设施将有害气体排除。

（3）消除二次污染源，即减少有毒蒸气的逸出及有毒物质的洒落、泼溅。

（4）选用必要的个人防护用具，如眼镜、防毒面具、防护服装、手套等。

常见化学毒物的急性致毒作用与救治方法见表7-2。

表7-2 常见化学毒物的急性致毒作用与救治方法

分类	名称	主要致毒作用与症状	救治方法
酸	硫酸、盐酸、硝酸	接触：硫酸局部红肿痛，重者起水泡、呈烫伤症状；硝酸、盐酸腐蚀性小于硫酸	立即用大量流动清水冲洗，再用2%碳酸氢钠水溶液冲洗，然后用清水冲洗
		吞服：强烈腐蚀口腔、食道、胃黏膜	初服可洗胃，时间长忌洗胃以防穿孔；应立即服用7.5%氢氧化镁悬液60mL，鸡蛋清调水或牛奶200mL
强碱	氢氧化钠、氢氧化钾	接触：强烈腐蚀性，化学烧伤； 吞服：口腔、食道、胃黏膜糜烂	迅速用水、柠檬汁、2%乙酸或2%硼酸水溶液洗涤；禁洗胃或催吐，服稀乙酸或柠檬汁500mL，或0.5%盐酸100～500mL，再服蛋清水、牛奶、淀粉糊、植物油等
无机物	重铬酸钾	对黏膜有剧烈的刺激，产生炎症和溃疡；铬的化合物可以致癌；吞服中毒	用5%硫代硫酸钠溶液清洗受污染皮肤
有机物	三氯甲烷	皮肤接触：干燥、皲裂； 吸入高浓度蒸气急性中毒、眩晕、恶心、麻醉； 慢性中毒：肝、心、肾损害；	皮肤皲裂者选用10%尿素冷霜； 脱离现场，吸氧，由医生处置
	四氯化碳	吸入，急性：黏膜刺激、中枢神经系统抑制和胃肠道刺激症状； 慢性：神经衰弱症候群，损害肝、肾	2%碳酸氢钠或1%硼酸溶液冲洗皮肤和眼； 脱离中毒现场急救，人工呼吸、吸氧
	甲醇	吸入蒸气中毒，也可经皮肤吸收； 急性：神经衰弱症状，视力模糊、酸中毒症状； 慢性：神经衰弱症状，视力减弱，眼球疼痛； 吞服15mL可导致失明，口服70～100mL致死	皮肤污染用清水冲洗； 溅入眼内，应立即用2%碳酸氢钠冲洗； 误服：立即用3%碳酸氢钠溶液充分洗胃后由医生处置

续表

分类	名称	主要致毒作用与症状	救治方法
气体	硫化氢	眼结膜、呼吸及中枢神经系统损害； 急性：头晕、头痛甚至抽搐昏迷；久闻不觉其气味更具危险性	移至新鲜空气处，必要时吸氧； 用生理盐水洗眼
	氮氧化物	呼吸系统急性损害； 急性中毒：口腔、咽喉黏膜、眼结膜充血，头晕，支气管炎、肺炎、肺水肿； 慢性：呼吸道病变	移至新鲜空气处，必要时吸氧
	二氧化硫、三氧化硫	对上呼吸道及眼结膜有刺激作用；结膜炎、支气管炎、胸痛、胸闷	移至新鲜空气处，必要时吸氧，用2%碳酸氢钠洗眼

（三）操作注意事项

（1）一切药品和试剂要有与其内容相符的标签。剧毒药品严格遵守保管、领用制度。

（2）严禁试剂入口及以鼻直接接近瓶口进行鉴别。如需鉴别，应将试剂瓶口远离鼻子，以手轻轻扇动，稍闻即止。

（3）处理有毒的气体、产生蒸气的药品及有毒有机溶剂（如硫化氢、溴、氯、氮氧化物、汞等），必须在通风橱内进行。取有毒试样时必须站在上风口。

（4）取用腐蚀性药品，如强酸、强碱、浓氨水、过氧化氢、冰乙酸、溴水等，尽可能戴上防护眼镜和手套，操作后立即洗手。如瓶子较大，应一手托住底部，一手拿住瓶颈。

（5）稀释硫酸时，必须在烧杯等耐热容器中进行，必须在玻璃棒的搅拌下，缓慢地将酸加入到水中。溶解氢氧化钠、氢氧化钾等时，大量放热，也必须在耐热的容器中进行。浓酸和浓碱必须再各自稀释后进行中和。

三、防火防爆

（一）灭火器材的配备和使用

（1）实验室应配备灭火器，各种灭火器适用的火灾类型及场所不同，表7-3列出常用灭火器及适用范围。实验室应选择适用的灭火器，化验人员应熟知灭火器的使用方法。灭火器材应定期检查，按有效期更换灭火剂。

表7-3　常用灭火器适用范围

灭火器	灭火剂	适用范围
二氧化碳灭火器	液体二氧化碳（气态的清洁灭火器）	用于扑灭油类、易燃液体、易燃气体和电气设备的初起火灾，人员应避免长期接触
“1211”灭火器	“1211”即二氟一氯一溴甲烷（灭火原理为化学抑制）	用于油类、档案资料、电气设备及贵重精密仪器的着火，因破坏大气臭氧层，逐渐限制生产及使用
干粉灭火器	ABC型为内装磷酸盐干粉灭火剂，BC型为内装碳酸氢钠干粉灭火剂；以氮气为驱动气体	用于扑灭油类、易燃液体、易燃气体和电气设备的初起火灾，灭火速度快
合成泡沫	发泡剂为蛋白、氟碳表面活性剂	扑救非水溶性可燃液体、油类和一般固体物质火灾

（2）实验室应配备急救箱和个人防护器材（如护目镜、耐酸手套等），化验人员应熟知其使用方法。

（二）易燃易爆物质存储及操作方法

（1）易爆炸类药品，如过氧化氢、高氯酸等应放在低温处保存，不应和其他易燃物放在一起。

（2）易燃液体的废液应设置专用储器收集，不得倒入下水道，以免引起爆炸事故。

（3）操作、倾倒易燃液体时应远离火源，瓶塞打不开时，切忌用火加热或贸然敲打。倾倒易燃液体时要有防静电措施。

（4）加热易燃溶剂必须在水浴或严密的电热板上缓慢进行，严禁用火焰或电炉直接加热。

（5）蒸馏可燃物时，应先通冷却水后通电。要时刻注意仪器和冷凝器的工作是否正常。如需往蒸馏器内补充液体，应先停止加热，放冷后再进行。

（6）易发生爆炸的操作不得对着人进行，必要时操作人员应戴面罩或使用防护挡板。

（7）身上或手上沾有易燃物时，应立即清洗干净，不得靠近灯火，以防着火。

（8）严禁可燃物与氧化剂仪器研磨。工作中不要使用不知其成分的物质，因为反应时可能形成危险产物（包括易燃、易爆或有毒产物）。

（三）灭火

一旦发生火灾，现场人员要临危不惧、冷静沉着，及时采取灭火措施。若局部起火，应立即切断电源、关闭气源，用湿布覆盖熄灭。若火势较猛，应根据具体情况，选用适当的灭火器灭火，并立即拨打火警电话，请求救援。

四、气体钢瓶安全使用

实验室常用的气体，如氢气、氧气、乙炔等属于易燃易爆气体，同时气瓶属于高压容器，应严格遵守气瓶的安全使用规程才能防止事故的发生。

（一）气瓶种类和标志

各种气体钢瓶的瓶身必须按照《气瓶安全监察规程》的规定漆上相应的标志色漆，并用规定颜色的色漆写上气瓶内容物的中文名称，画出横条标志，见表 7-4。

表 7-4　部分气瓶漆色及标志

气瓶名称	外表颜色	字样	字样颜色	横条颜色
氧气瓶	天蓝	氧	黑	—
氢气瓶	深绿	氢	红	—
氮气瓶	黑	氮	黄	棕
纯氩气瓶	灰	纯氩	氯	—
氦气瓶	棕	氦	白	—
硫化氢气瓶	白	硫化氢	红	红

每个气瓶肩部都有钢印标记，标明制造厂、气瓶编号、设计压力、制造年月等。气瓶必须定期做抗压试验，由检验单位打上钢印。

（二）气瓶存放

（1）气瓶应放置在通风、阴凉、无腐蚀的专用场所，气瓶不得靠近热源及可燃、助燃性气体，气瓶与明火的距离一般不得小于10m。

（2）室内只允许存放在用气瓶。

（3）使用、储存介质互相接触可能引起爆炸、燃烧的气体必须分开存放，避免发生意外。

（4）储存和使用气瓶的室内严禁存放和使用腐蚀性物品及易燃、易爆物品。

（三）气瓶安全使用

（1）气瓶操作人员需进行岗前安全培训和安全教育，应先培训后上岗。

（2）气瓶的安全使用要求落实到个人，建立健全安全责任制。

（3）对气瓶充装单位送来的气瓶必须对其原始标志内容（制造日期、有效期、检定时间、充装压力等）进行检查、验收。

（4）压力气瓶上选用的减压器要分类专用，安装时螺扣要旋紧，防止泄漏；开、关减压器和开关阀时，动作必须缓慢；使用时应先旋动开关阀，后开减压器；用完后，先关闭开关阀，放尽余气后，再关减压器。切不可只关减压器，不关开关阀。

（5）打开气瓶阀门时，要慢慢开启，防止升压过速产生高温；开启气瓶应配有专用扳手，瓶体和瓶阀不能沾有油脂；禁止敲击、碰撞气瓶。

（6）操作人员使用压力气瓶时，操作人员应站在气体出口的侧面，减压阀的防爆出口不准直对操作人员。操作时严禁敲打撞击，并经常检查接头处有无漏气，观察气瓶压力。

（7）气瓶内严禁气体用尽，应按规定留0.05MPa以上的残余压力。

（8）使用人应按规定填写使用日期、使用前后压力等内容。

（9）直立使用的气瓶必须固定。

（10）气瓶须按相关规定定期检验，不得超期使用。氧气瓶、乙炔气瓶的检验周期为3年，氩气瓶、氮气瓶的检验周期为5年。

五、电气安全

实验室使用的大型现代化仪器，接触有机溶剂、高压气体等易燃易爆物质。因此，保障电气安全对人身及仪器设备的保护是非常重要的。

（一）电击防护

（1）电气设备完好，绝缘好。发现电气设备漏电要立即修理。不得使用不合格的或绝缘损坏、已老化的线路。建立定期维护检查制度。

（2）良好的保护接地。将电气设备在正常情况下不带电的金属部分与接地体之间做良好的金属连接。

（3）使用漏电保护器。

（二）静电防护

1．静电危害

1）危及大型精密仪器的安全

由于现代化仪器中大量使用高性能元件，很多元件对静电放电敏感，易造成器件损坏，安装在印刷电路板上的元器件更易损坏。

2）静电点击危害

静电电击虽然不会引起生命危险，但放电时易引起人摔倒、电子仪器失灵及放电的火花可引起易燃混合气体的燃烧爆炸，因此必须加以防护。

2．静电防护措施

（1）防电区域内不要使用塑料地板、地毯或其他绝缘性好的地面材料，可以铺设导电性地板。

（2）在易燃易爆场所，应穿导电纤维及材料制成的防静电工作服、防静电鞋（电阻应在 150kΩ 以下），戴防静电手套。不要穿化纤类织物、胶鞋及绝缘鞋底的鞋。

（3）进入实验室应徒手接触金属接地棒，以消除人体从外界带来的静电。

（三）用电安全守则

（1）不得私自拉接临时供电线路。

（2）不准使用不合格的电气设备。室内不得有裸露的电线。保持电器及电线的干燥。

（3）正确操作闸刀开关，应使闸刀处于完全合上或完全拉断的位置，不能若即若离，以防接触不良打火花。禁止将电线头直接插入插座内使用。

（4）新购的电器使用前必须全面检查，防止因运输震动使电线连接松动，确认没问题并接好地线后方可使用。

（5）使用烘箱和高温炉时，必须确认自动控温装置可靠。同时还需人工定时监测温度，以避免温度过高。不得把含有大量易燃易爆溶剂的物品送入烘箱和高温炉中加热。

（6）使用高压电源工作时，要穿绝缘鞋、戴绝缘手套并站在绝缘垫上。

（7）擦拭电气设备前应确认电源已全部切断。严禁用潮湿的手接触电器和用湿布擦电门。

第二节　危险化学品管理

实验室所使用的化学药品大多具有一定的毒性及危险性，对其加强管理不仅是保证分析数据质量的需要，也是确保安全的需要。在实验室只宜存放少量短期内需用的药品。

一、危险化学品的分类及标志

按化学品的危险特性，我国将危险化学品分为八类。

1. 爆炸品

本类化学品是指在外界作用下(如受热、受压、撞击等)，能发生剧烈的化学反应，瞬时产生大量的气体和热量，使周围压力急骤上升发生爆炸,对周围环境造成破坏的物品，也包括无整体爆炸危险，但具有燃烧、抛射及较小爆炸危险的物品。如过氧化物、氯酸或过氯酸化合物、炔类化合物等。

标志1　爆炸品标志

底色：橙红色

图形：正在爆炸的炸弹（黑色）

文字：黑色

2. 压缩气体和液化气体

本类化学品是指压缩、液化或加压溶解的气体，并应符合下述两种情况之一：

（1）临界温度低于 50℃或在 50℃时，其蒸气压力大于 294kPa 的压缩或液化气体。

（2）温度在 21.1℃时，气体的绝对压力大于 275kPa 或在 54.4℃时,气体的绝对压力大于 715kPa 的压缩气体；或在 37.8℃时，雷德蒸气压力大于 275kPa 的液化气体或加压溶解的气体。

标志2　易燃气体标志

底色：正红色

图形：火焰（黑色或白色）

文字：黑色或白色

标志3　不燃气体标志

底色：绿色

图形：气瓶（黑色或白色）

文字：黑色或白色

标志4　有毒气体标志

底色：白色

图形：骷髅头和交叉骨形（黑色）

文字：黑色

3．易燃液体

本类化学品是指易燃的液体、液体混合物或含有固体物质的液体,但不包括由于其危险特性已列入其他类别的液体。其闭杯试验闪点不高于 61℃。

标志5　易燃液体标志

底色：红色

图形：火焰（黑色或白色）

文字：黑色或白色

4．易燃固体、自燃物品和遇湿易燃物品

易燃固体是指燃点低，对热、撞击、摩擦敏感，易被外部火源点燃，燃烧迅速并可能散发出有毒烟雾或有毒气体的固体，但不包括已列入爆炸品的物品。

自燃物品是指自燃点低，在空气中易发生氧化反应，放出热量，而自行燃烧的物品。遇湿易燃物品是指遇水或受潮时，发生剧烈化学反应，放出大量的易燃气体和热量的物品。有的不需明火，即能燃烧或爆炸。

标志6　易燃固体标志

底色：红白相间的垂直宽条（红7、白6）

图形：火焰（黑色）

文字：黑色

标志7　自燃物品标志

底色：上半部白色

图形：火焰（黑色或白色）

文字：黑色或白色

标志8　遇湿易燃物品标志

底色：蓝色，下半部红色

图形：火焰（黑色）

文字：黑色

5. 氧化剂和有机过氧化物

氧化剂是指处于高氧化态，具有强氧化性，易分解并放出氧和热量的物质。包括含有过氧基的无机物，其本身不一定可燃，但能导致可燃物的燃烧，与松软的粉末状可燃物能组成爆炸性混合物，对热、振动或摩擦较敏感。

有机过氧化物是指分子组成中含有过氧基的有机物，其本身易燃易爆，极易分解，对热、震动或摩擦极为敏感。

标志9　氧化剂标志

底色：柠檬黄色

图形：从圆圈中冒出的火焰（黑色）

文字：黑色

标志10　有机过氧化物标志

底色：柠檬黄色

图形：从圆圈中冒出的火焰（黑色）

文字：黑色

6. 有毒品

本类化学品是指进入机体后，累积达一定的量，能与体液和器官 组织发生生物化学作用或生物物理学作用，扰乱或破坏肌体的正常生理功能，引起某些器官和系统暂时性或持久性的病理改变，甚至危及生命的物品。经口摄取半数致死量：固体 LD50≤500mg/kg，液体 LD50≤2000mg/kg；经皮肤接触 24h，半数致死量 LD50≤1000mg/kg；粉尘、烟雾及蒸汽吸入半数致死量 LC50≤10mg/L 的固体或液体。

标志11　有毒品标志

底色：白色

图形：骷髅头和交叉骨形（黑色）

文字：黑色

标志12　剧毒品标志

底色：白色

图形：骷髅头和交叉骨形（黑色）

文字：黑色

7．放射性物品

本类化学品是指放射性比活度大于 7.4×104Bq/kg 的物品。

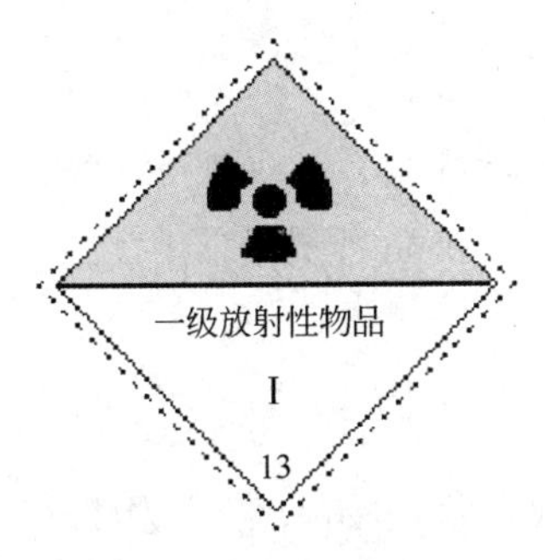

标志13　一级放射性物品标志

底色：上半部黄色下半部白色

图形：上半部三叶形（黑色）

下半部一条垂直的红色宽条

文字：黑色

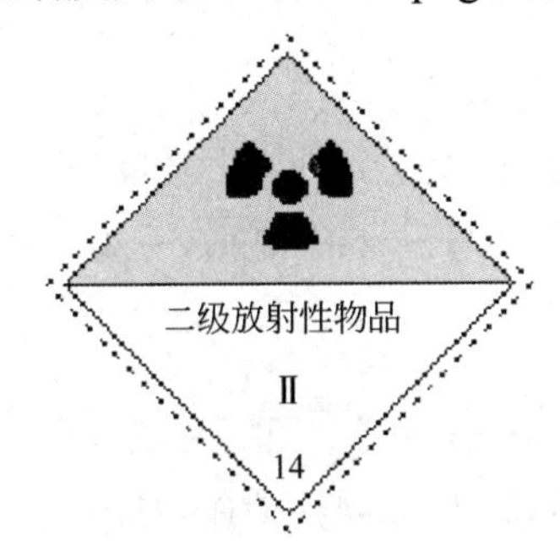

标志14　二级放射性物品标志

底色：上半部黄色下半部白色

图形：上半部三叶形（黑色）

下半部一条垂直的红色宽条

文字：黑色

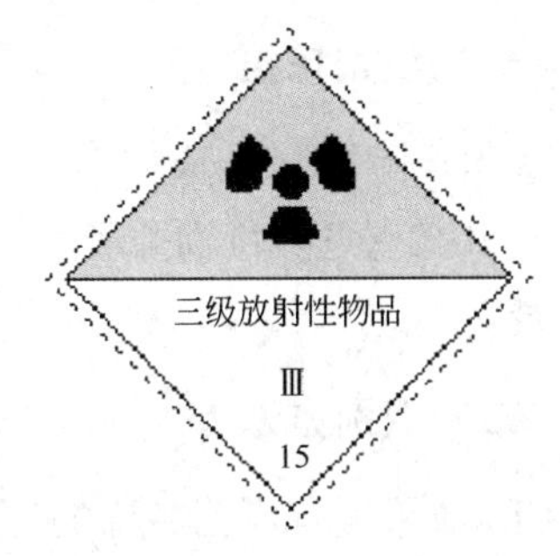

标志15　三级放射性物品标志

底色：上半部黄色下半部白色

图形：上半部三叶形（黑色）

下半部一条垂直的红色宽条

文字：黑色

8．腐蚀品

本类化学品是指能灼伤人体组织并对金属等物品造成损坏的固体或液体。与皮肤接触在 4h 内出现可见坏死现象，或温度在 55℃时，对 20 号钢的表面均匀年腐蚀率超过 6.25mm/年的固体或液体。

对于未列入分类明细表中的危险化学品，可以参照已列出的化学性质相似，危险性相似的物品进行分类。

标志16　腐蚀品标志

底色：上半部白色下半部黑色

图形：上半部两个试管中液体分别向

金属板和手上滴落（黑色）

文字：（下半部）白色

二、危险化学品的识别方法

（一）识别依据

我国危险性分类依据有 GB 13690—2009《化学品分类和危险性公示 通则》、GB 6944—2012《危险货物分类和品名编号》、GB 12268—2012《危险货物品名表》《危险化学品名录》。

（二）识别方法

（1）对于现有规范名称的化学品，可以对照 GB 12268—2012《危险货物品名表》及《危险化学品名录》，确定其危险性类别和项别。

（2）对于新的化学品，可首先检索文献，利用文献数据进行危险性初步评估，然后进行针对性实验。

（3）通过危险化学品包装标签上获取相关信息。

三、危险化学品采购及验收

（1）危险化学品应按需采购。凡需使用危险化学品的单位，应提交危险化学品需求计划，报上级主管部门审批。

（2）对国家严管的剧毒、放射性危险物品的需求计划，必须报质量安全环保部门审批备案。

（3）物资采购管理部应从具有危险化学品经营许可证的经营单位或具有危险化学品安全生产许可证的生产单位采购危险化学品，严禁到未取得危险化学品经营许可证的企业和公司采购危险化学品。

（4）购买危险化学品（含剧毒）时，使用单位应向所在地公安局申请领取准购证，由物资采购管理部对准购证进行备案后组织采购。

（5）采购的化学品必须具有标识、标签并有可追溯性。供货方应提供危险化学品包装内附的完全一致的化学品安全技术说明书和化学品安全标签，并提供给使用单位。

（6）验收。危险化学品仓库保管人员应做好到货入库检验工作。到货后要逐件检查，防止漏、丢、错等事件发生，办好交接手续，填写《危险化学品入库验收单》。

四、危险化学品的存放要求

（1）库房要求满足阴凉、干燥、通风、避光、防火等贮存要求；输配电线路、灯具、疏散指示标志符合安全要求。

（2）易燃易爆试剂应储存于铁柜（壁厚 1mm 以上）中，柜的顶部要有通风口。易燃易爆药品不要放在冰箱中（防爆冰箱除外）。

（3）相互混合或接触后可以产生激烈反应、燃烧、爆炸、放出有毒气体的两种或两种以上的化合物不能混放。

（4）腐蚀性试剂宜放在塑料或搪瓷的盘或桶中，以防因瓶子破裂造成事故。

（5）要注意化学药品的存放期限，一些试剂在存放过程中会逐渐变质，甚至形成危害物。醚类、四氢呋喃等在见光条件下接触空气可形成过氧化物，放置越久越危险。乙醚、异丙醚、四氢呋喃等若未加阻化剂（硫酸亚铁、对苯二酚等），存放期不得超过一年。

（6）药品柜和试剂溶液均应避免阳光直晒及靠近暖气等热源。要求避光的试剂应装于棕色试剂瓶中或用黑纸或黑布包好存于暗柜中。

（7）发现试剂瓶上的标签掉落或将要模糊时应立即贴制标签。无标签或标签无法辨认的试剂都要当成危险物品重新鉴别后小心处理，不可随便乱扔，以免引起严重后果。

（8）剧毒药品应锁在专门的保险柜中，建立领用需申请、审批、双人保管、登记签字的制度。

五、操作注意事项

（1）正确穿戴劳保用品，如工衣、工鞋、橡胶手套、橡皮围裙、口罩、半面罩等。

（2）装卸、搬运、使用危险化学品时应按有关规定进行，做到轻装、轻卸。严禁摔、碰、撞、击、拖拉、倾倒和滚动。

（3）分装、改装、开箱检查、使用危险化学品时必须在通风或库房外进行。

（4）乙醚、三氯甲烷、四氯化碳等挥发性强的物质，必须在通风橱内操作。

（5）如苯、有机溶剂等能透过皮肤进入人体的化学品，应避免与皮肤直接接触。

六、安全检查

（1）器材保管员每周对库房内外进行一次检查，检查易燃物品是否清理，堆垛是否牢固，有无异常，库房内有无浓刺激性气味，同时记录库房温湿度。

（2）班组每月进行一次危化品安全检查，检查表包括时间、地点、发现问题、检查人等内容。

（3）安全监督员负责每季度对危险化学品的贮存、使用场所进行一次安全检查，对不符合项要督促整改。

七、危险化学品处置

（1）未经使用而被所有人抛弃或者放弃的危险化学品，淘汰、伪劣、过期、失效的危险化学品，均属于废弃危险化学品。

（2）废弃危险化学品属于危险废物，严禁任何单位和个人随意抛弃废固、倾倒废液，同时建立废弃危险化学品台账。

（3）废弃的危险化学品应按危险废物的特性分类收集、贮存，严禁混合收集、贮存性质不相容而未经安全性处置的废弃危险化学品。批量（大于 5kg）销毁危险化学品或剧毒等危险性大的危险化学品，应委托持有危险废物经营许可证的单位处置；双方要签订协议，明确各自的责任、义务和完成时限，不能将危险化学品私自转移、变卖。

八、常用危险化学品目录

根据国家安全生产监督管理总局公布的《危险化学品名录》，结合生产实际进行部分摘录，见表 7-5。

表 7-5　危险化学品目录

序号	品名	别名	CAS 号	备注
1	氨溶液（含氨＞10%）	氨水	1336-21-6	
2	苯酚	酚；石炭酸	108-95-2	
	苯酚溶液			
3	丙酸		79-09-4	
4	丙酮	二甲基酮	67-64-1	
5	次氯酸钙		7778-54-3	
6	氮［压缩的或液化的］		7727-37-9	
7	碘酸钾		7758-05-6	
8	对氨基苯磺酸	4-氨基苯磺酸	121-57-3	
9	二硫化碳		75-15-0	
10	二氧化碳［压缩的或液化的］	碳酸酐	124-38-9	
11	发烟硫酸	硫酸和三氧化硫的混合物；焦硫酸	8014-95-7	
12	高氯酸（浓度＞72%）	过氯酸	7601-90-3	
	高氯酸（浓度≤50%）			
	高氯酸（浓度 50%～72%）			
13	高锰酸钾	过锰酸钾；灰锰氧	7722-64-7	
14	铬酸钾		7789-00-6	
15	过二硫酸钾	高硫酸钾；过硫酸钾	7727-21-1	
16	过氧化氢溶液（含量＞8%）		7722-84-1	
17	氦［压缩的或液化的］		7440-59-7	
18	甲醇	木醇；木精	67-56-1	
19	甲醛溶液	福尔马林溶液	50-00-0	
20	甲酸	蚁酸	64-18-6	
21	甲烷		74-82-8	
22	硫化钠	臭碱	1313-82-2	
23	硫脲	硫代尿素	62-56-6	
24	发烟硫酸	硫酸和三氧化硫的混合物；焦硫酸	8014-95-7	
25	硫酸		7664-93-9	
26	硫酸镉		10124-36-4	

续表

序号	品名	别名	CAS 号	备注
27	硫酸汞	硫酸高汞	7783-35-9	
28	氯化汞	氯化高汞；二氯化汞；升汞	7487-94-7	剧毒
29	七氟丁酸	全氟丁酸	375-22-4	
30	氢	氢气	1333-74-0	
31	氢氟酸	氟化氢溶液	7664-39-3	
32	氢氧化钾	苛性钾	1310-58-3	
	氢氧化钾溶液［含量≥30%］			
33	氢氧化钠	苛性钠；烧碱	1310-73-2	
	氢氧化钠溶液［含量≥30%］			
34	三氯化铁	氯化铁	7705-08-0	
	三氯化铁溶液	氯化铁溶液		
35	三氯甲烷	氯仿	67-66-3	
36	四氯化碳	四氯甲烷	56-23-5	
37	硝酸		7697-37-2	
38	硝酸钾		7757-79-1	
39	硝酸铝		7784-27-2	
40	硝酸钠		7631-99-4	
41	硝酸银		7761-88-8	
42	溴	溴素	7726-95-6	
	溴水［含溴≥3.5%］			
43	亚硝酸钠		7632-00-0	
44	氩［压缩的或液化的］		7440-37-1	
45	盐酸	氢氯酸	7647-01-0	
46	氧［压缩的或液化的］		7782-44-7	
47	乙醇［无水］	无水酒精	64-17-5	
48	乙醚	二乙基醚	60-29-7	
49	乙炔	电石气	74-86-2	
50	乙酸［含量>80%］	醋酸	64-19-7	
	乙酸溶液［10%<含量≤80%］	醋酸溶液		
51	正磷酸	磷酸	7664-38-2	
52	重铬酸钾	红矾钾	7778-50-9	
53	N-N-二甲基对苯二胺盐酸盐		536-46-9	
54	N-（1-萘基）乙二胺盐酸盐		1465-25-4	

第三节　应急管理

一、危险化学品事故应急处置措施

危险化学品事故可能发生在取样，管道破裂或阀门损坏等意外事故，样品溶解时通风不良；有机溶剂萃取、蒸馏等操作中发生意外。在事故发生后应积极采取措施进行救援，力求在毒物被吸收前实现抢救。皮肤接触时立即脱去污染的衣着用肥皂水或清水彻底冲洗皮肤；眼睛接触时提起眼睑用流动清水或生理盐水冲洗，就医；吸入时迅速脱离现场至空气新鲜处保持呼吸通畅，就医；食入时用水漱口、用清水或用1%硫代硫酸钠洗胃，就医。表7-2列举了部分常见化学毒物的急性致毒作用与救治方法。

二、高含硫天然气现场样品采集应急处置措施

（一）操作程序

1．现场必备的安全设施及材料

（1）正压式空气呼吸器或防毒面罩2个，使用时间不少于半小时。

（2）硫化氢气体报警器每人1个。

（3）急救物品：绷带、纱布、棉花、橡皮膏、医用镊子、剪刀、止血带、烫伤膏、消毒剂等；1%碳酸氢钠、饱和碳酸氢钠、1%硼酸、2%醋酸、眼药水、酒精、甘油、红药水、碘酊等。

2．现场安全规定

（1）到现场之前，分析室负责人应针对现场的具体内容对去现场的人员（包括随车驾驶员）进行安全培训，学习和掌握硫化氢现场分析的安全注意事项，达到硫化氢现场分析对作业人员的安全要求。并指定现场负责人。

（2）作业人员必须严格遵守各井站的各项规定和现场负责人的指挥，穿戴好符合规定的劳动保护用品和安全用品。硫化氢现场分析和天然气采样时，必须配备和佩戴正压式空气呼吸器、硫化氢气体检测报警器，作业位置必须处在上风方向。必须配备一定量帆布手套或棉线手套。

（3）分析现场须采取防火措施，如果需要应采取防雨、防晒等措施。

（4）作业时，在可视区域内，指定1名人员作为安全监护人。在有硫化氢气体存在时，禁止对其他设备进行操作。

（5）气井作业时，禁止明火，以防天然气燃烧爆炸。

（6）高压管线，施工前确认额定工作压力，禁止实际工作压力超过额定工作压力。

（7）施工所用的药剂必须按规定进行包装，确认包装完好。装卸及运输必须按药剂的规定执行，防止装卸及运输过程中因包装破损造成安全事故和环境污染。使用药剂时，必须按照药剂的规定执行，防止使用不当导致意外事故。

（8）高温作业时，戴石棉手套防烫伤，采取防暑降温措施。低温作业时，穿戴防寒手套衣物防冻伤，采取防寒保暖措施。

（9）高处作业，必须有梯道和护栏或保险绳，以防摔伤。有条件时，建议搭建脚手架。

（10）现场采样及检测工作未完成前，驾驶员不得离开工作现场，随时待命。运输样品的车辆内必须放置硫化氢报警仪以检测可能泄漏的硫化氢气体，并经常打开车窗置换车内空气（人与样品分离的除外），如气温较高应经常检查样品容器的压力，防止超压。

3．事故应急处理程序

（1）环境确认。现场分析前，必须了解井场的安全通道及井场周围的环境，明确突发事件时的撤离路线。

（2）天然气泄漏处理。采样过程中发生泄漏，应保持冷静，首先判断原因，如果是采样管线、采样气瓶发生泄漏，采样人应立即关闭气源阀门，更换采样设备；如果是气源发生泄漏，现场负责人应立即组织人员迅速撤离到安全区域，并告知井站工作人员，并按有关信息上报规定及时上报。

（3）高温样品检查。如遇气温较高，应随时检查样品容器压力，如压力较高，应在安全地点将压力泄至安全压力以下。

（4）车内样品泄漏处理。若天然气在车内发生泄漏，行驶中的车辆应马上靠边停车，车上人员立即下车，站在上风方向，将车窗打开，并防止其他人员靠近车辆，找出泄漏源后将其移至安全地点进行处理。重新上车前将硫化氢报警器放置在车内，确保安全后方能上车。

（5）硫化氢中毒事故处理。若出现硫化氢气体中毒，马上将中毒人员转移至安全地带。视中毒程度不同，采取适当救护措施。对于轻度中毒人员，休息一段时间，可恢复身体健康。对于中毒窒息人员，马上采取人工呼吸措施，实施紧急抢救，立即上报主管部门、向医院呼救。对于中毒窒息苏醒人员，必须送医院治疗，进行健康监护。

（6）火灾事故的处理。发生火灾事故，立即熄灭附近所有火源（关闭天然气、煤气等），立即切断电源，移开附近的易燃物。根据情况采取灭火措施（使用灭火器材、水、消防沙等）。灭火时，从火的四周向中心扑灭。若衣服着火，打开附近自来水用水冲淋熄灭，若无水源，切勿奔跑，用厚的衣物包裹使火窒息。严重者，应躺在地上（防火焰烧向头部），用防火毯紧紧包住，直至火熄；烧伤严重者，急送医院治疗。

（7）割伤的处理。取出伤口中的玻璃或固体物，用蒸馏水洗后涂上红药水，用绷带扎住。大伤口则应先按紧主血管以防大量出血，马上送医院治疗。

（8）烫伤的处理。轻伤涂以烫伤油膏，重伤涂以烫伤油膏后送医院治疗。

（9）药剂灼伤的处理。强酸：立即用大量水洗，再以 3%～5%碳酸氢钠溶液洗，最后水洗。严重时，送医院治疗。强碱：立即用大量水洗，再以 2%醋酸洗，最后水洗。严重时，送医院治疗。

（10）药剂溅入眼内的处理。先洗涤，急救后送医院治疗。强酸：用大量水洗，再用

1%碳酸氢钠洗。强碱：用大量水洗，再用 1%硼酸洗。

第四节　有毒化学物质的处理

实验室需要排放的废气、废液、废渣称为实验室“三废”。由于各类实验室测定项目不同，产生的三废中所含的化学物质的毒性不同，数量也有很大的差别。为了保证化验人员的健康及防止环境污染，化验室三废的排放也应遵循《中华人民共和国环境保护法》《中华人民共和国大气污染防治法》和《中华人民共和国水污染防治法》等法规的有关规定。

一、废气

实验室少量的废气一般可由通风装置直接排至室外，排气管必须高于附近屋顶 3m，毒性大的气体可参考工业废气处理办法用吸附、吸收、氧化、分解等方法处理后排放。

二、废液

我国国家标准 GB 8978—1996《污水综合排放标准》中对能在环境或动植物体内蓄积，对人体产生长远影响的污染物分为第一类污染物、第二类污染物，根据排入水域的 3 种级别对挥发酚、氰化物、氟化物、生化需氧量、化学耗氧量等 20 种污染物规定了最高允许排放浓度。

实验室废液可以分别进行收集处理，一般有以下几种处理方法：

1．无机酸类

将废酸慢慢倒入过量的含碳酸钠或氢氧化钙的水溶液中或用废碱互相中和收集。

2．氢氧化钠、氨水

用 6mol/L 盐酸水溶液中和后收集。

3．含氟废液

加入石灰使生成氟化钙沉淀。

4．可燃有机物

用焚烧法处理。焚烧炉的设计要确保安全、保证充分燃烧，如有有毒气体产生应设置洗涤器。不易燃烧的可先用废易燃溶剂稀释。

三、废渣

（1）废弃的有害固体药品严禁倒在生活垃圾处，必须经处理解毒后丢弃。处理方法可参阅姚守拙主编的《现代实验室安全与劳动保护手册（下册）》。

（2）废弃的有害固体药品应委托持有危险废物经营许可证的单位进行处置。

第五节　安全管理守则

一、实验室安全管理守则

（1）实验室应配备足够数量的安全用具，如沙箱、灭火器、冲洗龙头、洗眼器、护目镜、急救药箱等，放在醒目易取的位置，专人负责管理，定期检查，确保有效。

（2）化验人员必须认真学习操作规程和有关的安全技术规程，了解仪器设备性能及操作中可能发生事故的原因，掌握预防和处理事故的方法。

（3）按“谁主管、谁负责”的属地管理原则，建立健全安全责任制。

（4）在用仪器设备和防护装置必须保持完好状态，不准随意改动安全装置。

（5）打开浓盐酸、浓硝酸、浓氨水试剂瓶塞时应戴防护用具，在通风橱中操作。

（6）稀释浓硫酸的容器、烧杯或锥形瓶要放在塑料盆中，只能将浓硫酸慢慢倒入水中，不能相反，必要时用水冷却。

（7）实验室的电、水、气设施必须按规定安装，禁止超负荷用电，不得乱拉、乱接临时线路。有接地要求的仪器必须按规定进行接地。

（8）操作中不得擅自离开岗位，必须离开时要委托能负责任者看管。

（9）实验室内禁止吸烟、进食，不能用实验器皿处理食物。离室前用肥皂洗手。

（10）实验室内不得超量存放化学药品，对易燃、易爆、剧毒等危险化学品按相关管理制度执行。

（11）每日工作完毕检查水、电、气、窗，进行安全登记后方可锁门。

二、化学试剂管理守则

（1）购回的化学试剂由专人负责验收、登记、分类存放，建立明细台账，设置账、卡标签，做到物、账、卡三对口。

（2）化学试剂领用应填写领料单，发放时应坚持“先储先出、量入为出”的原则，对发出化学试剂应逐项登记。

（3）对有毒有害药品，建立专用卡片，剧毒品应锁在专门的毒品柜中，建立领用需经申请、审批、双人双锁保管双人登记签字的制度。

（4）易燃易爆试剂应贮于铁柜中，柜的顶部有通风口。严禁在实验室存放大于 20L 的瓶装易燃液体。易燃易爆药品不要放在冰箱内。

（5）相互混合或接触后产生激烈反应、燃烧、爆炸、放出有毒气体的两种或两种以上的化合物不能混放。

（6）发现试剂瓶上标签脱落，及时贴上，无标签或标签无法辨认的试剂都要当成危险物品重新鉴别后小心处理，不可随意使用，以免引起严重后果。

（7）腐蚀性、易挥发的化学试剂应单独存放，领用时，必须做好安全防范措施。

（8）发现剧毒药品、易燃、易爆药品等危化品有异常现象，应及时上报。

三、高含硫天然气现场作业管理守则

（一）现场作业流程

1．出发前准备

（1）落实气候状况、任务井站路况、生产情况，根据《作业指导书》要求确定出发日期。

（2）监测人员办理仪器接、借用手续，检查监测仪器、仪器配件、仪器电源等的性能，确认完好并填写《监测仪器借用登记表》。

（3）出发前，监测部门负责人组织召开工作前安全分析会。

（4）准备硫化氢、报警仪和空气呼吸器、安全帽、手套等劳保用品。

（5）准备尾气吸收装置及吸收液。

2．现场准备工作

（1）检查样品采集接头螺纹和样品采集导管应无损坏、完好。

（2）把样品采集接头、放空阀、压力表、样品采集导管之间连接，应该具有足够的强度和密封性。

（3）检查样品采集钢瓶的进气阀和出气阀开关是否灵活，样品采集玻璃瓶是否清洁。

（4）找准样品采集点，佩戴空气呼吸器、硫化氢报警仪、安全帽等。

3．吹扫法采样步骤

（1）关闭样品采集阀，打开放空阀，待压力表指针显示为零后才能继续拆卸压力表。

（2）安装样品采集接头，打开样品采集阀，充分吹扫样品采集口，排除死气及污物后关闭样品采集阀。

（3）安装好钢瓶，打开样品采集钢瓶进、出口阀门，缓慢开样品采集阀吹扫钢瓶并关闭钢瓶出口阀，看压力表使钢瓶内压力升高到所需的吹扫压力，迅速关闭样品采集阀，再由钢瓶出口阀缓慢将钢瓶放空至常压，重复此项操作 3 次以上。

（4）缓慢地打开样品采集阀，关闭钢瓶出口阀，观察压力表读数但钢瓶的采样压力不能超过工作压力，当压力表压力上升至所需压力时迅速关闭样品采集阀，再关闭钢瓶进口阀，打开放空阀使压力表读数下降为零。

（5）取下钢瓶将钢瓶进、出口阀浸水中检漏。

（6）记录样品采集钢瓶编号、样品采集点、井站名称等。

（7）拆下样品采集接头，安装好压力表。

4．封液置换法采样步骤

（1）关闭样品采集阀，在拆卸压力表时，压力表的指针显示的压力必须下降为零才能继续拆卸。如遇高压状况，应先打开放空阀。

（2）安装样品采集接头，打开样品采集阀，充分吹扫样品采集口，排除死气及污物后关闭样品采集阀。

（3）缓慢打开样品采集阀，气量不要太大，用橡皮管接在样品采集导管上。

（4）用水充满玻璃瓶，在水中将玻璃瓶口倒立，将橡皮管出气口伸进玻璃瓶口内，使其天然气置换出玻璃瓶内的全部水，继续通气 2min 用胶塞封好瓶口。

（5）记录样品采集玻璃瓶编号、样品采集点、井站名称。

5．安全要求

（1）入站登记并接受安全培训，了解硫化氢含量和生产情况，确认样品采集位置。

（2）观察风向和逃生线路，样品采集人员应在上风口进行样品采集，安全监护人员应近距离监护并站在上风口。

（3）进入作业现场时开启并佩戴好硫化氢报警仪和空气呼吸器。检查空气呼吸器的压力、密闭性。

（4）安装尾气吸收装置，配制吸收液。

（5）如果操作位置高于基准面 2m 以上，必须使用安全带。

（6）拆卸压力表时身体不能正对阀芯，待压力表指针降为零后，再拆卸压力表。

（二）高含硫天然气现场受控

1．出发前准备

（1）开展工作前安全分析，对作业过程的危害因素进行识别，落实控制措施。

（2）检查安全防护用品是否准备齐全。

（3）检查样品采集器具、尾气吸收化学试剂是否带齐。

（4）检查原始记录、作业指导书、受控记录卡、准入证是否带齐。

2．风险提示

（1）硫化氢中毒。

（2）高压气体冲出伤人。

（3）高空滑落、高空坠物伤人。

（4）气流不稳定造成连接管线弹起伤人。

3．关键环节确认

（1）正确穿戴好劳保用品（信号服、工鞋、安全帽、手套等），关闭手机，开启并佩带好硫化氢报警仪和空气呼吸器。

（2）入站登记并接受安全培训，了解硫化氢含量和生产情况，确认样品采集位置。

（3）穿戴好空气呼吸器，检查空气呼吸器的压力、密闭性。

（4）观察风向和逃生线路，样品采集人员应在上风口进行样品采集，安全监护人员应近距离监护并站在上风口。

（5）安装尾气吸收装置，配制吸收液。

（6）如果操作位置高于基准面 2m 以上，必须使用安全带。

（7）准备就绪后电话向生产办公室汇报，经生产办公室确认准备工作已按要求完成并提示风险控制措施落实后方可开展作业。

习　题

一、选择题

1. 实验室的废弃化学试剂和实验产生的有毒有害废液、废物，应（　　）。

A. 分类收集、集中存放，统一处理

B. 向下水口倾倒

C. 随垃圾丢弃

2. 化学品的毒性可以通过皮肤吸收、消化道吸收及呼吸道吸收等三种方式对人体健康产生危害，下列不正确的预防措施是（　　）

A. 实验场所严禁携带食物；禁止用饮料瓶装化学药品，防止误食

B. 实验过程中移取强酸、强碱溶液应带防酸碱手套

C. 实验过程中使用三氯甲烷时戴防尘口罩

D. 称取粉末状的有毒药品时，要戴口罩防止吸入

3. 贮存危险化学品的仓库的管理人员必须配备可靠的（　　）。

A. 安全监测仪器　　B. 劳动保护用品　　C. 手提消防器材

4. 剧毒化学品以及储存构成重大危险源的其他危险化学品必须在专用仓库内单独存放，实行（　　）收发、（　　）保管制度。

A. 双人；一人　　B. 一人；双人

C. 双人；双人　　D. 多人；多人

二、问答题

1. 危险化学品分为哪7类？名称是什么？

2. 危险化学品包装标签上主要内容有哪些？

3. 控制作业场所中有害化学品的原则是什么？

4. 为什么个人防护用品不能作为控制危险化学品危害的主要手段？

参考文献

[1] 刘珍. 化验员读本. 北京：化学工业出版社，2007.
[2] 丁明玉，田松柏. 离子色谱原理与应用. 北京：清华大学出版社，2001.
[3] 牟世芬，刘克纳. 离子色谱方法及应用. 北京：化学工业出版社，2000.
[4] 吴方迪. 色谱仪器维护与故障排除. 北京：化学工业出版社，2001.
[5] 刘国诠，余兆楼. 色谱柱技术. 北京：化学工业出版社，2001.
[6] 王立，汪正范，牟世芬，等. 色谱分析样品处理. 北京：化学工业出版社，2001.
[7] 傅若农. 色谱分析概论. 北京：化学工业出版社，2002.
[8] 汪正范. 色谱定性与定量. 北京：化学工业出版社，2003.
[9] 刘方魁，颜婉荪. 油气田水文地质学原理. 北京：石油工业出版社，1991.
[10] 奚旦立，孙裕生，刘秀英. 环境监测 第3版. 北京：高等教育出版社，2004.
[11] 刘青松. 环境监测. 北京：中国环境科学出版社，2003.
[12] 国家环境保护总局. 空气和废气监测分析方法 第4版. 北京：中国环境科学出版社，2003.
[13] 国家环境保护总局《水和废水监测分析方法》编委会. 水和废水监测分析方法 第4版. 北京：中国环境科学出版社，2002.
[14] 戴树桂. 环境化学. 北京：高等教育出版社，1997.
[15] 崔九思，王钦源，王汉平，等. 大气污染监测方法 第2版. 北京：化学工业出版社，1997.
[16] 张世森. 环境监测技术. 北京：高等教育出版社，1992.
[17] 吴邦灿，费龙. 现代环境监测技术. 北京：中国环境科学出版社，2005.
[18] 韩永志. 标准物质手册. 北京：中国计量出版社，1985.
[19] 吴鹏鸣，等. 环境空气监测质量保证手册. 北京：中国环境科学出版社，1998.
[20] 费学宁. 现代水质监测分析技术. 北京：化学工业出版社，2005.
[21] 中国环境监测总站《环境水质监测质量保证手册》编写组. 环境水质监测质量保证手册. 北京：化学工业出版社，1984.
[22] 张大年，郑剑，李定邦. 环境监测系统及原理. 上海：华东化工学院出版社，1992.
[23] 姚守拙. 现代实验室安全与劳动保护手册. 下册. 北京：化学工业出版社，1992.
[24] A.G. 柯林斯. 油田水地球化学. 林文庄，王秉忱，译. 北京：石油工业出版社，1984.
[25] 原子吸收分析方法手册. 穆家鹏编译. 北京：原子能出版社，1989.